O UNIVERSO INVISÍVEL

LISA RANDALL

O universo invisível
Matéria escura, dinossauros e a surpreendente conectividade do mundo

Tradução
Érico Assis

COMPANHIA DAS LETRAS

Copyright © 2015 by Lisa Randall
Todos os direitos reservados.

Grafia atualizada segundo o Acordo Ortográfico da Língua Portuguesa de 1990, que entrou em vigor no Brasil em 2009.

Título original
Dark Matter and the Dinosaurs

Capa
Alceu Chiesorin Nunes

Imagem de capa
Olavo Tenório

Preparação
Cacilda Guerra

Revisão técnica
Rogério Rosenfeld

Índice remissivo
Julio Haddad

Revisão
Carmen T. S. Costa
Aminah Haman

Dados Internacionais de Catalogação na Publicação (CIP)
(Câmara Brasileira do Livro, SP, Brasil)

Randall, Lisa
　　O universo invisível : Matéria escura, dinossauros e a surpreendente conectividade do mundo / Lisa Randall ; tradução Érico Assis. — 1ª ed. — São Paulo : Companhia das Letras, 2022.

　　Título original : Dark Matter and the Dinosaurs

　　ISBN 978-65-5921-241-5

　　1. Cosmologia 2. Dinossauros – Extinção 3. Matéria escura (Astronomia) 4. Terra – Origem I. Título.

21-94215   CDD-523.1126

Índice para catálogo sistemático:
1. Matéria escura : Astronomia 523.1126

Cibele Maria Dias – Bibliotecária – CRB-8/9427

[2022]
Todos os direitos desta edição reservados à
EDITORA SCHWARCZ S.A.
Rua Bandeira Paulista, 702, cj. 32
04532-002 — São Paulo — SP
Telefone: (11) 3707-3500
www.companhiadasletras.com.br
www.blogdacompanhia.com.br
facebook.com/companhiadasletras
instagram.com/companhiadasletras
twitter.com/cialetras

Sumário

Introdução 7

PARTE I: COMO O UNIVERSO SE DESENVOLVEU

    1. A sociedade clandestina da matéria escura 19
    2. A descoberta da matéria escura 29
    3. As grandes perguntas 42
    4. Quase no princípio: Um bom lugar para começar 51
    5. Nasce uma galáxia 70

PARTE II: O MOVIMENTADO SISTEMA SOLAR

    6. Meteoroides, meteoros e meteoritos 89
    7. A breve e gloriosa vida dos cometas 109
    8. Nos limites do sistema solar 130
    9. Vivendo perigosamente 135
    10. Choque e pavor 158
    11. As extinções 175
    12. O fim dos dinossauros 199
    13. A vida na zona habitável 227

14. Tudo que vem volta.. 244
15. Disparando cometas da nuvem de Oort...................... 258

PARTE III: DECIFRANDO A IDENTIDADE DA MATÉRIA ESCURA
16. A matéria do mundo invisível................................... 279
17. Como enxergar no escuro... 297
18. A matéria escura sociável... 311
19. A velocidade do escuro... 323
20. À procura do disco escuro.. 339
21. Matéria escura e impactos de cometas..................... 354
Conclusão: Olhando para o alto..................................... 370

Agradecimentos.. 379
Lista de imagens... 382
Leitura complementar.. 384
Índice remissivo... 401

Introdução

"Matéria escura" e "dinossauros" são termos que raramente você ouvirá juntos — a não ser, quem sabe, num playground, num clube de jogos de fantasia ou em algum futuro filme do Spielberg. Matéria escura é aquele material esquivo que existe no universo, que interage através da gravidade como a matéria comum, mas que não emite nem absorve luz. Os astrônomos conseguem detectar a influência gravitacional da matéria escura, mas não conseguem enxergá-la. Já dinossauros… acho que não preciso explicar os dinossauros. Eles foram os vertebrados terrestres dominantes no período entre 231 milhões e 66 milhões de anos atrás.

Embora tanto a matéria escura quanto os dinossauros sejam, cada um, fascinantes por si sós, é sensato supor que essa substância física invisível e os famosos ícones da biologia não possuem relação alguma. E pode até ser que não tenham. Mas o universo, por definição, é uma entidade única e, por princípio, seus componentes interagem. Este livro trata de uma conjuntura especulativa na qual meus colaboradores e eu sugerimos que a matéria escura pode ter sido (por via indireta) responsável pela extinção dos dinossauros.

Paleontólogos, geólogos e físicos demonstraram que, há 66 milhões de anos, um objeto que veio do espaço e com pelo menos dez quilômetros de extensão despencou na Terra e aniquilou os dinossauros terrestres e mais três quartos das espécies que existiam no planeta. O objeto pode ter sido um cometa vindo dos confins distantes do sistema solar. Contudo, ninguém sabe por que esse cometa foi desviado de sua órbita, que era de força gravitacional fraca, mas estável.

O que propomos é que, durante a passagem do Sol pelo plano fundamental da Via Láctea — a faixa de estrelas e pó reluzente que você consegue enxergar em noites claras —, o sistema solar topou com um disco de matéria escura que deslocou o objeto distante e assim precipitou o impacto cataclísmico. Na nossa vizinhança galáctica, o grosso da matéria escura nos cerca em um halo esférico gigantesco, suave e difuso.

É provável que o tipo de matéria escura responsável por desencadear o desaparecimento dos dinossauros tivesse uma distribuição muito diferente da maior parte da matéria escura no universo. Esse tipo extra de matéria escura deixaria o halo intacto, mas suas interações muito distintas fariam essa matéria se condensar em um disco — bem no meio do plano da Via Láctea. Essa região estreita poderia ser tão densa que, quando o sistema solar passasse por ela, conforme a oscilação do Sol para cima e para baixo durante sua órbita pela nossa galáxia, a influência gravitacional do disco teria uma força fora do comum. Sua atração gravitacional poderia ser potente a ponto de expelir cometas para a orla externa do sistema solar, onde a atração concorrente do Sol seria muito fraca para puxá-los de volta. Os cometas errantes seriam assim ejetados do sistema solar ou, o que é mais crucial, redirecionados a se chocar contra o sistema solar interior, onde teriam o potencial de atingir a Terra.

Já digo de saída que não sei se essa ideia está correta. Só um tipo inesperado de matéria escura produziria influências mensuráveis em seres vivos (bom, em termos técnicos: ex-vivos). Este livro é o histórico da nossa proposta, nem um pouco convencional, sobre essa matéria escura surpreendentemente influente.

Mas essas especulações, por mais estimulantes que sejam, não são o foco primário deste livro. O contexto e as ideias científicas que envolvem o cometa aniquilador dos dinossauros são também importantes para seu conteúdo, estando entre elas o arcabouço muito mais coeso da cosmologia e a ciência do sistema solar. Considero-me afortunada porque com frequência os tópicos que estudo guiam minha pesquisa para grandes perguntas, tais como do que as coisas são feitas, a natureza do tempo e do espaço, e como tudo no universo evoluiu até se tornar o mundo que vemos hoje. Neste livro, espero também compartilhar boa parte dessas ideias.

Na pesquisa que vou descrever, meus estudos me conduziram por uma rota na qual comecei a pensar de forma mais ampla sobre cosmologia, astrofísica, geologia e até biologia. O foco ainda era a física fundamental. Mas, por ter estado a vida inteira envolvida com a física de partículas mais convencional — o estudo dos elementos de base da matéria conhecida, como o papel ou a tela em que você está lendo este livro —, acho revigorante explorar o que já se sabe — e o que logo se saberá — também em relação ao mundo escuro, assim como as implicações dos processos físicos básicos para o sistema solar e para a Terra.

O mundo invisível explica nosso conhecimento atual sobre o universo, a Via Láctea e o sistema solar, bem como sobre aquilo que constitui uma zona habitável e a vida na Terra. Vou discutir a matéria escura e o cosmos, mas também tratarei de cometas e asteroides, e da emergência e extinção da vida, com foco especial no objeto que caiu na Terra para exterminar os dinossauros terrestres — e boa parte das outras vidas que havia por estas bandas. Eu gostaria de que este livro transmitisse as diversas e incríveis conexões que nos trouxeram até aqui, para que possamos entender de maneira mais significativa o que acontece hoje. Quando pensamos em nosso planeta atual, talvez também queiramos entender melhor o contexto no qual ele se desenvolveu.

Quando comecei a me concentrar nos conceitos subjacentes às ideias neste livro, fiquei assoberbada e encantada não só com o conhecimento atual sobre nosso meio ambiente — local, solar, galáctico e universal —, mas também com o que torcemos para que venhamos a entender, aqui, do nosso minúsculo mirante aleatório na Terra. Também fiquei abismada com tantas conexões entre fenômenos que permitem nossa existência. Quero deixar claro que meu ponto de vista não é religioso. Não vejo necessidade de atribuir propósitos ou significados às coisas. Mas não consigo evitar sentimentos que costumamos chamar de religiosos quando começamos a entender a imensidão do universo, nosso passado e como tudo se conecta. É uma nova perspectiva que adquirimos quando vamos lidar com as pequenezas da vida cotidiana.

Essa nova pesquisa na verdade me fez ver o mundo de maneira diferente, assim como reconsiderar os vários pedacinhos do universo que criaram a Terra — e nos criaram. Cresci no Queens vendo os prédios incríveis de Nova York, mas muito pouco da natureza. A pouca natureza que eu via crescia em parques e quintais, e mantinha muito pouco da forma que lhe era própria antes da chegada dos humanos. Mas, ao caminhar numa praia, você caminha sobre criaturas trituradas — ou pelo menos sobre o revestimento que elas tinham. As falésias de pedra calcária que você encontra numa praia ou no campo também são compostas de criaturas que já foram vivas, milhões de anos atrás. As montanhas emergiram de placas tectônicas que entraram em colisão, e o magma fundido que conduz esses movimentos é resultado do material radioativo alojado próximo ao núcleo terrestre. Nossa energia veio dos processos nucleares do Sol, embora ela tenha sido transformada e armazenada de outras maneiras desde as primeiras reações nucleares. Muitos dos recursos que usamos são elementos pesados que vieram do espaço sideral e foram depositados na superfície da Terra por asteroides ou cometas. Alguns aminoácidos também foram depósitos de meteoritos, que podem ter trazido vida, ou sementes de vida, à Terra. E antes de quaisquer dessas coisas acontecerem, a matéria escura entrou em colapso em aglomerados cuja gravidade atraía mais matéria — que acabou se transformando em galáxias, aglomerados de galáxias e estrelas como nosso Sol. A matéria comum, por mais importante que seja para nós, não nos diz tudo.

Embora nossa experiência seja a ilusão de um ambiente fechado em si, a cada dia ao nascer do Sol e a cada noite em que a Lua e as estrelas mais distantes chegam à nossa vista, somos lembrados de que nosso planeta não está só. Estrelas e nébulas são mais uma prova de que existimos numa galáxia que reside em um universo muito maior. Estamos em órbita dentro de um sistema solar onde as estações nos lembram ainda mais de nossa orientação e posição ali dentro. A própria maneira como medimos o tempo em dias e anos indica a relevância do que há ao nosso redor.

Quatro lições inspiradoras que eu gostaria de compartilhar se destacam em meio à pesquisa e às leituras que resultaram neste livro. Tenho enorme satisfação em entender como as peças do universo se conectam de maneiras variadas e notáveis. A grande lição, no nível mais fundamental, é que a física das partículas elementares, a física do cosmos e a própria biologia estão todas conectadas — não em um sentido *new age*, mas de maneiras surpreendentes cujo entendimento é muito valioso.

A todo momento há coisas que vêm do espaço sideral atingir a Terra. Ainda assim, a Terra tem uma relação de amor e ódio com seu entorno. Beneficia-se de um pouco do que há a seu redor, mas boa parte dessas coisas pode ser letal. A posição do nosso planeta nos confere a temperatura certa e faz com que os planetas exteriores desviem a maioria dos asteroides e cometas antes que atinjam a Terra; a distância entre a Lua e a Terra estabiliza nossa órbita o bastante para impedir flutuações gigantes de temperatura; e o sistema solar exterior nos protege dos perigosos raios cósmicos. Meteoroides que atingiram a Terra podem ter depositado aqui recursos que foram críticos para a vida, mas que também afetaram a trajetória da vida no planeta de forma mais prejudicial. Um desses objetos, pelo menos, levou a uma extinção devastadora há 66 milhões de anos. Apesar de ter aniquilado os dinossauros terrestres, ela também abriu caminho para a existência de mamíferos de maior porte, entre os quais nós mesmos.

O segundo ponto, também marcante, é como são recentes muitos dos avanços científicos que vou discutir. Talvez a afirmação a seguir possa ser feita em qualquer momento da história humana, mas isso não diminui sua validade: nosso conhecimento teve um avanço tremendo nos últimos [inserir aqui o número conforme o contexto] anos. Na pesquisa que vou descrever, esse número é menor que cinquenta. Conforme desenvolvia minha pesquisa e lia estudos de outras pessoas, ficava o tempo todo impressionada ao ver como são novas e revolucionárias tantas das descobertas recentes. A engenhosidade e a teimosia humanas vão emergindo à medida que os cientistas tentam se reconciliar com as coisas surpreendentes e às vezes assustadoras, mas sempre divertidas, que aprendemos em relação ao mundo. A base científica que este livro apresenta faz parte de um histórico maior — de 13,8 bilhões ou 4,6 bilhões de anos, com enfoque no universo ou no sistema solar, respectivamente. Todavia, a história de como os seres humanos descortinaram essas ideias tem pouco mais de um século.

Os dinossauros foram extintos há 66 milhões de anos, mas paleontólogos e geólogos só deduziram a origem dessa extinção nos anos 1970 e 1980. Uma vez apresentadas as ideias, foi questão de décadas até uma comunidade de cientistas avaliá-las por completo. E esse tempo não foi pura coincidência. A relação entre a extinção e um objeto extraterrestre ficou mais crível assim que os astronautas chegaram à Lua e viram as crateras de perto, o que lhes deu provas detalhadas da natureza dinâmica do sistema solar.

Nos últimos cinquenta anos, avanços significativos na física de partículas e na cosmologia nos ensinaram a respeito do Modelo-Padrão, que descreve os elementos básicos da matéria da forma como os entendemos hoje. A quantidade de matéria escura e energia escura no universo, por sua vez, só foi definida nas últimas décadas do século xx. Nosso conhecimento do sistema solar também mudou durante o mesmo período. E foi só nos anos 1990 que cientistas descobriram os objetos do cinturão de Kuiper nas redondezas de Plutão, demonstrando que este não orbita sozinho. O número de planetas foi reduzido, mas isso porque a ciência que você deve ter aprendido no ensino fundamental agora é mais rica e mais complexa.

A terceira maior lição se relaciona ao ritmo de mudança. A seleção natural permite a adaptação quando as espécies têm tempo para evoluir. Mas essa adaptação não engloba transformações radicais — é lenta demais para tanto. Os dinossauros não estavam em condições de se preparar para um meteoroide de dez quilômetros de extensão que ia atingir a Terra. Não tinham como se adaptar. Os que eram fixos à terra, e grandes demais para se entocar, não tinham local viável para onde se dirigir.

Conforme emergem novas ideias ou tecnologias, os debates em relação a transformação catastrófica versus transformação gradual também desempenham papel muito importante. A chave para entender a maioria dos novos avanços — científicos ou outros — é o ritmo dos processos que descrevem. Ouço muita gente sugerir que certos avanços, como os estudos de genética ou os que derivam da internet, são de uma drasticidade sem precedentes. Mas isso não é de todo verdade. O maior entendimento das doenças e do sistema circulatório, que data de centenas de anos, provocou transformações ao menos tão profundas quanto as que a genética promove hoje em dia. A introdução da linguagem escrita, e mais tarde da prensa tipográfica, influenciou o modo como as pessoas adquiriam conhecimento e como pensavam de maneiras pelo menos tão significativas quanto aquelas que a internet precipitou.

Em relação a esses avanços, um fator muito importante para a transformação atual é também sua rapidez — tópico que talvez seja pertinente não apenas aos processos científicos, mas também a transformações ambientais e sociológicas. Embora a morte por meteoroide talvez não seja para nós uma preocupação significativa, é provável que as taxas aceleradas de transformações no meio ambiente e nas extinções sejam — e o impacto pode ser comparável em muitos sentidos. O propósito nem tão oculto deste livro é nos ajudar a entender melhor a incrível história de como chegamos aqui e nos incentivar a usar esse conhecimento com sabedoria.

Mesmo assim, a quarta lição importante é a ciência notável que descreve os elementos muitas vezes ocultos do nosso mundo e seu desenvolvimento — e quanto no universo podemos entender. Muita gente se fascina com a ideia do multiverso — outros universos que não estão a nosso alcance. Mas são fascinantes, pelo menos na mesma proporção, os mundos ocultos — tanto os biológicos quanto os físicos — que temos chance de explorar de fato. Em *O mundo invisível*, espero poder transmitir como é inspirador contemplar o que sabemos — assim como o que podemos esperar ou torcer para que venhamos a desvendar no futuro próximo.

Este livro começa explicando a cosmologia — a ciência por trás de como o universo evoluiu a seu estado atual. A primeira parte apresenta a teoria do big bang, a inflação cósmica e a constituição do universo. Esta seção também explica o que é a matéria escura, como averiguamos sua existência e por que ela é relevante para a estrutura do universo.

A matéria escura constitui 85% da matéria no universo, enquanto a matéria comum, como a que está contida em estrelas, gases e gente, apenas 15%. Mesmo assim, a preocupação das pessoas tende mais para a existência e a relevância da matéria comum — a qual, para ser justa, tem interações muito mais fortes.

Contudo, assim como acontece com a humanidade, não faz sentido focar toda a nossa atenção na pequena porcentagem desproporcionalmente influente. Os 15% dominantes de matéria que vemos e sentimos consistem em apenas uma parte do panorama. Vou explicar o papel crítico da matéria escura no universo — tanto em relação às galáxias quanto aos aglomerados de galáxias que se formam no plasma cósmico amorfo do início do universo e ao manter a estabilidade que essa estrutura tem hoje.

A segunda parte do livro conclui o foco no sistema solar. Esse, é evidente, poderia ser por si só o tema de um livro inteiro, se não de uma enciclopédia.

Então, tratarei das partes constituintes que poderiam dizer respeito aos dinossauros — meteoroides, asteroides e cometas. Essa parte descreverá objetos que, sabemos, atingiram a Terra e que, segundo prevemos, podem atingi-la no futuro, assim como as provas esparsas — mas que não se pode dispensar de imediato — de extinções ou quedas de meteoroides que ocorrem a intervalos regularmente espaçados de mais ou menos 30 milhões de anos. Essa seção também discute a formação da vida, bem como sua destruição, revisando o que se sabe sobre as cinco grandes extinções em massa, que incluem o evento devastador que matou os dinossauros.

A terceira e última parte do livro combina ideias das duas primeiras, começando por uma discussão sobre modelos de matéria escura. Ela explica os modelos mais conhecidos do que a matéria escura deve ser, assim como uma sugestão mais recente quanto às interações da matéria escura, sugerida acima.

Até o momento, sabemos apenas que a matéria escura e a matéria comum interagem através da gravidade. As consequências da gravidade em geral são tão minúsculas que só percebemos a influência de massas enormes — como a Terra e o Sol —, e mesmo essas são bem tênues. Afinal, você consegue levantar um clipe de papel com um ímã, sendo bem-sucedido ao concorrer com a influência gravitacional de toda a Terra.

Contudo, a matéria escura também pode estar sujeita a outras forças. Nosso novo modelo desafia as preconcepções — e os preconceitos — difundidas de que a matéria conhecida é singular por conta das forças — eletromagnetismo, forças nucleares fraca e forte — através das quais interage. Essas forças da matéria convencional, muito mais expressivas que a gravidade, respondem por muitas das características mais interessantes do nosso mundo. Mas e se parte da matéria escura também sofrer a influência de interações não gravitacionais? Se isso for verdade, forças da matéria escura podem levar a uma prova empolgante das conexões entre matéria elementar e fenômenos macroscópicos ainda mais profundos que os muitos que, já sabemos, estão presentes.

Embora tudo no universo possa, a princípio, interagir, a maioria dessas interações é pequena demais para ser imediatamente registrada. Só se pode observar coisas que são capazes de nos afetar de maneira detectável. Se você tem algo que exerce e sofre apenas efeitos minúsculos, esse algo pode estar bem debaixo do seu nariz e fugir à sua atenção. Deve ser por isso que partículas individuais de matéria escura, embora talvez estejam por toda a nossa volta, até o momento fogem à nossa descoberta.

A terceira parte do livro mostra como pensar de maneira mais ampla sobre matéria escura — isto é, questionar por que o universo escuro deveria ser simples quando o nosso é tão complicado — nos levou a considerar possibilidades inéditas. Talvez uma parte da matéria escura sofra sua própria força — luz escura, poderíamos dizer. Se a maior parte da matéria escura costuma ser relegada aos 85% relativamente não influentes, poderíamos pensar na nova proposta de tipo de matéria escura como uma classe média em ascensão — com interações que imitam as da matéria mais familiar. As interações extras afetariam a constituição da galáxia e possibilitariam que essa porção da matéria escura afetasse o movimento das estrelas e outros objetos no domínio da matéria comum.

Nos próximos cinco anos, as observações via satélite medirão a forma, a composição e as propriedades da galáxia com mais detalhes do que nunca — e nos dirão muita coisa a respeito de nosso ambiente galáctico, inclusive para testar se nossa conjectura é verdadeira ou não. Essas implicações observáveis fazem da matéria escura e do nosso modelo uma pesquisa científica legítima que merece maior exploração, mesmo que a matéria escura não seja um elemento que constitui a mim e a você. As consequências podem incluir impactos de meteoroides — uma das quais pode ter sido a ligação entre a matéria escura e o desaparecimento dos dinossauros a que o subtítulo do livro alude.

O pano de fundo e os conceitos que conectam esses fenômenos nos oferecem um retrato abrangente e tridimensional do universo. Minha meta ao escrever este livro é compartilhar essas ideias e incentivar você a explorar, avaliar e se vangloriar da notável riqueza do nosso mundo.

PARTE I
COMO O UNIVERSO SE DESENVOLVEU

1. A sociedade clandestina da matéria escura

É comum não notarmos o que não estamos esperando. Meteoros cruzam o céu como raios em noites sem luar, animais que desconhecemos nos perseguem quando fazemos trilhas pela floresta, detalhes arquitetônicos magníficos nos cercam enquanto andamos pela cidade. Muitas vezes, porém, não percebemos essas paisagens notáveis, mesmo quando estão bem no nosso campo de visão. Nosso próprio corpo é uma colônia de bactérias. Há dez vezes mais células de bactérias do que células humanas vivendo dentro de nós e colaborando com a nossa sobrevivência. Mas mal percebemos essas criaturas microscópicas que nos habitam, consomem nutrientes e atuam a favor do nosso sistema digestivo. É só quando as bactérias se comportam mal e nos deixam doentes que a maioria lembra que elas existem.

Para ver as coisas, você precisa observar. E tem de saber como observar. Mas os fenômenos que acabei de mencionar, pelo menos em princípio, podem ser vistos. Imagine os desafios de entender alguma coisa que você literalmente não enxerga. É o caso da matéria escura, o componente esquivo do universo, cujas interações com a matéria que entendemos são mínimas. No capítulo a seguir explicarei as diversas medições que astrônomos e físicos fizeram para determinar a existência da matéria escura. Neste, apresento essa matéria esquiva: o que ela é, por que ela pode parecer tão acachapante e por que — de perspectivas muito importantes — ela não o é.

O INVISÍVEL EM NOSSO MEIO

Embora a internet seja uma única rede gigante na qual se envolvem bilhões de pessoas, aqueles que se comunicam por redes sociais, na sua maioria, não interagem diretamente — nem indiretamente — uns com os outros. Os participantes tendem a ser amigos de gente que pensa parecido, seguem os de interesses similares e se voltam para fontes de notícias que representam seu ponto de vista particular do mundo. Com interações tão restritas, os muitos que se envolvem na internet se fragmentam em populações distintas, sem interação, dentro das quais é raro encontrar um ponto de vista passível de repreensão. Mesmo os amigos dos amigos das pessoas em geral não se defrontam com opiniões contraditórias de grupos a que não se afiliam, de forma que a maioria dos participantes da internet é alheia à existência de comunidades familiarizadas com ideias diferentes, incompatíveis.

Não somos assim tão fechados a mundos que não o nosso. Mas quando se trata de matéria escura, somos todos culpados. O caso é que a matéria escura não faz parte da rede social da matéria normal. Ela fica numa sala de chat da internet na qual nem sabemos como entrar. Está no mesmo universo e até ocupa as mesmas regiões do espaço que a matéria visível. Suas partículas, porém, interagem apenas de modo imperceptível com a matéria comum que conhecemos. Assim como as comunidades de internet que ignoramos, se não nos contarem da matéria escura nem saberemos que ela existe no nosso cotidiano.

Tal qual as bactérias dentro de nós, a matéria escura é um de muitos outros "universos" bem debaixo do nosso nariz. E, assim como essas criaturas microscópicas, ela também está ao nosso redor. Atravessa nosso corpo e reside também no mundo externo. Mas não notamos nenhuma de suas consequências porque ela tem uma interação muito tênue — tanto que forma uma população distinta, uma sociedade totalmente à parte da matéria que conhecemos.

Mas é uma sociedade importante. Ao passo que as células bacterianas, embora numerosas, respondem por mais ou menos 1% ou 2% do nosso peso, a matéria escura, embora seja uma fração insignificante do nosso corpo, responde por cerca de 85% da matéria no universo. Cada centímetro cúbico à sua volta contém mais ou menos uma massa de prótons de matéria.* Isso pode parecer muito, dependendo do seu ponto de vista. Mas o que isso quer dizer é que, se a matéria escura é composta de partículas cuja massa é comparável àquelas que conhecemos e se essas partículas viajam à velocidade que esperamos com base em dinâmicas bem entendidas, bilhões de partículas de matéria escura nos atravessam a cada segundo. Porém, ninguém nota onde elas estão. Até o efeito que bilhões de partículas de matéria escura têm sobre nós é minúsculo.

Isso se dá porque não temos como sentir a matéria escura. Ela não interage com a luz — pelo menos até onde se conseguiu explorá-la até o momento. A matéria escura não é constituída pelo mesmo material da matéria comum — ela não é composta de átomos nem de partículas elementares conhecidas que interagem com luz, o que é essencial a tudo que enxergamos. O mistério que meus colegas e eu esperamos resolver é exatamente do que a matéria escura é composta. Seria um novo tipo de partícula? Se for, quais são suas propriedades? Fora sua interação com a gravidade, ela tem alguma outra? Se tivermos sorte com nossos experimentos atuais, talvez se descubra que partículas de matéria escura possuem minúsculas interações eletromagnéticas que até o momento são pequenas demais para se detectar. As sondagens específicas estão em busca disso — e explico como isso acontece na terceira parte do livro. Até o momento, porém, a matéria escura permanece invisível. Seus efeitos não influenciaram detectores no nível atual de sensibilidade que eles possuem.

No entanto, quando grandes quantidades de matéria escura se agregam em regiões concentradas, sua influência gravitacional líquida é substancial, o que leva a influências mensuráveis em estrelas e em galáxias próximas. A matéria escura afeta a expansão do universo, a trajetória de raios de luz que nos chegam de objetos distantes, as órbitas de estrelas próximas ao centro das ga-

---

* A densidade média do universo corresponde a uma massa da ordem de um próton por metro cúbico. A densidade do ar na Terra corresponde aproximadamente à massa de 10^{21} prótons por centímetro cúbico. (N. R. T.)

láxias e muitos outros fenômenos mensuráveis — a ponto de nos convencer de sua existência. Entendemos de matéria escura — e ela de fato existe — por conta desses efeitos gravitacionais mensuráveis.

Além disso, embora seja inaparente e despercebida, a matéria escura teve papel determinante na formação da estrutura do universo. Ela pode ser comparada às bases subapreciadas da sociedade. Mesmo que sejam invisíveis aos tomadores de decisão na elite, os numerosos operários que construíram pirâmides ou autoestradas ou que montaram aparelhos eletrônicos foram cruciais no desenvolvimento de suas civilizações. Assim como outras populações que não são notadas em nosso meio, a matéria escura foi essencial para nosso mundo.

Nós nem estaríamos por aqui para dizer isso, quanto mais para montar um quadro coerente da evolução do universo, se a matéria escura não estivesse presente no início do universo. Sem ela, não haveria tempo suficiente para formar a estrutura que observamos hoje. Pedaços de matéria escura semearam a galáxia da Via Láctea, assim como outras galáxias e aglomerados de galáxias. Se as galáxias não tivessem se formado, também não teriam se formado as estrelas, nem o sistema solar, nem a vida como a conhecemos. Mesmo hoje, a ação coletiva da matéria escura mantém as galáxias e os aglomerados de galáxias intactos. A matéria escura pode ser relevante até para a trajetória do sistema solar, caso exista o disco escuro a que nos referimos na introdução.

Mas não observamos a matéria escura por via direta. Cientistas já estudaram muitas formas de matéria, porém todas cuja composição conhecemos foram observadas através de algum tipo de luz — ou, falando de maneira mais geral, radiação eletromagnética. A radiação eletromagnética aparece como luz em frequências visíveis, mas também pode aparecer como ondas de rádio ou radiação ultravioleta, por exemplo, quando foge da gama limitada de frequências que enxergamos. Os efeitos podem ser observados em um microscópio, com um aparelho de radar ou em imagens ópticas numa fotografia. As influências eletromagnéticas, contudo, estão sempre envolvidas. Nem todas as interações são diretas — elementos carregados interagem mais diretamente com a luz. Mas os elementos do Modelo-Padrão da física de partículas — os elementos mais básicos da matéria que conhecemos — interagem uns com os outros com tanta frequência que a luz, se não for uma amiga direta, pelo menos é amiga de uma amiga de formas de matéria que temos como enxergar.

Não só nossa visão, mas todos os nossos outros sentidos — tato, olfato, paladar e audição — dependem de interações atômicas, que por sua vez se baseiam em interações de partículas com carga elétrica. O tato, embora por motivos mais sutis, também se baseia em vibrações e interações eletromagnéticas. Já que os sentidos humanos são todos baseados em interações eletromagnéticas de algum tipo, não podemos detectar diretamente a matéria escura pelos meios comuns. Embora a matéria escura esteja ao nosso redor, não podemos enxergá-la nem senti-la. Quando a luz bate na matéria escura, nada acontece. A luz simplesmente a atravessa.

Como nunca a viram (nem sentiram, nem cheiraram), muitas pessoas com quem já conversei ficam surpresas em saber da existência da matéria escura e a consideram muito misteriosa, chegando a se perguntar se isso não seria um engano. Perguntam como é possível que a maior parte da matéria — mais ou menos cinco vezes o total de matéria comum — não possa ser detectada com os telescópios convencionais. Da minha parte, eu pensaria exatamente o contrário (embora admita que nem todo mundo pensa assim). Seria ainda mais misterioso, a meu ver, se a matéria que enxergamos com os olhos fosse toda a matéria que existe. Por que deveríamos ter sentidos perfeitos capazes de perceber tudo diretamente? A grande lição da física ao longo dos séculos diz respeito a quanto do mundo nossa visão ignora. Dessa perspectiva, a questão na verdade é: por que as coisas de que realmente sabemos deveriam constituir tanto da densidade do universo quanto realmente constituem?

Para alguns, a matéria escura pode parecer uma sugestão exótica. Mas propor sua existência é bem menos precipitado do que revisar as leis da gravidade, como preferem os céticos em relação a ela. É provável que a matéria escura, embora de fato não seja familiar, tenha uma explicação mais ou menos convencional, em tudo consistente com todas as leis conhecidas da física. Afinal de contas, por que toda matéria que age em concordância com leis conhecidas da gravidade deveria se comportar exatamente como a matéria familiar? Para falar de maneira sucinta, por que toda matéria deveria interagir com a luz? A matéria escura poderia simplesmente ser matéria que tem carga diferente ou não tem carga fundamental. Sem carga elétrica nem interações com partículas carregadas, ela simplesmente não tem como absorver nem emitir luz.

A verdade é que tenho um pequeno problema com um aspecto da matéria escura: o nome. Não tenho problemas com a porção "matéria" [*matter*, em inglês]. A matéria escura é de fato uma forma de matéria, o que significa que é uma coisa que se aglomera e exerce sua própria influência gravitacional, interagindo com a gravidade como toda matéria. Físicos e astrônomos detectam sua presença a partir de vários meios que se apoiam na sua interação.

A infelicidade está na palavra "escura" [*dark*, em inglês], tanto porque conseguimos enxergar coisas escuras, que absorvem luz, como porque esse rótulo tão sinistro a faz parecer mais potente e negativa do que de fato é. A matéria escura não é escura — ela é transparente. Coisas escuras absorvem luz. Coisas transparentes, por outro lado, são indiferentes à luz. A luz pode bater na matéria escura, mas nem a matéria nem a luz vão mudar por conta disso.

Em um congresso recente, que reuniu gente de diversas disciplinas, conheci Massimo, um profissional de marketing especializado em branding. Quando lhe contei da minha pesquisa, ele me olhou com incredulidade e disse: "Por que se chama matéria escura?". Sua objeção não tinha a ver com a ciência, mas com as conotações desnecessariamente negativas do termo *dark matter*. Não é bem verdade que toda marca associa qualidades negativas com "*dark*". O "Dark Knight" [Cavaleiro das Trevas] era da turma dos mocinhos — mesmo que fosse um mocinho complicado. Mas, comparado ao uso da palavra em obras como *Dark Shadows, His Dark Materials, Transformers: Dark of the Moon*, o "*dark side of the Force*" de Darth Vader — sem falar na hilária música *dark* do filme do Lego —, o "escuro" em "matéria escura" é bem inofensivo. Apesar de nosso fascínio evidente com tudo o que é *dark*, a matéria escura não condiz com a reputação que o nome tem.

A matéria escura, contudo, divide uma qualidade com as coisas malignas: está longe da nossa vista. Tem um nome apropriado no sentido de que, não importa como você a aqueça, ela não emitirá luz. Nesse sentido, ela é escura de verdade — não no sentido de ser opaca, mas no sentido de ser o oposto de emissora ou refletora de luz. Ninguém enxerga a matéria escura diretamente, mesmo com um microscópio ou telescópio. Assim como os muitos espíritos malévolos em filmes e na literatura, sua invisibilidade funciona como escudo.

Massimo concordou que "matéria transparente" teria sido um nome melhor — quem sabe, menos assustador. Embora isso seja verdade de uma perspectiva física, não sei bem se ele está certo. A meu ver, mesmo que "matéria escura" não seja meu termo predileto, chama bastante atenção. Independentemente disso, a matéria escura não é nem sinistra nem poderosa — pelo menos, se não estiver em grande quantidade. Ela interage de maneira tão tênue com a matéria normal que já é desafiador encontrá-la. Isso é parte do que a torna tão interessante.

BURACOS NEGROS E ENERGIA ESCURA

O nome "matéria escura" também dá margem a outros mal-entendidos, que vão além das implicações sinistras mencionadas acima. Por exemplo: muita gente com quem converso não consegue distinguir matéria escura de buracos negros. Para esclarecer a distinção, vou fazer um breve aparte para discutir os buracos negros, objetos que se formam quando matéria demais se reúne numa região muito pequena do espaço. Nada — incluindo a luz — consegue fugir de sua poderosa influência gravitacional.

Buracos negros e matéria escura são tão iguais quanto tinta escura e cinema noir. A matéria escura não interage com a luz. Buracos negros absorvem luz — e tudo o mais que chegar perto. Buracos negros são negros porque toda luz que entra neles ali permanece. Ela não é irradiada nem refletida. A matéria escura pode ter sido relevante para a formação de buracos negros,* já que qualquer tipo de matéria pode entrar em colapso e formar um desses buracos. Mas buracos negros e matéria escura com certeza não são a mesma coisa e de maneira alguma devem ser confundidos.

Há outro mal-entendido a partir do nome inapropriado da matéria escura. Já que existe outro componente no universo chamado "energia escura" — também uma opção de nome problemática —, as pessoas costumam confundi-la com a matéria escura. Embora seja um desvio do nosso tópico principal, a energia escura é essencial à cosmologia atual. Então especificarei esse outro termo para garantir que você, meu esclarecido leitor, sempre entenda a diferença.

A energia escura não é matéria — é só energia. Energia escura existe mesmo que nenhuma partícula real ou outra forma de qualquer coisa esteja

---

* Para ser mais exata, já se propuseram buracos negros como possíveis candidatos a matéria escura — tópico de que vou tratar mais à frente. As restrições observacionais e questões teóricas atualmente julgam que esse modelo é muito improvável.

por perto. Ela permeia o universo, mas não se aglomera como matéria comum. A densidade da energia escura é a mesma em qualquer lugar — ela não pode ser mais densa em um lugar do que em outro. É muito diferente de matéria escura, que se junta em objetos e será mais densa em alguns lugares e menos em outros. A matéria escura atua como a matéria conhecida, que se liga a objetos como estrelas, galáxias e aglomerados de galáxias. A distribuição de energia escura, por outro lado, é sempre suave.

A energia escura também é constante ao longo do tempo. Ao contrário da matéria ou da radiação, a energia escura não se dilui quando o universo se expande. Em certo sentido, essa é a propriedade que a define. A densidade de energia escura — energia que não é transportada por partículas nem matéria — permanece a mesma ao longo do tempo. Por esse motivo, físicos costumam se referir a esse tipo de energia como *constante cosmológica*.

No início da evolução do universo, a maior parte da energia era contida em radiação. Mas a radiação se dilui mais rápido que a matéria, de forma que a matéria, com o tempo, assumiu o papel de maior contribuinte de energia. Muito mais à frente na evolução do universo, a energia escura — que nunca se diluiu, enquanto radiação e matéria se diluíram — passou a predominar e agora constitui mais ou menos 70% da densidade energética do universo.

Antes que Einstein tivesse proposto a teoria da relatividade, as pessoas pensavam apenas em energia relativa — a diferença de energia entre uma configuração e outra. Mas de posse da teoria de Einstein aprendemos que a quantidade absoluta de energia é significativa em si e produz uma força gravitacional que pode contrair ou expandir o universo. O grande mistério em torno da energia escura não é por que ela existe — a mecânica quântica e a teoria da gravidade sugerem que ela deve estar presente e a teoria de Einstein nos diz que ela tem consequências físicas —, mas por que sua densidade é tão baixa. Dada sua predominância, isso não parece ser um problema. Mas, embora a energia escura constitua boa parte da energia do universo hoje, foi só em tempos recentes — depois que a matéria e a radiação sofreram uma enorme diluição pela expansão do universo — que a influência da energia escura começou a competir com a de outros tipos de energia. Antes disso, a densidade de energia escura era minúscula se comparada à de outras contribuições de radiação e matéria muito maiores. Sem saber a resposta antes, físicos teriam estimado que a densidade de energia escura deveria ser maior em espantosas 120 ordens de magnitude. A questão do tamanho reduzido da constante cosmológica deixa os físicos desconcertados há anos.

Muitos astrônomos dizem que vivemos em uma era de renascença da cosmologia, na qual teorias e observações avançaram a ponto de testes de calibragem precisa ajudarem a determinar quais ideias se efetivam no universo. Todavia, dada a predominância de energia escura e matéria escura, e mesmo o mistério em torno de como tanta matéria comum sobreviveu até hoje, os físicos também brincam que vivemos na idade das trevas.

Mas esses mistérios são exatamente o motivo pelo qual se vive uma época empolgante para quem investiga o cosmos. Cientistas tiveram grande avanço no entendimento do setor escuro, mas restam grandes perguntas nas quais estamos prestes a avançar. Para uma pesquisadora como eu, é a conjuntura ideal.

Talvez se possa dizer que físicos que estão estudando "o escuro" estejam envolvidos em uma revolução copernicana, embora mais abstrata. Não só a Terra não é, em termos físicos, o centro do universo como nossa constituição física não é central ao orçamento energético — nem a maior parte de sua matéria. E, assim como o primeiro objeto que se estudou no cosmos foi a Terra — o objeto com o qual temos mais familiaridade —, físicos focaram primeiro na matéria que nos constitui, que é a mais acessível, óbvia e essencial a nossas vidas. Explorar o território geograficamente variante e desafiador da Terra nem sempre foi fácil. Mas, por mais árduo que seja entender a Terra por completo, era mais acessível e fácil de estudar que suas contrapartes distantes — as regiões longínquas do sistema solar e mais além no espaço sideral.

De maneira similar, discernir os elementos mais básicos até da matéria comum foi desafiador, porém seu estudo tem sido mais direto do que investigar a matéria escura "transparente" que é invisível mas presente ao nosso redor.

No entanto, a situação está mudando. Hoje, o estudo da matéria escura é muito promissor, devido ao fato de que deveria ser explicado por princípios convencionais de física das partículas e, além disso, deveria estar suscetível a uma grande variedade de testes experimentais que hoje estão disponíveis. Apesar da fraqueza de suas interações, cientistas têm uma chance real, na década vindoura, de identificar e deduzir a natureza da matéria escura. E, como ela se agrupa em galáxias e outras estruturas, as observações da galáxia e do universo por vir possibilitarão a físicos e astrônomos medi-la de novas maneiras. Além disso, como veremos, a matéria escura também responde por algumas peculiaridades do nosso sistema solar relativas a impactos de meteoroides e ao percurso de desenvolvimento da vida na Terra. A matéria escura não está apartada no espaço (e ela existe), portanto a *Enterprise* não precisa nos levar até lá. Mas, com as ideias e tecnologias hoje em desenvolvimento, ela está propensa a ser a fronteira final — ou, pelo menos, a nossa próxima e empolgante fronteira.

2. A descoberta da matéria escura

Ao caminhar pelas calçadas de Manhattan ou dirigir pelas ruas de Hollywood, às vezes você sente que há um famoso por perto. Mesmo que não veja George Clooney, o tráfego desordenado da multidão à espera dele, armada com celulares e câmeras, já basta para alertar você quanto à presença de uma celebridade. Embora o detecte apenas de maneira indireta, a imensa influência de George sobre todos ao seu redor já garante que alguém especial está nas proximidades.

Quando você está caminhando por uma floresta, pode acontecer de uma revoada de pássaros surgir de repente no céu ou um bicho cruzar seu caminho. Talvez você nunca encontre o trilheiro ou caçador que levou esses animais a se mexer. Mesmo assim, a movimentação dos animais faz vocês dois ficarem cientes da presença um do outro e ajuda a contar a história de ambos.

Nós não enxergamos a matéria escura, mas, assim como a celebridade ou o caçador, ela influencia o que está ao seu redor. Os astrônomos utilizaram essas influências indiretas para inferir sua presença. As medições que temos hoje nos revelam a contribuição energética da matéria escura com precisão cada vez maior. Embora a gravidade seja uma força fraca, a matéria escura em grande quantidade tem influência mensurável — e há muita matéria escura no universo. Ainda não conhecemos a verdadeira natureza dessa matéria, mas as medições que vou descrever demonstram que ela é um componente real e essencial do nosso mundo. A matéria escura, embora até o momento seja invisível a nossos olhos e à observação direta, não se esconde por completo.

UMA BREVE HISTÓRIA DA DETECÇÃO DA MATÉRIA ESCURA

Fritz Zwicky foi um pesquisador independente com ideias respeitáveis — e também com ideias sem pé nem cabeça. Ele tinha plena consciência de seu status de excêntrico e tinha até planos de escrever uma autobiografia chamada *Operação lobo solitário*. Sua reputação pode explicar em parte por que, mesmo tendo feito, ainda em 1933, uma das descobertas mais espetaculares do século XX, ela só foi levada a sério quarenta anos depois.

A dedução a que Zwicky chegou em 1933, contudo, foi notável. Ele observou as velocidades de galáxias no Aglomerado de Coma (um *aglomerado* é um grande conjunto de galáxias atreladas pela gravidade). A atração gravitacional da matéria interna a um aglomerado compete com as energias cinéticas das estrelas que o aglomerado contém, gerando um sistema estável. Se a massa for muito pequena, a atração gravitacional do aglomerado não impedirá a energia cinética das estrelas de as expulsarem do grupo. Com base nas medições de velocidade das estrelas, Zwicky calculou que a quantidade de massa necessária para o aglomerado ter atração gravitacional suficiente era quatrocentas vezes maior que a contribuição da massa luminosa — a matéria que emite luz — de que se tinha medição. Para responder por toda essa matéria extra, Zwicky propôs a existência do que chamou de *dunkle Materie*, "matéria escura" em alemão — um nome que soa ainda mais sinistro ou mais bobo, dependendo de como você o pronunciar.

O genial e prolífico astrônomo holandês Jan Oort chegou a uma conclusão similar sobre matéria escura um ano antes de Zwicky. Oort reconheceu que as velocidades de estrelas na nossa vizinhança galáctica próxima eram altas demais para que esse movimento fosse atribuído apenas à influência gravitacional de matéria que emite luz. Oort também deduziu que estava faltando alguma coisa. Ele, contudo, não fez conjecturas quanto a outro tipo de matéria, mas apenas a coisas comuns e não luminosas — uma proposta que desde então foi recusada por motivos que discutirei mais adiante.

Mas Oort pode não ter sido o primeiro a fazer essa descoberta. Em um congresso de cosmologia do qual participei em Estocolmo, meu colega sueco Lars Bergstrom me contou das observações mais ou menos desconhecidas de um astrônomo sueco, Knut Lundmark, que havia observado lacunas de matéria nas galáxias dois anos antes de Oort. Embora Lundmark, assim como Oort, não tenha feito uma sugestão tão ousada como a de uma forma nova de matéria, suas medições da proporção entre matéria escura e matéria visível eram as que mais se aproximavam do valor real, que hoje sabemos estar perto de cinco para um.

Apesar dessas primeiras observações, porém, a matéria escura foi, em essência, ignorada por um longo período. A ideia foi ressuscitada apenas nos anos 1970, quando astrônomos observaram o movimento de galáxias-satélite — pequenas galáxias próximas às grandes —, que só podiam ser explicadas pela presença de uma matéria adicional e invisível. Essas e outras observações começaram a transformar a matéria escura em tópico de pesquisa séria.

Mas seu status se concretizou de verdade a partir dos trabalhos de Vera Rubin, astrônoma do Instituto Carnegie, de Washington, DC, que trabalhou com o astrônomo Kent Ford. Depois da pós-graduação na Universidade de Georgetown, Rubin decidiu medir o movimento angular de estrelas em galáxias — a começar por Andrômeda —, em parte para não pisar nos territórios fechados e superprotegidos de outros cientistas. Ela mudou de rumo na pesquisa depois de sua tese — que media velocidades de galáxias e confirmou a existência de aglomerados — ter sido rejeitada pela maior parte da comunidade científica, um pouco pelo motivo deselegante de invadir os domínios científicos de outros. Em seu trabalho de pós-graduação, Rubin decidiu entrar em um campo de pesquisa menos concorrido, e assim resolveu estudar a velocidade orbital de estrelas.

A decisão de Rubin levou à descoberta que talvez seja a mais emocionante de sua época. Nos anos 1970, ela e Kent Ford, seu colaborador, descobriram que as velocidades rotacionais das estrelas eram quase as mesmas a qualquer distância do centro galáctico. Ou seja, as estrelas rotacionavam em velocidade constante, mesmo que muito distantes da região que continha matéria luminosa. A única explicação possível era uma matéria ainda não reconhecida que ajudava a refrear as estrelas mais distantes e se movimentava bem mais rápido que o esperado. Sem essa contribuição adicional, as estrelas com as velocidades que Rubin e Ford haviam medido sairiam voando em disparada da galáxia. A dedução notável dos pesquisadores foi que a matéria comum respondia por apenas um sexto da massa necessária para mantê-la em órbita. As observações de Rubin e Ford resultaram na prova mais forte da existência da matéria escura na época, e as curvas de rotação das galáxias continuam sendo uma pista importante.

Desde os anos 1970, as provas da matéria escura e a proporção da densidade energética bruta do universo que ela carrega se tornaram ainda mais fortes e calculadas de maneira ainda melhor. Os efeitos dinâmicos que nos possibilitam aprender sobre a matéria escura incluem a rotação das estrelas nas galáxias, como acabei de descrever. Contudo, essas medições se aplicavam apenas a galáxias espiraladas — galáxias que, como nossa Via Láctea, possuem matéria visível em um disco com braços espiralados que se projetam para fora. Outra categoria importante é a galáxia elíptica, na qual a matéria luminosa possui um formato mais bulbiforme. Em galáxias elípticas, assim como se dá com as medições de Zwicky com aglomerados de galáxias, podem-se medir *dispersões de velocidade* — o quanto as velocidades variam entre as estrelas nas galáxias. Já que essas velocidades são determinadas pela massa dentro da galáxia, elas substituem a medição da massa de uma galáxia. As medições em galáxias elípticas também demonstraram que a matéria luminosa é insuficiente para responder pela dinâmica medida em suas estrelas. Além de tudo isso, as medições das dinâmicas de gás interestelar — o gás que não está contido em estrelas — também levavam à matéria escura. Como essas medições em específico foram feitas dez vezes mais longe dos centros das galáxias do que a extensão de matéria visível, elas demonstravam não só que a matéria escura existe, mas que sua gama se estendia muito além da parte visível de uma galáxia. Medições da temperatura e densidade do gás, via raios X, confirmaram esse resultado.

LENTES GRAVITACIONAIS

A massa dos aglomerados de galáxias também pode ser medida através das *lentes gravitacionais* de luz (Figura 1). Mais uma vez, lembre-se de que ninguém enxerga a matéria escura em si. Mesmo assim, ela pode influenciar a

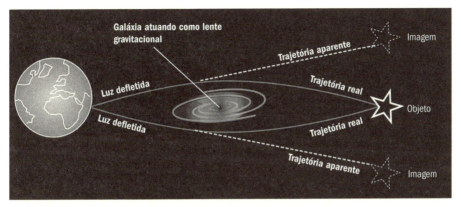

1. *Um objeto que brilha, como uma estrela ou uma galáxia, emite luz que se desvia em torno de um objeto imenso, como um aglomerado de galáxias. Um observador na Terra projeta a luz como imagens múltiplas da fonte emitente.*

matéria circundante, assim como a luz, com sua atração gravitacional. De acordo com as observações do Aglomerado de Coma feitas por Zwicky, a matéria escura afetava o movimento das galáxias de maneiras observáveis. Embora invisível em isolamento, ela poderia ser medida a partir de sua influência sobre objetos visíveis.

A ideia por trás da proposta de lentes gravitacionais, que o talentoso Fritz Zwicky foi o primeiro a sugerir, era que a influência gravitacional da matéria escura também mudaria a trajetória da luz emitida por um objeto luminoso de outro ponto. A influência gravitacional de um objeto imenso no meio do caminho, como um aglomerado de galáxias, desvia as trajetórias dos raios de luz emitidos pelo objeto luminoso. Quando o aglomerado é grande o bastante, a distorção nas trajetórias é observável.

A direção da reorientação depende da direção inicial da luz: a luz que passa pelo alto do aglomerado é desviada para baixo, enquanto a luz que passa pela direita é desviada para a esquerda. Ao retraçar os raios como se tivessem chegado por linhas retas, as observações rendiam imagens múltiplas do objeto que havia gerado a luz. Zwicky percebeu que a matéria escura em aglomerados de galáxias poderia assim ser detectada a partir da mudança observada em raios de luz e em imagens múltiplas aparentes, que dependeriam da massa total que o aglomerado no meio do caminho contivesse. *Lentes gravitacionais fortes* rendem imagens múltiplas do objeto emitente de luz. *Lentes gravitacionais fra-*

cas, nas quais as formas são distorcidas, mas não duplicadas, podem ser usadas nas bordas do aglomerado, onde a influência não é tão pronunciada.

Assim como as velocidades de galáxias em um aglomerado, que levaram à primeira conclusão radical de Zwicky, a luz desviada por lente traria consequências visíveis à massa total do aglomerado, apesar da invisibilidade da matéria escura em si. Essa consequência observacional drástica já foi observada, mas anos depois de ser sugerida.

Todavia, medições por lentes hoje estão entre as observações mais importantes para o estudo da matéria escura. As lentes gravitacionais são animadoras porque constituem (em certo sentido) uma maneira de absorver diretamente a matéria escura. A matéria escura entre um objeto emitente de luz e o observador desvia a luz. Isso acontece independentemente de qualquer suposição de dinâmicas, como as usadas em medições de velocidade de estrelas ou galáxias. As lentes medem por via direta a massa entre o emitente de luz e nós. Alguma coisa atrás de um aglomerado de galáxias (ou outro objeto que contenha matéria escura) emite luz ao longo da nossa linha de visão, e o aglomerado de galáxias desvia essa luz. As lentes também foram usadas para medir a matéria escura em galáxias, e a luz de um quasar emitida atrás da galáxia aparecia em imagens múltiplas devido à distorção dos efeitos gravitacionais da matéria galáctica — incluindo da matéria escura e não luminosa.

O AGLOMERADO DA BALA

Medições de lentes gravitacionais também desempenham um papel importante naquela que talvez seja a prova mais convincente da existência da matéria escura, que vem de aglomerados de galáxias que se fundiram — como o que aconteceu com o hoje famoso (pelo menos entre físicos) *Aglomerado da Bala* (Figura 2). Essa estrutura se formou na verdade a partir da fusão de ao menos dois aglomerados de galáxias. Os aglomerados progenitores continham matéria escura e matéria comum — no caso, gás que emitia raios X. O gás sofre interações eletromagnéticas, o que já basta para impedir de maneira efetiva que os gases dos dois aglomerados continuem o movimento de um passar pelo outro, e como resultado o gás que no início estava se movimentando pelos aglomerados fica congestionado no meio deles. A matéria escura, por outro lado, interage muito pouco — tanto com o gás quanto consigo mesma, como demonstra o Aglomerado da Bala. Assim, ela poderia fluir desimpedida, o que resulta em formas que lembram as orelhas do Mickey Mouse nas regiões externas do aglomerado mesclado. O gás funciona como o engarrafamento de carros quando duas pistas se unem vindas de direções distintas, enquanto a matéria escura lembra elegantes motonetas, de movimento livre, que conseguem passar pelo meio.

Astrônomos usaram medições de lentes gravitacionais para determinar que a matéria escura podia ser encontrada nas regiões externas, além de medições de raios X para determinar que o gás permanece no centro. Essa talvez seja a maior prova que se tem de que a matéria escura é o que é. Embora continuem a especular quanto a modificações da gravidade, é difícil explicar a estrutura distinta do Aglomerado da Bala (e de outras observações similares) sem algo de matéria não interagente que responda pelo formato estranho. O Aglomerado da Bala — e outros aglomerados similares — demonstra da maneira mais direta que a matéria escura existe. É a coisa que passa pelo meio, desimpedida, quando aglomerados se fundem.

2. *Aglomerados se mesclam para criar o Aglomerado da Bala, no qual o gás fica preso na região central de mescla e a matéria escura passa pelo meio, o que gera regiões externas bulbiformes que contêm a matéria escura.*

A MATÉRIA ESCURA E A RADIAÇÃO CÓSMICA DE FUNDO EM MICRO-ONDAS

As observações acima comprovaram a existência da matéria escura. Ainda assim, nos deixam uma pergunta: qual seria a densidade energética total da matéria escura no universo? Mesmo que saibamos quanta matéria escura está contida em galáxias e aglomerados de galáxias, não necessariamente sabemos a quantia total. É fato que a maior parte da matéria escura deveria estar atrelada a aglomerados de galáxias, pois tender à aglomeração é propriedade distinta de qualquer tipo de matéria. Portanto, a matéria escura deveria ser encontrada em estruturas ligadas pela gravidade, e não espalhada de forma difusa pelo universo, de forma que essa quantia de matéria escura contida em aglomerados deveria ser bastante próxima da quantia total. Independentemente disso, seria bom medir a densidade energética que a matéria escura tem sem partir desse pressuposto.

Na verdade, existe uma forma ainda mais robusta de medir a quantidade total de matéria escura. Ela influenciou a radiação cósmica de fundo em micro-ondas — a radiação residual dos primeiros momentos do universo. As propriedades de tal radiação, que foram medidas com grande precisão, hoje desempenham papel crucial em determinar qual seria a teoria cosmológica correta. A melhor medida da quantia de matéria escura vem do estudo dessa radiação, que constitui a sondagem mais nítida que existe em relação às primeiras fases do universo.

Aviso com antecedência que os cálculos são delicados, até mesmo para físicos. Contudo, alguns dos conceitos essenciais que entram na análise são bem mais simples. Uma informação crucial: no princípio, átomos — que são estados neutros de núcleos com carga positiva e elétrons com carga negativa eletricamente ligados — não existiam. Os elétrons e os núcleos só conseguiram se combinar em átomos estáveis depois que a temperatura ficou abaixo da energia de ligação atômica. Acima dessa temperatura, a radiação apartava prótons e elétrons e fazia os átomos explodirem. Por conta dessas partículas carregadas dos primórdios, a radiação que permeia o universo a princípio não se deslocava livremente. Em vez disso, ela se espalhou nas várias partículas carregadas que o universo inicial continha.

Contudo, conforme o universo esfriava, partículas carregadas se combinaram para formar átomos neutros em uma temperatura específica, conhecida como temperatura de recombinação. A ausência de partículas carregadas livres deu aos fótons licença para se deslocar sem impedimentos. Desse momento em diante, partículas carregadas passaram a não mais se deslocar de forma independente e, em vez disso, ficaram atreladas em átomos. Sem partículas carregadas a partir das quais se dispersar, os fótons emitidos após a recombinação poderiam vir diretamente aos nossos telescópios. Portanto, quando observamos a radiação cósmica de fundo em micro-ondas, estamos observando esse período relativamente inicial.

Do ponto de vista de medições, é algo fantástico. É um período tão primitivo na vida do universo — embora seja de 380 mil anos após o big bang — que ainda não havia estrutura. O universo assumiu mais ou menos a forma simples que nosso retrato cosmológico inicial sugere. Acima de tudo, ele era homogêneo e isotrópico. Ou seja, a temperatura era quase a mesma não importava o ponto do céu que se analisasse ou a direção escolhida. Mas flutuações mínimas na temperatura, no nível de uma parte para 10 mil, comprometiam um pouquinho essa homogeneidade. As medições dessas flutuações levam consigo uma quantidade enorme de informação a respeito do conteúdo e da evolução subsequente do universo. Os resultados permitem deduzir o histórico de expansão do universo e outras propriedades que nos dizem a quantidade de radiação, matéria e energia presentes, lá e hoje, o que traz perspectivas detalhadas das propriedades e dos conteúdos do universo.

Para entender um pouco por que essa radiação antiga é tão rica em informação, a segunda coisa a considerar quanto aos primórdios do universo é que, na época de recombinação, quando os átomos neutros afinal conseguiram se formar, a matéria e a radiação no universo começaram a oscilar. No que é chamado de *oscilações acústicas*, a atração gravitacional de matéria puxava coisas para dentro, enquanto a pressão da radiação conduzia coisas para fora. Essas forças estavam em concorrência e levavam a matéria em colapso a se contrair e se expandir, criando oscilações. A quantidade de matéria escura determinava a força do potencial gravitacional que puxava coisas para dentro, resistindo à força de expulsão da radiação. Essa influência ajudou a moldar as oscilações, possibilitando que astrônomos medissem a densidade energética total da matéria escura presente na época. Num efeito ainda mais sutil, a matéria escura também influenciou a quantidade de tempo ocorrida entre o momento em que a matéria começou a entrar em colapso (o que acontece quando a densidade de energia na matéria excede a da radiação) e o tempo de recombinação — quando as coisas começam a oscilar.

A PIZZA CÓSMICA

É muita informação. Mas, mesmo sem saber os detalhes, temos como entender que essas medições são de uma precisão extraordinária, e que elas nos permitem determinar valores muito precisos de vários parâmetros cosmológicos — entre os quais a quantidade líquida de densidade energética que a matéria escura comporta. As medições não só confirmam a existência de energia escura e matéria escura, também restringem a fração de energia do universo que elas contêm. A porcentagem de energia na matéria escura é de cerca de 26%, na matéria comum, de cerca de 5%, e na energia escura, de cerca de 69% (Figura 3). A maior parte da energia da matéria comum se encontra nos átomos, motivo pelo qual o gráfico da pizza cósmica usa "átomos" e "matéria comum" como sinônimos. Em outras palavras, a matéria escura contém cinco vezes a energia da matéria comum, o que significa 85% da energia da matéria no universo. Foi reconfortante ver que o resultado da contribuição da matéria escura que derivamos das medições de radiação de fundo se provou de acordo com as medições prévias de aglomerados de galáxias, reforçando assim o resultado obtido a partir das medições de radiação cósmica de fundo em micro-ondas.

As medições de radiação cósmica de fundo também confirmaram a existência da energia escura. Como a matéria escura e a matéria comum afetam de maneiras diferentes as perturbações na radiação de fundo — a radiação que persiste até hoje, desde os tempos do big bang —, dados sobre esse fundo confirmaram a existência de matéria escura e, além disso, mediram quanto dela está presente. Todavia, a energia escura — a forma de energia misteriosa que se discutiu no capítulo anterior, presente no universo, mas não contida em nenhuma outra forma de matéria — também influencia essas flutuações.

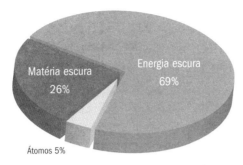

3. Gráfico em pizza que ilustra as quantidades relativas de energia armazenadas em matéria comum (átomos), matéria escura e energia escura. Perceba que a matéria escura corresponde a 26% do total da densidade energética, porém constitui mais ou menos 85% da energia da matéria, porque a matéria inclui apenas as contribuições de átomos e matéria escura, mas não da energia escura.

Mas a descoberta real da energia escura veio de medições de supernovas, realizadas por duas equipes de físicos separadas — uma comandada por Saul Perlmutter e outra por Adam Riess e Brian Schmidt. Essa descoberta é um pequeno desvio de rota, já que a matéria escura será nossa principal questão. Mas a energia escura também é interessante e importante a ponto de merecer esse breve desvio.

SUPERNOVAS TIPO IA E A DESCOBERTA DA ENERGIA ESCURA

Supernovas tipo Ia desempenharam papel muito importante na descoberta da energia escura. Elas resultam das explosões nucleares de *anãs brancas*, que correspondem aos estágios finais, ao que tudo indica inócuos, de evolução de algumas estrelas depois que elas queimaram todo o hidrogênio e hélio no cerne através da fusão termonuclear. Como um país rico em petróleo que exportou todos os seus recursos e se vê com uma população pujante e insatisfeita à beira da revolução, anãs brancas só precisam absorver um pouquinho de material para sua massa deixá-las à beira da explosão.* Já que as anãs brancas

---

* Admito que essa analogia só funciona até certo ponto. Diferentemente de exilados insatisfeitos, os elementos pesados, uma vez distribuídos pelo universo, não vão incitar mais instabilidade. Melhor que isso: eles contribuem para a formação de sistemas estelares e até mesmo da vida.

que explodem para criá-las têm todas a mesma massa, supernovas tipo Ia brilham com mais ou menos a mesma intensidade, o que as torna aquilo que os astrofísicos chamam de *velas-padrão*.*

Supernovas tipo Ia são uma observável bastante útil da taxa de expansão do universo por conta dessa uniformidade e também porque elas são claras e relativamente fáceis de enxergar, mesmo quando distantes. Acima disso tudo, são velas-padrão, então seu brilho aparente varia apenas devido às diferentes distâncias que as separam de nós.

Portanto, se astrônomos medem tanto a velocidade com a qual a galáxia está retrocedendo quanto a luminosidade da galáxia, eles têm como determinar a taxa de expansão do universo em que a galáxia está contida, assim como a distância dessa galáxia. De posse dessa informação, eles podem determinar a expansão do universo como função do tempo.

Em 1998, duas equipes de pesquisadores de supernovas partiram dessa percepção para descobrir a energia escura, quando mediram os desvios para o vermelho de galáxias nas quais residem as supernovas tipo Ia. Desvio para o vermelho é a variação na frequência de luz que um objeto que se afasta emite, a qual nos diz, assim como a diminuição do tom na sirene da ambulância quando se afasta, quão rápido algo se move de uma fonte de luz ou de som.** Tendo conhecimento dos desvios para o vermelho e do brilho das supernovas que estudaram, pesquisadores conseguiram medir a taxa de expansão do universo.

Para sua feliz surpresa, os astrônomos descobriram que as supernovas eram menos brilhantes do que tinham imaginado, o que indicava que estavam mais distantes do que eles esperavam nas suas pré-concepções, então convencionais, quanto à taxa de expansão do universo. As observações dos astrônomos levaram à notável conclusão de que uma fonte de energia imprevista es-

---

* Na verdade, essa imagem, embora amplamente aceita, hoje está em discussão entre os especialistas. Por um lado, previsões dos espectros e curvas de luz de anãs brancas em explosão condizem muito bem com o observado. Por outro lado, nunca se viu a estrela binária que se espera que acompanhe estas anãs brancas. Astrônomos, portanto, sugerem que na verdade seria a mescla de duas anãs brancas que origina a explosão. Há dados que apoiam essa conclusão — a maioria tem a ver com medir a diferença de tempo entre a formação da binária e sua explosão —, mas as previsões detalhadas para a conjuntura de explosão de uma única anã branca ainda têm que se confirmar, de maneira que a questão permanece sem solução.
** O som de uma ambulância se afastando fica mais grave, ou seja, com uma frequência menor. (N. R. T.)

tava acelerando a taxa de expansão do universo. A energia escura se encaixa aí, já que sua influência gravitacional faz o universo se expandir em uma taxa cada vez mais veloz com o passar do tempo. Juntando-as às medições na radiação cósmica de fundo em micro-ondas, as medições de supernova determinaram a existência da energia escura.

CONCLUSÃO SOBRE A MATÉRIA ESCURA: CODA

Hoje o acordo entre todas as medições é tão preciso que cosmólogos falam de um paradigma ΛCDM, no qual Λ se refere a "Lambda" e CDM é a sigla de *cold dark matter*, ou matéria escura fria. Lambda é o nome às vezes utilizado para a energia escura que hoje sabemos estar presente.* Com a energia escura, a matéria escura e a matéria comum distribuídas como na pizza cósmica, todas as medições até o momento condizem com as previsões.

A radiação cósmica de fundo em micro-ondas medida com precisão, com suas minúsculas, mas ricas, perturbações de densidade, determina muitos parâmetros cosmológicos, entre eles as densidades de energia da matéria comum, da matéria escura e da energia escura — assim como a idade e o formato do universo. A excelente concordância nos dados mais recentes dos satélites WMAP e Planck, que abordaremos no capítulo 5, e com os dados de outras observações, como as obtidas pelo estudo de supernovas tipo Ia, é uma verificação importante do modelo cosmológico.

Mas existe uma prova final e muito importante da existência de matéria escura da qual ainda tenho que tratar. Essa prova, talvez a mais importante para nós, é a existência de estruturas como galáxias. Sem a matéria escura, tais estruturas não teriam tempo para se formar.

Para entender o papel decisivo da matéria escura nesse processo tão importante, é preciso entender um pouco das primeiras fases da história do universo. Portanto, antes de chegar à formação da estrutura, vamos primeiro nos voltar à cosmologia, o estudo de como o universo se transformou ao longo do tempo.

* A letra grega Λ denota a chamada constante cosmológica, introduzida por Einstein em 1917, e que hoje é a explicação mais simples para a energia escura, responsável pela expansão acelerada do universo. (N. R. T.)

3. As grandes perguntas

Já aconteceu, em algumas ocasiões, quando comentei com outras pessoas que trabalho com cosmologia, de o interlocutor achar que trabalho com cosméticos — ou cosmetologia —, o que acho muito engraçado, considerando meu despreparo para uma vocação desse tipo. Mas o engano me motivou a pesquisar essas palavras, que soam bem próximas. O Online Etymology Dictionary, em que é explicado que "cosmologia" e "cosmética" se originaram da versão latinizada do grego *kosmos*, me ensinou que o engano é na realidade justificável. Pitágoras de Samos, no século VI a.C., pode ter sido o primeiro a usar a palavra *kosmos* em relação ao universo. Por volta de 1200 d.C., contudo, o significado de *cosmos* era "ordem, boa ordem ou disposição organizada". A palavra só pegou mesmo por volta de meados do século XIX, quando o cientista e explorador alemão Alexander von Humboldt deu uma série de palestras, as quais reuniu em um tratado com o título *Kosmos*. Esse tratado influenciou muitos leitores, entre os quais os escritores Ralph Waldo Emerson, Henry David Thoreau, Edgar Allan Poe e Walt Whitman. Você pode brincar que Carl Sagan fez o primeiro remake da famosa série *Kosmos*.

A palavra inglesa *cosmetic*, por outro lado, remonta aos anos 1640 e deriva do francês *cosmétique*, que por sua vez descende do grego *kosmetikos*, que significa "destreza em adornos ou organizações". O dicionário on-line consultado, ao apresentar um significado duplo que, desconfio, apenas moradores de Los Angeles vão entender, explica que, "assim, *kosmos* tem um sentido secundário e relevante de 'ornamentos, roupa feminina, decoração', bem como de 'o universo, o mundo'". De qualquer maneira, a similaridade — e a constrangedora confusão — que encontrei não foi de todo uma coincidência. Tanto "cosmologia" quanto "cosmetologia" derivam de *kosmos*. Assim como um rosto, o universo também possui beleza e ordem subjacente.

A cosmologia — a ciência da evolução do universo — é uma ciência legítima. Em tempos recentes ela adentrou uma era na qual avanços revolucionários, tanto experimentais quanto teóricos, levaram à compreensão mais extensa e detalhada do que muitos considerariam possível mesmo trinta anos atrás. O avanço da tecnologia combinado a teorias com base na relatividade geral e na física de partículas deram um retrato minucioso dos primeiros estágios do universo e de como ele evoluiu até chegar ao universo que enxergamos hoje. O próximo capítulo explica a que ponto e a que profundidade esses avanços do século XX nos levaram em termos da nossa compreensão da história do universo. Mas, antes de explorar essas conquistas notáveis, quero fazer uma breve digressão filosófica para deixar claro o que a ciência diz — e o que não diz — a respeito de algumas das perguntas mais antigas e mais fundamentais da humanidade.

PERGUNTAS SEM RESPOSTAS

A cosmologia trata das grandes indagações — nada menos que a origem do universo e seu desenvolvimento até o estado atual. Antes da revolução científica, tentava-se responder a essas perguntas com os únicos métodos à disposição: no caso, a filosofia e a observação limitada. Algumas ideias se provaram corretas, mas — o que é esperado — muitas outras estavam erradas.

Hoje, também, apesar de muitos avanços, não se pode deixar de voltar à filosofia quando se pensa o universo e as perguntas que ainda não respondemos — com efeito, obrigando-nos a confrontar a distinção entre filosofia e ciência. A ciência diz respeito àquelas ideias que pelo menos em princípio podemos verificar ou descartar a partir de experimentos e observações. A filosofia, ao menos para um cientista, se ocupa de perguntas que esperamos que nunca venhamos a responder de maneira confiável. A tecnologia às vezes fica para trás, mas gostamos de acreditar que, pelo menos em princípio, as propostas científicas serão verificadas ou descartadas.

É o que põe os cientistas em um dilema. O universo quase com certeza vai além dos domínios que observamos. Se a velocidade da luz é de fato finita e se nosso universo está por aí há apenas um período de tempo fixo, só temos acesso a uma região finita do espaço, não importa o quanto a tecnologia avance. Conseguimos enxergar apenas aquelas regiões às quais se chega com um raio de luz — ou alguma outra coisa que viaje à velocidade da luz — durante o período de vida do universo. É apenas a partir dessas regiões que um sinal pode chegar até nós no período de existência do universo. Qualquer coisa mais distante — em relação ao que os físicos chamam de *horizonte cósmico* — é inacessível a qualquer tipo de observação que possamos fazer no momento.

Isso quer dizer que a ciência, no seu sentido mais exato, não se aplica além desse domínio. Ninguém pode validar ou descartar em termos experimentais conjecturas que se apliquem além do horizonte. Segundo nossa definição de ciência, nessas regiões longínquas a filosofia é suprema. O que não significa que cientistas curiosos deixem de refletir sobre as grandes perguntas a respeito dos princípios e dos processos físicos que se aplicam lá. Na verdade, muitos o fazem. Não quero deixar essas indagações de lado — em muitos casos, elas são profundas e fascinantes. Porém, dadas as limitações, não se pode confiar nas respostas dos cientistas quanto a esses domínios — pelo menos, não mais do que nas respostas de outras pessoas. Todavia, já que me perguntam bastante, aproveito este capítulo para dar a minha opinião sobre algumas das grandes perguntas que em geral se espera que sejam respondidas.

Uma pergunta que ouço com frequência é: por que existe algo em vez de nada? Embora nenhum de nós saiba o motivo real, darei minhas duas respostas. A primeira, inegável, é que você não estaria aqui para perguntar e eu não estaria aqui para responder se houvesse nada. Mas minha outra resposta é que acho que o "algo" é mais provável que o "nada". Afinal, o "nada" é muito especial. Se você tem uma fileira de números, zero é só um ponto infinitésimo na infinidade de números possíveis que se tem a escolher. "Nada" é tão especial que, sem uma razão subjacente, você não haveria de supor que pudesse caracterizar o estado do universo. Até um motivo subjacente, no entanto, já é algo. Você precisa pelo menos de leis físicas para explicar uma ocorrência não aleatória. Uma causa sugere que deve haver algo. Embora soe como piada, acredito mesmo nisso. Você nem sempre vai encontrar o que procura, mas não se encontra o nada por acaso.

Mas existe também uma pergunta científica, e não filosófica, que surge quando físicos pensam na matéria que nos constitui — as coisas que deveríamos entender. Por que, no nosso universo, temos tanto da matéria de que somos constituídos — prótons, nêutrons e elétrons? Embora entendamos muito sobre a matéria comum, não entendemos inteiramente o porquê de haver tanto dela ainda por aqui. A quantidade de energia na matéria comum é um problema não resolvido. Ainda não sabemos por que ela sobreviveu de maneira tão abundante quanto sobrevive até hoje.

O problema se resume à questão: por que não existiu sempre uma quantia igual de matéria e *antimatéria*? Antimatéria é a coisa que tem a mesma massa, mas carga oposta à da matéria comum. Teorias físicas nos dizem que para cada partícula de matéria precisa existir uma de antimatéria. Por exemplo: saber que um elétron tem carga −1 nos diz que também deve haver uma antipartícula — chamada pósitron — com a mesma massa, mas carga oposta, +1. Para evitar confusões, deixe-me dizer com todas as letras que antimatéria não é matéria escura. A antimatéria tem as mesmas cargas da matéria comum e por isso interage com a luz. A única diferença é que as cargas de antimatéria são o oposto das da matéria.

Já que a antimatéria tem cargas opostas às da nossa matéria usual, a carga líquida de matéria e antimatéria é zero. Já que matéria e antimatéria juntas não possuem carga, a conservação das cargas e a famosa fórmula de Einstein $E = mc^2$ nos dizem que a matéria pode se encontrar com a antimatéria e sumir em energia pura — que também não tem carga.

Seria de esperar que, conforme nosso universo se resfriasse, em essência toda matéria conhecida houvesse sido aniquilada pela antimatéria, de maneira que matéria e antimatéria teriam se combinado para virar energia pura e, assim, desaparecer. Mas como estamos aqui para refletir sobre essa questão, é evidente que isso não aconteceu. O que nos resta é a matéria — aqueles 5% de energia do universo que você vê na Figura 3 — e, portanto, a quantidade dela no universo deve ser maior que a quantidade de antimatéria. Uma característica crítica do nosso universo — e nossa — é que, em contraste com a expectativa térmica-padrão, a matéria comum não some e sobrevive em quantidades suficientes para criar animais, cidades e estrelas. Isso só é possível porque a matéria tem predomínio em relação à antimatéria — existe uma assimetria matéria-antimatéria. Se as quantias fossem iguais, matéria e antimatéria teriam se encontrado, se aniquilado e sumido.

Para que a matéria continue por aí até hoje, é preciso que se tenha estabelecido uma assimetria entre matéria e antimatéria em algum momento no início do universo. Físicos sugeriram muitos cenários funcionais para o que poderia ter criado esse desequilíbrio, mas ainda não sabemos se alguma dessas ideias está correta. A origem da assimetria continua sendo um dos problemas sem solução na cosmologia. Isso quer dizer que não só não entendemos os componentes escuros como não entendemos por completo nem a matéria comum — o pedacinho da pizza cósmica que representa a matéria conhecida. Algo de especial deve ter acontecido no início da evolução do universo para explicar por que esse pedaço da pizza continua onde está.

A segunda pergunta sem resposta é o que exatamente aconteceu durante o big bang. Cientistas e a imprensa popular se referem com frequência a essa grande explosão que aconteceu quando o universo tinha menos de 10^{-43} segundos de idade e media 10^{-33} centímetros, e até "ilustram" a explosão com lindíssimas imagens multicoloridas. Mas o termo "big bang" é enganoso, como discutirei no capítulo a seguir. O astrônomo Fred Hoyle, que preferia a teoria de um universo estático, inventou o termo em 1949 como uma expressão pejorativa para usar no seu programa de rádio da BBC, em referência à teoria na qual não acreditava.

Independentemente do posicionamento que você tenha em relação à cosmologia do big bang, que descreve muito bem a evolução do universo apenas uma fração de segundo depois que o universo que conhecemos começou, ninguém sabe o que aconteceu no primeiríssimo instante. Uma caracterização confiável do big bang, e possivelmente do que aconteceu antes, exige uma teoria da gravidade quântica. Nas escalas de distância minúsculas relevantes para esse período tão inicial, tanto a mecânica quântica quanto a gravidade são importantes, e até agora ninguém encontrou uma teoria solucionável que se aplique a esse regime de distância infinitésimo. Teremos entendimento dos princípios do universo apenas quando soubermos mais sobre processos físicos na escala da distância minúscula. E há mesmo grande possibilidade de que as observações que validariam essas conclusões sejam impossíveis.

Uma pergunta de resposta ainda mais impossível, e que ouço com frequência, é: "O que havia antes do big bang?". Supõe-se que responder a ela exige ainda mais conhecimento do que entender o big bang em si. Não sabemos o que aconteceu na época do big bang, e nem eu nem mais ninguém sabemos o que aconteceu antes. Porém, antes que você se sinta mais frustrado com essa omissão, permita-me tranquilizá-lo dizendo que, nesse caso, talvez você não fique satisfeito com nenhuma resposta. Ou o universo estava por aí por um período de tempo infinito ou começou em algum momento específico. As duas respostas podem ser perturbadoras, mas são as opções que temos.

Dando um passo além no tema, se o universo sempre existiu e o big bang fazia parte dele, ou nosso universo era tudo que existia ou outros universos também emergiram de seus próprios big bangs. O *multiverso* é o nome associado a um cosmos no qual, além do nosso próprio universo, existem vários outros. Nesse cenário, haveria muitas regiões em expansão, e cada uma delas constituiria seu próprio universo.

O raciocínio nos deixa três opções. Ou nosso universo começou com o big bang, ou o universo existe desde sempre, mas em algum momento passou pela expansão que a teoria do big bang prevê, ou somos um dos muitos universos que cresceram a partir do universo/multiverso que sempre existiu. Isso abrange todas as possibilidades. A última, a meu ver, parece mais provável, no sentido de que não prevê que nosso mundo, nem mesmo nosso universo em particular, seja especial, raciocínio que se invoca desde os tempos de Copérnico. Essa escolha também sugere que, assim como a extensão espacial do universo — pelo menos, conforme o que penso — talvez seja de tamanho infinito e não finito, é improvável que o universo em evolução tenha um princípio ou um fim no tempo, embora nosso universo em particular talvez tenha. A existência de universos múltiplos que emergem e por fim somem talvez seja a menos insatisfatória das três possibilidades, que ainda por cima não são de todo inteligíveis.

Isso me traz à última indagação filosófica — incitada pela anterior —, que é a seguinte: esse multiverso existe? As teorias físicas presentes sugerem que multiversos são muito prováveis, sobretudo dadas as várias soluções possíveis em teorias de gravidade quântica conforme formuladas hoje em dia. Se esses cálculos se sustentam a nosso escrutínio, eu diria que outros universos inacessíveis deveriam estar presentes. E por que não? Dado que conhecemos os limites das leis físicas e da tecnologia atual, é miopia, tão figurada quanto literal, decidir que eles não existem. Nada no nosso mundo fica inconsistente com a existência de um multiverso.

Mas isso não quer dizer que um dia venhamos a saber a resposta. Se nada se move mais rápido que a velocidade da luz, qualquer região muito distante — além do horizonte cósmico — está fora dos limites de observação. Mas essas outras regiões poderiam, em princípio, conter outros universos que ficam totalmente à parte do nosso. É possível que alguns sinais de outros universos sejam encontrados em casos onde, com o tempo, universos à parte entram em contato. Mas isso é bastante improvável, e no geral outros universos são inacessíveis.

Para meus leitores fiéis, farei agora um aparte para deixar claro que, ao discutir multiversos, não me refiro aos cenários multidimensionais que descrevi no livro *Warped Passages* [Travessias distorcidas]. Podem existir universos mais próximos do horizonte, mas que estão separados de nós por outra dimensão do espaço — uma dimensão que vai além das três que observamos: esquerda-direita, cima-baixo, frente-trás. Embora até o momento ninguém tenha visto uma dimensão desse tipo, ela pode existir e também, em princípio, pode existir um universo à parte do nosso nessa dimensão. Esse tipo de universo é chamado de *mundo-brana*. Como sabe quem leu meu primeiro livro, os mundos-brana que mais me interessam poderiam ter consequências observáveis porque não ficam necessariamente a grande distância. Todavia, de modo geral não é de mundos-brana que as pessoas querem falar quando discutem o cenário mais geral de multiversos, que envolve muitos universos à parte que não vão interagir nem através da gravidade. Multiversos ficam tão distantes que mesmo algo que viaje à velocidade da luz de um desses outros universos não teria tempo de chegar até nós no período de vida do nosso universo.

Independentemente disso, há grande interesse pela ideia do multiverso na imaginação popular. Pouco tempo atrás, conversei com um amigo que estava muito empolgado com a ideia de um multiverso e não entendia por que eu não a achava tão interessante quanto ele. A meu ver, o primeiro motivo é o que expus acima: é bastante provável que nunca venhamos a saber com certeza se vivemos ou não em um multiverso. Mesmo que outros universos existam, é provável que continuem indetectáveis. Meu amigo achou essa conversa um pouco frustrante, mas seu interesse se manteve. Suspeito que, assim como muitas pessoas, ele gosta da ideia porque acha que uma cópia de si mesmo está vivendo num desses reinos distantes. Só para constar, não defendo essa ideia. Se outros universos existem, é bem provável que sejam totalmente diferentes do nosso. É provável que nem contenham formas de matéria ou forças iguais às que temos. Se neles houvesse vida, talvez não a reconheceríamos e, em primeiro lugar, nem conseguiríamos detectá-la, mesmo que não se encontrasse tão distante. O número infinito de confluências que criam qualquer ser humano seria ainda menos provável. Depois que expliquei como — mesmo com muitos outros universos — pode haver um universo de possibilidades ainda maior, meu amigo começou a entender meu ponto de vista.

Na verdade, mesmo que se sustente a conjuntura de multiverso, a maioria dos outros universos será insustentável e vai ou entrar em colapso ou explodir, caso em que eles se diluirão em nada quase instantaneamente. Apenas alguns, como o nosso, podem durar tempo o suficiente para desenvolver uma estrutura e, quem sabe, até vida. Apesar da perspectiva sagaz de Copérnico, nosso universo em particular parece ter, de fato, um número de propriedades peculiares — que dão origem às galáxias, ao sistema solar, à vida. Há pessoas que tentam explicar as propriedades especiais dele pressupondo a existência de universos múltiplos, pelo menos um dos quais com as propriedades especiais necessárias à nossa existência. Muitos que pensam dessa maneira tentam seguir o *raciocínio antrópico*, que procura justificar propriedades particulares do nosso universo com o pretexto de que elas são essenciais à vida — ou pelo menos a galáxias que sustentem vida. O problema aqui é que não sabemos que propriedades são determinadas antropicamente e quais são baseadas em leis físicas fundamentais, ou quais propriedades são essenciais à vida e quais são apenas essenciais à vida que nós enxergamos. O raciocínio antrópico pode estar correto em alguns casos, mas temos o problema comum de não saber como testar as ideias. O mais provável é que descartemos essas ideias se uma ideia melhor e mais previsível tomar seu lugar.

Ideias como as discutidas acima são especulações. Elas nos intrigam, mas não teremos respostas — pelo menos não tão cedo. Na minha pesquisa, prefiro pensar sobre o "multiverso" de comunidades de matéria que está bem aqui e que temos alguma esperança de entender. Uso esse termo metaforicamente, mas ele não está muito longe da verdade. Há um universo de matéria escura bem debaixo do nosso nariz. De modo geral, porém, não interagimos com ele e ainda não sabemos o que ele é. No momento, físicos teóricos e experimentais fazem nosso conhecimento avançar em relação ao que seria esse "universo escuro". Algum dia, em breve, talvez saibamos a resposta, e essa descoberta terá valido a espera.

4. Quase no princípio: Um bom lugar para começar

Pouco tempo atrás, um físico teórico russo muito engraçado — e muito sincero — assustou todo mundo durante a hora do café, ao descrever o colóquio que planejava para a semana seguinte. Um colóquio de física é uma conversa aberta voltada para estudantes, bolsistas de pós-doutorado e professores — todos com formação em física, embora não tenham necessariamente o foco na área mais restrita de quem vai palestrar. A descrição desse físico quanto ao colóquio proposto era: "Vou falar sobre cosmologia". Quando se ressaltou que isso poderia ser muito amplo — afinal, a cosmologia é toda uma disciplina —, ele argumentou que existem poucas ideias e quantidades que vale a pena medir na cosmologia e que ele daria conta de todas — assim como ofereceria suas contribuições pessoais — em uma fala de uma hora.

Deixarei para você julgar se essa visão extremada da cosmologia é verdadeira. Só para constar, tenho minhas dúvidas. Mas, de fato, parte da beleza na evolução inicial do universo é que, em muitos aspectos, ele surpreende pela simplicidade. Olhando o céu que astrônomos e físicos observam e estudam hoje, podemos extrapolar fatos quanto à composição e às atividades do universo bilhões de anos atrás. Neste capítulo, vamos explorar o avanço impressionante que tivemos na compreensão da história do universo que as belas teorias e medições do século passado nos deram.

A TEORIA DO BIG BANG

Não temos as ferramentas para caracterizar com segurança o princípio de tudo. Mas o fato de não sabermos como o universo teve início não significa que sabemos pouco. Diferentemente de seu próprio princípio, que nenhuma teoria conhecida consegue descrever, a evolução do universo uma mínima fração de segundo após seu princípio é talhada conforme as leis já conhecidas da física. Aplicando as equações da relatividade e utilizando suposições simplificadas em relação ao seu conteúdo, físicos conseguem determinar muita coisa a respeito do comportamento do universo a apenas um intervalo minúsculo depois de seu início — talvez por volta de 10^{-36} segundos depois —, momento em que se aplica a teoria do big bang, que descreve a expansão do universo. O universo nesse início era cheio de matéria e radiação uniforme e isotrópica — a mesma em todos os lugares e todas as direções —, de forma que poucas quantidades já bastam para descrever suas primeiras propriedades físicas. Essa caracterização torna sua evolução inicial simples, previsível e compreensível.

A base da teoria do big bang é a expansão do universo. Nos anos 1920 e 1930, o meteorologista russo Alexander Friedmann, o padre e físico belga Georges Lemaître, o matemático e físico norte-americano Howard Percy Robertson, e o matemático britânico Arthur Geoffrey Walker — os dois últimos trabalhavam juntos — resolveram as equações da relatividade geral de Einstein e deduziram que o universo deve crescer (ou se contrair) conforme o tempo passa. Além disso, eles calcularam como o ritmo de expansão do espaço reagiria à influência gravitacional da matéria e da radiação, cujas densidades energéticas variam também conforme o universo evolui.

A expansão do universo talvez seja um conceito estranho, dado que é muito provável que ele sempre tenha sido infinito. Mas é o espaço em si que está se expandindo, o que significa que as distâncias entre objetos como galáxias crescem com o tempo. Com frequência me perguntam: "Se o universo está se expandindo, ele se expande para onde?". A resposta é que ele não se expande para lugar nenhum. É o espaço em si que cresce. Se você imaginar o universo como a superfície de um balão, o balão em si se estica (Figura 4). Se você marcasse dois pontos na superfície do balão, esses dois

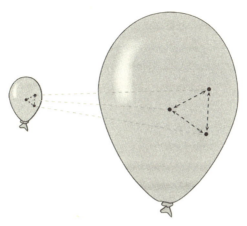

4. *Galáxias ganham distância entre si conforme o universo se expande, do mesmo modo que pontos em um balão ganham distância entre si conforme ele é inflado.*

pontos ficariam cada vez mais distantes, assim como as galáxias se distanciam entre si em um universo em expansão. Nossa analogia não é perfeita, já que a superfície do balão é apenas bidimensional e na verdade ele se expande no espaço tridimensional. A analogia funciona apenas se você imaginar que a superfície do balão é tudo que há — é o espaço em si. Se isso fosse verdade — mesmo que não houvesse nada mais lá para onde se expandir —, ainda assim os pontos delimitados se distanciariam.

O BALÃOVERSO

Para a analogia ficar ainda melhor, apenas o espaço entre os pontos marcados iria se expandir, não os pontos em si. Mesmo em um universo em expansão, estrelas, planetas ou qualquer outra coisa que seja firmemente atrelada por outras forças ou por efeitos gravitacionais mais fortes não sofrerão a expansão que faz as galáxias se distanciarem umas das outras. Os átomos, que consistem em um núcleo e elétrons que ficam em grande proximidade graças à força eletromagnética, não se tornam maiores. Nem estruturas relativamente densas e atreladas com mais força, como as galáxias — na verdade, nem nossos próprios corpos, pois eles têm uma densidade mais de 1 trilhão de vezes maior que a densidade média do universo. A força que conduz a expansão age também sobre todos esses sistemas atrelados e densos, mas, como as contribuições de outras forças são muito mais poderosas, nossos corpos e as galáxias não crescem com a expansão do universo — ou, se crescem, isso se dá numa taxa tão desprezível que não teríamos como notar nem mensurar os efeitos. A matéria atrelada com mais força que a força que conduz a expansão continua do mesmo tamanho. É apenas a distância entre esses objetos que fica maior conforme o espaço que cresce os distancia.

Einstein fez a primeira e famosa derivação da expansão do universo a partir das equações da relatividade. Ele o fez, todavia, antes de se ter qualquer medição de expansão e, por esse motivo, não aceitou nem defendeu seu resultado. Na tentativa de conciliar as previsões de sua teoria com um universo estático, apresentou uma nova fonte de energia que, a seus olhos, poderia impedir a expansão prevista. Em 1929, Edwin Hubble provou que esse remendo feito por Einstein na sua própria teoria era um equívoco — ele descobriu que o universo estava se expandindo de fato, que ao longo do tempo as galáxias tomavam distância entre si (embora seja incrível que, como observador que não acreditava em nenhuma teoria específica, ele não tenha aceitado essa interpretação dos seus resultados). Einstein logo se eximiu da tolice que havia feito, e diz-se (talvez apocrifamente) que a chamou de sua "maior bola fora".

A modificação não estava de todo errada, contudo, dado que o tipo de energia que Einstein propôs existe mesmo. Medições mais recentes demonstraram que esse novo tipo de energia, que hoje chamamos de "energia escura", embora não seja da magnitude nem do tipo que refrearia a expansão do universo, na verdade é necessária para explicar observações recentes do efeito exatamente oposto — a expansão acelerada do universo. Mas creio que Einstein achou mesmo que sua bola fora — se é que ele de fato a chamou assim — foi não ter reconhecido como sua previsão inicial de expansão estava correta e como era significativa, e que podia ser vista como uma previsão-chave de sua teoria.

Para sermos justos, antes de Hubble apresentar seus resultados, pouco se sabia sobre o universo. Harlow Shapley havia medido a Via Láctea em 300 mil anos-luz de ponta a ponta, mas estava convencido de que a Via Láctea era tudo o que o universo continha. Nos anos 1920, Hubble percebeu que isso não era verdade ao descobrir que muitas nébulas — que Shapley achara serem nuvens de poeira, e daí o nome pouco inspirado — na verdade eram outras galáxias, a milhões de anos-luz de distância. Perto do fim da década, Hubble fez sua descoberta ainda mais famosa, o *desvio para o vermelho* das galáxias — a variação na frequência de luz que revelava aos cientistas que o universo estava em expansão. O desvio para o vermelho — assim como o tom da sirene de uma ambulância, que fica mais grave conforme ela toma distância — demonstrou que outras galáxias estavam se afastando da nossa, o que indica que vivemos em um universo onde as galáxias ficam cada vez mais distantes.

Hoje, por vezes falamos de uma constante Hubble, isto é, a taxa na qual o universo se expande no momento. É uma constante no sentido de que, agora, seu valor em qualquer ponto do espaço é o mesmo. Mas o parâmetro Hubble na verdade não é constante. Ele muda com o tempo. No início do universo, quando as coisas eram mais densas e os efeitos gravitacionais eram mais fortes, o universo se expandia bem mais rápido do que no presente.

Até há relativamente pouco tempo, uma gama bem ampla de valores "medidos" do parâmetro Hubble, que quantifica a taxa de expansão atual, significava que não tínhamos como determinar com precisão a idade do universo. O tempo de vida do universo depende do inverso do parâmetro Hubble, de forma que, se a medição estiver incorreta por um fator de dois, também estará incorreta a sua idade pelo mesmo fator.

Lembro de ler no jornal, quando criança, que medições recentes haviam levado a uma revisão de um fator de dois na idade do universo. Sem saber que isso representava a medição da taxa de expansão, lembro de ter ficado estupefata com a revisão radical. Como uma coisa tão importante quanto a idade do universo poderia mudar de maneira tão repentina? Acontece que temos como entender muito sobre a evolução do universo no nível qualitativo, mesmo sem saber sua idade precisa. Mas o melhor conhecimento de sua idade também promove uma melhor compreensão dos seus conteúdos e dos processos físicos subjacentes que nele atuam.

De qualquer maneira, a incerteza agora está sob maior controle. Wendy Freedman, que à época trabalhava nos Observatórios Carnegie, e seus colaboradores mediram a taxa de expansão e acabaram encerrando o debate. Na verdade, como o valor do parâmetro Hubble é tão importante para a cosmologia, houve um grande empenho em garantir a maior precisão possível. Usando o Telescópio Espacial Hubble (dado o nome, soa justo), astrônomos mediram um valor de 72 km/s/Mpc (o que significa que algo à distância de um megaparsec se movimenta a 72 quilômetros por segundo) com uma precisão de 11% — bem distante da medição original e bem imprecisa de Hubble, que fora de 500 km/s/Mpc.

Um megaparsec (Mpc) é 1 milhão de parsecs, e um parsec, assim como muitas unidades astronômicas, é uma relíquia histórica que mostra como as distâncias eram medidas muito tempo atrás. É a versão abreviada de "*parallax second*" (segundo de paralaxe) e tem a ver com o ângulo subentendido por um objeto no céu, motivo pelo qual possui uma unidade angular.* Embora muitos astrônomos ainda usem essas unidades, assim como utilizam muitas outras medidas não intuitivas e de motivação histórica, a maioria das pessoas prefere não pensar em termos de parsecs. Para convertermos para o que talvez seja uma medida de distância um pouco mais familiar, um parsec tem mais ou menos 3,3 anos-luz. É uma coincidência fortuita que essa medida arcaica seja quase equivalente à quantidade que se interpreta mais prontamente.

O resultado mais preciso do Telescópio Espacial Hubble em relação ao parâmetro Hubble podia estar incerto em 10% ou 15%, mas não se mostrava incorreto por um fator de dois. Resultados mais recentes baseados em medições de dados da radiação cósmica de fundo em micro-ondas são ainda melhores. A idade do universo agora é conhecida com precisão de umas centenas de milhões de anos, e as medições são cada vez mais acuradas. Quando escrevi meu primeiro livro, a idade era 13,7 bilhões de anos, mas hoje acreditamos ser um pouco mais: 13,8 bilhões de anos do dito big bang. Observe que não só a mudança no parâmetro Hubble como também a descoberta da energia escura que mencionei no capítulo 1 levaram a esse resultado mais refinado, já que a idade do universo depende de ambos.

PREVISÕES DA EVOLUÇÃO DO BIG BANG

Segundo a teoria do big bang, o universo bem inicial se originou há 13,8 bilhões de anos como uma bola de fogo quente e densa que consistia em muitas partículas em interação com uma temperatura mais alta que 1 trilhão de trilhão

---

* Um segundo corresponde a um ângulo de 1 grau dividido por 3600. (N. R. T.)

de graus. Todas as partículas conhecidas (e, supõe-se, as desconhecidas até o momento) zanzavam por tudo a velocidades próximas à da luz, interagindo o tempo todo, aniquilando-se e sendo criadas a partir da energia, conforme a teoria de Einstein. Todos os tipos de matéria que interagiam com força suficiente entre si tinham temperatura comum.

Os físicos chamam o gás quente e denso que preenchia o universo em suas primeiras fases de *radiação*. Para fins cosmológicos, a radiação se define como qualquer coisa que se movimente a velocidades relativistas, o que significa a velocidade da luz ou próxima dela. Para contar como radiação, os objetos têm que possuir tanto impulso que sua energia supera em muito a energia armazenada em sua massa. O universo inicial era tão absurdamente quente e energético que o gás das partículas fundamentais que o abrangia satisfazia de pronto esse critério.

Eram só partículas fundamentais que estavam presentes neste universo e não, por exemplo, átomos, que são constituídos de núcleos atrelados com elétrons — ou prótons — que são constituídos por partículas ainda mais fundamentais chamadas quarks. Nada poderia ficar preso em um objeto atrelado diante de tanto calor e energia.

Conforme o universo se expandiu, a radiação e as partículas que o permeavam ficaram mais diluídas e se resfriaram. Elas se comportavam como ar quente preso dentro de um balão, que fica menos denso e mais frio conforme o balão infla. Como a influência gravitacional de cada componente energético afeta a expansão de maneira diferente, o estudo da expansão do universo possibilita aos astrônomos desembaraçar as contribuições separadas da radiação, da matéria e da energia escura. Matéria e radiação se diluem com a expansão; mas a radiação, que sofre o desvio para o vermelho para uma energia mais baixa — tal como uma sirene diminui a frequência conforme ganha distância —, se dilui ainda mais rápido que a matéria. A energia escura, por outro lado, não se dilui em nada.

Conforme o universo se resfriou, eventos notáveis ocorreram quando sua temperatura e densidade energética não foram mais suficientes para produzir uma partícula específica. Isso aconteceu nos momentos em que a energia cinética de uma partícula deixou de superar mc^2, sendo m a massa dessa partícula específica e c, a velocidade da luz. As partículas com massa ficaram, uma a uma, pesadas demais para o universo que se resfriava. Ao se combinarem com antipartículas, essas partículas pesadas se aniquilaram, convertendo-se em energia que então aqueceu as partículas de luz restantes. As partículas pesadas então se desacoplaram e praticamente sumiram.

Porém, mesmo que o conteúdo do universo tenha mudado, nada de observável aconteceu até alguns minutos depois do big bang. Assim, vamos saltar até o momento em que o conteúdo do universo passou por uma mudança considerável — e o fez de maneira verificável. A expansão de Hubble mencionada acima foi uma confirmação da teoria do big bang. Duas outras medições significativas, ambas relativas ao conteúdo do universo, cimentaram a confiança dos físicos de que ela estava correta. Primeiro vamos tratar da previsão das frações relativas dos diferentes tipos de núcleos que se formaram bem no início do universo, que concordam de maneira quase perfeita com as densidades observadas.

Alguns minutos depois do "big bang", prótons e nêutrons pararam de voar por aí em isolamento. A temperatura caiu o bastante para essas partículas ficarem atreladas em núcleos nos quais estavam unidas graças a forças nucleares fortes. Também foi nessa época que deixaram de existir interações de matéria que a princípio mantinham iguais os números de prótons e nêutrons. Como os nêutrons ainda podiam decair em prótons através da força nuclear fraca, seu número relativo mudou.

Como o decaimento dos nêutrons acontece devagar, uma fração substancial de nêutrons sobreviveu o bastante para ser absorvida em núcleos junto com os prótons que já estavam presentes. Formaram-se então núcleos de hélio, deutério e lítio e determinou-se a quantidade de vestígio cósmico desses elementos, assim como do hidrogênio — cuja densidade foi exaurida com a criação do hélio. As quantias residuais de elementos variados foram determinadas também pelo número relativo de prótons e nêutrons, assim como pela velocidade com que os processos físicos exigidos se deram em relação à velocidade com que o universo se expandiu. Portanto, as previsões de *nucleossíntese* (o nome desse processo) testam a teoria da física nuclear e também os detalhes da expansão do big bang. Em confirmação significativa tanto da teoria do big bang quanto da física nuclear, as observações concordam com as previsões de modo espetacular.

Essas medições não só verificam teorias existentes, mas também restringem as novas. Isso porque a taxa de expansão no momento em que se determinou a abundância de núcleos responde sobretudo pela energia que portam os tipos de matéria que já conhecemos. Quaisquer que tenham sido as coisas novas existentes na época, foi bom elas não terem contribuído com muita energia, senão a taxa de expansão seria veloz demais. Essa restrição é importante para mim e meus colegas quando começamos a especular sobre o que pode existir no universo. Apenas pequenas quantias de novas formas de matéria poderiam estar em equilíbrio e ter a mesma temperatura que a matéria conhecida na época da nucleossíntese.

O acerto dessas previsões também nos diz que, mesmo hoje, a quantidade de matéria comum não pode ser muito maior do que a que foi observada. Matéria normal demais e as previsões da física nuclear não estariam de acordo com a abundância de elementos pesados que se observam no universo. Ao lado das medições descritas no capítulo anterior, que nos dizem que a matéria luminosa não é suficiente para explicar observações, as previsões acertadas de nucleossíntese nos revelam que a matéria comum não pode responder por toda a matéria observada no universo — o que acaba, em grande parte, com a esperança de que ela era invisível só porque não estava queimando ou não refletia o bastante. Se houvesse mais matéria comum do que a observada em matéria luminosa, as previsões bem-sucedidas da física nuclear não mais se aplicariam, a não ser que houvesse novos ingredientes. Se a matéria comum conseguir dar um jeito de se esconder durante a nucleossíntese, temos que concluir que a matéria escura deve existir.

Mas o marco talvez mais significativo na evolução do universo, pelo menos em termos do teste detalhado de previsões cosmológicas, aconteceu um pouco mais tarde — mais ou menos 380 mil anos depois do big bang. Em sua origem, o universo era cheio de partículas tanto carregadas quanto não carregadas. Mas nesse período posterior ele havia se resfriado a ponto de núcleos com carga positiva se combinarem com elétrons de carga negativa para formar átomos neutros. Daí em diante, o universo passou a consistir em matéria neutra, a matéria que não tem carga elétrica.

Nos *fótons*, as partículas que transmitem as forças do eletromagnetismo, a captura de partículas carregadas em átomos foi uma mudança substancial. Na ausência de matéria carregada para desviá-los, os fótons podiam cruzar o universo sem entraves. Isso quer dizer que a radiação e a luz do início do universo poderiam chegar até nós diretamente, em essência de maneira independente de qualquer evolução mais complicada no universo que possa ocorrer mais tarde. A radiação de fundo que vemos hoje é a radiação que existiu com 380 mil anos de evolução do universo.

Essa radiação é a mesma que se encontrava presente logo depois de o universo começar sua expansão big bang, porém agora está numa temperatura bem mais baixa. Os fótons se resfriaram, mas não sumiram. A temperatura da radiação hoje é de 2,73 kelvins,* extremamente baixa. A temperatura da radiação é só alguns graus mais quente que zero kelvin — também conhecido como zero absoluto, o mais frio a que uma coisa pode chegar.

A detecção dessa radiação foi, em certo sentido, a prova cabal da teoria do big bang, talvez a prova mais convincente de que as equações estavam corretas. O astrônomo de origem alemã Arno Penzias e o norte-americano Robert Wilson descobriram a radiação cósmica de fundo em micro-ondas por acaso em 1963, enquanto usavam um telescópio nos Laboratórios Bell, em Nova Jersey. Penzias e Wilson não estavam procurando vestígios cosmológicos. Estavam interessados em antenas de rádio como maneira de fazer astronomia. É claro que os Laboratórios Bell, que tinham ligação com uma companhia telefônica, também tinham interesse nas ondas de rádio.

Mas quando Penzias e Wilson tentaram calibrar seu telescópio, registraram um ruído de fundo uniforme (parecido com estática) que vinha de todas as direções e não mudava conforme a estação. O ruído nunca sumia, de modo que eles não conseguiram ignorá-lo. Como não tinha direção preferencial, não podia vir da vizinha Nova York, do Sol nem do teste de uma arma nuclear que fora realizado no ano anterior. Depois de limpar os dejetos de pombos que faziam ninhos dentro do telescópio, ambos concluíram que o ruído também não podia vir do "material dielétrico branco" dos pombos, como disse Penzias em toda a sua polidez.

Robert Wilson me contou a história da sorte que eles tiveram na sincronia da descoberta. Os dois não sabiam nada do big bang, mas os físicos teóricos Robert Dicke e Jim Peebles, da universidade vizinha, Princeton, sim. Os físicos de Princeton estavam projetando um experimento para medir a radiação ves-

---

* Diferenças de temperatura em kelvin são idênticas às diferenças medidas em graus Celsius, mas a menor temperatura possível é 0, e não −273,15, como em unidades Celsius, ou −459,67, como em unidades Fahrenheit.

tigial que entendiam ser uma implicação crucial da teoria do big bang quando descobriram que alguém havia chegado antes — os cientistas dos Laboratórios Bell, que ainda não tinham ideia do que tinham encontrado. Para a sorte destes, Bernie Burke, do Instituto de Tecnologia de Massachusetts (Massachusetts Institute of Technology, MIT), astrônomo que Wilson me descreveu como sua protointernet particular, devido a seu amplo repertório de conhecimento, sabia da pesquisa em Princeton e também dos misteriosos achados da dupla em Nova Jersey. Burke juntou dois mais dois e confirmou a conexão pondo todos os envolvidos em contato. Depois de consultar o físico teórico, Robert Dicke, Penzias e Wilson reconheceram a importância e o valor do que haviam encontrado. Assim como o achado muito anterior da expansão de Hubble, essa descoberta da radiação de fundo, que a seguir valeu aos dois físicos dos Laboratórios Bell o prêmio Nobel em 1978, comprovou a teoria do big bang quanto a um universo que se expande e se resfria.*

Esse foi um exemplo encantador da ciência em ação. A pesquisa foi feita por um propósito científico específico, mas teve benefícios tecnológicos e científicos suplementares. Os astrônomos não estavam à procura do que descobriram, porém, como tinham grande habilidade tecnológica e científica, não desmereceram o que encontraram. A pesquisa, enquanto procurava descobertas relativamente pequenas, resultou em uma descoberta com implicações bastante profundas, a que eles chegaram porque estavam ao mesmo tempo pensando no grande panorama. A descoberta dos cientistas dos Laboratórios Bell foi casual, mas mudou para sempre a ciência da cosmologia.

Além do mais, no espaço de poucas décadas a partir do achado, essa radiação também rendeu novos e grandiosos avanços na cosmologia. Numa realização espetacular, medições detalhadas dela ajudaram a verificar as previsões de *inflação cósmica* — na qual uma fase explosiva da expansão acontece ainda no início.

---

* Jim Peebles ganhou o prêmio Nobel em 2019, depois da publicação original deste livro, por "descobertas teóricas em cosmologia física". (N. R. T.)

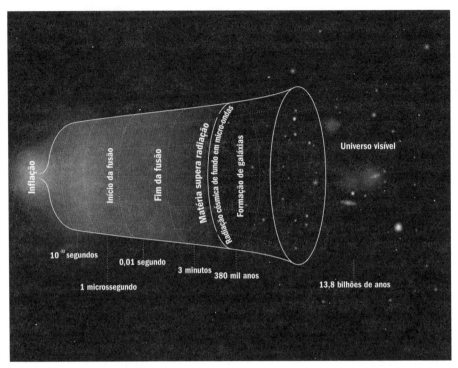

5. *A história do universo com a inflação e a evolução do big bang, incluindo a formação de núcleos, a estrutura começando a se formar, a radiação cósmica de fundo em micro-ondas estampada no céu e o universo moderno — no qual se estabeleceram galáxias e aglomerados de galáxias.*

A INFLAÇÃO CÓSMICA

Muitos grandes avanços científicos surgiram a partir de um debate subjacente a respeito de a mudança ter acontecido de maneira gradual, ou então ter sido repentina, ou mesmo — assim como nossa ignorância inicial quanto à expansão do universo — se a mudança aconteceu de fato. Embora as pessoas costumem rejeitar a relevância desse fator importante, contabilizar o ritmo de mudança no mundo atual pode ser útil quando se pensam as consequências da tecnologia, por exemplo, ou quando se avaliam transformações no meio ambiente.

As discussões sobre o ritmo das mudanças também sublinharam muitos dos conflitos centrais no século XIX em torno da evolução darwiniana. Como veremos no capítulo 11, os debates contrastaram o gradualismo abraçado por Charles Lyell, no caso da geologia, e seu acólito Charles Darwin com argumentos a favor das mudanças geológicas repentinas propostas pelo francês Georges Cuvier. Cuvier também reconheceu outro tipo de mudança radical, sugerindo, de forma controversa, que não só emergem novas espécies, como Darwin havia demonstrado, mas que elas também desaparecem por meio da extinção.

As discussões sobre ritmo de mudança também foram centrais para nosso entendimento da evolução do cosmos. No caso do universo, a primeira surpresa foi que ele evolui de fato. Quando a teoria do big bang foi proposta pela primeira vez, no início do século XX, suas implicações eram muito diferentes daquelas do universo estático que a teologia apoiava, e que era o que a maioria das pessoas aceitava na época. Mas outra surpresa, posterior, foi a identificação de que, bem no início, nosso universo passou por uma fase de expansão explosiva: a inflação cósmica. Assim como no caso da vida na Terra, processos igualmente graduais e catastróficos tiveram seu papel na história do universo. Para o universo, a "catástrofe" foi a inflação. E, ao falar em catástrofe, quero dizer apenas que essa fase ocorreu de maneira repentina e veloz. A inflação destruiu o conteúdo do universo que estava lá no início, mas também criou a matéria que preencheu nosso universo quando a fase explosiva chegou ao fim.

A história apresentada até aqui é a teoria-padrão do big bang quanto a um universo em expansão, em resfriamento e que envelhece. É uma teoria notavelmente bem-sucedida, mas que não dá conta de toda a história. A inflação cósmica aconteceu antes de a evolução-padrão do big bang assumir o comando. Mesmo que não possa contar o que aconteceu bem no princípio do universo, posso dizer com razoável certeza que em algum momento bem inicial na sua evolução — talvez com 10^{-36} segundos — se deu esse evento sensacional chamado inflação (Figura 5). Durante a inflação, o universo se expandiu muito mais rápido do que durante a evolução-padrão do big bang — de maneira exponencial, é o mais provável —, de forma que continuou a se multiplicar em tamanho na duração dessa fase inflacionária. A expansão exponencial significa, por exemplo, que quando o universo era sessenta vezes mais antigo do que no início da inflação, ele teria aumentado mais de 1 trilhão de trilhão de vezes, ao passo que, sem a inflação, seu tamanho teria aumentado apenas por um fator de oito.

Assim que a inflação se encerrou — algo que também ocorreu apenas em uma fração de segundo de evolução do universo —, ela deixou para trás um universo grande, liso, plano e homogêneo, cuja evolução posterior é prevista pela teoria tradicional do big bang. A explosão inflacionária foi, em certo sentido, o "bang" que deu início à evolução cosmológica rumo à evolução mais lenta e suave que acabou de ser descrita. A inflação diluiu a matéria e a radiação iniciais conforme o resfriamento veloz mandou a temperatura para bem perto do zero. A matéria quente foi reintroduzida apenas quando a inflação terminou e a energia que conduzia a inflação foi convertida em um número tremendo de partículas elementares. A expansão convencional, mais lenta, assumiu assim que a inflação se encerrou. Dessa era em diante, aplica-se a cosmologia do velho big bang.

O físico Alan Guth criou a teoria da inflação porque a teoria do big bang, por mais bem-sucedida que seja, deixava várias perguntas sem resposta. Se o universo cresceu a partir de uma região infinitésima de tão pequena, por que há tanta coisa dentro dele? E por que o universo tem uma vida tão longa? Com base na teoria da gravidade, talvez se esperasse que um universo que contém tanta coisa tivesse se expandido até virar nada ou entrasse em rápido colapso. Mas apesar da enorme quantidade de matéria e energia que ele contém, as três dimensões especiais infinitas do universo são muito próximas do plano e a evolução do universo foi lenta o bastante para comemorarmos seus 13,8 bilhões de anos de existência.

Uma grande omissão adicional na cosmologia original do big bang foi a explicação de por que o universo é tão uniforme. Quando a radiação cósmica que observamos agora foi emitida, o universo tinha apenas por volta de um milésimo do seu tamanho atual, o que significa que a distância que a luz podia percorrer era bem menor. Mas quando se observa a radiação emitida de diferentes regiões do céu naquela época, ela parece ser idêntica, o que significa que os desvios de temperatura e densidade são minúsculos. Isso é confuso, pois, segundo a conjuntura original do big bang, a idade do universo na época em que a radiação cósmica se dissociou da matéria carregada era muito pequena para a luz ter tempo suficiente de atravessar mesmo que 1% do caminho no céu. Ou seja, se você voltar no tempo e perguntar se a radiação que acaba nesses pedaços à parte no céu pode algum dia ter enviado ou recebido sinais entre eles, a resposta seria: não. Mas se as regiões à parte nunca se comunicaram, por que parecem iguais? Seria como se você e mil estranhos de lugares distintos, com lojas e revistas diferentes para se inspirar, entrassem num teatro vestidos de maneira idêntica. Se vocês nunca tivessem tido contato uns com os outros nem com mídias em comum, seria uma coincidência notável acabarem vestindo roupas iguais. A uniformidade do céu é ainda mais notável, já que a uniformidade se aplica a uma precisão de um em 10 mil. E parece que o universo começou com mais que 100 mil regiões que não se comunicavam entre si.

A ideia que Guth propôs em 1980 parecia muito atraente, considerando essas deficiências na teoria do big bang. Ele sugeriu um período inicial durante o qual o universo se expandiu com rapidez extraordinária. Enquanto, na conjuntura-padrão do big bang, o universo cresceu de maneira calma e constante, na era inflacionária ele passou por uma fase de expansão explosiva. Segundo a teoria da inflação cósmica, o universo bem inicial cresceu a partir de uma região minúscula até virar uma região exponencialmente maior em um período muito curto. O tamanho da região que um raio de luz poderia ter atravessado pode ter crescido por um fator de 1 trilhão de trilhões. Dependendo de quando a inflação começou e quanto durou, a região original que um raio de luz poderia atravessar pode ter começado em 10^{-29} metros, mas se expandiu durante a inflação até ficar com pelo menos um milímetro — um pouco maior que um grão de areia. Com a inflação, em certo sentido você tem o universo em um grão de areia — ou pelo menos do tamanho de um grão de areia, como William Blake gostaria que você acreditasse, se você medir o tamanho do universo como a região observável da época.

A expansão de extrema velocidade do universo inflacionário explica a enormidade, a uniformidade e o achatamento do universo. Ele é enorme porque cresceu de maneira exponencial — em pouquíssimo tempo, ficou muito grande. Um universo em expansão exponencial cobre muito mais território do que um que se expande à taxa bem mais lenta da conjuntura original do big bang. O universo é uniforme porque a enorme expansão durante o período inflacionário suavizou as rugas no tecido do espaço-tempo, do mesmo modo que esticar a manga do seu casaco elimina os amassados no tecido. Com o universo inflacionário, uma única e pequena região na qual tudo era próximo o bastante para se comunicar via radiação cresceu até se tornar o universo que enxergamos hoje.

A inflação também explica o achatamento. De uma perspectiva dinâmica, o achatamento do universo significa que a densidade no universo como um todo está no limite para explicar a sua longa duração. Qualquer densidade energética maior teria tendido para a curvatura positiva do espaço — o tipo de curvatura que tem uma esfera —, o que faria o universo entrar em colapso veloz. Qualquer densidade menor teria feito o universo se expandir tão rápido que a estrutura nunca teria se aglutinado nem se formado. Em termos técnicos, estou exagerando um pouco. Com uma minúscula curvatura, o universo poderia ter durado tanto quanto durou. Mas essa curvatura teria que ser misteriosamente pequena, sem a inflação, para justificar seu valor.

Num cenário inflacionário, o universo hoje em dia é tão grande e tão achatado porque cresceu muito no início. Imagine que você pudesse encher um balão até deixá-lo do tamanho que quisesse. Se você focasse uma parte específica dele, veria que ela se torna mais achatada conforme o balão fica maior. De maneira similar, originalmente as pessoas pensavam que a Terra era plana porque viam apenas uma pequena região da superfície de uma esfera muito maior. O mesmo vale para o universo. Ele se achatou conforme se expandiu. A diferença é que ele se expandiu por um fator que excede 1 trilhão de trilhões.

O achatamento extremo do universo foi a confirmação-chave da inflação. Isso pode não surpreender, já que o achatamento foi, afinal, um dos problemas que a inflação deveria resolver. Mas, na época em que esta foi concebida, sabia-se que o universo era mais achatado do que sugeriam as expectativas ingênuas, mas sem nem um pouco da precisão exigida para testar a previsão extrema de inflação. O universo já teve seu achatamento medido ao nível de 1%. Se isso não fosse verdade, a inflação teria sido descartada.

Quando eu era pós-graduanda, nos anos 1980, a inflação era considerada uma ideia interessante, mas não daquelas que os físicos de partículas levavam a sério. Do ponto de vista de um físico de partículas, as circunstâncias exigidas para uma expansão exponencial de longa vida pareciam muitíssimo improváveis. Ainda parecem, aliás. A inflação devia tratar do que há de natural nas condições iniciais para expansão do universo. Porém, se ela própria é anormal, o problema não foi resolvido de fato. A questão de como a inflação ocorreu — seu modelo físico subjacente — continua sendo motivo de especulação. As questões de construção de modelo que nos assolavam nos anos 1980 ainda preocupam. Por outro lado, gente como Andrei Linde, físico de origem russa hoje em Stanford, um dos primeiros a trabalhar com a inflação, achava que ela devia estar correta, mesmo quando a ideia foi proposta pela primeira vez, simplesmente porque ninguém havia encontrado outras soluções para os quebra-cabeças do tamanho, do achatamento e da homogeneidade, os que ela consegue resolver de uma tacada só.

Diante das medições recentes e minuciosas da radiação cósmica de fundo em micro-ondas, a maioria dos físicos atuais concorda. Apesar do fato de que ainda temos que determinar os alicerces teóricos da inflação, e que ela aconteceu há muito tempo, isso leva a previsões passíveis de teste, que convenceram muitos de nós de que a inflação, ou algo muito parecido com a inflação, aconteceu. A mais precisa dessas observações diz respeito a detalhes sobre a radiação de fundo de 2,73 graus que Penzias e Wilson haviam descoberto. O satélite COBE (sigla de Cosmic Background Explorer [Explorador do Fundo Cósmico]), da Nasa, mediu essa mesma radiação, mas de forma mais abrangente e numa gama ampla de frequências, determinando seu alto grau de uniformidade no céu.

Mas a descoberta mais espetacular do COBE, que arrebatou até os mais céticos em relação à inflação, foi que o universo inicial não era exatamente uniforme. No geral, a inflação deixou o universo extremamente homogêneo. Mas também introduziu minúsculas *inomogeneidades* — desvios da uniformidade perfeita. A mecânica quântica nos diz que o momento exato em que a inflação termina é incerto, o que quer dizer que ela se encerrou em tempos levemente distintos em diferentes regiões do céu. Esses pequenos efeitos quânticos foram estampados na radiação como pequenos desvios da uniformidade perfeita. Embora bem menores, eles são parecidos com as perturbações que emergem na água quando você joga uma pedrinha no lago.

Em um achado que com certeza está entre os mais acachapantes das últimas décadas, o COBE descobriu as flutuações quânticas que foram geradas quando o universo era mais ou menos do tamanho de um grão de areia, e que no fim das contas são a origem de você, de mim, das galáxias e de toda a estrutura no universo. Essas inomogencidades cosmológicas iniciais foram geradas quando a inflação estava acabando. Começaram em escalas minúsculas, mas foram estendidas pela expansão do universo a tamanhos em que poderiam semear galáxias e todas as outras estruturas mensuráveis, como explicará o capítulo a seguir.

Assim que se teve a descoberta dessas perturbações de densidade — como são denominados esses pequenos desvios em temperatura e densidade da matéria —, foi questão de tempo até elas serem investigadas com detalhes. A partir de 2001, a sonda WMAP (sigla de Wilkinson Microwave Anisotropy Probe [Wilkinson de Anisotropia de Micro-ondas]) mediu perturbações de densidade com precisão ainda maior e em escalas angulares menores. A WMAP, junto com telescópios no polo Norte, observou as agitações — perturbações — na densidade da radiação que engloba a complexidade que recém começara a ser criada. Os detalhes dessas medições confirmaram o achatamento do universo, determinando a quantia total de matéria escura, e verificaram as previsões de uma expansão exponencial primitiva. Aliás, um dos resultados mais fabulosos da WMAP foi a confirmação experimental do paradigma inflacionário.

A Agência Espacial Europeia lançou seu satélite — a missão Planck — em maio de 2009 para estudar as perturbações com detalhes ainda mais minuciosos. Os resultados do satélite de fato aumentaram a precisão com que a maioria das quantidades cosmológicas é conhecida e ajudou a cimentar nosso conhecimento do início do universo. Uma das realizações mais importantes do satélite Planck foi determinar uma quantidade extra que sugere as dinâmicas que conduziram à expansão inflacionária. Assim como o universo é sobretudo homogêneo, com pequenas perturbações que infringem essa homogeneidade, a amplitude de perturbações no céu é sobretudo independente de sua extensão espacial, mas exibe uma pequena dependência em escala. A dependência na escala reflete a densidade energética variável do universo no momento em que a inflação terminou. Em uma confirmação impressionante da dinâmica inflacionária, a WMAP e o satélite Planck mediram com mais precisão a dependência da escala, determinando que um estágio inicial de expansão veloz gradualmente chegou ao fim e mediu um valor que restringe a dinâmica inflacionária.

Embora nosso entendimento esteja longe de ser total, os cosmólogos já determinaram que a inflação e a expansão subsequente do big bang fazem parte da história do universo. Temos como determinar essas teorias de maneira detalhada porque é relativamente fácil estudar o universo inicial, com seu alto grau de uniformidade. Podem-se resolver equações e os dados logo podem ser avaliados.

Todavia, bilhões de anos atrás, quando se deu a formação da estrutura, o universo passou de um sistema relativamente simples para um sistema mais complexo, de modo que a cosmologia lida com desafios maiores quando trata da evolução posterior do universo. Ficou mais difícil prever e interpretar a distribuição do conteúdo do universo conforme se formavam estruturas como estrelas, galáxias e aglomerados de galáxias.

Independentemente disso, há uma grande dose de informação subjacente à estrutura do universo em evolução constante — que as observações, os modelos e a potência computacional por fim revelarão. Como veremos mais à frente, medir e prever essa estrutura promete nos ensinar muito, inclusive a relevância da matéria escura para nosso mundo. Mas, por enquanto, vamos explorar como essa estrutura começou a existir.

5. Nasce uma galáxia

Você deve se lembrar da minha conversa em Munique com Massimo, o especialista em *branding*, que se opôs ao nome "matéria escura". No mesmo jantar, Matt, outro congressista a quem Massimo me apresentou, quis saber qual seria o potencial para a humanidade se ela tirasse proveito do poder dessa matéria esquiva. Era uma pergunta compreensível, considerando que ele é designer de games. Uma amiga roteirista perguntou a mesma coisa logo depois, o que mais uma vez não me surpreendeu, dado o gosto que ela tem por ficção científica.

Mas essa indagação representa uma quimera, que mais uma vez vou atribuir à escolha infeliz do nome. A matéria escura não é nem uma fonte sinistra nem generosa de poder estratégico aqui na nossa vizinhança. Dada a extraordinária debilidade que a matéria conhecida teria para influenciar a matéria escura, não há como alguém armazená-la no porão ou na garagem. Com nossas mãos e ferramentas feitas de matéria comum, não temos como fazer mísseis de matéria escura nem armadilhas de matéria escura. Encontrar matéria escura já é difícil. Aproveitá-la para alguma coisa seria algo totalmente diferente. Ainda que encontrássemos uma maneira de conter matéria escura, ela não nos afetaria de nenhuma maneira perceptível, pois interage apenas através da gravidade ou de forças que até o momento foram muito fracas para serem detectadas, mesmo por meio de buscas bem delicadas. Na ausência de objetos de tamanho astronômico, a influência da matéria escura sobre a Terra é muito pequena para ser notada. Também por isso é difícil encontrá-la.

Mas a grande quantidade de matéria escura coletada pelo universo como um todo é algo totalmente distinto. Ela entrou em colapso e se juntou para criar galáxias e aglomerados de galáxias, e estas, por sua vez, possibilitaram a formação de estrelas. Embora a matéria escura não tenha influenciado diretamente as pessoas ou experimentos de laboratório (ainda) de maneira identificável, sua influência gravitacional foi crítica para a formação da estrutura no universo. E por conta das grandes quantidades concentradas nessas enormes regiões colapsadas onde fica a matéria, a matéria escura continua a influenciar o movimento das estrelas e as trajetórias das galáxias atuais. Como veremos em breve, é possível que um tipo menos convencional de matéria escura que entrou em colapso para se tornar ainda mais densa poderia também influenciar a trajetória do sistema solar. Portanto, muito embora as pessoas não tenham como tirar proveito da força da matéria escura, o universo muito mais potente tem. Este capítulo explica o papel crítico da matéria escura na evolução do universo e na formação de galáxias durante sua vida conhecida, finita.

O OVO E A GALINHA

A teoria da formação da estrutura nos diz como estrelas e galáxias evoluíram a partir do céu uniforme e extremamente — mas não de todo — desinteressante que foi o legado final da inflação. Esse retrato consistente da formação da estrutura, assim como muito do que é apresentado neste livro, é um avanço mais ou menos recente. Essa teoria, porém, agora está firmemente fundamentada em avanços cosmológicos, como a teoria do big bang complementada pela inflação, e em ingredientes de melhor mensuração, como a matéria escura. Esses alicerces nos possibilitam explicar como a região quente, desordenada e indiferenciada que constituiu o universo incipiente evoluiu até formar as galáxias e estrelas que enxergamos hoje.

De início, o universo era quente, denso e sobretudo *uniforme* — igual em todos os pontos do espaço. Também era *isotrópico* — ou seja, era o mesmo em todas as direções. As partículas interagiam, surgiam e sumiam, mas a densidade e o comportamento delas eram idênticos em todo lugar. Essa, claro, é uma imagem distante da que você vê ao olhar imagens do universo, ou quando simplesmente volta o olhar para o alto e admira a beleza do céu noturno.

O universo não é mais uniforme. Galáxias, aglomerados de galáxias e também as estrelas pontuam toda a extensão do espaço, fixando sua distribuição desigual ao longo do firmamento. Essas estruturas estão no cerne de tudo no mundo, que não poderia ter sido criado sem os sistemas estelares densos que foram essenciais para a formação dos elementos pesados e de todas as coisas sensacionais, entre elas a vida, que se desenvolveram em pelo menos um desses ambientes de concentração estelar.

A estrutura visível do universo jaz em gases e em *sistemas estelares*. Essas congregações de estrelas existem numa variedade enorme de tamanhos e em diversas formas. Estrelas binárias — uma estrela que gira em torno de outra — constituem um sistema estelar, assim como galáxias, que variam de tamanho de 100 mil a 1 trilhão de estrelas. Aglomerados de galáxias com mil vezes mais estrelas também são sistemas estelares.

Para ter uma noção dos tipos de objetos envolvidos nisso, vamos pensar nas massas e tamanhos típicos dos objetos contidos em nosso cosmos. Tamanhos astronômicos em geral são medidos em parsecs ou anos-luz, enquanto massas astronômicas costumam ser medidas em termos de massa solar — quantos sóis dariam uma massa equivalente. As galáxias vão de tamanhos menores que as galáxias anãs, de mais ou menos 10 milhões de massas solares, até as galáxias de cerca de 100 trilhões de massas solares. A galáxia da Via Láctea ostenta um tamanho menor, mais típico, de mais ou menos 1 trilhão de massas solares — esse valor representa sua massa total, que inclui o componente dominante da matéria escura. A maioria das galáxias tem tamanhos que variam entre poucos milhares e poucas centenas de milhares de anos-luz em diâmetro. Aglomerados de galáxias, por outro lado, contêm entre 100 trilhões e 1000 trilhões de massas solares, com diâmetros em geral na ordem de 5 milhões a 50 milhões de anos-luz. Aglomerados contêm até por volta de mil galáxias, enquanto superaglomerados podem conter dez vezes mais que isso.

Todavia, embora esses objetos existam hoje, o início do universo não os continha. A princípio, ele era extremamente denso, de forma que não tinha estrelas nem galáxias, cujas densidades são bem menores. Sistemas estelares não teriam como se formar, a não ser que o universo houvesse se resfriado até uma temperatura na qual tivesse densidade média menor que a dos objetos que afinal se formaram. A formação da estrutura também teve que esperar até que a matéria no universo carregasse mais energia do que a radiação. Veja que estou usando a definição cosmológica de radiação, que é qualquer coisa, incluindo partículas como fótons que viajam na velocidade da luz ou próximo dela. No universo quente inicial, quase tudo satisfazia ao critério, dado que a temperatura era muito alta, o que possibilitava que a radiação dominasse a energia nele presente.

Conforme o universo se expandiu, tanto radiação quanto matéria se diluíram, assim como suas densidades energéticas. Como a energia na radiação, que sofre desvio para o vermelho para energia menor, diminui mais rápido, a matéria, depois de esperar 100 mil anos pela sua vez em destaque, acabou vindo a dominar a energia do universo. Nessa era marcante, ela superou a radiação como maior contribuinte para a energia do universo.

Um bom ponto de partida para acompanhar o crescimento da estrutura está por volta dessa época, no universo com 100 mil anos de evolução, quando a matéria começou a ser dominante. Essa era é mais ou menos tardia comparada à época em que perturbações começaram a crescer, mas não é muito antes da radiação de fundo que a observamos ficar estampada. A dominação da matéria foi significativa para a cosmologia porque a matéria de movimento lento exerce pressão bem menor que a radiação, e assim influencia de maneira distinta a expansão do universo. Quando a matéria assume o comando, a taxa de expansão do universo muda. Mas o mais importante para a formação da estrutura é que aí as estruturas pequenas, compactas, puderam começar a crescer. A radiação, que se move na velocidade da luz ou muito próxima dela, não diminui a velocidade o bastante para ficar presa em sistemas pequenos atrelados pela gravidade. A radiação remove as perturbações, tal como o vento apaga os riscos na areia da praia. A matéria, por outro lado, pode desacelerar e se aglomerar. Só a matéria em velocidade lenta entra em colapso o suficiente para formar estrutura. É por isso que às vezes cosmólogos dizem que a matéria escura é *fria*, o que significa que ela não é quente e relativista e não funciona como a radiação.

Depois que a matéria passou a dominar a densidade energética do universo, as perturbações de densidade — regiões um pouco mais densas ou menos densas que outras, que foram criadas ao fim da inflação — precipitaram o colapso da matéria que semeou o crescimento da estrutura. Essas perturbações cresceram e transformaram o universo a princípio homogêneo no que acabaria sendo amplificado para se tornarem regiões distintas no céu. As minúsculas variações de densidade no nível de menos que um em 10 mil foram suficientes para criar estruturas de um universo quase homogêneo porque ele é plano, o que significa que tem a densidade energética crítica que está na fronteira entre colapso veloz e expansão veloz. A densidade crítica cria o tênue ponto em que o universo se expande devagar e dura o bastante para a estrutura se formar. Nessa ambientação tênue, mesmo perturbações de pequena densidade fazem regiões de matéria entrar em colapso, dando início, assim, à formação da estrutura.

Duas forças concorrentes contribuíram para o início desse colapso em estrutura. A gravidade puxava a matéria para dentro, enquanto a radiação, embora não fosse o tipo de energia dominante, a empurrava para fora. O limiar que supera o ponto em que esse equilíbrio seria destruído é conhecido como *massa de Jeans*. O gás dentro da região na qual a pressão radioativa para fora não equilibra a atração gravitacional para dentro entra em colapso, e a matéria e os objetos que cresceram a partir de seu potencial atrativo* se tornaram sementes de galáxias luminosas e da formação das estrelas.

As regiões com maior densidade exerceram mais atração gravitacional que aquelas de baixa densidade, criando assim regiões cada vez mais densas e esgotando ainda mais os domínios ao redor, já mais difusos. O universo ficou mais encaroçado conforme as regiões ricas (em matéria) se tornaram mais ricas e os domínios pobres (em matéria) se tornaram mais pobres. Essa agregação da matéria prosseguiu, criando objetos gravitacionalmente atrelados, e a matéria continuou a entrar em colapso em um processo de retroalimentação positivo. Estrelas, galáxias e aglomerados de galáxias foram todos criados nessa época pelos efeitos da gravidade nas minúsculas flutuações quânticas iniciais que foram criadas ao fim da inflação.

Por conta dessa imunidade à radiação e por conta de sua maior abundância, a maior parte de matéria que criou os poços de potencial atrativo que puxaram a matéria até o colapso de início eram matéria escura, não matéria comum. Embora enxerguemos estrelas e galáxias por causa da luz que elas emitem, a

---

* A autora se refere ao potencial gravitacional, que sempre provoca a atração entre corpos. (N. R. T.)

matéria escura é o que a princípio atraiu a matéria visível para essas regiões mais densas onde galáxias e, a seguir, estrelas poderiam surgir. Quando uma região grande o bastante entrava em colapso, a matéria escura formava um halo mais ou menos esférico dentro do qual o gás da matéria comum tinha como se resfriar, condensar-se no centro e por fim fragmentar-se em estrelas.

As regiões entraram em colapso mais cedo na presença da matéria escura do que seria possível apenas com matéria comum porque a densidade energética maior da matéria total deixou a matéria dominar a radiação mais cedo. Mas a matéria escura também teve importância porque a radiação eletromagnética de início impediu que a matéria comum desenvolvesse estrutura em escalas menores do que cerca de cem vezes o tamanho de uma galáxia. Foi só pegando carona na matéria escura que objetos do tamanho de galáxias e as sementes de estrelas no nosso universo tiveram tempo para se formar. Sem a matéria escura para dar início ao colapso, as estrelas não teriam chegado à população e à distribuição atuais.

Portanto, foi a matéria escura que deu início ao colapso que gerou a estrutura. Não só ela existe em mais quantidade, mas, como a matéria escura é em essência imune à influência da luz, a radiação eletromagnética não poderia separá-la da mesma maneira que consegue fazê-lo com a matéria comum. A matéria escura, assim, estabeleceu as flutuações na distribuição de matéria a que a matéria comum respondia quando a radiação se dissociou. A matéria escura efetivamente deu à matéria comum uma vantagem de saída — abriu o caminho para a formação de galáxias e sistemas estelares. Por ser imune à radiação, ela poderia entrar em colapso mesmo quando a matéria comum não conseguia, formando um substrato no qual prótons e elétrons poderiam ser conduzidos às regiões em colapso.

Esse colapso simultâneo de matéria escura e matéria comum em objetos visíveis como galáxias e estrelas é importante para a formação da estrutura, e também para observações. Mesmo que enxerguemos diretamente apenas a matéria comum, podemos ter plena confiança de que a matéria escura e a matéria comum existem nas mesmas galáxias. Já que a matéria comum dependeu da matéria escura para semear estrutura — a matéria comum, que veio de carona, reside sobretudo em estruturas que também contêm uma quantia significativa de matéria escura. Portanto, em certo sentido, é apropriado que se procure matéria escura embaixo do proverbial poste de luz.

Também vale notar que a matéria escura continua a desempenhar papel importante hoje. Ela não só contribui para a atração gravitacional que não deixa as estrelas saírem voando como também atrai de volta às galáxias parte da matéria ejetada pelas supernovas. Desse modo, retém elementos pesados essenciais à formação progressiva de estrelas e, por fim, à vida em si.

Todavia, embora físicos consigam prever a formação da estrutura inicial com bases teóricas, nenhum observador atual consegue testemunhar com detalhes a transição do universo durante a formação inicial da estrutura. Telescópios detectam a luz que foi emitida em tempos mais recentes, e até nos permitem examinar as primeiras galáxias que se formaram bilhões de anos atrás. A radiação cósmica de fundo em micro-ondas observável, por outro lado, chega até nós vinda de uma época em que o universo era cheio de radiação — mas quando objetos colapsados gravitacionalmente atrelados ainda não haviam se formado. A radiação de fundo estampou flutuações de densidade iniciais para a posteridade com 380 mil anos de evolução do universo, porém levaria por volta de mais meio bilhão de anos para estrelas ou galáxias existirem e emitirem luz observável.

O tempo intermediário após a recombinação — quando átomos neutros se formaram e a radiação cósmica em micro-ondas ficou estampada — e antes de objetos luminosos surgirem foi uma era muito escura, inacessível aos instrumentos observacionais de hoje. Os objetos não emitiam luz porque as estrelas ainda não haviam se formado, mas a radiação de fundo em micro-ondas que no início tinha interagido com a matéria ubíqua eletricamente carregada não mais iluminava o céu. Esse período é invisível aos telescópios convencionais (Figura 6). Contudo, foi bem nessa era que o caldo primordial se transformou nas estruturas progenitoras do universo rico e complexo que observamos hoje.

O astrofísico Avi Loeb, de Harvard, compara nossa incapacidade de observar a formação das primeiras estrelas, diante da tecnologia atual, com a nossa incapacidade de testemunhar a formação de uma galinha a partir de um ovo. Um ovo contém uma estrutura gosmenta, como uma sopa. Mas se você deixa uma galinha chocá-lo por um bom tempo, dele surgirá um pintinho funcional que continuará a se desenvolver até virar uma galinha ou galo de tamanho normal. A gema e a clara que conhecemos de ovos quebrados não se parecem em nada com o que sai deles depois, mas contêm todas as sementes do pintinho

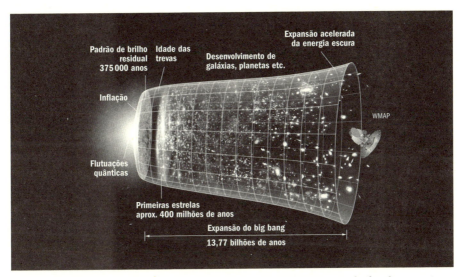

6. *Após o período que observamos através da radiação cósmica de fundo em micro-ondas, segue-se uma era de trevas na qual a estrutura se forma, seguida pela emergência (e dissolução) das primeiras estrelas, a formação subsequente das galáxias e outras estruturas, e a energia escura passa a dominar a expansão do universo. (Nasa.)*

que vai surgir. Só que a transição acontece dentro da casca, portanto ninguém consegue enxergar o que se passa ali sem ferramentas especiais.

De maneira similar, ainda precisamos de novas tecnologias para testemunhar a formação inicial da estrutura. No momento, ninguém consegue ver o período escuro na evolução do universo, embora existam propostas em andamento. Mas sabemos que as perturbações de densidade, como um ovo, contêm as sementes da estrutura posterior. Ao contrário do dilema ovo/galinha, contudo, sabemos o que veio primeiro.

ESTRUTURA HIERÁRQUICA

A imagem de formação de estrutura da Figura 6 — baseada no processo de perturbações individuais que semeiam galáxias individuais que então evoluem uma independente da outra — contém boa parte da física relevante do colapso. A investigação mais aprofundada demonstra que estrelas gigantes se formaram primeiro, mas elas ou explodiram rápido em supernovas, liberando os primeiros elementos mais pesados no universo, ou entraram em colapso e viraram buracos negros. Esses elementos pesados tiveram papel importante no desenvolvimento subsequente do universo. Foi só depois de os metais — que é como os astrônomos chamam os elementos pesados — estarem presentes que as estrelas menores (como nosso Sol) puderam se formar em regiões mais frias, mais densas, e que as estruturas que observamos agora puderam ser criadas.

Mas antes de essas estrelas se formarem, as galáxias tiveram que emergir. Na verdade, as galáxias foram as primeiras estruturas complexas a existir. Galáxias — cada uma delas à primeira vista fechada em si, mas, como veremos em breve, todas conectadas — foram, em muitos aspectos, os elementos de base do universo. Uma vez formadas, elas puderam se fundir em estruturas maiores, como aglomerados. E depois do devido colapso, estrelas podem se formar dentro das regiões mais densas. Mas a formação da estrutura que vemos hoje começou com as galáxias.

Esse retrato das galáxias que se formam individualmente, contudo, é uma simplificação. Na realidade, elas não são universos-ilhas isolados, como ele poderia levar a crer. Esbarrões e fusões com outras galáxias são críticos para seu desenvolvimento. Sua formação é hierárquica, e galáxias menores se formam primeiro, seguidas da estrutura maior. Mesmo galáxias que parecem isoladas são cercadas por halos escuros maiores, contíguos aos halos de outras galáxias. Como ocupam uma fração razoavelmente grande do espaço — cerca de um em mil —, as galáxias colidem com muito mais frequência que as estrelas, que ocupam um volume mais perto de um em 10 milhões de trilhões. A partir de fusões e outras interações gravitacionais, continuam a influenciar umas às outras. E evoluem ainda mais conforme continuam a atrair gás, estrelas e matéria escura para dentro de si.

Já armados com mais conhecimento, vamos rever o que acontece na formação de estrutura. Para entender melhor o processo, a analogia ricos-enriquecem/pobres-empobrecem é bastante apropriada. Como se discute no mundo de hoje com frequência e urgência crescentes, os pobres não ficam apenas mais pobres; também ficam mais numerosos. Na verdade, às vezes ouço discussões ferrenhas sobre cenários apocalípticos para a humanidade, nos quais se prevê que os ricos ficarão apinhados em áreas pequenas, afastadas para as margens pelas sociedades pobres, bem mais populosas. Nessa conjuntura nada sedutora, os ricos vão morar nas periferias das cidades — o que vi quando visitei os bairros suburbanos brancos nas regiões externas a Durban, África do Sul. Mas então — dando continuidade à analogia — as cidades vizinhas vão passar por fenômenos similares. Uma vez bem espalhados, os bairros vão colidir, deixando os ricos apenas nas intersecções. A população rica, segregada, talvez então invista em negócios e sistemas de segurança, mas todo esse desenvolvimento e crescimento veloz será deixado aos nódulos onde as classes privilegiadas da sociedade se cruzarem.

Embora não seja um retrato atraente da sociedade, essa conjuntura é incrivelmente similar à maneira como acontece a formação de estrutura no universo. Regiões subdensas se expandem mais rápido que o universo como um todo, enquanto regiões extradensas se expandem mais devagar. Por conta disso, as regiões subdensas afastam as extradensas, deixando-as apenas nas margens das regiões de baixa densidade originalmente em expansão. As regiões mais difusas se esvaziam e evoluem até virar vácuos, e ao fazê-lo crescem, conduzindo a matéria a camadas de alta densidade nas fronteiras.

Quando essas camadas se cruzam, formam-se filamentos de regiões de alta densidade. A atração gravitacional dessas regiões reúne toda a "riqueza" remanescente da matéria. Essas quantias crescentes de matéria são confinadas a uma teia cósmica de camadas finas e densas que encerram vazios. A teia cósmica se torna uma rede de filamentos, na qual a matéria mais densa fica nos nódulos onde eles se cruzam. Por isso, em vez de simples colapso esférico, a matéria cai primeiro pelas camadas em filamentos que se cruzam e formam nódulos (Figura 7). Esses nódulos então semeiam a formação das galáxias. E esse processo continua com o tempo. A estrutura se forma e padrões se repetem em escalas cada vez maiores. Isso resulta em um modelo hierárquico, de baixo para cima, no qual estruturas menores se formam antes das maiores, nas quais as pequenas galáxias se formaram primeiro.

As simulações numéricas confirmam essas previsões quanto às escalas maiores, e a matéria escura responde de maneira correta pela densidade e forma da estrutura do universo. Discrepâncias em escala menor talvez sejam pistas para maior refino dessa teoria, mas deixaremos para depois uma discussão dessas previsões e observações menos definidas, assim como dos modelos que podem resolvê-las.

Como a matéria comum e a matéria escura entram em colapso em sin-

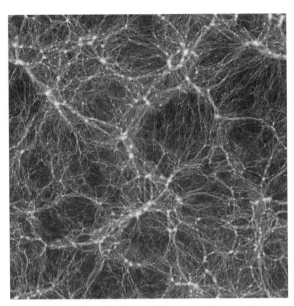

7. Simulação da "teia cósmica" de matéria: filamentos de matéria escura que se cruzam em nódulos encerram vácuos escuros, mais ou menos vazios. Aglomerados de galáxias, indicados pelas regiões mais claras, se formam nos nódulos. (Imagem da densidade projetada de matéria escura a partir de uma fatia de dezoito megaparsecs de espessura com extensão lateral de 179 megaparsecs, criada por Benedikt Diemer e Philip Mansfield, utilizando o algoritmo de visualização de 2012 de Kaehler, Hahn e Abel.)

cronia, a radiação das galáxias também delineia regiões ricas em matéria escura. Da mesma maneira que a luz ambiente sobre o globo mapeia suas cidades, as regiões mais iluminadas no universo mapeiam as regiões galácticas mais densas com o maior número de estrelas. A luz delineia a densidade de massa geral, tal como o mapa de luz do mundo delineia a densidade populacional.

Todavia, devemos ter em mente que, assim como a luz, a proporção do que enxergamos em relação à população real pode variar. A proporção de matéria escura para matéria luminosa depende de o objeto ser uma galáxia anã, uma galáxia ou um aglomerado de galáxias, por exemplo. Independentemente disso, mesmo com proporções variantes, quando existe luz também existe escuro. Trata-se de uma ferramenta de observação útil para verificar a teoria da formação de estrutura.

NOSSO BAIRRO

Antes de concluir este capítulo — e a primeira parte do livro —, vamos nos voltar para a distribuição e influência da matéria comum dentro da galáxia que conhecemos melhor, a Via Láctea, e nossa estrela predileta nela, o Sol. Nossa galáxia recebeu esse nome por conta da faixa de luz de um branco leitoso que é visível no céu em noites claras e secas. Essa luz surge da luz acumulada das diversas estrelas de disco de luz fraca que repousam sobre o plano da Via Láctea. Apesar da embalagem sugestiva na versão de chocolate amargo, a barrinha de chocolate Milky Way* (de que gosto muito e já comi mais do que devia) recebe esse nome na verdade devido ao milk-shake de leite maltado — cujo sabor delicioso, segundo consta, também estaria na barrinha produzida industrialmente.

A galáxia da Via Láctea fica em um grupo de galáxias conhecido como Grupo Local, um sistema de galáxias gravitacionalmente atreladas e cuja densidade é maior que a média. A Via Láctea e a galáxia de Andrômeda, também conhecida como M31, dominam a massa desse grupo, mas há dezenas de galáxias menores que também fazem parte desse grupo — a maioria, satélites das duas maiores. A força da ligação gravitacional do Grupo Local impede que a Via Láctea e Andrômeda se distanciem entre si com a expansão de Hubble. Suas trajetórias na verdade estão convergindo e em cerca de 4 bilhões de anos elas vão colidir e se mesclar.

A VIA LÁCTEA

A Via Láctea tem um disco de gás e estrelas que se prolonga por mais ou menos 130 mil anos-luz de extensão e mais ou menos 2 mil anos-luz na direção vertical, sendo sua estrutura "quase plana", o que lhe dá seu formato distinto. O disco contém estrelas, assim como gás hidrogênio e poeira pequena, sólida, particulada, no que se conhece por meio interestelar, que no total tem uma massa de cerca de um décimo da massa líquida das estrelas. Não vemos de fato a concentração mais forte de luz perto do centro da galáxia, onde fica a maioria

---

* "Via Láctea" em inglês. (N. T.)

das estrelas, já que a poeira interestelar esconde a luz. Astrônomos, contudo, conseguem enxergar o centro da galáxia no infravermelho, pois a poeira não absorve essa luz de baixa frequência. O centro da Via Láctea também contém um buraco negro de mais ou menos 4 milhões de massas solares — às vezes chamado de Sagittarius A.*

O buraco negro no centro e a matéria escura são coisas totalmente distintas. Contudo, a matéria escura existe mesmo em um grande halo esférico — de mais ou menos 650 mil anos-luz de extensão. Esse é o maior componente da nossa galáxia em termos de tamanho e massa, e tem por volta de 1 trilhão de massas solares numa região quase esférica que engloba o disco da Via Láctea. Assim como em todas as galáxias, a matéria escura se condensou primeiro e atraiu a matéria comum que constitui o que enxergamos (Figura 8).

Mas ainda tenho que descrever como e por que um disco se formaria e isso será importante para a ideia de disco de matéria escura e suas consequências para meteoroides, abordados em detalhes mais à frente. A matéria comum é interessante no sentido de que pode ter uma distribuição dentro da galáxia muito diferente da matéria escura. Esta forma um halo esférico difuso, enquanto a matéria comum pode entrar em colapso e virar um disco, como o disco conhecido de estrelas do plano da Via Láctea.

A interação da matéria comum com a radiação eletromagnética é a responsável por esse colapso. Uma das distinções importantes entre matéria comum e matéria escura é que a primeira pode irradiar. Sem a radiação que leva ao resfriamento, a matéria comum seria tão difusa quanto a escura. Na verdade, seria ainda menos densa, já que, proporcionalmente, seu orçamento energético é de apenas por volta de um quinto do que tem a matéria escura. Contudo, as interações da matéria comum com os fótons possibilitam que ela dissipe energia e se resfrie tanto que pode entrar em colapso em uma região mais concentrada — no caso, um disco. A perda de energia através da emissão de fótons é comparável à evaporação, no sentido de que a vaporização de água leva a energia para fora da pele. Ao contrário da matéria que se dissipa, porém, você em geral não entra em colapso quando transpira e resfria o corpo. Contudo, como a matéria comum pode dissipar energia, o gás entra em colapso e

---

* A descoberta desse objeto supermassivo no centro de nossa galáxia resultou no prêmio Nobel de Física de 2020 para Reinhard Genzel e Andrea Ghez. (N. R. T.)

8. Disco da Via Láctea com sua protuberância central, buraco negro e um halo de matéria escura circundante. Também está indicada a posição do Sol (cujo tamanho não está em escala).

se concentra em uma região colapsada menor, na qual ela cresce até chegar a uma densidade maior que a da matéria escura.

O motivo pelo qual a matéria comum repousa em um disco e não em uma bola pequena é a rotação líquida da matéria, herdada das nuvens de gás que adquiriram momento angular (momento de rotação) na sua formação. O resfriamento diminui a resistência ao colapso em uma direção, mas o colapso nas duas outras é impedido, ou pelo menos diminuído, pela força centrífuga da rotação do gás que ela contém. Sem fricção ou outra força agindo sobre ela, uma bolinha de gude que você coloque em movimento em volta de uma pista circular continuará girando para sempre. De maneira similar, uma vez que esteja rotacionando, a matéria vai manter seu momento angular até que uma força de torque aja sobre ela ou ela possa dissipar o momento angular junto à energia.

Como o momento angular se conserva, regiões gasosas não podem entrar em colapso de maneira tão eficiente na direção radial (definida pela rotação) quanto na vertical. Embora a matéria possa entrar em colapso na direção paralela ao eixo de rotação, ela não entrará em colapso na direção radial a não ser que o momento angular seja removido de alguma maneira. Esse colapso diferencial é o que faz nascer o disco mais ou menos achatado da Via Láctea, que observamos esticado no céu. É também o que faz nascer os discos da maioria das galáxias em espiral.

O SOL E O SISTEMA SOLAR

A massa líquida da galáxia é dominada pela matéria escura, mas a matéria comum, que fica concentrada no disco, domina os processos físicos no plano da Via Láctea. Embora tenha um papel limitado para iniciar a estrutura, com sua densidade elevada e suas interações nucleares e eletromagnéticas, a matéria comum é crítica para muitos processos físicos, entre os quais a formação de estrelas.

Estrelas são bolas de gás quentes, densas e gravitacionalmente atreladas, abastecidas pela fusão nuclear. Elas são criadas em regiões gasosas e densas das galáxias. Conforme o gás no disco orbita o centro da galáxia, ele se parte em nuvens, regiões mais densas que podem entrar em mais colapsos. Estrelas foram formadas do gás que entrou em colapso em densidades muito altas dentro desses halos.

Uma dessas bolas de gás, nosso Sol, teve início há 4,56 bilhões de anos como um sistema energético no qual a gravidade, a pressão do gás, campos magnéticos e a rotação tiveram seu papel. Já foram encontrados meteoritos que incluem material quase tão antigo quanto o sistema solar, dos quais muitos exemplares se encontram em museus. O Sol está localizado muito próximo do plano fundamental do disco da Via Láctea e está a um raio de cerca de 27 mil anos-luz — mais distante radialmente do que pelo menos três quartos das outras estrelas.

Assim como os outros 100 bilhões de estrelas no disco da Via Láctea, o Sol gira em torno da galáxia a cerca de 220 quilômetros por segundo. Nessa velocidade, leva uns 240 milhões de anos para orbitar o centro galáctico. Como o plano galáctico tem menos que 10 bilhões de anos, as estrelas nele situadas fizeram menos que cinquenta revoluções nesse período. É tempo suficiente para o sistema homogeneizar algumas características brutas, mas na verdade não são tantas voltas assim.

O sistema solar e sua formação estão entre os muitos temas científicos em que o conhecimento prosperou muito nas últimas décadas. Assim como muitas estrelas, o Sol e o sistema solar emergiram de uma nuvem de gás molecular gigantesca. Antes de o Sol surgir, tudo nas suas proximidades se movimentava em alta velocidade e colisões ocorriam com frequência. Depois de mais ou menos 100 mil anos, o sistema entrou em colapso e virou uma *protoestrela*, na qual a fusão nuclear ainda não estava acontecendo, e um disco *protoplanetário*, que é o que por fim se transmutaria em planetas e outros objetos no sistema solar. Cerca de 50 milhões de anos depois, o hidrogênio começou a se fundir e o que pensamos como nosso Sol ganhou forma. Ele engoliu a maioria de sua massa da nuvem nebular, mas parte do material se reuniu em um disco ao seu redor do qual os planetas e outros objetos do sistema solar, como cometas e asteroides, viriam a emergir. Assim que a energia produzida pelo Sol resistiu à contração gravitacional, nasceu o sistema solar.

O que pegou meus colaboradores e a mim de surpresa foi o papel crucial das moléculas e dos elementos pesados no resfriamento do gás, o suficiente para possibilitar a formação da maioria das estrelas. Elementos pesados não são importantes apenas para a queima nuclear. Também são essenciais para permitir que a matéria se resfrie, dispersando-se até o ponto em que a queima nem sequer é uma opção. A formação de estrelas de tamanho solar exige temperaturas extremamente frias — dezenas de kelvins. Gás em temperatura alta demais nunca se concentra o suficiente para ativar a queima nuclear. Em outra conexão incrível entre processos fundamentais básicos e a natureza do universo, sem os elementos pesados e o resfriamento molecular pelo qual passa a matéria comum, o gás que criou o Sol nunca teria se resfriado o suficiente.

Só depois de começar minha pesquisa mais recente — que, mais do que meus primeiros trabalhos com física de partículas, enfoca detalhes dos sistemas astronômicos — pude apreciar a beleza e a coerência dos sistemas dinâmicos do universo. Galáxias se formam, estrelas são criadas e os elementos pesados criados por essas estrelas e o gás que elas ejetam contribuem para aumentar a formação estelar. Apesar de sua aparência em escalas de tempo humanas, o universo e tudo que há nele estão longe de ser estáticos. As estrelas evoluem, assim como as galáxias.

A próxima parte do livro, com enfoque no sistema solar, discute asteroides, cometas, impactos, assim como a emergência e o desaparecimento da vida. Veremos que o mesmo padrão de interações e transformações também é válido no nosso ambiente mais imediato.

PARTE II
O MOVIMENTADO SISTEMA SOLAR

6. Meteoroides, meteoros e meteoritos

Fiquei muito contente quando visitei o deserto próximo a Grand Junction, Colorado, e alguém me emprestou óculos de visão noturna. São óculos com um design especial, e tão potentes que existem até leis que proíbem sua exportação dos Estados Unidos. Eles amplificam a luz a tal ponto que aquilo que em geral é muito escuro para os olhos humanos fica iluminado. São usados pelas Forças Armadas na localização de combatentes inimigos e por moradores de montanhas, para encontrar animais noturnos.

Nada interessada nesses usos, aproveitei a oportunidade para olhar o céu, onde poderia encontrar objetos tão tênues em que nunca teria reparado sem esse recurso. A coisa mais notável que percebi naquele céu claro e seco lá no alto foi a frequência de "estrelas cadentes" — pequenos meteoroides pegando fogo na atmosfera. Em poucos minutos, acho que cinco ou dez haviam cruzado meu campo de visão. Tive sorte de estar diante de uma chuva de meteoros, então os rastros luminosos passavam com frequência maior que a normal. Mas mesmo sem chuvas de meteoros que incrementem o ritmo, o tempo todo há grãos de areia queimando na atmosfera.

Os meteoros criados por esses grãos de poeira não são nada tediosos: consistem em shows de luz magníficos no céu, que emanam de pó ou de pedrinhas que passam voando pelo espaço, irradiando romance e mistério. Isso quando não invocam ideias de pura destruição. Ninguém quer ser atingido por uma rocha em alta velocidade, não importa o tamanho dela. E é óbvio que ninguém quer que uma rocha gigante colida com a Terra. Por sorte, embora em raríssimas ocasiões objetos de tamanho grande o bastante tenham nos atingido ou passado perto disso, a maioria das coisas que se aproxima de nós não é motivo de preocupação. Cerca de cinquenta toneladas de material extraterrestre atingem a atmosfera da Terra todos os dias, carregadas por milhões de meteoroides pequenos. E nenhum de nós é afetado de maneira perceptível.

A primeira parte do livro tratou da matéria escura e do universo como um todo, com um rápido aceno à Via Láctea e ao sistema solar no final. Esta parte se concentra no nosso sistema solar e, em especial, naqueles objetos que poderiam ser relevantes na presença de um disco escuro. Ela explora o que há pelo espaço que pode vir à Terra ou a suas redondezas, junto com influências-chave que formações astronômicas já tiveram sobre a vida no nosso planeta. Este capítulo discute planetas, asteroides, meteoros, meteoroides e meteoritos — e a terminologia confusa, em constante mutação, que a astronomia emprega. O próximo capítulo trata de outra fonte de trajetórias rumo à Terra — cometas — e os confins ainda mais distantes do sistema solar onde residem seus precursores.

DELIMITAÇÕES DIFÍCEIS

Meus colaboradores e eu somos na maior parte físicos teóricos de partículas. Isso quer dizer que estudamos as propriedades de partículas elementares — os ingredientes básicos da matéria. Astrônomos, por outro lado, focam seus estudos nos grandes objetos no céu. Eles investigam o que esses objetos são e como se aglutinaram a partir da matéria elementar até evoluírem e se tornarem o que enxergamos hoje. Sabe-se que físicos de partículas criam termos fantásticos ou usurpam nomes de pessoas quando batizam objetos recém-descobertos — ou por vezes puramente hipotéticos —, tais como "quarks", "bóson de Higgs" e "áxions". Mas nossa nomenclatura parece metódica em comparação com a maioria dos nomes na astronomia, que muitas vezes viram motivo de piada entre os físicos de partículas. Já que eles surgiram do contexto histórico e não de uma interpretação baseada na ciência que se tem à disposição hoje, as convenções de nomenclatura e as unidades de medida da astronomia com frequência nos parecem sinistras e nada intuitivas. Os termos em geral se relacionam ao que se sabia ou apenas se cogitava quando algo foi descoberto, e não ao nosso entendimento atual.

Por exemplo: talvez você pense que População I seria uma boa maneira de aludir às primeiras estrelas do universo. Mas Pop I já se referia a um grupo de estrelas posterior, e Pop II já era usado para outro. Então, quando o grupo de primeiras estrelas efêmeras foi hipotetizado, ele foi chamado de Pop III. Um exemplo que causa confusão similar é o termo *nébula planetária*, o estágio final de uma estrela vermelha gigante, que não tem nada a ver com planetas. Seu nome desconcertante surgiu porque o astrônomo William Herschel identificou de maneira equivocada o objeto que viu no telescópio ao observá-lo pela primeira vez, no fim do século XVIII.

Talvez a astrofísica tenha essas terminologias confusas porque as pessoas tentam fazer observações astronômicas há séculos, antecipando com suas conclusões qualquer teoria que explicaria de maneira correta a que o termo se refere. Era raro que no momento da descoberta alguém captasse o panorama completo, que em geral viria a emergir depois. Sem um entendimento melhor, os nomes não poderiam estar arraigados a um princípio organizador válido.

A terminologia usada para planetas, asteroides e meteoros não é exceção. As categorias originais eram muito amplas, englobando objetos de muitas variedades. As pessoas só se deram conta de como ela era inadequada depois da descoberta dos objetos novos. Mesmo assim, os nomes originais costumam persistir, mas com definições que mudam com o passar do tempo. Em geral sou cautelosa quanto a mudanças de nome, que nos negócios ou na política costumam ser usados para tirar a atenção de questões importantes. A maior parte da evolução terminológica na astronomia, contudo, reflete avanços científicos reais. O fenômeno animador que é a grande proliferação atual de termos vem do progresso espetacular que se teve no nosso entendimento do sistema solar.

PLANETAS

Na sua versão inicial, o termo *planeta* foi uma dessas palavras com aplicação flexível. Quando os antigos gregos conceberam o termo que se tornou "planeta", eles não estavam cientes da distinção entre a maior parte dos corpos celestes. Os cientistas precisariam de ferramentas de medição mais sofisticadas para identificar as diferenças entre os pontos de luz à primeira vista idênticos no céu. Uma coisa que os astrônomos gregos tinham como observar era que alguns objetos se movimentavam, e por isso criaram um termo à parte, *asters planetai*, ou "estrelas vagantes". Só que essa definição inicial não englobava apenas planetas, mas também o Sol e a Lua.

Outras descobertas exigiram mais aprimoramentos na terminologia. Embora em sua origem muito inclusivo, com o tempo o termo *planeta* se tornou cada vez mais restritivo. Seu significado inicial foi refinado para se referir a cinco planetas (fora a Terra, que não se qualificava como planeta no modelo geocêntrico) que são visíveis a olho nu, e depois a outros que foram descobertos por meio de telescópios.

Planetas — da forma como entendemos o termo hoje — foram criados após o nascimento do Sol, quando grãos de poeira reuniram quantidades cada vez maiores de material que então colidiu, e cresceram mais ou menos até seu estado atual em um intervalo de talvez alguns milhões ou algumas dezenas de milhões de anos — da perspectiva astronômica, um intervalo bem curto.

A composição e o estado de um planeta dependem de sua temperatura — influência também importante sobre asteroides e cometas. Como seria de esperar, o material que se acresceu até virar planeta perto do Sol era bem mais quente do que o que se coligou em planetas mais distantes. A temperatura maior mantinha água e metano em estado gasoso em uma zona na qual as distâncias do Sol chegavam a quatro vezes a distância da posição atual da Terra; portanto, de início pouco desse material se condensou lá. Além do mais, o Sol enviava partículas carregadas que varriam o hidrogênio e o hélio na vizinhança mais próxima. Assim, apenas materiais robustos que não derreteriam nessas temperaturas, como ferro, níquel, alumínio e silicatos, poderiam se condensar nos planetas interiores.

É esse, aliás, o material que compõe os quatro planetas terrestres interiores — Mercúrio, Vênus, Terra e Marte. Tais elementos são mais ou menos escassos, de forma que os planetas interiores precisaram de tempo para crescer. Colisões e fusões foram essenciais para eles alcançarem seu tamanho atual, que mesmo assim é pequeno em comparação ao dos planetas exteriores (Figura 9).

Mais distante do Sol, entre as órbitas de Marte e Júpiter, encontra-se a fronteira a partir da qual compostos voláteis como água e metano permanecem em forma de gelo. Planetas nessa região externa cresceram de maneira mais eficiente, porque são constituídos por material muito mais abundante do que aquele que constitui os planetas terrestres. Isso inclui o hidrogênio, que eles poderiam acumular em grandes quantidades quando se formavam com a devida velocidade. Juntos, os quatro planetas gasosos gigantes, como são conhe-

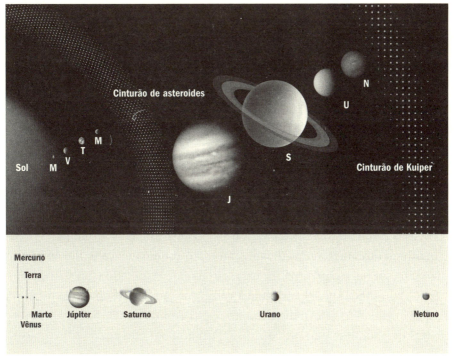

9. Os quatro planetas rochosos interiores e os quatro planetas gasosos exteriores com seus tamanhos relativos. Também estão indicados o cinturão de asteroides e o cinturão de Kuiper. Na parte inferior da figura, os nomes dos planetas e suas posições relativas no sistema solar.

cidos — Júpiter, Saturno, Urano e Netuno —, contêm 99% da massa do sistema solar (afora o Sol), tendo Júpiter, o mais próximo da linha divisória onde o material podia se acumular, a maior parte dessa massa.

Nos últimos vinte anos, objetos similares a planetas foram descobertos no sistema solar exterior, sem falar nos muitos outros descobertos em órbita em torno de outras estrelas. "Planeta" deixou de ser uma categoria muito simples, pois os membros do grupo passaram a variar de tamanho desde os menores que a Lua até os quase grandes o bastante para terem a queima nuclear característica de uma estrela. Embora essas revisões que exigem definições mais formais já tenham acontecido muitas outras vezes — Ceres foi planeta por cinquenta anos após sua descoberta, antes de ser reclassificado como asteroide —, a última discussão é tão recente que muitos de nós acompanharam a polêmica enquanto ela se desenrolava.

Você deve se lembrar das notícias em torno da possibilidade de Plutão continuar ou não a se qualificar como planeta. Astrônomos ainda discutem essa questão de maneira informal e às vezes até votam para restaurar a classificação anterior. A discussão inicial, acalorada, mas um pouco arbitrária, foi desencadeada por descobertas científicas mais ou menos recentes. A polêmica não foi de todo inesperada, já que se sabia desde os anos 1920, quando Plutão foi descoberto, que se tratava de um planeta bizarro. Sua órbita é muito mais excêntrica — alongada — do que a dos outros planetas. E sua inclinação — o ângulo relativo ao plano do sistema solar —, muito maior. Plutão também era muito pequeno comparado aos demais planetas distantes do sistema solar — os ditos gigantes de gás e gelo. Ele era sem dúvida o esquisitinho do reino planetário.

Mas levou setenta anos para vários objetos similares serem descobertos em órbitas próximas, numa demonstração de que o amalucado Plutão não era de todo especial e não devia ser necessariamente ressaltado com status planetário. O argumento para revisar sua categorização, em resumo, era o mesmo que se usa quando se formulam muitas regras arbitrárias. "Se admitirmos você, temos que admitir todo mundo." É um argumento que pode ser preguiçoso, projetado para evitar demarcações mais sutis, e quase nunca se mostra satisfatório ou convincente. Mas encontraram-se objetos de tamanho e localização orbital comparáveis aos de Plutão. Se este continuasse a ser considerado planeta, também seria planeta um objeto similar chamado Éris, descoberto em

2005 — e talvez mais alguns outros. Éris era particularmente inquietante, pois as medições sugeriam ser ele 27% mais pesado que Plutão. Com a ameaça de mais descobertas a pairar, alguém (ou alguma organização) teria que decidir qual era o ponto de corte mínimo de massa para um objeto alcançar status planetário. Mas se rebaixassem Plutão, o problema se resolveria. E foi isso que a União Astronômica Internacional (UAI) decidiu fazer na sua assembleia geral de 2006, em Praga. A entidade seguiu as diretrizes do que se faz em situações como essa: mudou as regras de admissão.

Hoje, portanto, um *planeta* é classificado como objeto redondo devido a sua própria gravidade e que "limpou a vizinhança" de objetos menores que, de outra forma, orbitariam o Sol nas cercanias deste. O que significa que objetos como Plutão e Éris, que fazem parte de cinturões de objetos próximos que orbitam por perto de maneira independente, não mais entram na categoria de planeta. Objetos como Mercúrio e Júpiter, por outro lado, são praticamente esféricos e isolados em suas órbitas. Embora muito diferentes entre si, os dois se qualificariam.

Isso quer dizer que, embora muitos de nós tenhamos nascido em um mundo com nove planetas do sistema solar, agora vivemos em um mundo com apenas oito. Pode ser que você tenha ficado desanimado, mas é provável que não no nível sentido por quem frequentava a universidade nos Estados Unidos em 1984, os que foram rebaixados à categoria de menores de idade em relação ao consumo de bebida alcoólica devido a uma mudança na lei em 17 de julho daquele ano. De maneira análoga, Plutão foi rebaixado em 2006, quando a UAI mudou as regras de ingresso planetário.

O interessante é que as estimativas iniciais quanto aos tamanhos relativos de Éris e Plutão se mostraram erradas. Embora se acreditasse que Éris fosse maior que Plutão, a margem de erro era tão grande que os astrônomos tiveram que esperar visualizações mais detalhadas para confirmar essa afirmação. O veículo espacial New Horizons, cujo sobrevoo próximo de Plutão, em julho de 2015, rendeu imagens espetaculares e informações mais minuciosas, mostrou que seu tamanho (embora não a massa) era de fato maior. Se essa ambiguidade fosse clara desde o início, talvez Plutão ainda estivesse nas fileiras da elite.

Como prêmio de consolação, no mesmo encontro em que "planeta" foi (re)definido, a UAI cunhou o termo *planeta anão* para objetos como Plutão que (em termos metafóricos) caíam nas fissuras entre asteroide e planeta. Plutão se tornou o primeiro integrante e exemplar desse clube recém-criado. O nome específico *planeta anão* foi e é motivo de controvérsia, já que, ao contrário de estrelas anãs, que são estrelas de fato, planetas anões na verdade não são planetas. O nome surgiu, é claro, porque de início a distinção não estava evidente. Os outros nomes propostos, contudo, talvez sejam ainda mais ridículos: "planetoide" ou "subplaneta".

Assim como os planetas, planetas anões têm que orbitar o Sol e não rodar como uma lua em torno de outro planeta. Eles são diferentes de asteroides no sentido de não serem rochas de formato arbitrário. Segundo essa definição, planetas anões, que são maiores que asteroides, devem ter massa suficiente para se tornarem quase esféricos sob sua própria gravidade. Mas planetas anões não podem ter órbitas isoladas como planetas de verdade. Muitos outros objetos fazem órbita ao seu redor. É só a falta de isolamento — eles não limparam sua vizinhança — que os exclui do status planetário. Um colega da astrofísica brincou que planetas, assim como professores titulares, limpam as órbitas ao seu redor. Planetas anões seriam, portanto, como estagiários de pós-doutorado, que trabalham de forma independente, mas mesmo assim têm suas salas perto das dos alunos de pós-graduação — os quais, assim como os asteroides, ainda não estão bem formados.

Até o momento, planeta anão é uma categoria bem limitada. Plutão e Ceres — o maior objeto no cinturão de asteroides, mas o menor dos planetas anões conhecidos — são os únicos planetas anões confirmados. Ceres, além disso, é o único no sistema solar interior. Os objetos mais distantes Haumea, Makemake e Éris também são reconhecidos oficialmente, já que são grandes a ponto de ficarem quase com certeza perto do esférico, embora seu formato ainda tenha que ser observado de maneira confiável. Outros candidatos têm chance de se encaixar também, como o misterioso objeto Sedna, porém só saberemos quando tivermos medições melhores. Todavia, muitos astrônomos acreditam que há mais — talvez por volta de cem ou duzentos planetas anões contidos no distante cinturão de Kuiper, do qual vamos tratar em breve. É provável que o cinturão de Kuiper seja o ponto onde se originaram os objetos mencionados acima e a fonte de muitos mais de um tipo similar ainda a ser descoberto.

ASTEROIDES

Ao contrário de "planeta" e "planeta anão", o termo "asteroide" ainda é um pouco vago e coloquial, já que as sociedades astronômicas nunca o definiram em termos formais. Aliás, até metade do século XIX, as palavras "asteroide" e "planeta" eram utilizadas de forma intercambiável — e costumavam ser entendidas como sinônimos. Quando usamos o termo *asteroide* hoje, de modo geral queremos nos referir a um objeto maior que um meteoroide, mas menor que um planeta — o que engloba objetos no sistema solar interior cujo tamanho vai de dezenas de metros a quase mil quilômetros de extensão. Como o articulista da *New Yorker* Jonathan Blitzer, de nome muito apropriado, os descreveu: "Asteroides são os náufragos mais traquejados do sistema solar: os corpos rochosos, em órbita do Sol, que restaram da formação do sistema solar. Pequenos demais para serem planetas, grandes demais para serem ignorados, eles podem dizer muito sobre nossa história primordial".

10. *Imagens de asteroides e cometas que foram abordados por veículos espaciais até agosto de 2014. Os tamanhos variam de cerca de cem quilômetros a uma fração de quilômetro. (Colagem criada por Emily Lakdawalla. Dados da Nasa/JPL/JHUAPL/UMD/ JAXA/ESA/equipe OSIRIS/Academia de Ciências da Rússia/Agência Espacial Nacional da China. Processamento de Emily Lakdawalla, Daniel Machacek, Ted Stryk e Gordan Ugarkovic.)*

Ao contrário de planetas anões, asteroides costumam ter forma irregular (Figura 10). O baixo limite superior à taxa de rotação observada de asteroides leva cientistas a suspeitar que a maioria não consiste em objetos firmemente atrelados, mas mera acumulação de detritos, já que o entulho sairia voando para todos os lados se as velocidades de rotação fossem maiores. Essa conjectura tem o apoio dos veículos espaciais que visitaram asteroides e algumas observações de luas de asteroides, ambas as quais defendem a baixa densidade dos asteroides.

Asteroides estão longe de ser poucos. É provável que existam bilhões. E sua composição varia de maneira absurda. A maioria é composta de asteroides pedregosos tipo-S, constituídos de rochas silicadas comuns que se encontram sobretudo perto de Marte, ou do tipo-C, ricos em carbono, que se encontram sobretudo perto de Júpiter. Os últimos ganham atenção particular quando se pensa nas origens da vida no sistema solar, já que o carbono é essencial à vida como a conhecemos. É intrigante como estudos de laboratório de meteoritos demonstram que alguns asteroides também contêm pequenas quantidades de aminoácidos, o que os torna ainda mais interessantes quando vistos dessa perspectiva. No capítulo a seguir, veremos que isso também vale para cometas, o que faz deles outro tópico interessante quando se pensa as origens da vida, que tratarei mais à frente. A água também é um componente-chave da vida e alguns asteroides a contêm, embora cometas em geral contenham mais. Asteroides metálicos, compostos sobretudo de ferro e níquel, também existem, mas são mais raros — uma pequena porcentagem da população asteroide —, embora pelo menos um deles relativamente bem estudado tenha um núcleo de níquel--ferro e crosta de basalto.

Ao contrário dos planetas, os asteroides quase nunca estão sós. Eles orbitam regiões específicas do sistema solar, acompanhados por muitos outros que rodam ao seu redor. A maioria fica localizada em um *cinturão de asteroides*, que vai de Marte até a região que inclui a órbita de Júpiter, abrangendo desde a borda exterior da região de planetas com interior arenoso, rochoso até os objetos de gás congelado mais ao longe (Figura 11). Os cinturões variam de mais ou menos duas unidades astronômicas (UAs) a quatro UAs — de cerca de 250 milhões de quilômetros a 600 milhões de quilômetros de distância do Sol. Fora do cinturão principal, as órbitas dos *Troianos*, outra categoria de asteroides, são atreladas à de um planeta maior ou de uma lua, o que garante sua estabilidade ao longo do tempo.

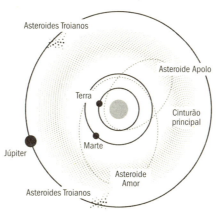

11. *O cinturão de asteroides principal entre Marte e Júpiter, assim como os asteroides Troianos, um exemplo de asteroide Apolo e um de Amor.*

A DISTRIBUIÇÃO DOS ASTEROIDES

Fez-se um grande avanço na ciência da formação de cinturões de asteroides, desde os anos 2000, quando os astrônomos começaram a entender a migração planetária no início do sistema solar. Agora sabemos que poucos milhões de anos após os planetas começarem a se formar, partículas carregadas disparadas pelo Sol eliminaram a maior parte do gás e poeira remanescentes do disco. A formação de planetas se encerrou nesse ponto, mas a do sistema solar, não. Planetas continuaram se movimentando depois dessa época, às vezes de forma bastante desordenada, espalhando material para fora do sistema solar de vez ou fazendo objetos menores mudarem de lugar. Um dos avanços significativos na pesquisa em ciência planetária das últimas poucas décadas é saber apreciar e reconhecer o papel que essa migração planetária desempenhou na formação do sistema solar como o conhecemos. Os planetas de gás tinham o movimento mais significativo, afetando o desenvolvimento de asteroides e cometas. Os planetas interiores também migraram mais para dentro, mas só um pouquinho, e assim é provável que tenham desempenhado papel menos relevante. Talvez um grande número de asteroides tenha sido enviado para dentro do sistema solar quando agitado pelo movimento extrínseco de vários dos planetas exteriores e o movimento intrínseco de Júpiter — a começar por um evento conhecido como Intenso Bombardeio Tardio, ocorrido há cerca de 4 bilhões de anos (mais ou menos 500 milhões de anos após a formação do sistema solar). A grande quantidade de crateras na Lua e em Mercúrio que resultou desses impactos é prova desse evento.

Astrônomos creem que asteroides são resquícios do disco protoplanetário que existia antes de os planetas se formarem. O cinturão de asteroides devia ter massa bem maior a princípio — a maior parte da qual se perdeu nos dias iniciais e dinâmicos do sistema solar. Júpiter espalhou muitos dos objetos originalmente nessa região antes que eles pudessem se aglutinar, o que deve explicar a ausência de planetas ali. Como ele perdeu muito material — embora o cinturão tenha muitas centenas de milhares de objetos maiores que um quilômetro —, sua massa total hoje é de mero 1/25 da massa da Lua, com um só objeto, Ceres, contendo um terço dessa quantidade. Quando a massa de Ceres se combina com as dos três maiores asteroides seguintes, já se chega à metade do total, ficando o restante em milhões de objetos menores. Sobre essas centenas de milhares ou talvez 1 milhão de asteroides com mais de um quilômetro de extensão, o cinturão contém ainda mais asteroides pequenos. Embora sejam mais difíceis de enxergar, os números aumentam com rapidez em tamanhos menores, sendo a regra mais ou menos de cem vezes mais objetos que são dez vezes menores.

No processo de expulsar pequenos planetésimos da região do cinturão de asteroides, Júpiter talvez tenha lançado objetos com água em direção à Terra. Embora a origem da água na Terra seja pouco entendida, esses primeiros impactos provocados por Júpiter podem ter tido algum papel no fato de nosso planeta adquirir seu suprimento abundante de água, já que de início ela podia se acumular com mais rapidez em quantidades suficientes nas regiões mais externas e mais geladas do sistema solar. O interessante é que "logo" (na escala geológica) após o fim do episódio inicial de bombardeio — por volta de 3,8 bilhões de anos atrás — a vida começou a emergir. Para felicidade de sua perpetuação, embora impactos menores e menos frequentes sigam até hoje, asteroides e cometas não bombardeiam o planeta no ritmo perigoso que faziam no início.

Assim como os planetas, os primeiros asteroides a serem encontrados foram designados por vários símbolos. Em 1855 já havia algumas dezenas. Muitos de seus nomes tinham origens mitológicas, mas descobertas mais recentes lhes atribuíram nomes extravagantes, como os de ícones da cultura popular — "James Bond" ou "Gato de Cheshire" — e até nomes de parentes dos descobridores. Ver os símbolos de cada asteroide me faz pensar numa tabela de hieróglifos (Figura 12). Como disse meu colaborador, eles lembram o nome que se deu a "O Artista Antes Conhecido Como Prince". A analogia é bem adequada, já que, assim como o próprio Prince, hoje esses objetos têm nomes de pronúncia mais fácil.

ASTEROIDE	SÍMBOLOS		ANO
1 Ceres		Foice de Ceres, invertida para lembrar a letra C	1801
2 Palas		Lança de Palas Atena	1801
3 Juno		Cetro encimado por uma estrela, símbolo de Juno, a Rainha dos Céus	1804
4 Vesta		Altar e o fogo sagrado de Vesta	1807
5 Astreia		Balança ou âncora invertida, símbolos da Justiça	1845
6 Hebe		Cálice de Hebe	1847
7 Íris		Arco-íris e estrela	1847
8 Flora		Flor estilizada (especificamente a Rosa Inglesa)	1847
9 Métis		Olho da sabedoria e estrela	1848
10 Hígia		Serpente de Hígia e estrela, ou o Bastão de Asclépio	1849

12. Nomes, símbolos e anos da descoberta dos primeiros dez asteroides encontrados.

Os cientistas dos velhos tempos ao que tudo indica tratavam suas descobertas num estado de mistificação, não muito distinto daquele dos antigos egípcios. O que não quer dizer que os antigos não tentassem encontrar uma ordem. Mas o universo é um lugar complexo, no qual tempo, dedicação e tecnologia são essenciais para desvendar de maneira bem-sucedida a natureza dos objetos que ele contém. Com capacidade observacional limitada, é difícil dizer se um objeto parece mais apagado ou mais luminoso, ou maior ou menor por conta de seu tamanho, composição ou localização. Só o tempo — e ferramentas de medição melhores — poderia levar à verdadeira compreensão científica.

À época em que os "planetas" originais foram descobertos, ninguém sabia nada de asteroides. Asteroides — assim como planetas — não emitem luz visível. Planetas, asteroides e meteoroides são iluminados pela luz que refletem do Sol. Encontrar asteroides, todavia, é mais difícil, porque eles são muito menores e, portanto, mais escuros e mais difíceis de ver. Cometas têm rastros claros e estrelas cadentes são mais ou menos próximas e claras. Asteroides, por outro lado, não possuem características prontamente aparentes, de forma que descobri-los era (e é) um desafio.

Na verdade, levou pelo menos uns 2 mil anos até as pessoas que olham para o alto perceberem que asteroides agraciavam o firmamento. Sem ferramentas extremamente sensíveis, a única maneira de encontrar esses objetos sem luz era ficar a observá-los por bastante tempo — embora saber com antecipação para onde olhar ajude. As primeiras tentativas dependiam dessa segunda lógica. Os astrônomos não sabiam ao certo quais eram os melhores lugares para apontar, mas usavam uma lei heurística que acreditavam poder ajudá-los nas buscas. A lei de Titius-Bode, empregada na época, parecia condizente com a localização dos planetas conhecidos e previa a localização de outros. A descoberta de Urano em 1781, onde a lei dizia que ele devia estar, pareceu ser um grande resultado. Mesmo assim, não havia teoria para justificar a "lei" e, de qualquer forma, a localização de Netuno não se conforma ao que ela prevê.

Mas apesar da arbitrariedade das localizações sugeridas, a técnica empregada para procurar planetas (lembre-se de que, na época, nenhum asteroide havia sido descoberto) — mesmo com tecnologia do século XVIII — era robusta. Observadores comparavam mapas celestes de noites distintas e buscavam objetos cuja localização havia mudado. Planetas mais próximos se movimentavam de maneira perceptível, ao passo que estrelas distantes pareciam fixas. Usando esse método (e guiado pela lei de Titius-Bode), o padre católico Giuseppe Piazzi, fundador e diretor do observatório de Palermo, na Sicília, descobriu em 1º de janeiro de 1801 um objeto que orbitava entre Marte e Júpiter, e o matemático Carl Friedrich Gauss a seguir calculou sua distância da Terra.

Sabemos hoje que o objeto que eles haviam encontrado, Ceres, não era um planeta, mas sim o primeiro asteroide a ser descoberto. Ele repousa no que hoje sabemos ser o cinturão de asteroides localizado entre Marte e Júpiter. Depois de vários achados subsequentes como esse, o astrônomo Sir William Herschel sugeriu um termo à parte para eles, *asteroeidēs,* que significa "em forma de estrela", já que pareciam mais pontiagudos do que planetas. Ceres, que hoje sabemos ser quase esférico e ter cerca de mil quilômetros de diâmetro, era ainda mais especial que os outros asteroides — acabou sendo também o primeiro planeta anão descoberto.

Os asteroides eram pouquíssimo entendidos até a tecnologia e o programa espacial avançarem a ponto de muitos desses objetos poderem ser mais bem observados. O progresso notável e contínuo dos pesquisadores nesse campo tem sido assombroso. Por mais animador que seja descobrir asteroides, observá-los e explorá-los é ainda melhor. O programa espacial em operação projetou várias missões recentes tendo essa meta em mente. Essas investigações mais diretas serão um acréscimo fantástico às observações iniciais, menos detalhadas, que começaram nos anos 1970, quando imagens em close começaram a revelar as formas irregulares dos asteroides.

Outras missões notáveis com asteroides no passado incluíram a NEAR Shoemaker, a primeira sonda dedicada a asteroides, que em 2001 tirou fotos do asteroide Eros e até pousou nele. Foi o primeiro asteroide próximo à Terra já descoberto. A missão japonesa Hayabusa retornou com amostras rochosas de asteroides em 2010 e cientistas japoneses lançaram há pouco a Hayabusa 2, ainda mais ambiciosa, que até o fim da década vai pousar em um asteroide e soltar três *rovers* para coletar mais amostras. A Nasa está prestes a lançar a missão OSIRIS-REx, que deve retornar com amostras de um asteroide carbonáceo.*

Com destaque ainda maior nas notícias dos últimos tempos, temos a nave europeia Rosetta, que sobrevoou e recolheu informações detalhadas dos aste-

---

* OSIRIS-REx foi lançada em 8 set. 2016, pousou no asteroide Bennu em 3 dez. 2018 e deve retornar à Terra em 24 set. 2023, com quase um quilograma de material recolhido. (N. R. T.)

roides Lutetia e Steins antes de seu encontro mais famoso e recente com os cometas. O veículo espacial Dawn, da Nasa, também tem aparecido no noticiário. Ele já visitou Vesta e agora chegou ao planeta anão Ceres.

No futuro, é provável que as ambiciosas operações de mineração que no momento estão em estudo, embora não sejam a rota mais óbvia para ganho financeiro, prospectem muitos outros asteroides. Assim como, também, as naves projetadas com vistas à deflexão de asteroides, hoje em desenvolvimento, a exemplo da ambiciosa Missão de Redirecionamento de Asteroides (Asteroid Redirect Mission, ARM), da Nasa. É muito provável que o foco atual do programa espacial norte-americano em asteroides — as contrapartes dos planetas, menos glamorosas, mas em geral mais acessíveis — venha a nos ensinar muito sobre nosso sistema solar.

METEOROS, METEOROIDES E METEORITOS

Vamos agora deixar os asteroides de lado para focar objetos ainda menores, conhecidos como meteoroides. O estudo deles é identificado por um termo bem estranho: "meteorítica" — e não "meteorologia", que talvez fosse o nome mais sensato para o estudo dos pequenos objetos de pedra que ficam no céu. Mas antes de a astronomia reclamar o termo, que vem do grego *meteoreon* — que significa "alto no céu" — e *logos* — a palavra para "conhecimento" —, os estudos climáticos já a tinham usurpado. Para infelicidade da terminologia atual, os antigos gregos achavam que estudos do clima combinavam com a ideia de meteorologia — o estudo dos objetos no céu.

A primeira definição padronizada de *meteoroide*, elaborada apenas em 1961 pela UAI, era de um objeto sólido em movimento no espaço interplanetário que fosse consideravelmente menor que um asteroide e consideravelmente maior que um átomo. Embora mais sensata que "meteorologia" da perspectiva astronômica, a definição também não é muito específica. Em 1995, dois cientistas sugeriram restringir o tamanho entre cem micrômetros e dez metros. Mas quando se descobriram asteroides com menos de dez metros de comprimento, cientistas da Sociedade Meteorítica sugeriram mudar a amplitude para dez micrômetros a um metro — mais ou menos do tamanho do menor asteroide já observado. Essa mudança, contudo, nunca foi oficializada. Usarei o termo "meteoroide" de maneira bem liberal para objetos de tamanho médio no céu, mas vou me referir a objetos ainda menores por nomes mais precisos, como *micrometeoroides* ou *poeira cósmica*.

Assim como os asteroides, meteoroides apresentam uma diferença drástica em sua natureza, talvez em virtude de suas origens loucamente variadas no sistema solar. Alguns são objetos como bolas de neve, com densidades que são apenas um quarto do gelo, enquanto outros são rochas densas, ricas em níquel e ferro, e outras ainda têm carbono abundante.

Embora o uso coloquial da palavra "meteoro" com frequência inclua o meteoroide ou micrometeoroide que o criou, seu emprego correto corresponde à raiz grega do termo, que significa "suspenso no ar" e se refere apenas ao que vemos no céu. Um *meteoro* é o raio de luz visível que se produz quando um meteoroide ou um micrometeoroide adentra a atmosfera da Terra. Apesar dessa definição, muitas pessoas, até jornalistas, falam de maneira incorreta sobre meteoros caindo na Terra, assim como o faz o nome do filme *Meteoro*, de 1979, universalmente criticado — e que, para ser justa, tem seus momentos divertidos.

É interessante notar que, assim como "meteorologia", o termo "meteoro" tinha uma definição inicial ligada ao clima — que em sua origem englobava qualquer fenômeno atmosférico, como granizo ou tufões. Ventos eram chamados de "meteoros aéreos", chuva, neve e granizo eram chamados de "meteoros aquosos", fenômenos de luz como arco-íris e a aurora eram chamados de "meteoros luminosos" e relâmpagos e o que hoje chamamos de meteoros eram chamados de "meteoros ígneos". Esses termos são resquícios de uma época em que ninguém sabia a que altura ficavam as coisas nem que as características climáticas tinham origens totalmente distintas das astronômicas. "Meteorologia", como termo, talvez não seja de todo insensato, já que o clima está de fato relacionado a nossa posição no sistema solar — mas de uma maneira muito diferente da que se concebia a princípio. Por sorte, apesar dos equívocos iniciais dos primeiros "meteorologistas", o termo "meteoro" não é mais usado nesse sentido.

Enxergamos meteoros com facilidade porque os objetos que os criam pegam fogo ao ingressar na atmosfera e emitem material reluzente que enxergamos como luz — que aparece como arco devido à sua alta velocidade. Embora muitos meteoros aconteçam de maneira aleatória, chuvas de meteoros são ocorrências mais comuns que surgem do fato de a Terra passar por destroços de cometas. É claro que meteoros são observados com mais facilidade à noite, quando a luz do Sol não os obscurece. Aqui não há um dilema filosófico do tipo a-árvore-que-caiu-na-floresta. A existência dos meteoros não depende de observadores que os enxerguem de fato. Os rastros de luz, a princípio, têm que ser visíveis.

A maioria dos meteoros surge a partir de objetos em pó ou pedrinhas. Milhões deles ingressam na nossa atmosfera todos os dias. Como a maior parte se desfaz acima de cinquenta quilômetros de altitude, meteoros em geral acontecem entre 75 e cem quilômetros acima do nível do mar, no que é chamado de mesosfera. Embora a velocidade exata dependa das propriedades específicas do objeto e o alinhamento da sua velocidade em relação à Terra, as velocidades dos objetos que criam os meteoros costumam ser da ordem das dezenas de quilômetros por segundo. A trajetória de um meteoro ajuda a identificar de onde veio o meteoroide que o criou, enquanto tanto o espectro de luz visível que um meteoro emite quanto sua influência sobre sinais de rádio ajudam os cientistas a determinar a composição do objeto.

Os meteoroides que conseguem atravessar a atmosfera e atingem a Terra podem levar a *meteoritos*. Meteoritos são as rochas que restam na Terra depois que um objeto extraterrestre a atingiu, se decompôs, derreteu e, em parte, se vaporizou. Eles são mais um lembrete tangível de que nosso planeta é intrinsecamente parte de um ambiente cósmico. Você pode dar sorte de encontrar um meteorito nas proximidades do local que um meteoroide impactou, mas é mais provável que os encontre em laboratórios, museus ou na casa de gente obsessiva, afortunada ou rica. O Museu do Observatório do Vaticano abriga uma bela coleção, assim como o Museu Nacional de História Natural do Smithsonian, nos Estados Unidos, que contém a maior dessas coleções. Um general de três estrelas* me disse que o Departamento de Defesa também possui uma bela coleção. Está ligada a mísseis defensivos, mas infelizmente os dados que os militares possuem a respeito de impactos de meteoroides ainda é confidencial. O estudo desses meteoritos a que os cientistas têm acesso nos ensinou muito sobre o sistema solar e suas origens.

Meteoritos também podem surgir a partir de cometas — os objetos do

---

* Antepenúltima graduação na hierarquia das Forças Armadas dos Estados Unidos. (N. T.)

sistema solar exterior que são o destaque do próximo capítulo. Objetos que orbitam o sistema solar interior são diferentes dos que estão no sistema solar exterior, a ponto de apenas os localizados dentro da órbita de Júpiter serem tratados como asteroides ou *planetas menores*, termo que — ao contrário de asteroide —, embora soe um pouco omisso, é o oficial. A distinção entre cometas e asteroides pode parecer óbvia — sendo a diferença mais marcante a cauda proeminente do cometa —, mas a delineação na verdade é mais nuançada. Cometas costumam ter órbita mais alongada, porém alguns asteroides têm órbita similar excêntrica — talvez porque de início fossem cometas. Além do mais, os asteroides que contêm água não são necessariamente uma população distinta das populações formadoras de cometas do sistema solar exterior. Essa composição variada de asteroides também indica que a população considerada de asteroides e a considerada de cometas possuem alguma sobreposição.

A separação é indistinta a tal ponto que, em 2006, a UAI concebeu o termo "pequeno corpo do sistema solar" para englobar ambos — mas não os planetas anões. Planetas anões também poderiam entrar como pequenos corpos do sistema solar, mas, como são maiores e mais esféricos — o que indica a gravidade mais forte que os torna mais propensos a serem objetos sólidos —, a UAI optou por omiti-los da categoria e distingui-los com seu próprio nome. No geral, a entidade prefere o termo "pequeno corpo do sistema solar" a "planeta menor" exatamente porque objetos no cinturão de asteroides às vezes podem ter as características de núcleos de cometas. Um único termo que englobe ambos, embora menos informativo, evita erros. Mesmo assim, asteroides costumam ser mais rochosos e cometas em geral contêm mais substâncias voláteis, de modo que a maioria dos astrônomos sustenta a distinção.

Essa terminologia atrapalhada, todavia, me deixa num dilema, posto que no restante deste livro falo de objetos grandes que atingem a Terra. Objetos pequenos que se queimam no céu são meteoroides ou micrometeoroides. Objetos maiores, que têm origem como asteroides ou como cometas, às vezes chegam à Terra ou também a sua atmosfera. Mas só sabemos de qual tipo são se observarmos sua trajetória e, portanto, sua origem. Precisamos de um termo que possa se referir a ambos. O desajeitado termo "pequeno corpo do sistema solar" tecnicamente se encaixa aí, só que quase nunca é usado para objetos que venham voando do céu — sobretudo aqueles que cheguem perto ou atinjam a

Terra. Confira as manchetes e verá "meteoro", "meteoroide" ou mesmo "meteorito" serem empregados com frequência, embora do ponto de vista técnico estejam todos errados se o objeto for maior que um metro. Já que parece não haver palavra coloquial comum que seja específica o bastante (embora às vezes se use "impactor" e "bólido"), ao longo deste livro chamarei os objetos de "meteoroides" — das ofensas, a menos flagrante — ao me referir a um objeto extraterrestre que adentra a atmosfera ou atinge a Terra. É um pequeno abuso da terminologia, dado que o termo costuma se referir apenas a um objeto menor. Mas o que quero dizer deve ficar claro conforme o contexto.

7. A breve e gloriosa vida dos cometas

Se tiver oportunidade de visitar a cidade de Pádua, na Itália, não deixe de conferir a Capella degli Scrovegni. Essa preciosidade, preservada desde o século XIV, abriga uma série de afrescos magníficos do artista Giotto, do início da Renascença. Minha imagem predileta — e a mais estimada por todos os meus colegas físicos que a visitam — é *A adoração dos Reis Magos* (Figura 13), na qual se vê um cometa passando pela cena clássica do presépio. É possível que o cometa, como sugeriu a historiadora da arte Roberta Olson, esteja fazendo as vezes da Estrela de Belém — o elemento mais conhecido na composição — com um objeto brilhante e espetacular que havia sido testemunhado nos céus alguns anos antes de a pintura ser finalizada. Não importa qual tenha sido a intenção alegórica, o lampejo sobre o presépio é sem dúvida um cometa — talvez o Halley, que qualquer pessoa naquela parte do mundo teria visto. A enorme cauda que se prolongou sobre uma parte significativa do céu em setembro e outubro de 1301 teria sido uma visão espetacular, sobretudo em uma época anterior à luz elétrica.

Gosto de matutar em italianos do início do século XIV olhando para o alto e sabendo apreciar as mesmas maravilhas astronômicas que nos espantam até hoje. As evidências de antigas civilizações grega e chinesa indicam que as pessoas vêm observando e sabem apreciar os cometas desde pelo menos 2 mil anos antes daqueles italianos. Até Aristóteles tentou entender a natureza desses corpos celestes: interpretava-os como fenômenos na atmosfera superior onde o material seco e quente começaria a pegar fogo.

Progredimos muito desde os gregos antigos. As ideias mais recentes dos cientistas, que têm base na matemática e em observações bem mais avançadas, nos ensinaram que cometas são frios, não têm nada que queima, e o material volátil que contêm é logo convertido em vapor gasoso ou água quando eles chegam perto do Sol.

Agora que já exploramos a natureza dos asteroides, que vêm de relativamente perto no sistema solar, vamos passar aos cometas, que surgem de domínios distantes conhecidos como disco disperso — que se sobrepõe ao cinturão de Kuiper — e da nuvem de Oort — situada nos confins distantes do nosso sistema solar. Cometas ocorrem também em outros sistemas estelares. Mas nosso foco aqui será aqueles que conhecemos melhor — os que se originaram nos nossos próprios confins.

13. A adoração dos Reis Magos, de Giotto, com um cometa que passa acima do tradicional presépio.

A NATUREZA DOS COMETAS

Embora hoje saibamos que cometas vêm de regiões distantes e só raramente seguem trajetórias que os trazem para perto da Terra, Tycho Brahe e sua conclusão, no século XVI, de que eles ficam fora da atmosfera terrestre foram um importante marco inicial no entendimento científico. O astrônomo dinamarquês mediu a paralaxe do Grande Cometa de 1577 combinando avistamentos de observadores em diversos pontos — e assim determinando que cometas se situavam pelo menos quatro vezes mais distantes que a Lua. Um chute baixo, mas um grande avanço para a época.

Isaac Newton fez outra dedução importante ao perceber que cometas se movimentam em órbitas oblíquas. Foi o que demonstrou utilizando sua lei gravitacional do inverso do quadrado, segundo a qual a força da gravidade é quatro vezes menor para um objeto ao dobro de distância — e que os objetos no céu têm que percorrer órbitas elípticas, parabólicas ou hiperbólicas. Quando Newton encaixou a trajetória do Grande Cometa de 1680 em uma parábola, ele literalmente ligou os pontos, mostrando que os objetos que as pessoas haviam avistado e acreditavam serem diferentes na verdade se encaixavam em uma trajetória única — e de uma única coisa. Embora a trajetória do cometa na verdade seja uma elipse prolongada, o trajeto ficou tão perto da forma parabólica que a dedução de Newton quanto a um único objeto em movimento permaneceu correta.

Os primeiros cometas a serem descobertos ganharam nomes referentes ao ano em que apareceram. No início do século XX, as convenções de nomenclatura mudaram e eles se tornaram homônimos das pessoas que previram suas órbitas, como o astrônomo alemão Johann Franz Encke e o militar e astrônomo amador teuto-austríaco Wilhelm von Biela — ambos têm cometas que levam seus nomes.

Embora identificado muito antes do século XX, o cometa Halley também foi assim batizado em homenagem ao homem que compreendeu sua trajetória bem o bastante para prever sua recorrência. Em 1705, usando as leis de Newton e levando em consideração perturbações de Júpiter e Saturno, Edmond Halley, amigo e editor de Isaac Newton, previu que um cometa que já havia aparecido em 1378, 1456, 1531, 1607 e 1682 reaparecia em 1758-9. Halley foi o primeiro a sugerir o movimento periódico de um cometa e acertou. Três matemáticos franceses fizeram cálculos ainda mais precisos e previram a data de 1759, no intervalo de um mês. Hoje podemos fazer cálculos similares para determinar que antes de 2061 ninguém na Terra testemunhará a nova passagem do Halley.*

Ainda no século xx, a convenção mudou de novo, passando a batizar cometas em homenagem às pessoas que os descobriram. E assim que a descoberta de cometas se tornou um empreendimento coletivo, com base em ferramentas de observação mais avançadas, cometas começaram a ser designados conforme o instrumento que os encontrou. A lista atual contém por volta de 5 mil cometas, mas a estimativa realista de seu número total é no mínimo mil vezes maior. E pode ser maior ainda — talvez chegue a 1 trilhão.

Entender a natureza e a composição dos cometas exige um pouco de conhecimento sobre os estados da matéria. As bem conhecidas fases da matéria são sólida, líquida e gasosa — o que, na água, significa gelo, água e vapor. Os átomos se dispõem de maneira diferente em cada uma das fases, sendo a do gelo sólido a mais estruturada e a do vapor gasoso, a mais aleatória. Quando uma transição de fase converte líquido em gás — como acontece quando a água ferve, por exemplo — ou sólido em líquido — como acontece quando cubos de gelo derretem —, o material permanece o mesmo, já que todos os mesmos átomos e moléculas continuam presentes. Mas a natureza do material se torna muito diferente. A forma que a matéria vai tomar depende de sua temperatura e composição — o que determina os pontos de ebulição e derretimento para cada coisa.

Achei graça quando fiquei sabendo que, há pouco tempo, alguém se aproveitou das diferentes fases para passar com uma garrafa d'água na segurança do aeroporto. A pessoa a congelou e argumentou que o gelo sólido na sua garrafa não se opunha à proibição de transporte de líquidos. Infelizmente, o agente da Administração para a Segurança dos Transportes não se convenceu. Se tivesse formação em física, ele podia ter argumentado, e vencido a discussão, dizendo que se aceitam apenas substâncias que são sólidas sobre condições normais de temperatura e pressão. Todavia, tenho quase certeza de que não foi isso que ele disse. (Observe que nesse caso tanto a temperatura quanto a física

---

* A última aparição do cometa Halley foi em 1986. (N. R. T.)

têm importância, pois pontos de ebulição e de fusão são diferentes a pressões diferentes, como sabe qualquer pessoa que já tentou cozinhar macarrão em Aspen, Colorado,* a 2500 metros do nível do mar.)

Os pontos de derretimento e ebulição são críticos para qualquer estrutura, já que determinam a fase que o material vai assumir. Alguns elementos, como hidrogênio e hélio, têm pontos de ebulição e fusão extremamente baixos. O hélio fica líquido, por exemplo, apenas quatro graus acima do zero absoluto. Cientistas planetários chamam esses elementos com ponto de fusão abaixo dos cem graus Kelvin de gases — seja qual for a fase em que a matéria esteja de fato. Os que têm ponto de fusão baixo, mas não tão baixo quanto os gases, são chamados — mais uma vez, pelos cientistas planetários — de gelo, embora o material ser ou não gelo dependa da temperatura em questão. É por isso que Júpiter e Saturno são chamados de gigantes gasosos, enquanto Urano e Netuno às vezes são chamados de gigantes gelados. Nos dois casos, o que compõe o interior dos planetas é um fluido quente e denso.

Gases (no sentido que lhes dão os cientistas planetários) são um subconjunto dos *voláteis*, os elementos e compostos com ponto de ebulição baixo — como nitrogênio, hidrogênio, dióxido de carbono, amônia, metano, dióxido de enxofre e água — que podem estar presentes em um planeta ou atmosfera. Um material com ponto de fusão baixo se transforma mais fácil em gás. Você já deve ter visto sorvete feito com nitrogênio líquido gelado. (Isso já virou clichê da cozinha molecular nos restaurantes modernos — assim como das demonstrações em feiras de ciências. Também era a atração principal num dos *food trucks* em frente ao Centro de Ciências de Harvard, que, para sorte da minha saúde, só servia sabores de que eu não gostava.) Se você já viu um exemplo desses, deve ter notado como os átomos de nitrogênio escapam logo como gás na temperatura ambiente, o que faz a coisa toda parecer sensacional (e quase uma caricatura de experimento de laboratório).

A Lua terrestre é baixa em voláteis, já que consiste sobretudo em silicatos, com pouca coisa em termos de hidrogênio, nitrogênio ou carbono. Cometas, por outro lado, contêm voláteis em abundância, o que dá origem a suas impressionantes caudas. Eles se originam muito além de Júpiter nas regiões longínquas do sistema solar, onde a água e o metano permanecem frios e conge-

---

* Existe um Centro de Física em Aspen para a realização de conferências e workshops. (N. R. T.)

lados. Nessas regiões muito frias, distantes do Sol, o gelo não se transforma em gás. Continua sendo gelo. É só quando os cometas passam para o sistema solar interior, onde estão mais perto do calor do Sol, que seus materiais voláteis se vaporizam de modo que escoam, junto com um pouco de pó, criando uma atmosfera em torno do núcleo chamada *coma*. A coma pode ser muito maior que o núcleo — milhares ou mesmo milhões de quilômetros de comprimento, às vezes crescendo até ficar do tamanho do Sol. Partículas de pó maiores permanecem na coma, ao passo que as mais leves são conduzidas à cauda pela radiação solar e emissões de partículas carregadas. Um cometa consiste em coma, o núcleo que a cerca e a cauda que dele se projeta.

Chuvas de meteoros, que surgem dos destroços sólidos que os cometas deixam ao passar, são uma evidência espetacular destes. Elas acontecem depois que um cometa atravessou a órbita terrestre, de forma que parte do material descartado fica na trajetória da Terra. A Terra então passa pelos detritos em ritmo regular, criando as maravilhosas chuvas periódicas de meteoros tão incríveis de assistir. Os destroços do cometa Swift-Tuttle são a origem da chuva de meteoros Perseid, que acontece no início de agosto, e que sem querer encontrei nos céus límpidos de Aspen, onde um instituto de física organiza oficinas de verão. Outro exemplo é a chuva de meteoros de Órion, que acontece em outubro e surgiu dos fragmentos dispersos do cometa Halley.

Os cometas estão entre os objetos mais espetaculares que podemos testemunhar no céu a olho nu. A maioria deles é de luz muito fraca, mas os parecidos com o Halley, visíveis sem ajuda de um telescópio, passam por nós algumas vezes por década. Cometas orbitam o Sol com caudas de íons brilhantes e caudas de pó à parte que costumam apontar para direções opostas. Esses rastros de poeira brilhante e gás são a origem de seu nome, que vem da palavra grega que se traduz por "de cabelo comprido". Enquanto o rastro de poeira costuma seguir a trajetória do cometa, a cauda de íons aponta para o lado oposto ao Sol. A cauda de íons se forma quando a radiação solar ultravioleta atinge a coma, arrancando elétrons de alguns dos átomos que se encontram ali. As partículas ionizadas criam um campo magnético no que é conhecido como *magnetosfera*.

Uma coisa chamada *vento solar* tem papel importante na manifestação dos cometas. Todo mundo tem familiaridade com a radiação solar, que dá origem aos fótons que sentimos como calor e luz na Terra. São menos conhecidas as partículas carregadas — elétrons e prótons — que o Sol emite e constituem o vento solar. Nos anos 1950, quando o cientista alemão Ludwig Biermann (e, de maneira independente, Paul Ahnert, outro alemão) fez a extraordinária observação de que a cauda brilhante de íons de um cometa também aponta para a direção oposta ao Sol, ele propôs que este emite partículas que a "empurram", fazendo-a apontar para lá. No sentido metafórico, o "vento solar" "soprou" a cauda de íons para aquele lado. Compreender esse processo ajudou os cientistas a entender mais sobre cometas e sobre o Sol — e me esclareceu a origem do misterioso nome.

Caudas de cometa podem se alongar em dezenas de milhões de quilômetros. Os tamanhos dos núcleos de cometas, é evidente, são muito menores, mas ainda assim grandes se comparados ao típico asteroide. Os núcleos não têm gravidade suficiente para arredondar suas estruturas, por isso apresentam formas irregulares, que variam em tamanho de algumas centenas de metros até dezenas de quilômetros de extensão. Isso pode configurar um viés de observação, já que os maiores são mais fáceis de avistar. Mas sondagens que empregam instrumentos com a devida sensibilidade para encontrar objetos menores até o momento não mostraram resultados.

Em termos de visibilidade, é bom que cometas tenham comas e caudas. Os núcleos são muito não reflexivos, o que os torna absurdamente difíceis de enxergar, já que a maneira mais comum de ver objetos não comburentes (como você e eu) é através da luz refletida. Para citar um exemplo bem conhecido, o núcleo do Halley reflete apenas 1/25 da luz que o atinge. Esse valor é comparável à reflexividade do asfalto ou do carvão, que, sabemos, são muito escuros. Outros núcleos de cometas refletem ainda menos. Na verdade, superfícies cometárias talvez sejam as coisas mais escuras do sistema solar.* Enquanto os compostos mais voláteis e leves são removidos pelo calor do Sol, os compostos orgânicos maiores e mais escuros continuam lá. Os materiais escuros absorvem luz, aquecendo os gelos que despacham os gases para virar caudas. A semelhança de reflexibilidade entre carvão e cometas não é coincidência — lembre-se de que o piche também é feito de moléculas orgânicas grandes; no caso, as do petróleo. Agora imagine asfalto no céu a bilhões de quilômetros de distân-

---

* Observe que, aqui, *escuro* tem o significado usual de absorver luz. Não estamos falando de "matéria escura".

cia. Sem muito empenho para encontrá-lo, um objeto escuro como esse estaria de fato perdido na escuridão.

Quando cometas estão no sistema solar exterior, eles são escuros, congelados e têm emissão óptica mínima. A única maneira de observá-los antes de eles se aproximarem do Sol é através da luz infravermelha que emitem. É só quando chegam ao sistema solar interior que a coma e a cauda se formam para deixá-los visíveis de maneira mais fácil. A poeira então reflete a luz do sol e os íons fazem os gases brilharem, o que leva à luz que podemos observar mais rápido. Mesmo assim, a maioria dos cometas só é visível por telescópio.

A constituição química exata dos cometas é ainda mais difícil de observar que os objetos em si. Meteoritos encontrados na Terra nos dão algumas pistas, já que trouxeram parte de seu material para nossa casa. Cientistas também observaram as diversas cores dos cometas e parte das linhas espectrais. Usando essas e outras pistas esparsas, eles concluíram que o núcleo consiste em gelo de água, poeira, pedrinhas e gases congelados que incluem dióxido de carbono, monóxido de carbono, metano e amônia. As superfícies de núcleos parecem ser rochosas, com gelo enterrado pouco abaixo da superfície.

Dadas as observações astronômicas limitadas de sua época, Isaac Newton deu uma interpretação incrivelmente precisa dos cometas no século XVII. Ele achou, de maneira equivocada, que eles eram corpos compactos, sólidos e duradouros, mas reconheceu que as caudas eram fluxos de vapor fino que haviam sido aquecidos pelo Sol. Em termos de entendimento da composição dos cometas, o filósofo Immanuel Kant fez um serviço ainda melhor em 1755. Ele depreendeu que eles eram compostos de material volátil que se vaporiza para criar a cauda. Nos anos 1950, Fred Whipple, pesquisador do departamento de astronomia de Harvard que descobriu seis desses corpos celestes, ficou famoso ao reconhecer neles a preponderância do gelo, sendo poeira e rochas apenas secundárias. Foi o que gerou o modelo "bola de neve suja", do qual você já deve ter ouvido falar. Na verdade, a composição não é determinada com perfeição e alguns cometas são mais sujos que outros. O aperfeiçoamento das observações tem feito nosso conhecimento avançar.

Outra característica fascinante da composição do cometa é que ele contém compostos orgânicos, como metanol, cianeto de hidrogênio, formaldeído, etanol e etano, assim como hidrocarbonetos de cadeia longa e aminoácidos, os precursores da vida. Já se encontraram na Terra meteoritos que contêm componentes de DNA e RNA, que, supõe-se, vieram de asteroides ou cometas. Objetos que transportam água e aminoácidos, e que atingem nosso planeta com regularidade, com certeza são dignos de nossa atenção.

A estrutura fascinante e a possível relevância dos cometas para a vida os fizeram se tornar alvo óbvio de várias missões espaciais. O primeiro veículo espacial a estudá-los sobrevoou suas caudas e as superfícies de seus núcleos para reunir e analisar partículas de pó e talvez tirar fotos, mas sem a proximidade ou a resolução que dariam detalhes significativos. Em 1985, o International Cometary Explorer [Explorador Internacional de Cometas], missão redirecionada da Nasa com apoio europeu, foi o primeiro veículo espacial a se aproximar da cauda de um cometa, mas a apenas 3 mil quilômetros de distância. A Armada Halley, que consistiu em duas missões Vega lançadas pela Rússia, a missão japonesa Suisei e o veículo espacial europeu Giotto, seguiu logo depois para tentar estudar melhor o núcleo e a coma do cometa. Contudo, a missão robótica Giotto — assim batizada em homenagem ao pintor de *A adoração dos Reis Magos*, o já mencionado quadro com a ilustração de um cometa — superou todas elas. Esse veículo espacial chegou perto do núcleo do cometa Halley, a seiscentos quilômetros.

Missões mais recentes, que tentaram explorar diretamente cometas e suas composições, se deram ainda melhor. O veículo espacial Stardust reuniu e analisou partículas do pó e da coma do cometa Wild 2 no início de 2004 e trouxe esse material para estudo na Terra em 2006. Ele não consistia primariamente em material médio interestelar, como esperado de um objeto que se formou na distante nuvem de Oort, mas era constituído, em vez disso, sobretudo de coisas aquecidas dentro do sistema solar. Cientistas mostraram que o cometa continha minerais de ferro e sulfeto de cobre, que não teria como se formar sem água líquida, sugerindo que ele de início podia ser mais quente e portanto devia ter se formado perto do Sol. Os resultados demonstraram, além disso, que a composição dos cometas e dos asteroides nem sempre é tão diferente quanto os cientistas esperavam.

E Deep Impact [Impacto profundo] não é só o título de um filme ambicioso (embora um pouco confuso) — também é o nome de uma sonda que em 2005 enviou um impactor contra o cometa Tempel 1. O veículo espacial foi projetado para estudar o interior do cometa e fotografar a cratera de impacto — embora a nuvem de poeira que o impacto criou tenha obscurecido um pouco as imagens.

A descoberta de material cristalino, que para sua formação exige temperaturas muito mais extremas do que se tem nos cometas atuais, indicou que ou o material entrou no cometa a partir do sistema solar interior ou o cometa a princípio se formou em uma região distante de sua localização atual.

As sondagens mais recentes de cometas são ainda mais animadoras. Em um avanço notável, em 2004 a Agência Espacial Europeia lançou um veículo espacial chamado Rosetta para orbitar o cometa 67P/Churyumov-Gerasimenko e em seguida pousar uma sonda ainda mais direta chamada Philae na sua superfície, para estudar de perto a composição do núcleo e regiões internas. Uma das grandes notícias de novembro de 2014 dava destaque a Philae, que pousou — mas não com a suavidade esperada — com pulos que a levaram a uma posição menos estável. O evento, que foi quase que literalmente um momento de suspense, cumpriu uma quantidade justa de suas metas científicas. Embora a missão de perfuração não tenha sido bem-sucedida, a Philae — mesmo no lugar errado e sem os mecanismos de fixação planejados no devido lugar — estudou o formato e a atmosfera de um cometa com mais detalhes do que nunca.

A Rosetta agora orbita o cometa e continuará a orbitá-lo conforme ele adentra o sistema solar interior. A missão como um todo já é um feito espetacular — talvez mais marcante ao se pensar que seu lançamento aconteceu um século depois de os irmãos Wright lançarem o primeiro aeroplano.

COMETAS DE CURTO E LONGO PERÍODO

Ainda que se tenha tido todo esse avanço, restam muitas perguntas intrigantes sobre cometas. Além de determinar melhor do que eles são constituídos, astrônomos gostariam de aprofundar o entendimento tanto de suas órbitas quanto da maneira como eles se formam. Aliás, não necessariamente esperamos uma só explicação unificada, já que há evidências de classes distintas de cometas, que se distinguem nos tipos *curto período* e *longo período*, conforme o tempo que levam para cumprir uma jornada em torno do Sol. A demarcação entre períodos curtos e períodos longos é fixada em duzentos anos, mas no geral os períodos variam de alguns anos até milhões.

Os cometas se originam depois de Netuno e o reservatório desses objetos transnetunianos está em faixas orbitais distintas localizadas a várias distâncias do Sol. As regiões internas, que dão origem aos cometas de curto período, são chamadas de *cinturão de Kuiper* e de *disco disperso*, enquanto a uma distância muito maior está a hipotética *nuvem de Oort*, que produz cometas de longo período e à qual em breve (em sentido figurado) retornarei. Uma região extra proposta por astrofísicos, mas que não enfocaremos aqui, é a que fica entre o disco disperso e a nuvem de Oort e ganha o condescendente nome de *objetos desconectados*.

A categorização das regiões internas e externas da qual os cometas se originaram se sobrepõe em grande medida a seu período orbital. Os cometas que vemos com mais frequência são os de curto período, como o Halley, que se repete a intervalos manejáveis e que gerações de humanos já observaram. Cometas de curto período vêm de regiões mais próximas e a maioria dos cometas de longo período vem de distâncias grandes. Às vezes também vemos cometas de longo período, mas apenas se e quando estes adentram o sistema solar interior, o que pode ser causado por perturbações na distante nuvem de Oort. A gravidade solar tem pouca força sobre os cometas de lá, de forma que até pequenas agitações podem tirar objetos de suas órbitas e fazê-los mergulhar rumo ao Sol. Mesmo cometas de curto período, como o Halley, podem ter sido expulsos de uma órbita mais distante de longo período e caíram em curto período no sistema solar interior.

Os cometas de curto período se dividem em duas subcategorias: cometas da família Halley, com períodos maiores que vinte anos; e cometas da família Júpiter, que têm períodos menores. Talvez também existam asteroides ou cometas dormentes/extintos em órbitas de curto período, mas é provável que pouquíssimos asteroides tenham um período orbital maior que vinte anos. Cometas de período mais longo são mais *excêntricos*, o que significa que têm órbitas mais extensas que os de curto período. Faz sentido, já que cometas só são visíveis para nós perto do Sol. Enquanto cometas de curto período viajam mais perto das redondezas do Sol, um cometa que seja observável e de longo período deveria ter uma órbita que imerge em direção a ele, mas que se prolonga para criar uma trajetória longa que necessita de bastante tempo para ser percorrida. As órbitas dos cometas de longo período também parecem ficar mais próximas do *plano eclíptico* no qual os planetas trafegam e, além disso, viajam quase na mesma direção geral.

O destino de qualquer um desses objetos ao adentrar o sistema solar interior depende de outras possíveis agitações. Júpiter é o maior agitador conhecido e mais ou menos próximo, já que sua massa é de mais que o dobro da massa total de todos os demais planetas juntos. Novos cometas no sistema solar interior podem entrar em outra órbita ou aparecer apenas uma vez antes de serem chutados do sistema solar ou colidir com um planeta, como o Shoemaker-Levy, que ganhou fama ao colidir com Júpiter há não muito tempo — em 1994.*

O CINTURÃO DE KUIPER E O DISCO DISPERSO

Agora vamos pensar nos domínios que contêm os corpos menores e gelados do sistema solar que, se perturbados de maneira a entrar no sistema solar interior, se transformarão em cometas. Nosso primeiro tema será o cinturão de Kuiper (Figura 14). Embora não seja em si o reservatório de cometas de curto período, ele é um ponto de referência importante para o disco disperso, que é esse reservatório.

A meu ver, um dos aspectos mais interessantes do cinturão de Kuiper, previsto nos anos 1940 e 1950, é como sua descoberta é recente. Foi só em 1992 que astrônomos determinaram que nosso entendimento do sistema solar, que muitos de nós aprenderam no ensino fundamental e achavam ter uma base bem sólida, teve que ser revisado para explicar a descoberta do cinturão de Kuiper e vários outros avanços que discutirei em breve. Mesmo que nunca tenha ouvido falar do cinturão de Kuiper, você deve ter familiaridade com alguns objetos que residem ou se originaram lá. Entre eles estão três planetas anões, entre os quais o ex-planeta chamado Plutão. Embora hoje distantes do cinturão de Kuiper, Tritão (lua de Netuno) e Febe (lua de Saturno) também têm tamanho e composição que sugerem que elas também iniciariam sua existência nessa localização antes de o trânsito planetário puxá-las para fora.

* Em junho de 2021 foi anunciada a descoberta de um cometa com tamanho estimado de cem a duzentos quilômetros oriundo da nuvem de Oort. A previsão é que ele atinja aproximação máxima do Sol em 2031, quando estará a cerca de onze unidades astronômicas (um pouco mais que a distância de Saturno). Esse cometa gigante, cerca de dez vezes maior que a maioria dos cometas, foi batizado de cometa Bernardinelli-Bernstein, uma alusão ao nome dos astrônomos que o descobriram. Pedro Bernardinelli é brasileiro e fez seu doutorado com Gary Bernstein. (N. R. T.)

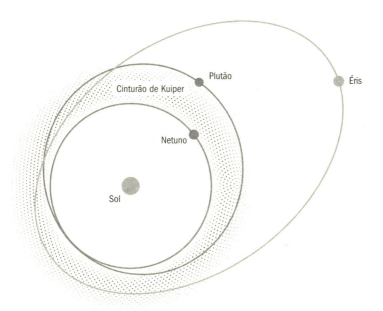

14. *O cinturão de Kuiper, localizado depois de Netuno, inclui Plutão como seu maior objeto. O disco disperso, um pouco além do cinturão de Kuiper, contém um objeto ainda maior, Éris.*

Uma unidade astronômica (UA) tem cerca de 150 milhões de quilômetros — a distância aproximada entre a Terra e o Sol. O cinturão de Kuiper fica numa região trinta vezes mais distante do Sol — entre trinta e 55 UAs de distância, aproximadamente. Ele contém um grande número de planetas menores, a maioria dos quais está situada no *cinturão clássico de Kuiper*, que fica entre 42 e 48 UAs do Sol. Essa região se prolonga no sentido vertical a mais ou menos dez graus para fora do plano eclíptico, embora a posição média tenha inclinação de poucos graus. Sua espessura o faz parecer mais uma rosquinha do que um cinto. Mesmo assim, seu nome um pouco enganador sobrevive.

O nome também é um pouco injusto por outro motivo. O número e a variedade de especulações prévias sobre a natureza do cinturão de Kuiper não deixam claro quem merece crédito pela proposta. Pouco depois de sua descoberta nos anos 1920, muitos astrônomos suspeitavam que Plutão não estava só. Ainda em 1930, cientistas apresentaram várias hipóteses a respeito de outros objetos transnetunianos, mas o astrônomo Kenneth Edgeworth talvez seja quem merece o maior crédito. Em 1943, ele defendeu que o material no início do sistema solar na região além de Netuno era difuso demais para criar planetas e, em vez disso, se tornaria um grupo de corpos menores. Ele especulou ainda que, por vezes, um desses objetos adentraria o sistema solar para se tornar cometa.

Cientistas hoje são favoráveis a uma conjuntura muito similar à de Edgeworth, na qual o disco solar inicial se condensou em objetos menores que planetas, às vezes chamados de *planetésimos*. Gerald Kuiper, de onde advém o nome do cinturão, apresentou sua hipótese mais tarde, em 1951, e além disso não se saiu bem, achando que seria uma estrutura transitória que hoje já teria sumido, pois acreditava que Plutão era maior do que de fato é e, assim, teria limpado a região em volta tal como outros planetas haviam feito. Como Plutão é consideravelmente menor do que Kuiper previu, isso não aconteceu, de modo que o cinturão de Kuiper, com seus vários objetos na mesma região geral da órbita de Plutão, sobreviveu.

Edgeworth às vezes leva o crédito com Kuiper pela especulação, quando se usa o nome *cinturão de Edgeworth-Kuiper*. Mas, como quase sempre acontece com nomes compridos — pelo menos nos Estados Unidos —, a versão mais curta é usada com mais frequência. Assim como o "prêmio Sveriges Riksbank de Ciências Econômicas em Memória a Alfred Nobel", criado após os prêmios Nobel reais, mas em geral tratado como "prêmio Nobel de Economia" em vez de pelo nome completo e prolongado, é raro você ouvir a versão comprida do termo astronômico que reconhece de maneira justa a contribuição de Edgeworth.

Depois das sugestões de Edgeworth e Kuiper, cientistas perceberam que os próprios cometas nos dão pistas da existência do cinturão de Kuiper. Nos anos 1970, descobriram-se muitos cometas de curto período, pelos quais só a nuvem de Oort responderia — sendo a nuvem o reservatório de cometas bem mais distante, do qual vamos falar em breve. Cometas de curto período surgiram perto do plano do sistema solar, ao contrário dos cometas da nuvem de Oort, que eram distribuídos de maneira mais esférica em torno do Sol. Com base nessa avaliação, o astrônomo uruguaio Julio Fernandez considerou que os cometas podiam ser explicados por um cinturão localizado na região onde, hoje sabemos, fica o cinturão de Kuiper.

Como sempre, apesar de toda especulação, a descoberta exigia a sensibilidade observacional. Já que encontrar objetos pequenos, distantes e não luminosos não é fácil, os primeiros objetos com exceção de Plutão no cinturão de

Kuiper foram descobertos apenas em 1992 e início de 1993. Jane Luu e David Jewitt, que começaram sua busca quando Jewitt era professor no MIT e Luu era aluna, concluíram suas observações no Observatório Nacional de Kitt Peak, no Arizona, e no Observatório Interamericano de Cerro Tololo, no Chile. Eles prosseguiram depois que Jewitt se mudou para a Universidade do Havaí, onde podiam usar o telescópio de 2,24 metros da universidade no topo do vulcão dormente Mauna Kea — um belíssimo ponto de observação com céus maravilhosamente límpidos (e que vale muito uma visita se você estiver em Big Island). Depois de cinco anos de procura, eles descobriram dois objetos no cinturão de Kuiper — o primeiro no verão de 1992 e o segundo no início do ano seguinte. Desde então, muitos outros objetos como esses foram descobertos, embora quase com certeza eles representem uma pequena fração do que existe de fato. Hoje sabemos que o cinturão contém mais de mil residentes, conhecidos como objetos do cinturão de Kuiper, *Kuiper belt objects* (KBOs), embora os cálculos sugiram que até 100 mil com diâmetros maiores que cem quilômetros possam estar por aquelas bandas.

Vale notar que, apesar de Plutão ter perdido o status de planeta, ele ainda é especial, motivo pelo qual foi descoberto antes de qualquer outro objeto no cinturão de Kuiper. Com base no que sabemos hoje sobre as massas de objetos nas suas redondezas, Plutão é maior do que o esperado. Esse único objeto parece ter pouca porcentagem da massa total do cinturão de Kuiper e é muito provável que seja o maior ali situado. Na verdade, a baixa massa líquida do cinturão de Kuiper é uma pista interessante de sua origem. Embora as estimativas variem de 4% a 10% da massa da Terra, modelos de formação do sistema solar dariam ao cinturão de Kuiper em torno de mais trinta vezes a massa da Terra. Se sua massa sempre fosse tão baixa, nenhum objeto maior que cem quilômetros de diâmetro teria se vinculado ao cinturão — o que a existência de Plutão contradiz. Isso nos revela que uma grande fração — mais de 99% da massa prevista — não está lá. Ou o KBO se formou em outro lugar — mais perto do Sol — ou algo dispersou a maior parte da sua massa.

Os diversos outros objetos que possuem uma órbita similar à de Plutão são chamados de *plutinos* e ficam localizados a pouco menos de quarenta UAs do Sol, embora suas órbitas bastante excêntricas façam com que suas distâncias variem. Plutinos são *objetos ressonantes com o cinturão de Kuiper*, que são os que viajam em órbitas com proporção fixa em relação a Netuno. Plutinos, por exemplo, fazem a órbita em torno do Sol duas vezes durante o tempo em que Netuno faz três. A proporção fixa impede que os objetos cheguem muito perto de Netuno, de modo que fogem a seu forte campo gravitacional, que, de outra forma, os faria serem expulsos da região. A parte divertida da história é que a UAI exige que os plutinos, assim como Plutão, também recebam nomes de divindades do submundo. Conhecemos pelo menos mil desses objetos, mas, dados os levantamentos limitados até o momento, cientistas suspeitam — assim como nas outras categorias que levantei — que existam bem mais.

Todavia, a população dominante do cinturão de Kuiper não consiste apenas em plutinos, mas em objetos que repousam no cinturão clássico de Kuiper. Levantamentos já encontraram muitos objetos como esses, e é bem provável que o projeto Pan-STARRS, hoje todo dedicado a procurar qualquer coisa no sistema solar com movimento visível, encontre muitos mais. Os objetos no cinturão de Kuiper clássico têm órbitas estáveis que não são agitadas por Netuno — mesmo sem qualquer órbita ressonante que o mantenha a uma distância fixa. Boa parte desses objetos clássicos mais vermelhos tem órbitas bem circulares. Uma segunda população possui órbitas mais excêntricas e mais inclinadas — até o máximo de mais ou menos trinta graus, mas em geral bem menos. Assim, restam-nos regiões mais ou menos desabitadas e instáveis dentro do cinturão de Kuiper, que contêm apenas os objetos que chegaram há pouquíssimo tempo.

É provável que objetos que costumavam fazer parte do cinturão de Kuiper sejam precursores ou pelo menos relacionados a muitos dos cometas que observamos, de modo que não deve surpreender o fato de sua composição ser, em essência, a mesma que a dos cometas. Eles são constituídos sobretudo de gelos de materiais como metano, amônia e água. A presença de gelo em vez de gás se deve à localização do cinturão e sua consequente temperatura baixa de mais ou menos cinquenta graus Kelvin — mais de duzentos graus mais frio que o ponto de congelamento da água. Depois que os cientistas terminarem de analisar os dados do veículo espacial New Horizons, que terá recolhido muitas informações sobre Plutão e o cinturão de Kuiper, é provável que venhamos a aprender muito mais a respeito desses objetos.*

As órbitas no cinturão, contudo, são estáveis, e por isso os cometas não

---

* New Horizons foi lançada em 19 jan. 2006 e chegou à região de Plutão e suas luas no verão de 2015. Está agora estudando a região de cinturão de Kuiper. (N. R. T.)

se originam exatamente ali. Os moradores permanentes do cinturão de Kuiper não conseguem chegar até o Sol. Em vez disso, cometas de curto período surgem do *disco disperso*, uma região relativamente vazia que contém planetas menores e gelados e se sobrepõe ao cinturão de Kuiper, mas que fica muito mais distante do Sol — cem UAs ou mais. O disco disperso contém objetos cujas órbitas podem ser desestabilizadas por Netuno. A maior excentricidade, a gama de posições e o grau de inclinações — até por volta de trinta graus — distinguem a população do disco disperso da dos objetos do cinturão de Kuiper, assim como sua instabilidade. Objetos do disco disperso têm excentricidade de média a alta, o que significa que têm órbitas esticadas, e não circulares. Sua excentricidade é tão alta que mesmo objetos cuja gama máxima é distante de Netuno chega perto o bastante durante suas órbitas para ficarem sujeitos ao campo gravitacional do planeta. É por isso que a influência netuniana às vezes dispara objetos do disco disperso para o sistema solar interior, onde eles são aquecidos até soltarem gás e poeira, e assim ficam mais identificáveis como cometas.

Éris, o planeta anão que se sabe ter tamanho comparável ao de Plutão, fica fora do cinturão de Kuiper no disco disperso e foi o primeiro a ser identificado. Para encontrá-lo, os astrônomos em Mauna Kea usaram dispositivos de carga acoplada — versão avançada dos sensores usados em câmeras digitais —, assim como processamento computacional avançado. Foi o que possibilitou observar objetos mais distantes e contribuiu para a descoberta tão recente de Éris, em 1996. Astrônomos encontraram mais três objetos do disco disperso alguns anos depois. Outro, com o nome nada poético (48639) 1995 TL_8, foi descoberto antes, em 1995, mas só mais tarde classificado como objeto do disco disperso. Desde então já foram descobertas outras centenas. Os números totais talvez se comparem aos objetos do cinturão de Kuiper, mas, por serem mais distantes, é mais difícil observá-los.

Os objetos do cinturão de Kuiper e os objetos do disco disperso são de composição parecida. Assim como outros objetos transnetunianos, os objetos no disco disperso têm densidade baixa e são compostos sobretudo de voláteis congelados como água e metano. Muitos acreditam que objetos do cinturão de Kuiper e objetos do disco disperso tiveram início na mesma região, mas as interações gravitacionais — primariamente com Netuno — mandaram alguns para órbitas estáveis no cinturão de Kuiper e outros objetos chamados Centauros para uma região mais interna, situada entre as órbitas de Júpiter e Netuno. As interações gravitacionais mandaram os objetos restantes para as órbitas instáveis do disco disperso.

A influência gravitacional dos planetas exteriores é quase com certeza a responsável por boa parte da estrutura do cinturão de Kuiper e do disco disperso. Parece que em algum momento Júpiter se arrastou para dentro, rumo ao centro do sistema solar, enquanto Saturno, Urano e Netuno passaram para fora. Júpiter e Saturno usaram um ao outro para estabilizar suas órbitas — Júpiter orbita o Sol em velocidade duas vezes maior que a de Saturno. Mas esses planetas desestabilizaram Urano e Netuno — colocaram-nos em órbitas distintas, com Netuno se tornando mais excêntrico e começando a orbitar a uma maior distância. A caminho de seu destino final, é provável que Netuno tenha deslocado mais planetésimos para órbitas mais excêntricas e muitos outros para órbitas mais internas, onde eles poderiam se redispersar ou serem escorraçados pela influência de Júpiter. Isso deixaria menos de 1% do cinturão de Kuiper intacto, enquanto sua maior parte teria se dispersado.

Uma proposta alternativa é que o cinturão de Kuiper se formou primeiro e os objetos dispersos vieram dele. Nessa proposta, similar em muitos aspectos à descrita acima, Netuno e os planetas exteriores dispersaram alguns objetos para órbitas excêntricas e inclinadas, ou em direção à região solar interna ou para fora, em confins mais distantes do sistema solar. Alguns desses objetos que se dispersaram do cinturão de Kuiper teriam então se tornado objetos do disco disperso. Outros podiam ter se tornado Centauros. Isso resolveria o mistério de como os Centauros, que têm órbitas instáveis e podem ficar no seu domínio apenas alguns milhões de anos, continuam existindo até hoje — é possível que o cinturão de Kuiper os abasteça. Cometas também possuem vidas finitas (mas gloriosas). De maneira gradual, o calor do Sol provoca erosão neles, sublimando suas superfícies voláteis. Sem uma fonte contínua de novos objetos, os cometas não estariam mais por aí.

A NUVEM DE OORT

O disco disperso é o reservatório dos cometas de curto período. A nuvem de Oort, uma enorme "nuvem" com distribuição esférica de planetésimos ge-

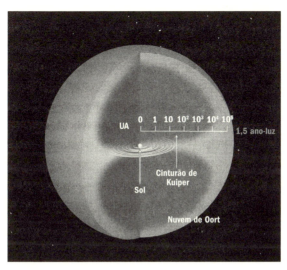

15. *A nuvem de Oort na região distante do sistema solar, que se prolonga de talvez mil UAs até mais de 50 mil UAs, fica fora dos confins dos planetas e do cinturão de Kuiper.*

lados, que contém talvez 1 trilhão de planetas anões, é a fonte hipotética dos de longo período (Figura 15). A nuvem de Oort tem esse nome em homenagem ao astrônomo holandês Jan Hendrik Oort, responsável por diversas realizações importantes — pelo menos dois termos da física levam seu nome. Uma das maiores realizações de Oort teve a ver com a determinação, em 1932, de como medir a quantidade de matéria, incluindo a matéria escura, na galáxia através de observações.

Oort também é o responsável pela especulação em torno do que hoje é chamado de nuvem de Oort. Nos anos 1930, o astrônomo estoniano Ernst Julius Öpik foi o primeiro a sugerir a existência dessa nuvem como ponto de origem dos cometas de longo período. Em 1950, Oort tinha motivos tanto teóricos quanto empíricos para conjecturar a respeito dessa nuvem esférica de objetos muito distantes. Primeiro, ele observou que cometas de longo período que vinham de todas as direções tinham órbitas extremamente grandes, o que indicava uma origem muito mais distante que o cinturão de Kuiper. Oort percebeu, além disso, que as órbitas de cometas não poderiam ter sobrevivido o bastante para serem observadas hoje se estivessem sempre nas trajetórias atuais. Órbitas de cometas são instáveis, de modo que perturbações planetárias acabam levando-os a colidir com o Sol, ou com algum planeta, ou a serem totalmente despachados do sistema solar. Além disso, cometas "perdem o fôlego" ao passar perto do Sol demasiadas vezes — a perda de gás não dura para sempre e os objetos desaparecem. A hipótese de Oort era que aquilo que hoje em dia chamamos de nuvem de Oort reabastece o suprimento de novos cometas de forma que os mais novos ainda podem ser observados.

A distância suposta da nuvem de Oort é gigantesca. A distância da Terra ao Sol é de uma UA, e a de Netuno ao Sol — o planeta mais distante — é de trinta UAs. Astrônomos acreditam que a nuvem de Oort se prolonga de algo talvez tão próximo quanto mil UAs do Sol até distâncias maiores que 50 mil UAS — significativamente mais distante do que tudo que consideramos até agora. A nuvem de Oort toma uma boa fração da distância do Sol até a estrela mais próxima, Proxima Centauri — cerca de 270 mil UAs (ou 4,2 anos-luz). A luz da nuvem de Oort levaria um ano para chegar até nós.

A energia gravitacional vinculante fraca dos objetos nas fronteiras distantes do sistema solar explica por que eles ficariam vulneráveis a pequenas perturbações gravitacionais que podem gerar os cometas que observamos. Empurrões podem fazê-los sair de órbita e cair no sistema solar interior, gerando os cometas de longo período. Perturbações desses objetos de ligação gravitacional fraca também podem levar a cometas de curto período quando um planeta desvia ainda mais suas trajetórias para dentro. É provável, portanto, que a nuvem de Oort seja responsável por todos os cometas de longo período — como o Hale-Bopp, observado recentemente — e mesmo alguns de curto período — o Halley talvez seja um deles. Além do mais, ainda que os cometas de curto período da família de Júpiter provavelmente venham do disco disperso, alguns deles contêm proporções isotópicas de carbono e nitrogênio similares às dos cometas de longo período da nuvem de Oort, o que indica ser esta também sua origem. Uma última possibilidade — e ainda mais desconcertante — é que objetos perturbados da nuvem de Oort poderiam entrar no sistema solar interior e colidir com um planeta — quem sabe a Terra — e criar um ataque de cometas. Mais à frente voltarei a essa possibilidade intrigante.

Cometas de longo período dão pistas da natureza dos habitantes da nuvem de Oort. Assim como outros cometas, eles contêm água, metano, etano e monóxido de carbono. Mas alguns elementos da nuvem de Oort podem ser rochosos — de composição mais parecida com a de asteroides. Embora chamado de "nuvem", o reservatório de cometas parece ter estrutura, que consiste em uma região interna em forma de rosquinha — às vezes denominada nuvem de Hills em deferência a J. G. Hills, que propôs essa região interna à parte em 1981 — e uma nuvem externa esférica de núcleos cometários na outra região, que se prolonga ainda mais.

Apesar de seu enorme tamanho, a massa total da nuvem externa de Oort talvez seja meras cinco vezes maior que a da Terra. Todavia, é provável que ela contenha bilhões de objetos de baixa densidade com mais de duzentos quilômetros de extensão e trilhões de objetos maiores que um quilômetro. Os modelos sugerem que a região interna, que vai até mais ou menos 20 mil UAs, pode conter muitas vezes essa quantia. Essa nuvem interna talvez seja a fonte de objetos que substituem os que se perderam na nuvem de Oort externa, atrelada com menos força, sem a qual a nuvem não teria sobrevivido.

Como a nuvem de Oort fica muito distante, não temos capacidade para enxergar seus corpos congelados in situ. É muito difícil observar pequenos objetos remotos que refletem tão pouca luz dos confins distantes do sistema solar. Para objetos a enormes distâncias da nuvem de Oort — mil vezes mais distantes do Sol que o cinturão de Kuiper —, as observações hoje são impossíveis. Então a nuvem de Oort ainda é hipotética, pelo fato de que ninguém observou sua estrutura ou os objetos que ela contém. Apesar disso, ela é considerada um componente bem garantido do sistema solar. As trajetórias de cometas de longo período — que vêm de todas as direções no céu — são indícios convincentes de sua existência e da origem dos cometas nessa região afastada.

A nuvem de Oort deve ter surgido do disco protoplanetário, que acabou gerando boa parte da estrutura do sistema solar. Colisões de cometas, marés galácticas e as interações com outras estrelas — sobretudo no passado, quando essas interações tinham, em tese, maior frequência — podem todas ter colaborado para a formação da nuvem de Oort. Objetos que se formaram mais próximos do Sol no dinâmico sistema solar primitivo podem ter se movimentado para fora sob influência dos planetas de gás gigantes para criar a nuvem de Oort, ou essa população pode ter surgido de objetos instáveis no disco disperso.

É certo que ainda não temos todas as respostas. Mas diante das observações recentes e dos trabalhos teóricos, estamos aprendendo muito sobre os confins longínquos do sistema solar. Talvez não devêssemos ficar tão surpresos por estarmos em um lugar tão fascinante e tão dinâmico.

8. Nos limites do sistema solar

Em 1977, a Nasa lançou a sonda espacial Voyager 1 em missão de quatro anos para estudar Saturno e Júpiter. Décadas depois — uma incrível manifestação de persistência e robustez —, ela havia chegado a mais de 125 UAs da Terra (distância em que um sinal de luz levaria quase um dia inteiro para chegar até nós), e ainda seguia forte. A Voyager e suas medições estavam acessando diretamente confins do espaço em que nenhuma missão jamais havia estado. Claro que houve contratempos: o sistema de coleta de dados, com base em fitas em cartucho, teve que ser consertado no caminho; ela perdeu sua câmera; e a memória do equipamento era 1 milhão de vezes menor que a de um smartphone de hoje em dia. Mas o veículo espacial ainda está operante e no momento é o objeto de fabricação humana mais distante da Terra e do Sol.

Apesar de estar quase obsoleta, a sonda virou assunto quente no noticiário em 2013, quando a Nasa anunciou que, em 25 de agosto de 2012, ela havia adentrado o espaço interestelar. O debate ficou bem acalorado — na comunidade científica com certeza, mas também fora dela — quando o noticiário declarou que a Voyager 1 havia alcançado as fronteiras do sistema solar. No Twitter, o papo era bastante repetitivo e engraçado. Tuítes exultantes sobre a Voyager deixando o sistema solar se alternavam com tuítes desesperados que pediam que se parasse de dizer que ela estava indo embora. Levei um tempo para entender que as pessoas não estavam se opondo à repetição dos tuítes, mas sim questionando a validade do que se afirmava. O que exatamente significa o final do sistema solar?

Em termos figurados, já viajamos até a nuvem de Oort — candidata razoável a fronteira do sistema solar —, mas nem a Voyager nem outro veículo espacial chegou a ficar perto dessa região tão distante. Já que a conexão matéria escura-meteoroide depende da nuvem de Oort e suas redondezas, vamos nos voltar depressa à questão do que exatamente se quis dizer quando foi informado que a Voyager havia saído do nosso sistema. Qual é o limite do sistema solar, e por que é tão difícil definir sua fronteira?

A VOYAGER ESTAVA DENTRO OU FORA?

O sistema solar contém uma pequena fração de todo o universo visível, mas mesmo assim é extremamente grande. Nas medições mais razoáveis, ele engloba a nuvem de Oort, que se prolonga até pelo menos 50 mil vezes a distância Terra-Sol (uma UA) e tem grandes chances de estar duas vezes mais longe — a mais de um ano-luz. Para ter uma ideia de como isso é longe, pense em quanto tempo um veículo espacial levaria, com a tecnologia atual, para chegar a essas regiões longínquas. Um veículo espacial viaja na mesma velocidade que a Terra circunda o Sol, ou seja, chega a uma distância parecida com a circunferência da órbita da Terra em um ano. Conforme essa estimativa, ele levaria mais ou menos 8 mil ou 9 mil anos para chegar a 50 mil UAs, que dá mais ou menos um quinto da distância até a estrela mais próxima depois do nosso sistema. Mas quantas UAs tem, exatamente, o sistema solar?

As duas definições em voga dão respostas distintas, e a segunda por si só já rende resultados ambíguos conforme é delineada. Na primeira definição, o sistema solar é o prolongamento da região na qual o potencial gravitacional do Sol é dominante em relação às influências gravitacionais extrassolares. Definida dessa maneira que se refere à atração gravitacional do Sol, a Voyager ainda se encontra no sistema solar. Como a nuvem de Oort é em sua maior parte considerada parte do sistema solar, é difícil aceitar que a Voyager, que ainda nem adentrou a nuvem — e, conforme as estimativas atuais, só o fará daqui a trezentos anos e talvez não saia dela ao longo de outros 30 mil anos —, não está mais nas nossas cercanias estelares.

Todavia, já que é incerto se a atração gravitacional do Sol tem limite, a primeira definição pode ser vaga. Por isso existe uma segunda definição que corresponde a adentrar o espaço interestelar, que se caracteriza pelo ponto onde termina o campo magnético associado com o vento solar — mais ou menos 15 bilhões de quilômetros de distância, ou mais ou menos cem UAs. Isso é tão longe que sinais de rádio emitidos de lá levam mais ou menos um dia para chegar a nós. Mas é bem mais perto que a nuvem de Oort.

O vento solar apresentado no capítulo anterior consiste em partículas carregadas — elétrons e prótons — emitidas pelo Sol. Essas partículas contêm um campo magnético que se espalha para o espaço interestelar a velocidades de cerca de quatrocentos quilômetros por segundo. O espaço interestelar, por definição, é a região entre as estrelas, mas não é vazio. Ele contém gás hidrogênio gelado, poeira, gás ionizado e mais alguns materiais de estrelas que explodiram e o vento das estrelas, fora o do Sol. O vento solar e o meio interestelar eventualmente se tocam. Essa região cria uma cavidade chamada *heliosfera*, e a fronteira entre as duas regiões é chamada de *heliopausa*. Como o sistema solar se movimenta, a fronteira tem mais formato de lágrima do que esférico.

Alguns cientistas consideram a heliopausa o limite entre o sistema solar e o espaço interestelar. O sinal de que a Voyager atingiu a beira da heliosfera e adentrou o espaço externo ao nosso sistema seria, portanto, ela encontrar uma redução de partículas carregadas dentro da heliosfera e um aumento das partículas de fora. Podem-se diferenciar as partículas porque elas possuem energias distintas, tendo as partículas carregadas altamente energéticas se originado como raios cósmicos que vêm de supernovas distantes do sistema solar. Em agosto de 2012, dados da Voyager mostraram um aumento acentuado de partículas como essas. Também houve uma redução marcante na detecção de partículas de baixa energia. Como estas se originam do Sol e as partículas de energia mais alta vêm do meio interestelar, as duas medições juntas eram forte indicativo de que a sonda havia deixado a heliosfera.

Todavia, o critério original que definia a heliopausa também exigia uma mudança de força e direção do campo magnético que correspondesse ao que fica fora da heliosfera. Essa definição nem é constante no tempo, pois depende do "clima" do Sol — o que o vento solar faz a cada momento. Descobriu-se que, embora as propriedades medidas do plasma de partícula carregada concordassem com a saída do sistema solar, eles não satisfaziam o critério mais restrito que se baseia no campo magnético. Não se viu alteração no campo magnético.

Portanto, embora a mudança no ambiente de plasma tenha acontecido em 25 de agosto de 2012, até março de 2013 a pergunta sobre se a Voyager 1 havia adentrado o espaço interestelar continuava em discussão. Independentemente disso, em 12 de setembro de 2013, a Nasa anunciou que a resposta era "sim". Os cientistas decidiram, por fim, que a variação no campo magnético não era requisito. Resolveram seguir um critério menos restritivo, o aumento da densidade de elétrons por um fator de quase cem, que é esperado quando se sai da heliopausa.*

Portanto, conforme a primeira definição — com base na atração gravitacional do Sol —, a sonda ainda está no sistema solar e aqui permanecerá por um bom tempo. Mesmo assim, conforme a segunda definição (a recém-revisada), ela adentrou o espaço interestelar. Ao que parece, responder se a Voyager saiu do sistema solar depende da definição que você usa.

Um adendo divertido: a Voyager 1 carrega consigo um disco audiovisual dourado com informações sobre a sociedade humana para o caso de um *alien* encontrar a sonda. Creio que eu acharia qualquer inclusão totalmente aleatória, mas, no caso, o disco contém saudações em inglês de Jimmy Carter, que era presidente dos Estados Unidos quando o veículo foi lançado, saudações em outros 49 idiomas, sons de baleias e a música "Johnny B. Goode", de Chuck Berry. (O cantor-compositor, aliás, esteve presente no lançamento da sonda.) A ideia de que uma civilização alienígena, quanto mais a nossa, terá como tocar esse disco daqui a algumas centenas de anos me parece bastante improvável, assim como a própria ideia de que tais *aliens* teriam tamanho comparável ao nosso ou que usariam os mesmos aparatos de gravação — que muitos aqui na Terra teriam dificuldade de encontrar hoje. Não vou nem me ater à questão de tradução nem à gama de sons que eles podem compreender caso esse improvável esbarrão aconteça. Mas creio que seja bom pensar à frente. Esse disco

---

* A Voyager 2, sonda gêmea da Voyager 1, saiu da heliopausa em 5 nov. 2018. A distância das duas sondas em relação à Terra pode ser consultada em <voyager.jpl.nasa.gov/mission/status/>. (N. R. T.)

dourado teve pelo menos uma consequência positiva. Foi o motivo pelo qual Ann Druyan, a diretora criativa do projeto, colaborou com Carl Sagan. Ainda que o artefato talvez seja indecifrável para potenciais vidas lá fora, ele contribuiu para uma magnífica história de amor.

Vou deixar os turistas alienígenas de lado por enquanto e voltar o foco para esbarrões no espaço sideral dos quais podemos ter mais certeza: meteoroides que atingem a Terra ou pelo menos entram na nossa atmosfera. Se Maomé não vai à montanha, a montanha vai a Maomé. O que quero dizer é que, embora ninguém vá chegar tão cedo à nuvem de Oort, pequenos corpos do sistema solar — possivelmente da nuvem de Oort — vez por outra caem na Terra.

9. Vivendo perigosamente

Há pouco tempo, aproveitei o recesso de primavera em Harvard para visitar amigos no Colorado. Fui até lá para trabalhar e esquiar. As montanhas Rochosas são um lugar extraordinário para sentar e pensar, com noites inspiradoras tão deslumbrantes quanto os dias. Em noites secas e sem nuvens, o céu é iluminado por pontinhos de luz brilhantes aqui e ali pontuados por "estrelas cadentes" — os minúsculos e antigos meteoroides que se desintegram no céu. Uma noite, um amigo e eu paramos fora da casa onde eu estava hospedada, encantados com a quantidade acachapante de objetos luminosos que adensavam o céu. Eu já havia avistado alguns meteoros quando notamos um grande, que durou alguns segundos.

Embora eu seja física, em ambientes tão magníficos muitas vezes me contento em parar de refletir e apenas curto a paisagem. Mas dessa vez fiquei pensando sobre o que era aquele objeto e o que sua trajetória poderia significar. O meteoro — o apogeu de uma história de 4,5 bilhões de anos — brilhou alguns segundos, o que significava que o meteoroide visível lá em cima devia ter viajado entre cinquenta e cem quilômetros antes de vaporizar e sumir. O meteoroide devia estar o mesmo número de quilômetros acima de nós, motivo pelo qual o vimos como um grande arco no céu. Lá ele estava — uma coisa linda e que, pelo menos em parte, temos como entender. Quando comentei com meu amigo, que não é cientista, a respeito dessa poeirinha ou pedrinha, de como era incrível vê-la riscar o firmamento, ele expressou surpresa, dizendo que havia imaginado que o objeto tinha tamanho de pelo menos um quilômetro.

A conversa logo passou da admiração tranquila do belíssimo céu a ponderações sobre os danos que um objeto de um quilômetro de comprimento em rota de colisão com a Terra nos causaria. A probabilidade de um objeto tão grande e tão perigoso atingir nosso planeta é pequena, e a probabilidade de que um objeto de tamanho significativo atinja uma região habitada, onde poderia provocar danos consideráveis, é ainda menor. Mesmo assim, extrapolando a partir da superfície da Lua (são poucas as crateras terrestres restantes que seriam úteis para nos orientar), milhões de objetos maiores que um quilômetro de comprimento e que chegam até mais ou menos mil quilômetros já atingiram a Terra durante sua existência. Mas a maioria desses impactos ocorreu há bilhões de anos, durante o Intenso Bombardeio Tardio, o qual, apesar do nome, aconteceu relativamente pouco depois de o sistema solar se formar e antes de ele se assentar no seu estado mais ou menos estável.

Como é essencial à sobrevivência da vida, a grande taxa de acerto de meteoroides hoje é bem menor, e assim tem sido desde que o episódio de bombardeio se encerrou. Mesmo o impacto recente na Sibéria, captado por câmeras nos consoles de carros e outros vídeos — o meteoroide Chelyabinsk, que brilhou forte no céu e no YouTube —, tinha mais ou menos vinte metros de comprimento. A única esbarrada recente com um objeto do tamanho imaginado por meu amigo foi o evento de 1994 em que o cometa Shoemaker-Levy 9, com fragmentos de mais de 1,5 quilômetro, colidiu com Júpiter. O objeto inicial era ainda maior — talvez alguns quilômetros de extensão antes de se partir em pedaços. Entre os indicativos dos danos que fragmentos de mais de 1,5 quilômetro podem causar ficou a nuvem negra, do tamanho da Terra, que conseguimos observar na superfície de Júpiter. Vinte metros de comprimento é uma medida grande, mas 1,5 quilômetro é coisa totalmente diferente.

Tenha em mente que o histórico dos meteoroides não tem a ver só com destruição. Algo de bom surgiu dos muitos meteoroides e micrometeoroides que choveram aqui. Meteoritos — os fragmentos restantes dos meteoroides na Terra — podem ter sido fonte de aminoácidos essenciais à vida, assim como de água — outro ingrediente-chave para a existência como a conhecemos. É certo que a maior parte dos minérios que escavamos em nosso planeta vem de impactos de origem extraterrestre. E pode-se discutir que humanos não teriam surgido sem a ascensão veloz do domínio mamífero que ocorreu após um impacto de meteoroide — mais sobre ele no capítulo 12 — que matou os dinossauros terrestres, o que, reconheço, nem sempre se considera algo bom.

Mas essa extinção maciça, de 66 milhões de anos atrás, é uma das muitas histórias que conectam a vida na Terra ao restante do sistema solar. Este livro trata de coisas aparentemente abstratas como matéria escura, tema que estudo, mas também das relações que temos com nossas cercanias cósmicas. Agora começo a abordar um pouco do que sabemos sobre asteroides e cometas que atingiram a Terra e as cicatrizes que eles deixaram para trás. Também falarei do que pode atingir nosso planeta no futuro, e como podemos impedir esses penetras desordeiros.

CAÍDOS DO CÉU

Um fenômeno tão bizarro como objetos do espaço que atingem a Terra soa incrível e, de fato, as autoridades científicas de início não aceitaram a veracidade de afirmações como essa. Embora gente do mundo antigo acreditasse que objetos do espaço podiam chegar à superfície terrestre — e moradores de zonas rurais em tempos recentes também se convenceram desse fato —, as classes mais instruídas desconfiavam da ideia já em anos avançados no século XIX. Os pastores incultos que haviam visto esses objetos caírem do céu sabiam o que tinham visto, mas eram testemunhas sem credibilidade, já que muitos em contexto similar haviam relatado descobertas imaginárias. Mesmo os cientistas que chegavam a aceitar que objetos caíam no nosso planeta não acreditavam, de início, que essas rochas teriam se originado do espaço. Preferiam uma explicação de base terrestre, como a queda de material que houvesse sido expelido por vulcões.

A chegada de meteoritos do espaço sideral virou parte do pensamento estabelecido apenas em junho de 1794, depois de uma queda fortuita de pedras sobre a Academia em Siena, onde muitos turistas italianos e britânicos instruídos puderam testemunhar o fato em primeira mão. O assombroso fenômeno começou com uma nuvem alta e escura a emitir fumaça, faíscas e raios vermelhos que se moviam devagar, seguidos por uma chuva de pedras sobre o chão.

O abade Ambrogio Soldani achou que o material que havia caído na cidade era interessante, a ponto de recolher testemunhos e enviar uma amostra para um químico residente em Nápoles, Guglielmo Thomson — alcunha de um certo William Thomson, que fugira de Oxford em desgraça devido a suas atividades com um jovem criado. A investigação meticulosa de Thomson indicava uma causa extraterrestre do objeto e sugeria uma explicação mais consistente do que as propostas tresloucadas que circulavam na época, envolvendo uma origem lunar ou raios que atingiam poeira, ou outra, também melhor e mais crível que a proposta concorrente, de que a rocha havia sido expelida pelo Vesúvio, então ativo. Aceitar que a fonte fora a atividade vulcânica era compreensível, dado que o Vesúvio havia entrado em erupção, por coincidência, dezoito horas antes. Mas o vulcão fica a 320 quilômetros de distância dali e na direção errada, o que descartava essa explicação.

A defesa da origem meteoroide se firmou enfim com o químico Edward Howard, com apoio de um cientista francês, o conde Jacques-Louis de Bournon, que se exilara em Londres após a Revolução Francesa, em 1800. Howard e De Bournon analisaram um meteorito que havia caído próximo a Benares, na Índia. Eles encontraram uma quantidade de níquel muito maior do que se esperaria na superfície da Terra, assim como materiais rochosos que tinham se fundido devido à alta pressão. A análise química que Thomson, Howard e De Bournon executaram era exatamente o que o cientista alemão Ernst Florens Friedrich Chladni havia sugerido para confirmar sua hipótese de que esses objetos atingiam a Terra em velocidade muito grande para estar de acordo com outras explicações propostas. Aliás, a queda em Siena aconteceu apenas dois meses após a publicação do livro de Chladni *On the Origin of Ironmasses* [Da origem das massas férreas], que, lamentavelmente, foi alvo de resenhas negativas e reação desfavorável, até que os jornais de Berlim, dois anos depois, passaram a publicar relatos sobre o evento.

Teve mais leitores na Inglaterra o pequeno livro que Edward King, *fellow* da Royal Society, publicou naquele ano. A obra analisava a queda em Siena e também boa parte do livro de Chladni. A defesa dos meteoritos na Inglaterra fora sedimentada antes disso, quando uma pedra de 25 quilos caiu em Wold Cottage, Yorkshire, em 13 de dezembro de 1795. Com a maior valorização dos métodos químicos — que pouco tempo antes haviam se separado da alquimia — e com tantas provas em primeira mão, no século XIX os meteoritos afinal foram reconhecidos pelo que eram de fato. Muitos objetos com credenciais extraterrestres legítimas caíram na Terra desde aquela época.

EVENTOS MAIS RECENTES

É garantido que manchetes sobre meteoroides e meteoritos despertam nosso interesse. Mas mesmo acompanhando com avidez esses eventos notáveis, não devemos esquecer que hoje normalmente vivemos em equilíbrio com o sistema solar, e é raro nos depararmos com perturbações trágicas. Quase todos os meteoroides são tão pequenos que se desintegram na atmosfera superior, onde a maior parte de seu material sólido é vaporizada. Objetos maiores chegam com pouca frequência. Mas objetos pequenos na verdade nos visitam, e o fazem o tempo todo. Micrometeoroides entram sobretudo pela atmosfera e são partículas tão pequenas que nem pegam fogo. Embora menos frequentes, objetos milimétricos também entram com frequência nas cercanias terrestres — talvez uma vez a cada trinta segundos — e se queimam sem consequências dignas de nota. Objetos maiores do que dois ou três centímetros queimam parcialmente na atmosfera, de forma que fragmentos deles talvez cheguem ao chão, pequenos demais para serem significativos.

Mas a cada poucos milhares de anos pode acontecer uma explosão desencadeada por um objeto grande que chega bem baixo na atmosfera. O maior desses acontecimentos já registrado ocorreu em 1908, em Tunguska, Rússia. Mesmo sem impacto na superfície, uma explosão na atmosfera pode ter consequências notáveis na Terra. Esse asteroide ou cometa — muitas vezes não sabemos o que é — em particular explodiu no céu próximo ao rio Tunguska, nas florestas da Sibéria. O poder desse *bólido* — um objeto do espaço que se desintegra na atmosfera — de uns cinquenta metros foi equivalente a aproximados dez a quinze megatons de TNT — mil vezes maior que a explosão de Hiroshima, mas não tão grande quanto a maior bomba nuclear já detonada. A explosão destruiu 2 mil quilômetros quadrados de floresta e provocou uma onda de choque que teria magnitude de aproximadamente cinco na escala Richter. O notável foi que as árvores onde é quase certo que tenha sido o ponto de impacto permaneceram de pé, enquanto as dos arredores foram derrubadas. O tamanho da zona de árvores intactas — e a ausência de uma cratera — significam que o impactor talvez tenha se desintegrado a cerca de seis a dez quilômetros do solo.

Estimativas de risco variam, em parte por conta da estimativa variável do tamanho do objeto em Tunguska — entre trinta e setenta metros. Algo com um tamanho nesse intervalo pode nos atingir em um ritmo que vai de uma vez a cada poucas centenas a uma vez a cada dois milhares de anos. Mesmo assim, a maioria dos meteoroides que chegam perto da Terra ou a atingem se aproxima de regiões relativamente desabitadas, já que a distribuição de centros populacionais densos é esparsa.

O meteoroide de Tunguska não foi exceção, sob esse ponto de vista. Ele explodiu sobre uma região não colonizada da Sibéria, onde o entreposto comercial mais próximo ficava a setenta quilômetros e o único vilarejo vizinho, Nizhne-Karelinsk, ainda mais longe. Mesmo assim, a explosão nesse vilarejo foi grande o bastante para quebrar janelas e derrubar pedestres. Os aldeões tiveram que dar as costas para o brilho cegante no céu. Vinte anos após o evento, cientistas voltaram à região e descobriram que pastores locais haviam ficado traumatizados devido ao barulho e ao choque, tendo dois deles sido mortos de fato pela explosão. As consequências para o mundo animal foram devastadoras — por volta de mil renas pereceram nos incêndios provocados pelo impacto.

O evento também influenciou uma região muito maior. A explosão foi ouvida por pessoas que moravam a distâncias tão amplas quanto toda a extensão da França, e a pressão barométrica mudou em toda a Terra. A onda da explosão circum-navegou o globo três vezes. Aliás, muitas das consequências destrutivas do impacto de Chicxulub, maior, mais bem estudado e ao qual chegarei em breve — foi o que matou os dinossauros —, aconteceram também após o evento de Tunguska, com ventos, incêndios, mudanças climáticas e o desaparecimento de cerca de metade do ozônio na atmosfera.

Mas como o meteoroide explodiu em uma região remota e desabitada e numa época e local em que a comunicação de massa era mínima, a maioria das pessoas só foi dar atenção a essa explosão tremenda décadas depois, quando uma investigação afinal revelou toda a extensão da devastação. Tunguska era um lugar remoto, e ficou ainda mais isolado após a Primeira Guerra Mundial e a Revolução Russa. Se a explosão tivesse ocorrido uma hora antes ou uma hora depois, podia ter atingido um grande centro populacional, e nesse caso é provável que efeitos atmosféricos ou um tsunâmi oceânico tivessem matado milhões de pessoas. Se isso acontecesse, o impacto teria remodelado não só a superfície do planeta, mas a história do século XX — talvez com consequências políticas e científicas bem distintas.

Muitos visitantes celestes menores, mas mesmo assim dignos de nota, chegaram à Terra nos cem anos que se seguiram à explosão de Tunguska. Embora mal documentado, um bólido que explodiu na atmosfera sobre a Floresta Amazônica no Brasil em 1930 pode ter estado entre os maiores. A energia líquida liberada foi menor que a do evento de Tunguska, com as estimativas de tamanho variando de um centésimo a metade. Ainda assim, a massa do meteoroide era de mais de mil toneladas, e pode ter sido de até 25 mil toneladas, o que liberou uma energia de mais ou menos cem quilotoneladas de TNT. As estimativas de risco variam, mas objetos medindo entre dez e trinta metros podem nos atingir em ritmo que vai mais ou menos de uma vez a cada década a uma vez a cada cento e poucos séculos. A estimativa da frequência depende bastante do tamanho exato do objeto. Uma incerteza quanto ao tamanho por um fator de dois pode levar a estimativas que variam por um fator de dez.

Um bólido de tamanho similar ao que atingiu a Amazônia explodiu a mais ou menos quinze quilômetros sobre a Espanha alguns anos depois, liberando o equivalente a duzentas quilotoneladas de TNT. Várias explosões ocorreram nos cinquenta e poucos anos seguintes, mas nenhuma tão grande quanto a do Brasil. Não vou listar todas. Um evento notável foi o Incidente de Vela, em 1979, que aconteceu entre o Atlântico Sul e o oceano Índico e recebeu esse nome por conta do satélite de defesa Vela, dos Estados Unidos, que o observou. Embora a princípio considerado um candidato plausível a meteoroide, há quem hoje em dia o atribua a uma explosão nuclear detonada na Terra.

É claro que sensores também detectam bólidos de verdade. Os sensores infravermelhos do Departamento de Defesa e os sensores de comprimento de onda visível do Departamento de Energia captaram o sinal de um meteoroide de cinco a quinze metros de extensão que explodiu em 1º de fevereiro de 1994 sobre o oceano Pacífico, perto das Ilhas Marshall. Dois pescadores na costa de Kosrae, Micronésia, a algumas centenas de quilômetros do impacto, também o notaram. Outra explosão ainda mais recente, de um objeto de dez metros, aconteceu em 2002 sobre o mar Mediterrâneo, entre a Grécia e a Líbia, liberando energia equivalente a cerca de 25 quilotoneladas de TNT. Mais recente ainda foi a de 8 de outubro de 2009 próximo a Bone, Indonésia, ao que tudo indica originária de um objeto de mais ou menos dez metros de diâmetro que liberou até cinquenta quilotoneladas de energia.

Cometas ou asteroides errantes podem ser ambos fontes de meteoroides. As trajetórias de cometas distantes são de previsão difícil, mas asteroides do devido tamanho podem ser detectados muito antes de chegarem. Um asteroide que teve seu impacto em 2008 no Sudão foi significativo nesse aspecto. Em 6 de outubro daquele ano, cientistas calcularam que o asteroide que haviam acabado de encontrar estava prestes a atingir a Terra na manhã seguinte. E atingiu mesmo. Não foi um grande impacto e ninguém morava nos arredores. Porém, ele demonstrou que alguns impactos podem ser previstos, embora quanta previsão teremos dependerá da nossa sensibilidade de detecção relativa ao tamanho e velocidade do objeto.

O evento digno de nota mais recente foi o meteoro Chelyabinsk, de 15 de fevereiro de 2013, gravado não só em imagens, mas também em memórias vivas. A explosão do bólido ocorrida entre vinte e cinquenta quilômetros sobre a região de Ural, no sul da Rússia, gerou por volta de quinhentas quilotoneladas de TNT de energia — a maior parte, absorvida pela atmosfera —, embora uma onda de choque que transportou uma parcela dessa energia tenha atingido a Terra minutos depois. O evento foi provocado por um asteroide de cerca de 13 mil toneladas, medindo entre quinze e vinte quilômetros de extensão, que caiu com velocidade estimada de dezoito quilômetros por segundo — mais ou menos sessenta vezes a velocidade do som. As pessoas não apenas viram a explosão — também sentiram o calor de sua entrada na atmosfera.

O resultado foram mais ou menos 1500 feridos, mas a maioria por consequências secundárias, como estouros de vidraças. O número de pessoas afetadas foi inflado devido às várias testemunhas que se aproximaram de janelas para ver o lampejo cegante, que — como viajava à velocidade da luz — foi o primeiro sinal de que havia algo estranho. Numa reviravolta infeliz, digna de um bom filme de terror, a luz no céu atraíra gente para locais precários pouco antes de o impacto das ondas de choque atingir e causar a maior parte do prejuízo.

Somando-se ao frenesi midiático, na época em que o meteoroide caiu surgiram notícias de outro asteroide que também parecia estar chegando perto da Terra. O meteoroide Chelyabinsk apareceu sem ser detectado, enquanto esse outro objeto de trinta metros — que fez sua maior aproximação dezesseis horas depois — nunca chegou à atmosfera terrestre. Muita gente especulou que os dois asteroides tinham origem comum, mas estudos posteriores mostraram que não era esse o caso.

objetos próximos à terra

Tal como o asteroide previsto em fevereiro de 2013, várias aproximações de objetos que não chegaram a atingir nem entrar na atmosfera chamaram muita atenção. Outros objetos chegam de fato à Terra, mas, mesmo entre estes, a maioria esmagadora é inofensiva. Ainda assim, colisões do passado influenciaram a geologia e a biologia neste planeta, e podem fazer o mesmo no futuro. Com a consideração crescente pelos asteroides e a consciência (talvez exagerada) quanto a seu perigo potencial, a busca por asteroides com o potencial de cruzar a órbita da Terra se intensificou.

Os contatos acidentais mais frequentes, mas não necessariamente os maiores, vêm do que são conhecidos como *objetos próximos à Terra* (*near-Earth objects*, neos) — coisas que estão bem perto de nós, sendo o mais próximo que chegam do Sol não mais que 30% a mais que a distância Terra-Sol. Mais ou menos 10 mil asteroides próximos à Terra (*near-Earth asteroids*, neas) e um número menor de cometas bate com esse critério, assim como meteoroides grandes que temos como acompanhar — e, tecnicamente, também alguns veículos espaciais com órbita solar.

Os neas se dividem em várias categorias (Figura 16). Os corpos que adentram os domínios terrestres e chegam perto sem cruzar de fato nossa órbita são chamados de *Amor* — em homenagem ao asteroide de 1932 que chegou a 16 milhões de quilômetros, ou mera 0,11 ua. Embora hoje em dia não cruzem nosso trajeto, o medo potencial é que eles o façam devido a perturbações provocadas por Júpiter ou Marte que poderiam aumentar as excentricidades desses objetos. Os da categoria *Apolo* — outro tipo que recebeu o nome de um asteroide particular — são aqueles que atualmente passam pela órbita da Terra na direção radial, embora possam estar acima ou abaixo da nossa eclíptica — o trajeto aparente do Sol no céu que denota o plano da órbita da Terra —, de maneira que eles não costumam cruzá-la. A trajetória, contudo, pode variar com o tempo — mais uma vez, possivelmente fazendo-a desviar para zona perigosa. Uma segunda categoria de asteroides que cruzam a Terra — distinta dos Apolo devido a seus domínios orbitais, menores que o da Terra — é conhecida como *Atenas*. A família Atenas também foi batizada em homenagem a um asteroide desse tipo. A última categoria NEA é a *Atira* — asteroides cujos domínios orbitais se encontram todos dentro do da Terra. Difíceis de encontrar, só alguns deles são conhecidos.

Os NEAS não duram muito conforme as escalas geológicas ou cosmológicas. Eles passeiam por aí alguns milhões de anos antes de serem lançados para fora do sistema solar ou de colidir com o Sol ou um planeta. Isso quer dizer que, para se povoar a região próxima à órbita da Terra, é necessário um abastecimento constante de novos asteroides. É provável que eles sejam criados por perturbações de Júpiter no cinturão de asteroides.

A maioria dos NEAS é constituída por asteroides rochosos, mas existe também um bom número de asteroides carbonáceos — que contêm carbono. Os únicos que têm mais de dez quilômetros de extensão são os Amor — que atualmente não cruzam nosso trajeto. Todavia, há um bom número de Apolo com mais do que cinco quilômetros de extensão — com certeza grandes o bastante para fazer um bom estrago, caso sua trajetória se prove desafortunada. O maior NEA, com 32 quilômetros de extensão, é o Ganymed, grafia alemã do nome do príncipe troiano Ganímedes. Ganímedes, uma das luas de Júpiter, é um objeto totalmente diferente, mas que também ganha concurso de tamanho, sendo a maior lua no sistema solar.

Os NEAS compreendem outra área de pesquisa que amadureceu nos últimos cinquenta anos. No início, ninguém nem sequer levava as ideias de impacto a sério. Hoje, gente de todo o globo já começou a catalogar e acompanhar os NEAS onde for possível. Mesmo na minha viagem mais recente às ilhas Canárias, quando visitei o telescópio de Tenerife, vi o diretor com uma dúzia de estudantes analisando dados para tentar encontrá-los. Esse telescópio pequeno e antigo não é dos mais avançados, mas fiquei impressionada com a motivação dos estudantes e a consideração que tinham pelos métodos de busca.

No momento, os telescópios de última geração buscam asteroides usando dispositivos de carga acoplada,* que empregam semicondutores para transfor-

---

* Em inglês, *coupled charged devices* (CCD), os mesmos dispositivos usados em câmeras digitais. (N. R. T.)

16. *As quatro categorias de Asteroides Próximos à Terra. As órbitas dos Amor ficam entre a da Terra e a de Marte. As trajetórias dos Apolo e Atenas cruzam a órbita da Terra, mas podem se estender em alguma fração do período orbital. Os semieixos maiores de Apolo são mais amplos que o da Terra, enquanto os Atenas têm semieixos maiores que são menos amplos. As órbitas de Atira ficam totalmente dentro da órbita da Terra.*

mar fótons em elétrons carregados, deixando sinais que apontam com precisão onde os fótons haviam atingido. Sistemas de mostrador automatizados também ajudaram a fazer subir a taxa de descoberta. O site do Centro de Planetas Menores da União Astronômica Internacional, no Centro de Astrofísica Harvard-Smithsonian (www.minorplanetcenter.net/), informa os últimos números descobertos sobre planetas menores, cometas e aproximações.

Por motivos óbvios, as órbitas mais próximas da Terra são as que ganham mais atenção. Os Estados Unidos e a União Europeia colaboram em vasculhá-las em um projeto chamado Spaceguard [Guarda Espacial] — termo escolhido em tributo à obra de Arthur C. Clarke *Encontro com Rama*. A tarefa do primeiro programa Spaceguard foi definida no relatório de um levantamento do Congresso dos Estados Unidos em 1992, que levou a um mandato para categorizar em até uma década a maioria dos objetos próximos à Terra com mais de um quilômetro. Um quilômetro é muita coisa — mais do que teria o menor objeto com potencial de nos ferir —, mas essa medida foi escolhida porque objetos quilométricos podem ser encontrados com mais facilidade e são grandes o bastante para causar danos em nível global. Felizmente, entre os objetos quilométricos que conhecemos, a maioria tem sua órbita entre Marte e Júpiter, no cinturão de asteroides. Até que mudem de órbita e se tornem NEOs, eles não representam ameaça.

A partir do uso cauteloso de observações, órbitas projetadas e simulações de computador, astrônomos atingiram a meta do Spaceguard de identificar a maioria dos NEOs quilométricos em 2009, quase dentro do prazo. As descobertas atuais sugerem mais ou menos 940 asteroides próximos à Terra de tamanho igual ou maior que um quilômetro. Um comitê convocado pela Academia Nacional de Ciências determinou que, mesmo levando em conta as incertezas, esse número é muito preciso, sendo o número esperado de menos de 1100. Essas buscas ajudaram a identificar cerca de 100 mil asteroides e por volta de 10 mil NEAs menores que um quilômetro.

A maior parte dos NEAs grandes que estavam no escopo do Spaceguard vem das regiões internas e centrais do cinturão de asteroides. O comitê da Academia Nacional determinou que cerca de 20% das órbitas das quais existem estatísticas passam a 0,05 UA da Terra. Ele os chamou, os de localização mais precária, de "NEOs de potencial danoso". A academia também especificou que nenhum desses objetos representa ameaça no próximo século, o que, é claro, também é uma notícia bem-vinda. O resultado, todavia, não surpreende tanto porque o esperado é que objetos de um quilômetro atinjam a Terra não mais do que uma vez a cada centenas de milhares de anos.

Na verdade, existe apenas um NEO conhecido com probabilidade mensurável de atingir a Terra e causar danos no futuro próximo. Mas a probabilidade de ele chegar perto é de mero 0,3%, e essa projeção é só para 2880. É quase certo que estamos bem seguros — pelo menos por enquanto —, mesmo considerando todas as incertezas. Alguns astrônomos no início mostraram preocupação com outro asteroide, de nome demoníaco e trezentos metros de comprimento — o Apophis —, que, segundo suas projeções, não acertaria a Terra em sua passagem próxima em 2029, mas poderia retornar para impactá-la em 2036 ou 2037. Isso deveria acontecer depois que o asteroide passasse por um "buraco de fechadura cósmico", que eles acreditavam ter potencial para mandá-lo na nossa direção. Todavia, novos cálculos revelaram que se tratava de um alarme falso. Nem o Apophis nem outro objeto conhecido devem nos atingir no futuro próximo.

Mas antes de um grande suspiro de alívio, tenha em mente que ainda precisamos nos preocupar com os objetos pequenos. Apesar de objetos menores que os quilométricos do escopo original do Spaceguard fazerem menos estrago, eles podem passar perto de nós ou nos atingir com mais frequência. Assim, o projeto foi prolongado graças a um decreto do Congresso em 2005,* para incentivar os Estados Unidos a acompanhar, catalogar e caracterizar pelo menos 90% dos objetos próximos à Terra potencialmente danosos com mais de 140 metros de comprimento. É quase certo que não se encontrará nada de catastrófico, mas, mesmo assim, a catalogação continua sendo uma meta válida.

AVALIANDO RISCOS

É claro que às vezes os asteroides passam perto. Não há dúvida de que esbarrões acidentais ocorrerão, mas sua frequência e magnitude esperadas ainda são motivo de discussão. Se alguma coisa vai ou não nos atingir e causar danos em escala temporal com a qual deveríamos nos importar ainda não é um assunto que se resolveu por completo.

Devíamos nos preocupar? É tudo questão de escala, custo, nosso limiar de nervosismo, as decisões que as sociedades tomam em relação ao que é importante e o que achamos que podemos controlar. A física neste livro tem a ver sobretudo com fenômenos que acontecem em escalas de milhões ou bilhões de anos. O modelo em que venho trabalhando, descrito na próxima parte, deve abranger uma periodicidade de 30 milhões a 35 milhões de anos para impactos de meteoroides grandes (os quilométricos). Nenhuma dessas escalas de tempo é muito preocupante ou relevante para a humanidade. As pessoas têm preocupações maiores.

Contudo, mesmo que seja meio que uma digressão, eu não teria como escrever um livro que trata de colisões de meteoroides sem dar pelo menos uma noção do que pensam cientistas renomados a respeito de seu impacto potencial no nosso mundo. Esse assunto surge nos noticiários e conversas com bastante frequência, de modo que não será problema compartilhar estimativas atuais. As projeções também são relevantes para governos, quando eles levam em conta como seriam importantes a detecção e a deflexão de asteroides.

Conforme a Lei de Apropriações Consolidadas** de 2008 do Congresso

---

* A seção "George E. Brown Jr. Near-Earth Object Survey" da Lei de Autorização da Nasa de 2005 (Lei n. 109-155).
** Lei orçamentária anual. (N. T.)

dos Estados Unidos, a Nasa solicitou ao Conselho Nacional de Pesquisa, da prestigiosa Academia Nacional de Ciências, um estudo de objetos próximos à Terra. A meta não era tratar das questões abstratas a respeito de impactos, mas avaliar o risco que representam asteroides errantes, e se é possível fazer algo para mitigar esse risco.

Os participantes enfocaram seu estudo nos NEOs menores, que nos atingem com muito mais frequência e podem ser desviados. Cometas em órbitas de curto período têm trajetórias similares às de asteroides, por isso podem ser detectados de maneira similar. É virtualmente possível, porém, avistar cometas de longo período com antecedência. Também é menos provável que eles fiquem no plano equatorial da órbita da Terra — eles vêm de todos os lados —, e por isso encontrá-los é mais difícil. De qualquer forma, embora alguns dos fatos observados recentemente possam ter se originado em cometas, estes chegam à vizinhança da Terra com frequência muito menor. E seria quase impossível identificar cometas de longo período a tempo de agir, mesmo que eventuais avanços tecnológicos permitissem que desviemos asteroides. Já que virtualmente não há como, no momento, elaborar um catálogo completo de cometas de longo período perigosos, os levantamentos atuais enfocam apenas asteroides e cometas de curto período.

Mas cometas de longo período — ou pelo menos aqueles cometas que surgem do sistema solar exterior — são os que vão nos interessar mais à frente. Objetos que surgem do sistema solar exterior têm vínculo mais fraco, de modo que agitações — gravitacionais ou outras — podem mais prontamente fazer um corpo celeste desse tipo sair de órbita e entrar no sistema solar interior ou mesmo sair por completo do sistema solar. Embora não seja tema dos estudos de atenuação da Academia Nacional, eles ainda podem ser tema de investigação científica.

AS CONCLUSÕES DOS CIENTISTAS

Em 2010, a Academia Nacional de Ciências publicou seus resultados em relação a asteroides e às ameaças que eles representam em um documento chamado "Defending Planet Earth: Near-Earth Object Surveys and Hazard Mitigation Strategies" [Defendendo o planeta Terra: Levantamentos de objetos próximos à Terra e estratégias de atenuação de riscos]. A seguir apresento algumas conclusões interessantes do documento, reproduzo algumas tabelas e gráficos que resumem bem essas conclusões e acrescento algumas palavrinhas e comentários para explicar o que eles significam.

Ao interpretar os números, lembre-se de levar em conta a densidade relativamente baixa de áreas urbanas de alta população, que o Projeto de Mapeamento Urbano Global estima ser de mais ou menos 3%. Embora, é evidente, nenhum prejuízo seja desejado, a ameaça mais assustadora seria a uma área urbana. A baixa densidade de cidades na superfície da Terra nos diz que a frequência com que quaisquer objetos relativamente pequenos atingem e causam danos significativos é cerca de trinta vezes menor que sua frequência de impacto. Por exemplo, se se tem a previsão de que um objeto de cinco a dez metros vai nos atingir mais ou menos a cada século, espera-se que alguma coisa desse tamanho atinja cidades apenas uma vez em cada três milênios.

Também devíamos levar em conta as enormes incertezas em quase todas as projeções, que cientistas estimam que no máximo será de um fator de dez. Um dos motivos para tantas notícias sobre ameaças distantes que nunca se materializam é que, mesmo para objetos particulares de tamanhos particulares, erros minúsculos na medição de trajetórias podem fazer grande diferença em relação à probabilidade prevista de um impacto. Também não entendemos por completo os efeitos e os danos que até objetos grandes e conhecidos podem provocar. Embora com essas incertezas, os resultados do estudo da Academia Nacional de Ciências são bastante confiáveis e úteis. Portanto, permitindo-se algum grau de incerteza, passemos a essas fascinantes estatísticas de ponta (c. 2010).

MORTES ESPERADAS POR ANO NO MUNDO POR CAUSAS DIVERSAS	
CAUSA	MORTES ESPERADAS POR ANO
Ataques de tubarão	3-7
Asteroides	91
Terremotos	36 mil
Malária	1 milhão

Acidentes de trânsito	1,2 milhão
Poluição atmosférica	2 milhões
HIV/aids	2,1 milhões
Tabagismo	5 milhões

17. Estatísticas da Academia Nacional de Ciências de mortes por ano no mundo por causas diversas. Baseadas em dados, modelos e projeções.

A tabela de que mais gosto é a da Figura 17. Segundo esses resultados, acontece uma média de 91 mortes por asteroides por ano. Embora asteroides fiquem muito atrás na maioria das causas de morte catastróficas — as taxas são comparáveis às de acidentes fatais relacionados a cadeira de rodas (que não estão na lista) —, o número 91 ao lado de asteroides na tabela é, para nossa surpresa e desconforto, um pouco alto. Também chega a ser ridículo de tão exato, dadas todas as incertezas. É certo que não é todo ano que acontecem 91 mortes por conta de asteroides. Aliás, sabemos de algumas poucas mortes desde que se tem registro delas. O número elevado engana porque inclui impactos que, segundo se prevê, são muito raros. Veja um gráfico inspirador (Figura 18) que ajuda a explicar isso.

O que esse gráfico nos diz é que a grande maioria dos números citados vem de objetos maiores, cuja previsão de ocorrência é extremamente infrequente. Por isso o pico em objetos quilométricos. Esses acontecimentos são os "cisnes negros" dos impactos de asteroides. Se você restringir a atenção a objetos com menos de dez metros, o número cai para menos de uns poucos por ano, ficando ainda meio alto. Então quais são as expectativas em relação à frequência com que objetos de tamanhos variados vão de fato nos atingir? Segue-se mais um gráfico (Figura 19) que pode ajudar. Este é um pouco mais complicado, mas vamos lá. Ele resume muito bem o que entendemos hoje em dia.

Embora mais difícil de entender, esse diagrama contém bastante informação. Ele utiliza o que chamamos de escala logarítmica. Isso quer dizer que variações de tamanho correspondem a variações de intervalo de tempo maiores do que as que você deve ter em mente. Por exemplo, um objeto de mais de

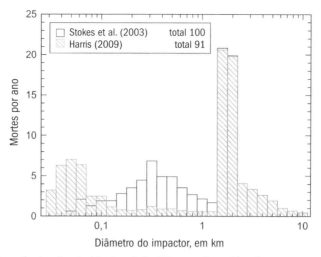

18. *Estimativas da Academia Nacional de Ciências da média de mortes por ano provocadas por impactos de asteroides de tamanhos variados com base em dados do Levantamento Spaceguard, 85% finalizado. Esse diagrama utiliza a distribuição de tamanhos de objetos próximos à Terra e estimativas atualizadas de tsunâmis e explosões aéreas. Também se apresentam estimativas antigas para comparação.*

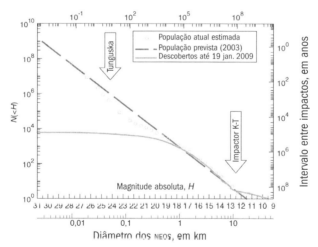

19. *Número estimado (eixo vertical da esquerda) e tempo aproximado entre impactos (eixo da direita) de objetos próximos à Terra em função do diâmetro, medido em quilômetros. O eixo do alto mostra a energia de impacto esperada em megatons de TNT para um objeto de dado tamanho, supondo-se que ele se movimente a vinte quilômetros por segundo no impacto. Também se mostra próximo ao eixo horizontal inferior uma quantidade relacionada à claridade intrínseca do objeto. As diferentes curvas se baseiam em estimativas mais antigas (linha tracejada) e mais novas (círculos). A curva mais abaixo representa o número descoberto antes de 2009.*

dez metros pode aparecer uma vez por década, ao passo que um de 25 metros pode atingir a Terra uma vez a cada duzentos anos. Isso também quer dizer que pequenas variações nos valores mensurados podem afetar as previsões de maneira significativa.

O eixo do alto desse gráfico se refere a quanta energia um objeto de determinado tamanho vai liberar, considerando que viaje a vinte quilômetros por segundo, medida em megatons. Então, por exemplo: um objeto de 25 metros liberaria cerca de um megaton. O diagrama também diz quantos objetos de vários tamanhos são esperados, e sua provável luminosidade — o que também está relacionado à facilidade que há em acompanhá-los e encontrá-los. Apesar do número maior de asteroides menores, encontrá-los é mais desafiador devido a seu tamanho diminuto e seu brilho consequentemente menor.

As estimativas de frequência desses acontecimentos seriam, por exemplo, de um objeto de quinhentos metros a mais ou menos cada cem milênios; objetos quilométricos, talvez um a cada 500 mil anos; e objetos de cinco quilômetros em escala próxima dos 20 milhões de anos. O gráfico também nos diz que um impacto de tamanho mata-dinossauro, de cerca de dez quilômetros, é esperado uma vez a cada 10 milhões a 100 milhões de anos.

Se você está interessado apenas na frequência com que esses impactos acontecem, a informação é mais clara no diagrama mais simples da Figura 20. Veja que o eixo vertical tem menos anos no alto e mais embaixo, de forma que grandes impactos acontecem com frequência bem menor que os menores. Note também os números exponenciais na coluna vertical que dizem a quantidade de vezes que 10 é multiplicado. Por exemplo, 10^1 é dez, 10^2 é cem e 10^0 é um.

Por fim, para dar uma ideia do tamanho do perigo dos objetos de tamanhos variados, apresentarei um último diagrama do estudo da Academia Nacional de Ciências, na Figura 21. Essa tabela nos diz que, dado um objeto com poucos quilômetros de diâmetro, o globo inteiro seria afetado. Grandes impactos de meteoroide não acontecem de maneira tão frequente quanto desastres naturais, por isso é quase certo que não representem ameaça imediata. Mas caso eles venham a ocorrer, seu impacto em termos de energia e intensidade será devastador. A tabela também mostra, por exemplo, que uma coisa com trezentos metros de comprimento pode atingir a Terra a cada 100 mil anos. Isso poderia elevar o enxofre na atmosfera a níveis comparáveis aos provocados pela erupção do vul-

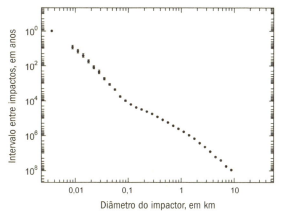

20. *Números médios de anos entre impactos na Terra de objetos próximos a ela com tamanhos que variam de mais ou menos três metros a cerca de nove quilômetros de comprimento.*

cão Krakatoa,* o que prejudicaria a vida ou pelo menos a agricultura em grande parte do planeta. E, assim como nos diagramas anteriores, a tabela demonstra que uma explosão aérea do tamanho de Tunguska pode ocorrer mais ou menos uma vez a cada mil anos. Os contornos totais de quaisquer das conjunturas de desastre dependeriam, é evidente, do tamanho e da localização do impacto.

INTERVALO MÉDIO APROXIMADO DE IMPACTOS E ENERGIA
DO IMPACTO PARA OBJETOS PRÓXIMOS À TERRA

TIPO DE EVENTO	DIAMETRAGEM CARACTERÍSTICA DO OBJETO IMPACTOR	ENERGIA DE IMPACTO APROXIMADA (MT)	INTERVALO MÉDIO APROXIMADO DE IMPACTOS (ANOS)
Explosão aérea	25 m	1	200
Escala local	50 m	10	2 mil
Escala regional	140 m	300	30 mil
Escala continental	300 m	2 mil	100 mil

* Vulcão que entrou em erupção na Indonésia em 1883 e matou mais de 36 mil pessoas. (N. R. T.)

Abaixo do limiar de catástrofe global	600 m	20 mil	200 mil
Possível catástrofe global	1 km	100 mil	700 mil
Acima do limiar de catástrofe global	5 km	10 milhões	30 milhões
Extinção em massa	10 km	100 milhões	100 milhões

21. Intervalo médio aproximado de impactos e energia do impacto para objetos próximos à Terra de diversos tamanhos. Leve em consideração que essas quantidades dependem da velocidade e das características físicas e químicas do impactor.

O QUE FAZER?

Então, o que deveríamos concluir a partir de tudo isso? Em primeiro lugar, é fascinante que todos esses objetos na órbita espacial estejam na mesma proximidade. Pensamos na Terra como um lugar especial e é claro que queremos protegê-la. Mas, no grande esquema das coisas, ela é apenas um dos planetas interiores do sistema solar que orbita uma estrela específica. Todavia, mesmo que reconheçamos a proximidade dos nossos vizinhos, a segunda questão a entender é que um asteroide não é a maior ameaça que a humanidade enfrenta. Impactos podem acontecer e podem até provocar estragos, mas as pessoas na verdade não correm um risco iminente, pelo menos nesse aspecto.

Mesmo assim, está fadada a aparecer a questão do que fazer caso surja uma coisa perigosa. Nós nos sentiríamos muito bobos se observássemos um objeto em trajetória arriscada, rumo à Terra, ao longo de alguns anos, mas ficássemos impotentes para fazer algo que melhorasse nossa sina. A falta de risco grave não significa que deveríamos ficar totalmente indefesos para nos proteger de qualquer perigo que um meteoroide possa causar ou que nunca devamos pensar em mitigação.

Não é surpresa que algumas pessoas já pensaram no problema e muitas propostas — embora nenhum aparato sério — para tratar desses objetos perigosos do espaço estejam sob consideração. As duas estratégias básicas são destruição ou deflexão. A destruição per se não é necessariamente uma ótima ideia. Se você explode uma coisa que pode atingir a Terra e ela vira milhões de pedacinhos de rocha que se projetam na mesma direção, é provável que você aumente as chances de impacto. Embora os danos provocados por cada pedacinho sejam menores, uma estratégia que não incentive maior número de impactos seria melhor.

Portanto, deflexão é a abordagem mais sensata. As estratégias mais eficientes de deflexão têm a ver com aumentar ou diminuir a velocidade do objeto que se aproxima — não um empurrãozinho para o lado. A Terra é bastante pequena e se movimenta muito rápido em torno do Sol — a cerca de trinta quilômetros por segundo. Conforme a direção de onde o objeto nos aborde, mudar sua trajetória de modo que ele chegue menos sete minutos — o tempo que a Terra leva para percorrer uma distância de seu raio — antes ou depois pode ser a diferença entre colisão e um sobrevoo empolgante, mas inofensivo. Não é uma grande mudança de órbita. Se algo é detectado bem cedo — talvez com alguns anos de antecedência —, até uma pequena variação de velocidade seria suficiente.

Nenhuma das sugestões de deflexão ou destruição nos salvaria de um objeto maior do que vários quilômetros de tamanho, capaz de causar prejuízo global. Felizmente, é provável que esse impacto não ocorra durante pelo menos mais 1 milhão de anos. Com objetos menores, dos quais a princípio podemos nos salvar, os deflexores mais efetivos seriam explosivos nucleares, que talvez conseguissem evitar um impacto de algo com até um quilômetro de extensão. Todavia, as leis proíbem explosões nucleares no espaço, pelo menos por enquanto, de forma que essa tecnologia não está em desenvolvimento. Também é possível, embora não seja tão potente, a colisão de um objeto com um asteroide vindo na nossa direção de modo que ele transfira energia cinética, que é sua energia de movimento. Com o devido sobreaviso, e em especial com a possibilidade de impactos múltiplos, a estratégia pode dar certo para objetos com centenas de quilômetros de comprimento. Outras sugestões para deflexão incluem painéis solares, satélites que atuem como rebocadores gravitacionais, motores de foguete — tudo que tenha potencial para criar bastante força. Tecnologias como essas podem ser eficientes para objetos do tamanho de cem metros, mas apenas com algumas décadas de alerta. Todos esses métodos (e os asteroides em si) exigem mais estudo, portanto é provável que seja cedo demais para dizer com certeza o que funcionaria.

Essas propostas, embora interessantes e dignas de consideração, hoje são apenas possíveis visões futuristas. Todavia, há um programa, a Missão de Avaliação de Impactos e Deflexão de Asteroides — projetada para testar a viabilidade de impacto cinemático em um asteroide —, cujo planejamento já está mais ou menos avançado. Existe também em desenvolvimento outro projeto relacionado — a Missão de Redirecionamento de Asteroides —, que desviaria um asteroide ou parte dele para orbitar a Lua e talvez mais à frente acomodaria a visita de um astronauta. Contudo, não se deu início à construção de nenhum desses projetos.

Algumas pessoas seriam contrárias à construção de tecnologia antiasteroides com base no argumento de que podem ser danosas em sentido amplo. Algumas têm medo, por exemplo, de que essa tecnologia seja usada para fins militares em vez de salvar a Terra, embora eu considere tal hipótese bastante improvável, dado o longo tempo de preparo que se exige para que qualquer aparato de atenuação seja eficiente. Outros levantam os potenciais perigos psicológicos e sociológicos de encontrar um asteroide com trajetória que intercepte a Terra quando for tarde demais ou além da nossa capacidade tecnológica fazer algo a respeito — o que me soa como uma estratégia de postergação que se pode usar contra diversas propostas potencialmente construtivas.

Deixando de lado essas preocupações espúrias, podemos nos perguntar se devemos nos dedicar a alguma preparação e, no caso, quando. Na verdade, é tudo uma questão de custo e alocação de recursos. A Academia Internacional de Astronáutica faz reuniões para tratar exatamente desse tipo de pergunta e identificar as melhores estratégias. Um colega que participou da Conferência de Defesa Planetária em Flagstaff, Arizona, em 2013, me contou de um exercício em que os participantes deviam pensar em um asteroide fictício em aproximação e se perguntar qual seria a melhor forma de lidar com a ameaça simulada. Eles foram convidados a responder a perguntas do tipo "Como lidar com incertezas em seu tamanho e órbita, que são atualizadas ao longo do tempo?", "Quando é apropriado agir?", "Em que momento se deve telefonar para o presidente?" (a reunião aconteceu nos Estados Unidos, afinal), "Em que momento se deve evacuar uma região?" e "Quando você lançaria um míssil nuclear para impedir uma tragédia em potencial?". Essas perguntas, embora em certo nível muito divertidas na minha mente, deixam claro que até astrônomos bem informados e bem-intencionados podem ter posturas e reações muito distintas em relação a um objeto que venha do espaço.

Espero ter convencido a todos de que essas ameaças não são excessivamente urgentes, mesmo que o dano potencial seja possível. Embora um objeto com direção infeliz possa atingir e varrer um grande centro populacional, as chances de isso acontecer a qualquer momento no futuro próximo são extremamente remotas. A cientista dentro de mim quer catalogar e entender as trajetórias de todos os objetos possíveis. E a *geek* dentro de mim acha que um veículo espacial que possa escoltar um NEO potencialmente perigoso a uma órbita segura, de forma que nunca atinja a Terra, seria muito legal. Mas, sério, ninguém sabe qual é a melhor atitude a tomar.

As grandes questões para a sociedade, assim como todos os empreendimentos da ciência e da engenharia, são: o que valorizamos, o que aprendemos e quais seriam os benefícios periféricos. Você agora pode se considerar armado de alguns fatos básicos se e quando for convidado a dar sua opinião. Os números atuais ajudam, mas não são completos. Assim como várias decisões administrativas, precisamos combinar suposições bem informadas com considerações práticas e imperativos morais. Minha sensação é que, mesmo sem ameaça alguma, a ciência é interessante o bastante para merecer o investimento relativamente menor necessário para encontrar mais asteroides e estudá-los. Porém, só o tempo dirá o que a sociedade e a iniciativa privada vão decidir.

10. Choque e pavor

Numa viagem recente à Grécia, vez por outra fiquei sem graça diante do incrível vocabulário da língua inglesa de alguns dos nativos que conheci. Eles usavam termos que eu — falante nativa do inglês — hesitaria em usar. Comentei esse fato quando alguém disse a palavra *eponymous* [epônimo], que, como lembrou meu colega de papo, tinha origem no grego. Assim como muitas de nossas palavras, claro.

A palavra *crater*, ou "cratera", é uma delas. Parece que os antigos gregos, embora bebessem muito vinho, também apreciavam a moderação. Se não houvesse folia em estoque, o vinho era misturado a três vezes seu volume em água, e a *krater* era o vasilhame para essa mistura. Uma *krater* tem uma grande abertura redonda, cujo formato lembra as imensas regiões na Terra e na Lua com as quais compartilha o nome. Mas essa formação geológica de nome similar pode ter até duzentos quilômetros de comprimento, e a região remexida ao redor pode ser ainda maior.

Algumas crateras se formam na Terra devido à ação de vulcões, sem nenhum apoio externo. Em Tenerife, nas ilhas Canárias, por exemplo, você vê crateras fantásticas no grande campo de lava do vulcão Teide — sinal de distúrbios sob a superfície da Terra que vez por outra sai às borbulhas. Foi lá também que fiquei sabendo que a palavra *caldera*, do espanhol, significa "caldeirão", e aprendi que o termo que usamos para depressão vulcânica tem origem similar à da palavra "cratera". Crateras de impacto, por outro lado, se formam de maneira isolada e — o mais importante — apenas com colaboração extraterrestre.

A maioria dos impactos de meteoroides, entre os quais os grandões, aconteceu muito antes de existir gente que pudesse testemunhá-los, quanto mais registrá-los. Uma cratera de impacto é o cartão de visitas que um meteoroide que caiu na Terra em alta velocidade deixa de rastro. As crateras ou depressões e o material interno e em volta delas costumam ser os únicos registros sobreviventes dos visitantes desordeiros que causaram a devastação. As cicatrizes, os tipos de rochas e a abundância química enterrada nos destroços são a informação mais confiável a respeito desses eventos ocorridos muito tempo atrás.

Crateras de impacto servem de pista extraordinária da longeva conexão entre a Terra e seu meio ambiente — no caso, o sistema solar. Entender a formação, a forma e as características das crateras de impacto nos ajuda a determinar com que frequência rochas de tamanhos diversos atingem nosso planeta, assim como a discutir de maneira mais esclarecida os papéis que os meteoroides podem ter tido nas extinções. Neste capítulo explico por que e como se formaram as crateras que impõem respeito — e o que distingue crateras de impacto das depressões dos vulcões, de causação terrestre. Também comento a lista de objetos que nos atingiram com força suficiente para deixar uma marca duradoura, bem catalogados no Earth Impact Database [Banco de Dados de Impactos na Terra], que você encontra na internet. Essas observações serão críticas mais à frente, quando eu tratar do papel da matéria escura em provocar impactos de meteoroides.

A CRATERA DO METEORO

Antes de mergulhar na formação de crateras de impacto e na lista completa das que existem na Terra, vamos parar um instante para pensar sobre a primeira já encontrada — uma das primeiras descobertas que atrelaram objetos do céu à superfície da Terra (Figura 22). Embora o nome não seja correto — lembre-se de que "meteoro" é o rastro no ar —, a Cratera do Meteoro foi no mínimo formada por um meteoroide, assim como são, por definição, todas as crateras de impacto. Essa cratera em particular se localiza perto de Flagstaff, Arizona. Seu nome se relaciona com uma agência dos correios próxima, Meteor, conforme a convenção de batismo de meteoroides. Theodore Roosevelt fundou a agência dos correios em 1906 quando seu amigo Daniel Barringer, engenheiro de minas e empresário, começou a investigar o conteúdo e a origem da misteriosa cratera. A princípio, geólogos se mostraram céticos quanto a sua proposta, mas Barringer acabou demonstrando que a cratera se originara de um meteoroide. A depressão também é conhecida como Cratera de Barringer, em reconhecimento à contribuição do engenheiro.

Embora existam estruturas de impacto maiores, a cratera está entre as maiores dos Estados Unidos — mede mais ou menos 1200 metros de comprimento e 170 metros de profundidade, com uma beirada que sobe cerca de 45 metros. Tem por volta de 50 mil anos e é bem percebida na superfície da Terra. Não fosse óbvia num mapa, poderíamos dizer que fica nos Estados Unidos porque, assim como muitas coisas no país, ela é propriedade privada. A família Barringer detém a escritura por meio da Barringer Crater Company e no momento cobra dezesseis dólares de quem quiser vê-la. A posse foi garantida em 1903, quando Daniel Barringer a reivindicou junto ao matemático e físico Benjamin Chew Tilghman, e logo depois foi efetivada por assinatura do presidente. A empresa que fez a reivindicação — a Standard Iron Company — recebeu autorização de mineração e um título de propriedade de 260 hectares.

Como é propriedade privada, a cratera não pode fazer parte do sistema nacional de parques. Apenas terras de propriedade federal são autorizadas a abrigar monumentos, de forma que ela é apenas um marco natural nacional. A parte boa é que ela não fecha durante paralisações do governo, como aconteceu em 2013, época em que comecei a escrever este capítulo. O outro ponto positivo a respeito da propriedade privada é que os Barringer têm interesse declarado na preservação da cratera, e ela é inclusive considerada o ponto de impacto de meteoro mais preservado do mundo, embora sua origem mais ou menos recente também ajude.

O meteorito associado à cratera se chama Diablo, assim batizado em homenagem à cidade fantasma de Canyon Diablo, localizada ao longo do cânion de mesmo nome. O meteoroide de cinquenta metros de comprimento, composto quase que apenas de puro ferro e níquel, atingiu o solo talvez a mais ou menos treze quilômetros por segundo, gerando pelo menos dois megatons de

22. *A Cratera do Meteoro (Barringer), de mais ou menos um quilômetro de extensão, localizada no Arizona. (Cortesia de D. Roddy.)*

TNT de energia — quase tantas vezes quanto Chelyabinsk ou quase a energia de uma bomba de hidrogênio. A maior parte do objeto inicial foi vaporizada, o que dificultou a localização de fragmentos. Os pedaços que foram localizados se encontram expostos no museu local, e alguns até estão à venda.

A escassez de fragmentos dificultou a averiguação, no início, de que a cratera havia sido formada de fato por um objeto extraterrestre, e não por um vulcão, como haviam imaginado os primeiros colonos europeus a passar por ela no século XIX. Não foi uma hipótese insensata na época, considerando como uma explicação extraterreste deve ter parecido exótica, e como a proximidade do campo vulcânico de San Francisco — apenas 65 quilômetros a oeste — deve ter sido enganosa.

Numa história muito esclarecedora sobre quando a ciência dá errado — e só depois acerta —, em 1891 o geólogo-chefe do Serviço Geológico dos Estados Unidos, Grove Karl Gilbert, deu a determinação oficial de que aquela coisa seria um vulcão. Gilbert ouvira falar da cratera por meio do comerciante de minérios Arthur Foote, da Filadélfia, que estava interessado no ferro que pastores tinham encontrado próximo do local em 1887. Foote havia reconhecido a origem extraterrestre do metal e visitara o local para ver o que mais conseguia escavar. Além de ferro, ele encontrou diamantes microscópicos. Estes haviam se formado com o impacto, mas Foote, sem saber disso, considerou incorretamente que o objeto impactor fosse do tamanho da Lua. Ele cometeu outro erro ao não associar a cratera ao material do meteorito que estava investigando, apesar de aceitar que a origem do material em solo fosse extraterrestre — na sua mente, a cratera próxima era um fenômeno à parte que fora criado por atividade vulcânica.

Por outro lado, Gilbert, que ficara sabendo da cratera a partir de Foote, foi um dos primeiros a propor que ela havia se originado de um meteoroide. Mas na tentativa de confirmar em termos científicos sua afirmação, ele também chegou à conclusão errada. Como ninguém à época entendia da morfologia das crateras de impacto, Gilbert incorretamente desconsiderou sua hipótese de impacto porque a massa na borda não condizia com a massa faltante da cratera e também porque a forma era circular e não elíptica, como ele preveria de um impacto que chegasse de uma direção em particular. Além do mais, ninguém encontrou pistas magnéticas de uma diferença de conteúdo de ferro que indicasse algo extraterrestre. Dada a falta de pistas de um meteoroide, o geólogo foi obrigado pela sua própria metodologia — que negava os elementos mais sutis de formação de crateras de impacto que descreverei logo a seguir — a concluir erroneamente que fora atividade vulcânica e não um impacto o responsável pela cratera.

A origem da estrutura foi corretamente determinada, por fim, quando Barringer e Tilghman publicaram dois artigos extraordinários no *Proceedings of the Academy of the Natural Sciences of Philadelphia* de 1905, no qual demonstraram que a Cratera do Meteoro resultava de fato de um impacto extraterrestre. As pistas deles incluíam os estratos emborcados da beirada — que, pelo que me dizem, é uma visão espetacular — e óxido de níquel no sedimento. Contudo, as trinta toneladas de fragmentos de meteorito com ferro oxidado em torno da cratera levaram Barringer a cometer outro erro, este muito custoso. Ele achava que a maior parte do restante do ferro estaria enterrada no subsolo e passou 27 anos cavando para encontrá-lo. A descoberta seria mais uma operação lucrativa para o homem que em 1894 havia ganhado 15 milhões de dólares (mais de 1 bilhão em dólares atuais) da mina de prata Commonwealth, também no Arizona.

Mas o meteorito era menor do que Barringer pensava e, ainda assim, a maior parte de um meteorito se vaporiza no impacto. De forma que ele não ganhou dinheiro algum nem conseguiu convencer muita gente da origem da cratera, mesmo depois do fim das escavações. Barringer morreu de ataque cardíaco alguns meses depois que o presidente da Meteor Crater Exploration and Mining Company — a empresa que o engenheiro ajudara a criar — encerrou as operações. Barringer e a companhia perderam 600 mil dólares na prospecção da cratera, mas pelo menos ele viveu o suficiente para provar sua hipótese.

Conforme o avanço da ciência planetária e o entendimento da formação de crateras se aprofundaram, mais cientistas foram convencidos pela dedução de Barringer. A confirmação final veio em 1960, quando Eugene Merle Shoemaker — figura-chave no entendimento científico de impactos — encontrou na cratera formas raras de sílica que só poderiam ter surgido de rochas contendo quartzo que houvessem sofrido um choque sério por pressão de impacto. Afora uma explosão nuclear — o que seria improvável 50 mil anos atrás —, um impacto de meteoroide é a única causa conhecida possível para isso.

Shoemaker na verdade mapeou em detalhes a cratera e mostrou a semelhança entre suas características geológicas e o que se produziu a respeito das crateras de explosões nucleares em Nevada. Sua análise legitimou o conceito de impacto extraterrestre e foi um marco para que a ciência terrestre absorvesse a significância da interação da Terra com seu meio ambiente cósmico.

FORMAÇÃO DE CRATERAS DE IMPACTO

Meu prazer em escalar montanhas vem em grande parte do prazer que tenho em examinar o material, a textura e a densidade de rochas, inspecionando de perto as superfícies para identificar a rota mais segura e eficiente para subir. Mas o maior tesouro enterrado nas rochas é sua rica história. Junto com as provas de movimento de placas tectônicas que elas mostram, a morfologia e a composição das rochas são um tesouro em termos de informações que geólogos conseguem avaliar. Paleontólogos também aprendem muito com os fósseis incrustrados na Terra e seu relevo.

Formações rochosas sempre contam uma história e, nesse aspecto, há locais particularmente espetaculares. Numa visita acadêmica recente ao País Basco, em Bilbao, Espanha, tive a grande sorte de ter um colega físico que me contou do Geoparque Flysch, na cidade de Zumaia, próxima dali. O Geoparque é um local de ecoturismo ativo com um incrível afloramento de rochas calcárias, que representa milhões de anos de história geológica — fascinante tanto pelo uso de tesouros geológicos para promover o desenvolvimento econômico sustentável quanto por suas atividades e descobertas científicas diversas. Quando visitei o Geoparque, o diretor científico do local ressaltou que as camadas rochosas vão até 60 milhões de anos, o que é visível com facilidade do penhasco vertical, maravilhosamente situado ao longo de uma praia deslumbrante (Figura 23). Ele descreveu o penhasco como um livro aberto no qual todas as páginas são vistas ao mesmo tempo. A fronteira K-T (hoje conhecida oficialmente como fronteira K-Pg, assunto que retomo em breve) separa a camada de rocha branca com fósseis da camada cinza acima, que não os têm. A linha que marca a última grande extinção está bem preservada nesse ponto tranquilo do País Basco.

Mas essas magníficas camadas de rocha não são a única maneira de conhecer o passado. Crateras de impacto, que são das formações mais marcantes na superfície terrestre, constituem uma fonte de informação muito distinta. Apesar de nosso conhecimento limitado em relação a como e quando meteoroides vão cair, cientistas entendem muito a respeito da geologia das crateras de impacto. A forma, a morfologia rochosa e a composição de uma cratera dão pistas que ajudam a distinguir crateras de impacto de caldeirões ou de outras depressões rochosas. E, como a aparência e a composição distintas das crateras de impacto podem ser entendidas em grande medida a partir de sua origem, as depressões e tipos de rocha especiais em que meteoroides fizeram contato com o solo nos dizem muito a respeito dos acontecimentos que criaram essas crateras.

Se as palavras já não houvessem sido corrompidas por uma política militar de insucesso fragoroso, "choque e pavor"* seria talvez a descrição mais concludente quanto à formação de crateras de impacto. Crateras de impacto

---

* "Choque e pavor" — do inglês *"shock and awe"* — é uma doutrina militar teorizada pelas Forças Armadas dos Estados Unidos e declaradamente aplicada na invasão do Iraque a partir de 2003. (N. T.)

23. *Sessenta milhões de anos de história visíveis na rocha do Geoparque Flysch na praia de Itzurun, em Zumaia, Espanha. (Jon Urrestilla.)*

são o resultado de objetos extraterrestres que atingem a Terra com energia suficiente para criar uma onda de choque que escava uma cratera circular — que é mesmo fascinante. A onda de choque — não o impacto direto — é a responsável pela forma circular das crateras de impacto. Uma escavação mais direta renderia na verdade uma depressão com orientação preferencial que refletiria a direção inicial do impactor — não uma coisa que parece igual em todos os pontos. Foi essa a pista que provocou o engano de Gilbert na análise da Cratera Barringer. Mas a cratera não pode ser apenas entendida como impactor que empurra a rocha. A cratera é criada quando o impactor pressiona tanto a Terra que a região comprimida age como um pistão, que se descomprime com rapidez para liberar a tensão, ricocheteando do impacto inicial e ejetando material. A liberação da pressão pelo padrão hemisférico da onda de choque é a explosão de fato que cria a cratera. Essa explosão subsuperficial é o que gera a forma distintamente circular da cratera de impacto.

Objetos que formam crateras de impacto em geral atingem o solo a velocidades de até oito vezes a velocidade de escape da Terra, que é de onze quilômetros por segundo, sendo a mais típica por volta de vinte a 25 quilômetros por segundo. Em objetos maiores, essa velocidade — muitas vezes maior que a velocidade do som — faz com que se libere uma quantidade enorme de energia cinética, já que esta aumenta não apenas com a massa, mas de acordo com o quadrado da velocidade. Um impacto sobre rocha sólida, que pode ser comparado a uma explosão nuclear, produz ondas de choque que comprimem tanto o objeto do espaço quanto a superfície da Terra. O choque provocado no impacto aquece o material que encontra e quase sempre derrete e vaporiza o meteoroide, e, se este for grande o bastante, regiões do alvo também.

A onda supersônica em expansão cria níveis de tensão que vão muito além da força do material local. Isso gera raras estruturas cristalinas, como o quartzo de impacto, encontrado apenas em crateras de impacto — e nas regiões de detonação de explosões nucleares (Figura 24). Outras características peculiares incluem as estruturas de impacto em cone, estruturas de forma cônica nas rochas cujos ápices apontam para o ponto de colisão, como ilustrado na Figura 25. Estruturas de impacto em cone também são evidência clara de um evento de alta pressão que, mais uma vez, só pode ter sido causado por impactos de eventos nucleares. Estruturas de impacto em cone são interessantes pelo fato de terem comprimentos que vão de milímetros a metros, fornecendo desse modo um efeito de escala macroscópico no material. Assim como as deformações de cristal e evidências de rochas derretidas, estruturas de impacto em cone ajudam a distinguir crateras que representam de fato ocorrências de impacto.

Outras formas rochosas características dos impactos são as que se formam em temperaturas altas. Conhecidas como *tectitos* e *esférulas de impacto*, são materiais vítreos cuja origem é a rocha derretida. Como estas são geradas por alta temperatura e não necessariamente alta pressão, pode-se imaginar que elas também se originem em vulcões — em geral os concorrentes mais importantes em impactos para formação de crateras. Mas crateras de impacto costumam ter uma composição química distinta, que inclui metais e outros materiais, como níquel, platina, irídio e cobalto, que são raros na superfície terrestre. Essas pistas adicionais ajudam a corroborar a origem do impacto.

A composição química do impactor pode ter também outras características que a distinguem. Isótopos particulares — átomos com a mesma carga,

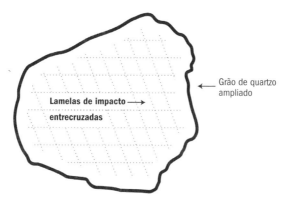

24. *A deformação peculiar em entrecruzamento no quartzo de impacto indica uma origem de meteoroide de alto impacto.*

mas número distinto de nêutrons —, por exemplo, podem ser mais típicos de formações extraterrestres, embora isso só venha a ser útil numa pequena porcentagem do material restante, já que a maior parte da matéria original foi vaporizada.

O que também ajuda na identificação de crateras são as *breccias* de impacto, que consistem em fragmentos de rocha unidos por uma matriz de grão fino de material — o que mais uma vez indica um impacto que destroçou o que havia lá. Vidros fusionados por choque também são interessantes pelo fato de sua formação exigir tanto alta pressão quanto temperatura elevada. A densidade incomumente alta deles ajuda na identificação. Outra característica notável podem ser os veios dentro do assoalho da cratera, em lençóis centrais que forram o assoalho de estruturas complexas formadas a partir de partículas de vidro.

Essas características diferenciadoras de choque e derretimento são críticas para confirmar a ocorrência de impactos, já que não há outra maneira de eles se formarem. Todavia, nem sempre é fácil encontrar crateras, dado que podem estar enterradas profundamente sob fragmentos de rocha e metal fundido. Mesmo assim, meteoritos são abundantes e muitos museus de história natural expõem exemplares deles. Gosto do meteorito de Ahnighito, de pouco mais de dois metros de altura e 34 toneladas, que fica no Museu Americano de História Natural, em Nova York — é o maior já exposto. A enorme rocha foi

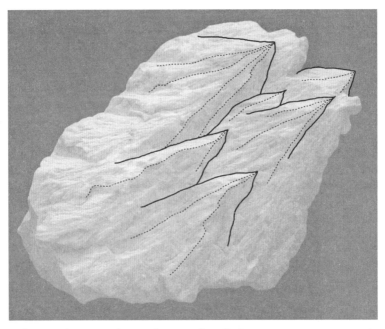

25. Estas formas cônicas evidentes, de tamanhos distintos e que acontecem muitas vezes na mesma rocha, são indicativos macroscópicos da formação da estrutura rochosa sob alta pressão.

uma aquisição tardia, acrescentada à coleção de meteoritos que o museu tem abrigado desde sua criação, em 1869.

Materiais ajudam a identificar crateras de impacto, assim como seus formatos particulares. Enquanto crateras de impacto são depressões abaixo das regiões em torno, a maioria das crateras vulcânicas surge de erupções e é encontrada acima do nível do relevo circundante. Crateras de impacto também têm bordas erguidas — mais uma vez, nada típicas de crateras vulcânicas.

Outra característica que as identifica é a *estratigrafia inversa* — os estratos emborcados da beirada — na manta de matéria ejetada, consequência de o material ter sido desenterrado e depois "virar por cima" para fora da cratera, lembrando a beira de uma pilha de panquecas grandes. A depressão profunda e mais ou menos circular na superfície da Terra — ou de qualquer planeta ou lua — com uma borda levantada e estratigrafia inversa também é evidência clara de que um grande corpo atingiu a superfície a uma enorme velocidade.

Embora os materiais que distinguem crateras de impacto sejam sobretudo formados durante a descarga do choque repentino, a forma da cratera depende também do histórico subsequente de formação. No início, ao atingir o alvo, o impactor desacelera enquanto o material-alvo acelera. O impacto, a compressão, a descompressão e a efusão da onda de choque acontecem em décimos de segundo. Assim que passa a onda de choque, as mudanças acontecem muito devagar. O material acelerado que levou o choque — que foi acelerado pela onda inicial — permanece em movimento mesmo depois que a onda se dissipou, mas nessa fase o movimento é subsônico. Ainda assim, a cratera continua a se formar, com sua beira se erguendo e mais material sendo ejetado. A cratera ainda não está estável, contudo, e a gravidade a fará entrar em colapso. Em crateras pequenas, a beira cai um pouco e os destroços vão descendo pelas paredes internas, o material derretido fluindo para a porção mais funda da cavidade. O resultado ainda tem forma de tigela e se parece muito com a cratera que se formou a princípio, mas pode ser consideravelmente menor. A Cratera do Meteoro, por exemplo, tem metade do seu tamanho original. Depois disso, *breccias* e rocha derretida e ejetada preenchem a cavidade. O formato de uma cratera simples é ilustrado na Figura 26.

Impactos maiores não só deslocam e ejetam material como também vaporizam parte do chão original que foi atingido. Esse material derretido pode cobrir o interior da cavidade, enquanto o material vaporizado em geral se ex-

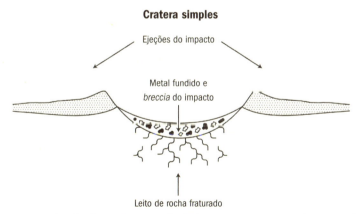

26. *Uma cratera simples formada a partir de impacto tem uma região central escavada em formato de tigela coberta por* breccia *relativamente achatada e uma beirada erguida característica.*

pande, criando uma nuvem em formato de cogumelo. Boa parte do material mais bruto vai cair dentro de alguns raios da cratera. Mas parte da matéria granulada, mais fina, pode se dispersar pelo globo.

Quando o impactor é maior do que um quilômetro de comprimento, as crateras formadas serão de vinte quilômetros ou mais. O impactor nesse caso essencialmente cria um buraco na atmosfera, e as ejeções preenchem o vácuo — vão para o alto antes de cair sobre uma área ampla. O material mais quente pode ir além da estratosfera, e a bola de fogo de material vaporizado pode ser dispersada amplamente, como aconteceu com o barro rico em irídio depositado no mundo inteiro pelo impacto K-T, abordado adiante.

Impactos maiores criam uma *cratera complexa* (Figura 27), na qual a cavidade passa por modificações maiores depois que a cratera inicial se firmou. A região central se ergue enquanto a beirada desaba, em parte porque, conforme a onda de choque se propaga pelo chão, ela interage com a rocha não uniforme para gerar uma nova onda que se propaga na direção oposta da onda de choque e "descarrega" o choque. Essa onda de rarefação puxa o material para pouca profundidade e deixa a crosta desbastada embaixo de crateras de grande impacto. É notável a velocidade em que acontece tudo isso. Depressões com vários quilômetros de profundidade podem ser criadas em segundos, e picos podem se elevar milhares de metros em questão de minutos.

Crateras complexas têm aparência diferente das crateras simples formadas por impactos menores. O formato preciso da cratera depende do tamanho. Quando uma cratera tem mais de dois quilômetros de extensão em camadas de rocha sedimentar, ou quatro quilômetros de extensão em rochas ígneas ou rochas cristalinas metamórficas, em geral ela tem uma região central sublevada, a borda da cratera ampla e plana, e paredes escalonadas. É isso que resta após a compressão, a escavação, a modificação e o colapso inicial.

Quando o tamanho é maior que doze quilômetros de extensão, um platô ou anel inteiro pode se erguer no centro. Todas essas pistas fornecem informação crítica quando (metaforicamente, às vezes literalmente) se quer escavar o passado. Como veremos no capítulo 12, essas características ajudaram a identificar, nos anos 1980, a cratera no Yucatán associada à extinção K-T.

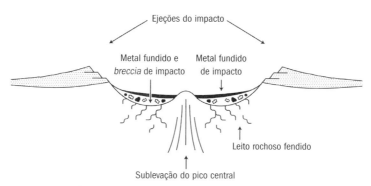

27. *Uma cratera complexa, como uma cratera simples, tem beirada erguida — mas com estrutura escalonada —, assim como região interna elevada e desabamento de maior quantidade de material.*

CRATERAS NA TERRA

Muitas crateras de impacto foram encontradas no último meio século. Estudando a composição química delas, assim como das cicatrizes conhecidas como *astroblemas* — as crateras sobretudo destruídas que ainda deixam impressões identificáveis —, podemos começar a preencher o registro de visitantes do planeta. O livro de visitantes é o Earth Impact Database.

Esse banco de dados decerto contém algumas das listas mais fascinantes disponíveis na internet. Se você conferir, vai encontrar catálogos de muitos objetos que atingiram a Terra e deixaram cicatrizes grandes o bastante para serem encontradas e identificadas como crateras de impacto. Essa não é uma lista exaustiva dos impactos. Como muitas das crateras terrestres bastante antigas foram varridas pela atividade geológica, a maioria das que observamos aqui surgiu de impactos mais recentes e menos frequentes.

A maioria dos impactos aconteceu há mais de 3,9 bilhões de anos, na primeira fase do sistema solar, quando resquícios materiais da formação dos planetas foram varridos e remexidos. Mas a Terra, Marte, Vênus e outros corpos com maior atividade geológica tenderam a perder evidência dessas crateras com o tempo, motivo pelo qual a Lua, geologicamente passiva, as mostra com proeminência muito maior.

NOME DA CRATERA	IDADE (MILHÕES DE ANOS)	DIÂMETRO (KM)
Saint Martin	220 ± 32	40
Manicouagan	214 ± 1	85
Rochechouart	201 ± 2	23
Obolon'	169 ±7	20
Puchezh-Katunki	167 ±3	40
Morokweng	145 ± 0,8	70
Gosses Bluff	142,5 ± 0,8	22
Mjølnir	142 ± 2,6	40
Tunnunik (Príncipe Albert)	> 130, < 450	25
Tookoonoka	128 ± 5	55
Carswell	115 ± 10	39
Steen River	91 ± 7	25
Lappajärvi	76,2 ± 0,29	23
Manson	74,1 ± 0,1	35
Kara	70,3 ± 2,2	65
Boltysh	66 ± 0,03	150
Chicxulub	65,17 ± 0,64	24
Montagnais	50,5 ± 0,76	45
Kamensk	49 ± 0,2	25
Logancha	40 ± 20	20
Haughton	39	23
Mistastin	36,4 ± 4	28
Popigai	35,7 ± 0,2	90
Baía de Chesapeake	35,3 ± 0,1	40
Ries	15,1 ± 0,1	24
Kara-Kul	< 5	52

28. *Lista de crateras conhecidas na Terra com mais de vinte quilômetros de diâmetro geradas nos últimos 250 milhões de anos, obtida no Earth Impact Database. Os tamanhos representam estimativas do diâmetro de beira a beira da cratera em si, que é menor do que a região de impacto afetada.*

Mesmo as evidências de impactos mais recentes estão, na sua maioria, perdidas no momento. Embora ocorram com frequência razoável, pequenos impactos não deixam uma cicatriz notável — pelo menos, não por muito tempo. Na verdade, pequenas crateras são ainda menos comuns do que se espera, por conta da atmosfera densa da Terra. Tal como Vênus e Titã, a atmosfera nos protege de muitos impactos menores que acontecem com grande frequência em Mercúrio e na Lua, que não são protegidos por atmosferas.

Impactos maiores são raros — o que é uma felicidade para a estabilidade da vida no planeta. Um impacto violento a ponto de produzir uma cratera de vinte quilômetros de comprimento pode acontecer e provocar estragos globais uma vez a cada centenas de milhares a até 1 milhão de anos. Mas nem esse ritmo está refletido no Earth Impact Database. Se você for conferir, encontrará evidências de apenas 43 crateras como essas, e apenas 34 nos últimos 500 milhões de anos, 26 nos últimos 250 milhões de anos (Figura 28) e apenas por volta de duzentas estruturas no total.

Vários fatores explicam essa escassez de registro de crateras. A primeira questão relevante é que 70% da superfície da Terra é coberta por oceanos. Não só é difícil encontrar crateras submersas, mas, antes disso, a água pode interferir na formação de uma cratera. Além do mais, há mais probabilidade de a atividade geológica no leito oceânico ter varrido todas as cicatrizes que tenham se formado, com exceção das mais recentes. As evidências no leito marinho são eliminadas em grande parte a cada 200 milhões de anos, já que a tectônica das placas transforma o leito oceânico em um processo similar a uma esteira rolante de espalhamento e subducção que recobre toda evidência preexistente nessa escala temporal.

Mesmo em solo, atividades geológicas como a erosão devida a vento ou água podem destruir evidências. Esse é um dos motivos pelos quais a maioria das crateras foi encontrada nas regiões internas mais estáveis dos continentes (e tem mais probabilidade de ser mantidas em planetas com menor atividade geológica, como Vênus). E, é claro, ainda que não sejam tão inacessíveis como quatro quilômetros abaixo d'água, meteoroides podem aterrissar em regiões menos acessíveis mesmo em terra. Por fim, processos humanos podem encobrir evidências ao alterar a superfície terrestre. Portanto, em certo sentido, é notável que a lista de crateras seja tão grande quanto a que se tem.

Diversos destaques são notáveis por serem acontecimentos mais ou menos recentes (em escalas temporais geológicas). Duas crateras de dez quilômetros foram criadas no último milhão de anos — uma no Cazaquistão e outra em Gana. Duas outras ficam na África do Sul e no Canadá — Vredefort e Sudbury. Elas são ainda maiores que a cratera de Chicxulub, provocada pelo impacto que levou à extinção K-T, mas foram moldadas no passado mais distante — alguns bilhões de anos atrás. A mina Sudbury, no Canadá, foi criada para escavar o níquel e o cobre que ficaram concentrados quando o enorme objeto que provocou a cratera caiu e fez derreter a crosta. O impacto em Sudbury não produziu diretamente a maior parte dos metais, mas derreteu um volume de tamanho marítimo da crosta terrestre que levou bastante tempo para cristalizar. Isso deixou tempo suficiente para as pequenas quantidades de níquel e cobre já presentes na crosta se assentarem no fundo da piscina do metal fundido de impacto. Os metais então se concentraram mais através da atividade hidrotérmica gerada pela camada de fundidos de impacto aquecidos para produzir minérios economicamente exploráveis.

A mina de Sudbury é famosa entre físicos de partículas por causa de seu laboratório subterrâneo. Embora seja uma mina ainda em funcionamento, também é um local ativo da física experimental. A localização subterrânea profunda do laboratório, a dois quilômetros da superfície, protege os detectores internos de raios cósmicos, o que o torna ideal para o estudo de neutrinos do Sol, como se fez entre 1999 e 2006. Também é um local excelente para a busca de matéria escura, a meta de diversos experimentos atuais ali abrigados.

Mas a maior parte das histórias de impactos não é tão animadora. Logo descreverei o impacto mais recente de Chicxulub, que demonstra o tremendo potencial aniquilador que os grandes impactos podem ter. Todavia, antes de apresentar a incrível história do meteoroide que prenunciou a extinção K-T há 66 milhões de anos, vamos refletir primeiro sobre o histórico das grandes extinções do último meio bilhão de anos, e o que elas nos dizem a respeito da fragilidade e da estabilidade da vida no nosso planeta.

11. As extinções

A seleção natural darwiniana é famosa por explicar como se dá a evolução da vida. Novas espécies emergem, enquanto espécies que não conseguem se sair bem na competição e na adaptação a variações no ambiente — ou que não têm acesso a um habitat alternativo apropriado — se extinguem. Mas, apesar de vários êxitos — e de fato eles são numerosos —, a evolução darwiniana não dá conta de explicar por completo a vida como a conhecemos. A lacuna crítica é a origem da vida.

Darwin nos ajuda a entender como algumas formas de vida deram lugar a outras assim que a vida emergiu. Mas embora os princípios evolutivos tenham sua função, as ideias dele não explicam como a vida se formou. Apesar de existirem muitos textos e livros populares sobre o assunto, as origens estão entre as perguntas científicas mais difíceis de responder — seja o início da vida na Terra, seja o início do universo que a contém. Ideias sobre estágios posteriores de desenvolvimento são receptivas ao método científico no sentido de que podem ser testadas — se não sempre pelos experimentos controlados em laboratório, pelo menos por exames do registro fóssil ou da antiguidade e da riqueza do céu. O princípio, por outro lado, quase sempre é inacessível. Cientistas de inclinação teórica que interpretam o que se passou — ou, o que é mais provável, checam isso — podem tentar resolver questões sobre origens. E alguns biólogos de orientação experimental podem tentar replicar processos essenciais à formação da vida no princípio do sistema solar. Mas apesar desse progresso nascente, os princípios da vida ainda são, pelo menos por enquanto, muito desafiadores para serem determinados.

Todavia, nosso foco neste capítulo recai sobre um aspecto distinto da história da vida, o qual, assim como as origens da vida, não foi de todo abrangido pela teoria inicial de Darwin quanto à evolução natural. Este, todavia, tem a vantagem de ser — tal como a evolução posterior — suscetível à observação. Esse elemento importante da história da vida diz respeito a como ela reage a transformações radicais — entre as quais as *extinções em massa*, em que muitas espécies se extinguem mais ou menos ao mesmo tempo, sem deixar descendentes diretos no rastro.

É central à concepção darwiniana original a noção de *gradualismo*, a ideia de que a mudança acontece devagar ao longo de várias gerações. A teoria de Darwin não tratava de mudanças radicais e com certeza não previa transformações induzidas por incursões extraterrestres. A descrição de Darwin se apoiava na evolução lenta, enquanto catástrofes ambientais podem ser repentinas. A teoria atual da evolução aceita transformações mais velozes do que as que o cientista britânico previu originalmente. Os biólogos Peter e Rosemary Grant, da Universidade Princeton, seguiram os passos de Darwin e são famosos por terem descoberto que os bicos dos tentilhões nas ilhas do arquipélago de Galápagos se adaptavam bastante rápido à variação de precipitação — em escala temporal curta o bastante para o casal perceber as variações em sucessivas visitas às ilhas. Mas catástrofes costumam acontecer tão depressa e com implicações tão dramáticas que impossibilitam a sobrevivência de muitas espécies.

Os dinossauros haviam se adaptado e, como grupo, sobreviveram milhões de anos. Dentro dessas circunstâncias, é quase certo que eles teriam sobrevivido por muito mais tempo. Mas eles não conseguiram se adaptar a condições ambientais pelas quais nunca haviam passado — que, logo veremos, se originaram de um objeto que veio do espaço.

Estudos da evolução hoje em dia reconhecem que a adaptação quase sempre é um processo muito lento para lidar com variações ambientais, afora as mais graduais. As adaptações parecem produzir espécies com propriedades de fato distintas apenas em ambientes isolados. A reação preferencial a condições variáveis é, com mais frequência, migrar para uma nova localidade com meio ambiente mais apropriado — mas, claro, apenas se um meio ambiente como esse for acessível. Quando uma espécie não consegue se adaptar ou se deslocar para um habitat apropriado, ela não tem chance. Em nosso meio ambiente de transformação veloz, seria melhor que as pessoas levassem isso em consideração. Sejam quais forem os avanços tecnológicos, a lição talvez seja relevante quando se avaliam as implicações geopolíticas prováveis do ambiente mutante atual.

Mais próxima do nosso relato cósmico, a história das extinções é de nosso interesse por conta das ligações entre a vida no nosso planeta e nosso ambiente celeste, solar, possivelmente galáctico. É fácil esquecer como nossa existência depende de diversas contingências que permitem que a vida se forme — e se extinga. Este capítulo discute a noção de extinção, suas causas e as cinco maiores extinções em massa, nas quais entre metade e três quartos das espécies desapareceram (paleontólogos não concordam quanto a uma definição) em um intervalo de vários milhões de anos, assim como uma sexta extinção em massa que talvez esteja pela frente.

As extinções conectam nosso planeta a eventos meteorológicos nos dois sentidos da palavra — clima e espaço. O entendimento aprimorado das conexões é desafiador, mas pode estar a nosso alcance. Essa ciência é importante para nós como espécie, mesmo que as histórias se descortinem no decorrer de períodos mais longos do que a maioria das pessoas tende a esperar.

VIDA E MORTE

A vida simples emergiu relativamente cedo na história da Terra. As rochas mais antigas na superfície do planeta contêm indícios de vida em fósseis que datam de cerca de 3,5 bilhões de anos — por volta de 1 bilhão de anos depois da formação da Terra e logo depois que ela deixou de ser bombardeada por asteroides e cometas do espaço. A fotossíntese oxigênica surgiu aproximadamente 1 bilhão de anos mais tarde — e com ela uma atmosfera que talvez tenha desencadeado muitas extinções, mas que também precipitou a emergência de algas multicelulares. Cerca de meio bilhão de anos depois começou o "bilhão chato", em que, até onde sabemos, não se deu nenhum outro avanço radical.

Esse longo e pacato intervalo terminou de repente no início do período Cambriano — por volta de 540 milhões de anos atrás —, quando a vida complexa explodiu.

Nosso entendimento mais detalhado da evolução se aplica da diversificação cambriana ao presente — no intervalo de tempo chamado de éon *fanerozoico*. O registro fóssil contém marcas desde o início deste, quando surgiram vários animais de casca dura, que geraram um registro robusto, duradouro, e quando emergiu a maior parte da vida animal e vegetal. Fósseis sobrevivem em regiões tão diversas como o sítio de Burgess nas montanhas Rochosas do Canadá, nas Três Gargantas do Yangtze na China, no nordeste da Sibéria e na Namíbia. Todos contêm evidências da explosão de diversos tipos de vida, assim como os ainda mais antigos fósseis Ediacara na Austrália, os fósseis Nama na Namíbia, os fósseis Avalon em Newfoundland e alguns fósseis da região do mar Branco, no noroeste da Rússia. Estes últimos contêm parte da vida complexa mais antiga que se conhece — de um período imediatamente anterior à explosão cambriana.

O registro fóssil, além de nos relatar a proliferação da vida, nos dá perspectivas sobre épocas em que diferentes formas de vida desapareceram sem deixar descendentes. Embora a maioria dos fósseis que registram extinções seja muito antiga, a noção de extinção é relativamente nova. Foi só no início dos anos 1800 que o naturalista e nobre francês Georges Cuvier reconheceu as evidências de que algumas espécies haviam sumido por completo do planeta. Antes de Cuvier, quando outros encontravam ossos de animais, sempre tentavam relacioná-los a espécies existentes — o que, é claro, seria uma suposição sensata. Afinal de contas, mamutes, mastodontes e elefantes são diferentes, mas não tanto a ponto de você não os confundir, de início, ou pelo menos tentar relacionar seus restos mortais. Cuvier resolveu o problema ao demonstrar que mastodontes e mamutes não eram ancestrais de nenhum animal vivo na sua época. A partir daí, passou a identificar muitas outras espécies hoje extintas.

Mas embora a ideia de extinções hoje esteja firmemente estabelecida, a ideia de que uma espécie inteira possa desaparecer de maneira irreversível encontrou muita resistência quando foi proposta. O conceito de extinção pode ter sido pelo menos tão difícil de conciliar com crenças predominantes na época quanto a mudança climática por ação humana, para muitos, é hoje. O geólogo inglês Charles Lyell, assim como Charles Darwin e Georges Cuvier, ajudaram a promover essa aceitação — mas não necessariamente de forma deliberada, e sem dúvida de perspectivas muito distintas.

Cuvier, ao contrário dos outros, assumiu o ponto de vista de que transições radicais no registro fóssil eram consequências de catástrofes de âmbito planetário. O apoio fortalecido a esse ponto de vista veio da observação de que as rochas no ponto de transformação veloz em fósseis demonstravam sinais de eventos cataclísmicos. Mas Cuvier também não tinha o panorama completo. Ele acreditava, com zelo exagerado, na ideia de que as extinções de todas as espécies desaparecidas haviam sido causadas por eventos catastróficos, e nunca reconheceu que variações graduais também podiam ser fatores contribuintes. Cuvier se recusou a aceitar tanto a teoria da evolução de Darwin quanto a ideia de que as espécies muitas vezes se extinguiam por conta de processos lentos e persistentes.

Para ser justa, mesmo hoje as pessoas ficam atônitas quando veem paisagens impressionantes, e nem sempre consideram os processos lentos que ajudaram a lhes dar forma. Durante um evento no sudoeste do Colorado, um colega palestrante comentou, a caminho do local, as conturbações dramáticas que, ele imaginava, haviam criado os penhascos de arenito vertiginosos dos dois lados da estrada. Lembrei-lhe que os processos em questão haviam ocorrido ao longo de milhões de anos — embora de maneira intermitente — e não de forma tão drástica quanto ele havia declarado.

À época da proposta de Cuvier, a maior parte das autoridades científicas cometia o erro oposto: opunha-se a qualquer papel atribuído à mudança catastrófica. Se a noção de extinção já era difícil de engolir alguns séculos antes, é provável que a ideia da mudança catastrófica parecesse ainda mais incrível. Darwin estava entre os cientistas que entendiam a mudança gradual, mas omitiam exatamente as ideias que para Cuvier eram tão essenciais. Darwin supôs que qualquer evidência que contradissesse o gradualismo era apenas sinal da inadequação do registro geológico ou fóssil. Embora, é claro, ele aceitasse a evolução, imaginava que ela sempre acontecia devagar demais para que alguém a observasse em atuação. Seu raciocínio seguia o ponto de vista do influente Charles Lyell, que na segunda metade do século XIX ainda defendia que todas as mudanças eram suaves e graduais, argumentando que qualquer dita evidência do contrário não passava de um dado imperfeito provocado ou por lacunas no registro geológico ou por erosão. Lyell, por sua vez, foi em parte inspirado pelo físico, fabricante de produtos químicos, agricultor e geólogo escocês James Hutton, que pensava que a Terra se transformava apenas a partir de minúsculas alterações que, mesmo sendo mínimas, tinham efeitos imensos ao longo de períodos extensos de tempo.

As ideias desses cientistas estão de fato corretas para muitos processos, tanto biológicos quanto geológicos. A chuva e o vento causam a erosão lenta das montanhas, que em si são resultado de uma sublevação gradual ao longo de milhões de anos precipitada pelo movimento arrastadíssimo das placas. Mas agora sabemos que mudanças tanto graduais quanto velozes moldam o planeta, embora até a maioria das mudanças radicais ainda seja relativamente lenta da perspectiva humana. Esse é um dos vários motivos pelos quais essas mudanças são de compreensão tão difícil.

Porém, com a bênção da visão retrospectiva, podemos olhar para trás e dizer que as evidências de mudanças drásticas deviam ser óbvias. Mesmo ainda nos anos 1840, cientistas haviam detectado grandes lacunas nos registros fósseis que sugeriam eventos catastróficos. Paleontólogos que estudavam o registro sedimentar identificaram esses eventos ao notar locais onde vários tipos de fósseis terminavam de repente em um limite na camada rochosa, acima da qual começavam indícios de uma nova espécie. Isso não quer dizer que a evidência sempre foi imediatamente inequívoca, já que muitos fenômenos podem fazer a sedimentação cessar e depois ser retomada. Mas com a identificação de eventos cataclísmicos correspondentes e a datação meticulosa que conseguisse determinar o período relativo de depósitos de camadas anteriores e posteriores, paleontólogos podiam resolver muitas confusões. Com o tempo, a evidência de transformações velozes ficou forte demais para ser refutada.

SUPERANDO PERCALÇOS

Cientistas que tentaram reconstituir acontecimentos do passado tiveram que trabalhar muito, contudo, para transformar hipóteses em previsões confirmáveis ou refutáveis. Mesmo com registro fóssil abundante, incertezas na resolução temporal ou espacial podem apontar hipóteses e conclusões muito distintas. Para entender os motivos por trás de alguns dos debates científicos atuais — mas também para considerar como foram engenhosos e metódicos os geólogos e paleontólogos que superaram esses obstáculos —, vamos tratar de alguns dos desafios para assegurar com confiança com que velocidade e extensão as extinções ocorreram e para determinar a causa subjacente.

O primeiro obstáculo é, em essência, a dificuldade de avaliar o ritmo de extinções. Contar o número exato de espécies que existem no planeta, em qualquer momento, é difícil, já que cientistas precisariam encontrar, identificar e distinguir todos os tipos de mamíferos, répteis, peixes, insetos e plantas existentes. Isso se aplica até à contagem das espécies que existem hoje, o que a princípio deveria parecer algo mais acessível. O biólogo Edward O. Wilson, no livro *O futuro da vida*, lamenta que a cada ano sejam muitas as descobertas de novas espécies para que os naturalistas escrevam artigos sobre todas elas.

Algo entre 1 milhão e 2 milhões de espécies já foram catalogados, sendo a melhor estimativa de espécies existentes entre 8 milhões e 10 milhões, embora se encontrem estimativas até cinco vezes maiores. Não surpreende que, dada a defasagem de tempo e os problemas para identificar não só a vida de anos no passado, mas de acontecimentos geológicos e sua influência, é ainda mais difícil determinar o ritmo de extinção no passado do que o número de espécies existentes hoje. Afinal, o número de espécies no passado e o ritmo em que desapareceram são ambos difíceis de contar.

Uma questão técnica confusa para identificar extinções em massa é que o número associado pode variar conforme a definição precisa. Vou me referir sobretudo ao número de espécies, mas os cientistas muitas vezes preferem contar gêneros, que talvez considerem o agrupamento mais útil. Minha facilidade em entender as categorias biológicas relevantes — importantes tanto para evolução quanto para extinção — se apoia em grande parte na minha preparação, muito tempo atrás, para uma prova no ensino médio, quando memorizei reino-filo-classe-ordem-família-genus espécie simplesmente dizendo essa sequência várias vezes (tente você também). Apesar de quase nunca recorrer a esse conhecimento, nunca me esqueci dos termos. Essas gradações, que você pode achar estranhas, se referem a como certas formas de vida têm parentesco.

A categoria faz diferença ao se avaliar se uma extinção em massa ocorreu ou não. Por exemplo: pense numa circunstância em que mais de metade da espécie em cada genus é dizimada. Basta que uma espécie nesse genus específico sobreviva para que ele continue existindo. Se é isso que aconteceu de fato, a contagem de espécies determinaria que um evento de extinção ocorreu, já que mais de metade das espécies foi eliminada, enquanto a contagem de genus indicaria outra coisa, dado que o número dele não mudou. Esse exemplo, assim como a porcentagem arbitrária utilizada para demarcar com precisão um evento de extinção em massa — há quem diga 50% e há quem diga 75% —, esclarece a natureza um pouco vaga da definição. Não quero dizer que se devem ignorar extinções em massa, mas só que não existe maneira ideal de defini-las.

O trabalho dos paleontólogos também é prejudicado por fatores mais substantivos que a terminologia. Identificar e entender registros fósseis desestabilizados com clareza é essencial. Se alguma espécie ou genus deixa fósseis em camadas contíguas que estão ausentes nas camadas acima delas, isso à primeira vista sinaliza um evento de extinção. Mas só se encontram fósseis em rocha sedimentar. As raras espécies que vivem em ambientes vulcânicos, ou outros não sedimentares, em geral não deixarão vestígios. Um obstáculo ao estudar formas de vida antigas anteriores ao período Cambriano (cerca de 540 milhões de anos atrás) é a ausência de componentes duros nos corpos, o que torna muito complicada a identificação de depósitos fósseis de períodos antigos.

Mas o registro mais recente também é complicado. Mesmo que fósseis cheguem a se formar, a interpretação pode ser confusa devido a variações nas taxas de sedimentação e erosão que são essenciais para entender as implicações dos fósseis. Depósitos terrestres acontecem de maneira episódica, enquanto a erosão no solo é contínua; no ambiente marinho, por sua vez, os depósitos sedimentares são constantes e a erosão é episódica. É isso que torna o registro marinho mais abrangente que o terrestre, que costuma ser bem menos completo. Esses fatores significam que apenas partes do registro fóssil sobrevivem, e que o registro, mesmo quando presente, pode ser de localização e identificação complicadas. Paleontólogos têm êxito apenas porque, ainda que a probabilidade de encontrar qualquer indivíduo seja muito baixa, desde que se tenham indivíduos suficientes de um número suficiente de espécies ao longo de um período grande o bastante, o registro sedimentar ainda estará repleto de fósseis.

Esses fósseis podem ser marcas nitidamente preservadas de um indivíduo inteiro, mas o mais frequente é que sejam registros apenas parciais — evidência encoberta com facilidade, incorporada à rocha. Já que em geral só as partes duras de uma espécie se fossilizam, as partes distinguíveis do corpo muitas vezes estão ausentes, o que provoca a mistura de espécies distintas. Mesmo que fôssemos perfeitos na identificação de fósseis, a erosão e outros processos terrestres já esconderam ou destruíram com rapidez muitas marcas bem antes de elas serem descobertas.

Além de tudo isso, o efeito Signor-Lipps pode confundir a interpretação. Esse fenômeno, assim nomeado em homenagem a Phil Signor e Jere Lipps, está ligado à ideia bastante intuitiva de que os últimos fósseis de uma espécie serão localizados em períodos geológicos distintos em locais distintos, o que faz a extinção parecer menos abrupta e mais gradual do que é de fato. Conforme Signor e Lipps, a variação de profundidade dos últimos fósseis remanescentes ao longo de uma região espacialmente ampla não determina de maneira decisiva se uma extinção aconteceu de maneira gradual ou repentina. Essa ambiguidade pode prejudicar a determinação precisa da causa que precipitou cada extinção.

Pesquisadores tendem a preferir os fósseis marinhos porque eles costumam ser mais preservados. No século XIX, moluscos, amonitas, corais e outras espécies bem grandes eram mais acessíveis; no século XX, porém, geólogos com ferramentas mais avançadas começaram a usar microfósseis como os das *foraminifera* monocelulares — que são abundantes e disseminados e preservados tanto sob a água quanto no calcário com sublevação — para obter informações mais detalhadas.

Uma consideração adicional que se tem ao determinar extinções é que tanto os registros fósseis quanto as idades absolutas são importantes. O registro fóssil em conjunção com as formações geológicas nos quais ele é encontrado ajudam a determinar idades relativas. Como períodos diferentes abrigaram espécies diferentes, os tipos de fósseis presentes ajudam a determinar as épocas relativas nas quais se formaram. Mas encontrar as idades absolutas e não apenas relativas de uma camada de rocha limítrofe em geral é difícil e exige métodos para datar formações independentes do registro fóssil. Um dos métodos que os geólogos costumam usar com esse fim é a *análise isotópica*. Através dela, cientistas determinam a proporção de vários isótopos de um átomo (no qual o número de prótons é o mesmo, mas o número de nêutrons é diferente), argumentando que, se você sabe quanto tempo leva para um isótopo decair em outro e também sabe com o que começou, você tem como determinar a idade de algo a partir do quanto resta de determinado tipo de átomo.

A datação por carbono talvez seja o exemplo mais conhecido desse método. Ela é usada para determinar a idade de materiais orgânicos mais antigos e de fato é muito precisa. Todavia, dada a meia-vida de isótopos de carbono, ela é efetiva apenas para coisas com menos de 50 mil anos, o que a torna inadequada para datar as rochas mais antigas na maior parte do Fanerozoico. Para isso utilizam-se isótopos de vida mais longa.

Mas a análise isotópica é mais difícil quando aplicada a rochas mais antigas. Em geral, apenas rastros dos isótopos importantes estão presentes e a determinação de idade nem sempre é precisa o bastante. Por exemplo: o potássio que decai em argônio é um processo importante para datação. Mas o gás argônio nas rochas pode escapar para a atmosfera, o que faz as rochas parecerem mais jovens do que na verdade são. Ou ele pode ficar preso dentro da rocha ao se formar, o que leva a mais argônio e à aparência de que se tem uma formação mais antiga. Os métodos melhoraram de maneira significativa nas últimas décadas, conforme correlações cruzadas de vários elementos tornaram esses estudos ainda melhores e sondagens detalhadas de elementos mais minuciosos se tornaram mais acessíveis. A datação recente do meteoroide e do evento de extinção K-T, utilizando lasers para retirar gás de cristais de argônio, que vou mencionar no capítulo a seguir, é um exemplo espetacular de precisão.

A informação magnética também já foi usada para ajudar a determinar eras absolutas. Esse método, que a princípio foi empregado para rochas relevantes para a extinção dos dinossauros, depende de inversões geomagnéticas. Mas como a crosta da Terra é constituída por placas tectônicas em movimento, a orientação do campo magnético muda com o tempo, de maneira que é difícil reconstruir a orientação inicial, o que compromete a confiabilidade dos resultados. Talvez isso tenha sido bom, pois sua inadequação precipitou a busca por outro método pelo geólogo Walter Alvarez e seu pai, o físico Luis Alvarez, que levou à hipótese do meteoroide que explicarei em breve.

EXPLICAÇÕES PROPOSTAS PARA EXTINÇÕES

O trabalho intenso dos geólogos e paleontólogos demonstrou sem a menor sombra de dúvida que transformações espetaculares de fato ocorreram no passado e varreram a maior parte da vida no planeta. Assim que isso se determinou, a questão se voltou para como e por que isso ocorreu. Passamos por várias tempestades e desastres devastadores em anos recentes, mas nenhum deles, individualmente, foi potente a ponto de eliminar metade das espécies no planeta. Claro que o veredicto final no efeito cumulativo da influência humana ainda precisa ser determinado. Mas o que precipitou os desastres que mudaram o mundo no passado?

Antes de chegar à lista de eventos cataclísmicos que podem desencadear extinções, vamos tratar primeiro da curta lista de fatores ambientais que podem entrar em jogo. Variações de temperatura ou precipitação (em qualquer direção) são dois colaboradores importantes. Em termos mais amplos, espécies que se adaptaram a seu ambiente local não são necessariamente aptas a se adaptar quando os padrões climáticos mudam.

Assim como no derretimento do gelo no Ártico, o meio ambiente para espécies particulares pode mudar de maneira tão drástica em resposta à variação de temperatura que espécies existentes, que não conseguem se adaptar com a devida rapidez, têm que se mudar para um habitat adequado — ou morrem. A mudança climática também tem menos efeitos diretos, é claro — sendo um dos mais significativos a mudança no nível do mar, que pode destruir ambientes marinhos estáveis e inundar territórios até então habitáveis —, transformando ambientes terrestres e oceânicos e assim eliminando algumas espécies que vivem em terra.

Os oceanos mais quentes também podem afetar padrões de precipitação, mais uma vez influenciando as chances de sobrevivência das espécies. Em escalas temporais menores, parasitas ou doenças, cujos perigos podem ser exacerbados na mudança climática, também podem contribuir para extinções. E a comida da qual a espécie depende pode se extinguir, levando a um efeito dominó na cadeia alimentar.

Nos oceanos, a mudança de acidez é mais um mecanismo assassino em potencial, tal qual a exaustão de oxigênio. Por fim, a formação de barreiras que podem levar a populações isoladas, vulneráveis, ou a retirada de barreiras que podem permitir espécies invasoras ou a super-homogeneização de populações são dois outros fatores capazes de levar à desgraça de uma espécie. Qualquer desencadeador de extinção provoca pelo menos um dos desastres que acabei de descrever, e a maioria deles provoca vários juntos.

Mas por que essas mudanças ocorrem? Qual mudança ambiental as desencadeou? Dois pontos de vista conflitantes dominam o pensamento em torno desse assunto. Um é o de que eles aconteceram de maneira gradual — ponto de vista muitas vezes ligado a fenômenos conectados à Terra, como vulcões ou tectônica das placas. A poeira e a fuligem que um vulcão emite podem cobrir a luz solar e produzir mudanças significativas na atmosfera, a ponto de afetar a temperatura. Mas pode levar um tempo para que formas de vida se extingam em consequência disso. A tectônica das placas, capaz de influenciar habitats e ambientes, é outra causa sugerida para a erradicação gradual de espécies. Junto com as mudanças nos oceanos, as placas tectônicas podem afetar a cobertura climática e terrestre, e as duas podem levar a modificações drásticas na vida no planeta. É claro que, entre o vulcanismo e a tectônica das placas serem relevantes para as extinções, o mais provável é que ambos sejam, já que tendem a acontecer ao mesmo tempo.

Além disso, há os "grandes eventos". Esse ponto de vista oposto engloba catástrofes extraterrestres impostas de fora, como grandes impactos de meteoroides, mas também pode incluir eventos terrestres aniquiladores se eles acontecerem de maneira suficiente e repentina. Propostas de catástrofes induzidas por eventos terrestres dependem de fenômenos conhecidos que de súbito podem ocorrer em ritmo acelerado. Por exemplo: sabemos que vulcões entram em erupção a intervalos diversos, mas na Sibéria e no planalto de Deccan, no sul da Índia, camadas de lava basáltica se estendem sobre uma região enorme chamada *trapp*. Um *trapp* contém camadas de lava que se prolongam até um grande platô, surgido a partir dos ritmos extremamente elevados de erupção de vulcões, os quais emitiram enormes quantidades de lava que se espalharam sobre uma ampla região. Os *trapps* de Deccan e da Sibéria são sinais de atividade vulcânica e frequências de erupção muito mais violentas que o usual. Mesmo hoje, apesar da erosão, a lava dos *trapps* siberianos ocupa pelo menos 1 milhão de quilômetros quadrados e um volume de algumas centenas de milhares de quilômetros cúbicos.

As cinzas desse tipo de atividade vulcânica prolongada que formou os *trapps* teriam provocado danos sérios. Você deve se lembrar do noticiário quando cinzas se espalharam de maneira tão densa que interferiram em voos, como aconteceu em abril de 2010 quando o vulcão islandês Eyjafjallajökull entrou em erupção. A atividade vulcânica mais rigorosa pode levar a efeitos globais de maior vulto, como mudanças significativas no clima do planeta. As erupções emitem grandes quantidades de dióxido de enxofre. Isso pode aumentar a quantidade de vapor d'água na atmosfera superior, contribuir para o efeito estufa e, assim, para o aquecimento global em escalas temporais menores. Nas escalas maiores, esses mesmos vulcões podem causar resfriamento global. Isso porque o dióxido de enxofre emitido se combina rápido com a água e gera ácido sulfúrico. O ácido se condensa e forma aerossóis de sulfato fino que devolvem a luz solar ao espaço, resfriando assim a atmosfera inferior. (Isso funciona tão bem que injetar enxofre de propósito na atmosfera é uma das estratégias que cientistas vêm investigando como resposta precária de engenharia climática à mudança climática.) Aerossóis de sulfato também podem destruir o ozônio na atmosfera e provocar chuva ácida. Efeitos de retroalimentação, tanto conhecidos como desconhecidos, também podem criar fenômenos climáticos ainda mais duradouros.

Todavia, a atividade vulcânica por si só não explica todas as extinções. Atividades vastas o suficiente para destruir a maior parte da vida na Terra são raras. Sugestões mais exóticas em termos de desencadeadores de extinções em massa velozes e catastróficas se centram em eventos cósmicos. Mudanças no eixo e na órbita da Terra também acontecem e são responsáveis por algumas das mudanças climáticas, como eras do gelo, que acontecem em escalas temporais de dezenas ou centenas de milhares de anos, mas esses movimentos da Terra são inadequados para explicar os eventos de destruição massiva que acontecem com frequência muito menor.

Raios cósmicos e supernovas, assim como impactos cósmicos, já foram sugeridos como possíveis culpados, com potencial para serem relevantes em escalas temporais maiores. Raios cósmicos afetam o manto de nuvens de diversas maneiras. Uma delas é a ionização dos átomos na troposfera de maneira que gotículas d'água possam se nuclear próximo dali. A influência pode aumentar a formação de nuvens, o que por sua vez afetaria o clima terrestre. Essa teoria, todavia, não cola. Em primeiro lugar, não sabemos a importância que os raios cósmicos podem ter em relação a outras fontes ionizadoras potenciais. Em segundo, os núcleos, mesmo depois de formados, têm que ter um crescimento enorme via condensação antes de realmente formarem nuvens. Em terceiro, o efeito das nuvens não é claro — elas podem resfriar a Terra ao refletir a luz solar ou, por outro lado, podem aquecê-la mais ao reirradiar parte da energia. De qualquer maneira, as correlações que foram medidas entre raios cósmicos e clima não são suficientes para explicar mudanças enormes no período curto que exigem as extinções aceleradas.

Supernovas também já foram sugeridas como possíveis desencadeadoras de extinção extraterreste. O mecanismo proposto diz respeito aos raios X energéticos e aos raios cósmicos que elas liberam. A radiação poderia em princípio matar vidas diretamente ao destruir material celular ou genético. Também poderia exaurir a camada de ozônio ou levar à formação de dióxido de nitrogênio, que por sua vez provocaria resfriamento global ao absorver luz solar.

Todavia, apesar desses perigos potenciais, é pouco provável que as supernovas expliquem as extinções, exatamente pelo motivo que você já deve suspeitar: as que são próximas o bastante para provocar grandes problemas não acontecem com frequência suficiente. Embora sua taxa aumente quando a Terra passa pelos braços espiralados da galáxia, onde a densidade de supernovas é maior, a probabilidade de que nosso planeta passe perto delas o suficiente ainda é muito pequena para explicar eventos de extinção. Da mesma forma, explosões de raios gama não acontecem com frequência considerável para explicar a maioria das extinções. Conforme algumas estimativas, elas acontecem mais ou menos a cada bilhão de anos na Via Láctea.

Um candidato muito mais atraente a desencadeador de extinção cósmica é um cometa ou asteroide que impacta a Terra. Um objeto enorme que atinja o planeta pode precipitar mudanças drásticas no solo, no ar e nos oceanos. Se for algo grande o bastante, mudanças imensas — e, para algumas espécies, fatais — na superfície terrestre logo se seguirão.

Aliás, a quase maioria das conjunturas de desastre no cinema (com exceção do apocalipse zumbi) se dá após um impacto forte. O impacto em si cria explosões, incêndios, terremotos e tsunâmis. A poeira pode tapar a atmosfera, sustar por um tempo a fotossíntese e eliminar a maior parte das fontes alimentares para a maioria dos animais. Mudanças climáticas induzidas pela colisão também levam ao caos — tanto o aquecimento inicial e o resfriamento posterior quanto um possível aquecimento adicional depois deste. O resfriamento se dá devido aos sulfatos e à poeira que ficam na atmosfera, enquanto o aquecimento posterior é possível resultado de gases tóxicos e captadores de calor que podem desencadear o aquecimento global.

Um meteoroide de fato causou pelo menos um evento de extinção em massa que o capítulo a seguir explicará com detalhes. Essa calamidade foi um dos cinco grandes eventos de extinção que se deram durante o éon fanerozoico.

AS CINCO

Em 1982, os paleontólogos Jack Sepkoski e David M. Raup, da Universidade de Chicago, revolucionaram o campo da paleobiologia com sua análise quantitativa pioneira de todos os dados disponíveis na área. As diversas imperfeições nas observações — e as diversas decisões que é preciso tomar para decidir o que incluir e como — complicaram o estudo numérico que eles desenvolveram, todo baseado em dados. Ainda assim, eles notaram que as estatísticas podem ser úteis mesmo quando aplicadas a dados imperfeitos ou incompletos, se houver dados suficientes à disposição. E havia. Embora o artigo de Raup e Sepkoski de 1982 não tenha sido o primeiro estudo quantitativo do registro fóssil, ele deu novas orientações para o estudo de extinções, que até então dependiam muito mais de investigações narrativas e de pequena escala.

Na pesquisa que realizaram, os paleontólogos de Chicago identificaram cinco grandes extinções em massa (Figura 29) e mais ou menos vinte menores, nas quais cerca de 20% das formas de vida se extinguiram. Por conta das diferenças muito fortes em dinâmicas evolutivas e de menos evidências confiáveis disponíveis até então, Raup e Sepkoski se concentraram na vida — e na sua destruição — nos últimos 540 milhões de anos. O surgimento e o desaparecimento de formas de vida sem dúvida ocorreram também antes da explosão cambriana. Mas o registro fóssil falho torna a contagem de espécies de períodos muito anteriores uma ideia impossível.

QUADRO DAS EXTINÇÕES (PARTE 1)

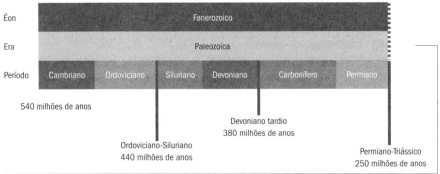

QUADRO DAS EXTINÇÕES (PARTE 2)

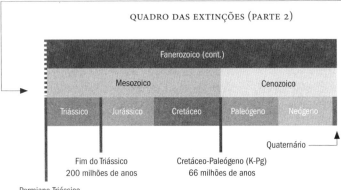

29. *As cinco grandes delimitações de extinção: a do Ordoviciano-Siluriano, há cerca de 440 milhões de anos; a do Devoniano tardio, há cerca de 380 milhões de anos; a do Permiano-Triássico, há cerca de 250 milhões de anos; a do fim do Triássico, há cerca de 200 milhões de anos; e a extinção K-Pg, há cerca de 66 milhões de anos. Também aparecem no quadro eras e períodos do éon fanerozoico.*

O mais antigo dos grandes eventos que eles identificaram é a extinção do Ordoviciano-Siluriano, que aconteceu entre 450 milhões e 400 milhões de anos atrás. Na época, praticamente toda a vida estava no oceano, por isso a maioria das espécies que se perdeu era marinha. Essa extinção em massa — a segunda mais letal, na qual cerca de 85% de todas as espécies desapareceram — aconteceu em duas fases ao longo de um período de uns 3,5 milhões de anos. A causa inicial, ao que parece, foram baixas temperaturas e glaciações massivas que provocaram quedas dramáticas no nível do mar. Essas quedas se dão quando a água fica presa no gelo — o oposto da temida elevação do nível do mar, que acontecerá no futuro próximo quando as geleiras derreterem e converterem gelo em água. O segundo pulso de extinção se deveu, ao que tudo indica, a um período de aquecimento posterior que dizimou a fauna que se adaptara ao frio. A fauna adaptada ao calor, como os plânctons tropicais, crinoides de água rasa (predecessores das estrelas do mar e ouriços-do-mar), trilobitas, placodermos e corais, foi a primeira a sumir; as versões adaptadas ao frio dos corais, trilobitas e braquiópodes se foram depois.

A extinção em massa seguinte levou algum tempo — mais ou menos 20 milhões de anos — e começou por volta de 380 milhões de anos atrás, no período do Devoniano tardio, perto da transição Devoniano-Carbonífero. Parece que houve uma sequência — o número é incerto, mas as sugestões variam de três a sete — de extinções impulsionadas, cada uma com duração de mais ou menos alguns milhões de anos. O evento também atingiu a vida marinha, matando uma fração significativa de espécies que viviam nos oceanos. Insetos, plantas e os primeiros protoanfíbios sobreviveram em terra, embora extinções também tenham sido deflagradas nesse ambiente. Paleontólogos acreditam que um dos aspectos que distinguem essa extinção em massa é que ela foi sobretudo resultado de uma taxa de especiação significativamente menor que não poderia compensar o ritmo estável esperado de perda de espécies, que não foi necessariamente muito mais alto que o normal.

O evento do Permiano-Triássico (P-Tr), há cerca de 250 milhões de anos, foi a extinção mais devastadora entre as conhecidas em termos da porcentagem de espécies que sumiram do planeta. A vida, anfíbios e répteis incluídos, havia desabrochado tanto no mar quanto na terra fazia algum tempo após a extinção do Devoniano. Mas isso teve fim durante a extinção P-Tr, quando pelo menos 90% e talvez mais das espécies tanto em terra quanto no mar foram extintas. As perdas incluíram plânctons de superfície, assim como espécies de fundo do oceano, como briozoários e corais, alguns mariscos e trilobitas — espécies que já haviam sobrevivido a dois grandes eventos de extinção. Em terra, até insetos foram devastados — a única vez que eles passaram por uma extinção em massa. Além disso, grande parte dos anfíbios desapareceu, e os répteis — que só haviam emergido depois da extinção anterior — também perderam a maior parte das espécies.

A causa da extinção P-Tr ainda é motivo de polêmica, mas é quase certo que a enorme mudança climática e alterações na química da atmosfera e dos oceanos tiveram seu papel. Embora a causa e o mecanismo sejam imprecisos, é provável que a elevação de cerca de oito graus Celsius na temperatura tenha ocorrido, pelo menos em parte, devido ao vulcanismo intenso na Sibéria e à consequente enormidade de dióxido de carbono e de emissões de metano dos *trapps* siberianos. A extinção do Permiano-Triássico — a maior das extinções conhecidas — é, quase com certeza, em parte resultado desses gases de origem vulcânica que aqueceram o planeta, agitaram os oceanos, reduziram o oxigênio e envenenaram a atmosfera. Mesmo hoje, depois do que deve ter sido uma grande erosão, a lava dos *trapps* siberianos ocupa pelo menos 1 milhão de quilômetros quadrados e um volume de algumas centenas de milhares de quilômetros cúbicos. Na época, os *trapps* eram quase do tamanho da Rússia atual.

Embora a vida existente tenha sido quase varrida, o que faz mal para um pode ser bom para outro. Samambaias e fungos substituíram a flora anterior e novas plantas acabaram surgindo. Répteis do estilo mamíferos não foram mais dominantes após esse período, mas o grupo mamífero moderno se desenvolveu a partir deles. A emergência dos arcossauros foi outra consequência significativa, que acabou levando à dominância dos dinossauros.

Uma amiga há pouco tempo me mostrou, com orgulho, um fóssil muitíssimo bem preservado — e, em certo sentido, lindo — de quinze centímetros que, segundo me disse, era de um dinossauro de 300 milhões de anos. Caso ela tivesse me mostrado aquilo um ano antes, eu teria apenas admirado os detalhes. Mas diante da minha pesquisa recente, eu sabia que a descrição não teria como estar correta, já que os dinossauros só surgiram no período Triássico, não antes de 250 milhões de anos atrás. Encantada com a ideia de que aquilo seria de fato um dinossauro, sugeri que o fóssil podia ser um pouco mais novo. Mas, no fim das contas, o erro foi outro: o fóssil tinha de fato 300 milhões de anos, porém não era de um dinossauro — era de um mesossauro, uma espécie réptil extinta. Fósseis de dinossauros são antigos, mas não tão antigos quanto a gravação bem preservada na rocha.

Dada a magnitude da devastação P-Tr, a vida na Terra não se recuperou muito rápido. Sabemos disso porque o xisto betuminoso, que se estende por vários metros acima do limite de camada sedimentar que demarca a extinção, demonstra uma ausência prolongada de formas de vida que produzem calcário branco. Independentemente disso, após ao menos 5 milhões de anos, surgiram novas formas de moluscos, peixes, insetos, plantas, anfíbios, répteis, dinossauros e os primeiros mamíferos. Mas esse florescimento da vida foi interrompido dentro de 40 milhões ou 50 milhões de anos pela quarta extinção em massa, há cerca de 200 milhões de anos.

Mais ou menos 75% de todas as espécies pereceram nessa extinção do fim do Triássico, que precedeu o período Jurássico. A causa dessa extinção é incerta, mas os níveis do mar mais baixos e o início da fenda vulcânica que acabou produzindo o oceano Atlântico podem ter tido um papel nela. A maioria dos grandes predadores vertebrados no oceano foi dizimada e as espécies de esponjas, corais, braquiópodes, nautiloides e amonoides também foram seriamente prejudicadas. Essa extinção ainda eliminou a maior parte das criaturas de estilo mamífero, muitos anfíbios de grande porte e arcossauros não dinossauros.

A remoção de qualquer concorrência real em terra deixou os dinossauros praticamente no comando. As extinções destroem vidas, mas também restauram as condições para evolução da vida. O período Jurássico, que se seguiu, é famoso por causa do livro e do filme que tomaram seu nome, mesmo que nem todas as criaturas em destaque em *Jurassic Park** tenham vivido durante aquele intervalo. Porém ele é de fato a época em que dinossauros se tornaram proeminentes — ganhando dominância sobre o ecossistema em terra pelo Jurássico tardio. Foi nesse período que répteis voadores, crocodilos, tartarugas e lagartos se multiplicaram, e os mamíferos também evoluíram, embora seus tempos de destaque tivessem que aguardar a extinção em massa a seguir.

A extinção em massa mais recente talvez seja também a mais famosa. É a que aconteceu no limite entre os períodos Cretáceo e Paleógeno. Esse evento, antes conhecido como extinção K-T (que se referia a Cretáceo-Terciário), mas hoje oficialmente designado extinção K-Pg (porque o período Terciário foi oficialmente renomeado Paleógeno), aconteceu há 66 milhões de anos. Ela é mais conhecida como a que extinguiu os dinossauros.

Mas os dinossauros não foram a única espécie extinta. Cerca de três quartos das espécies e metade dos gêneros vivos na época desapareceram, incluídos aí muitos répteis, mamíferos, plantas e exemplares da vida marinha. Fósseis

---

* No Brasil, livro e filme foram traduzidos como *O Parque dos Dinossauros*. (N. T.)

marinhos microscópicos, os mais comuns no registro sedimentar, são de importância especial, já que sua abundância pode proporcionar um registro detalhado do que se passou. Cada centímetro de depósito marinho pode corresponder a cerca de 10 mil anos de atividade, o que dá um retrato cristalino do que ocorreu nos oceanos. O Programa de Escavação Oceânica, organizado em nível internacional, examina cernes com resolução dez vezes mais precisa. A escala microfóssil precisa ajudou a determinar que plâncton, corais, peixes ósseos, amonitas, a maioria das tartarugas marinhas e muitos crocodilos também desapareceram na época.

Após a extinção K-Pg, os mamíferos se tornaram muito mais importantes na Terra. Embora muitos fatores tenham contribuído, a eliminação dos dinossauros terrestres foi, quase com certeza, relevante. Mamíferos grandes (como nós) talvez nunca tivessem ganhado proeminência se os dinossauros terrestres, que dominavam a competição por recursos essenciais, não houvessem sido eliminados. Uma das especulações em torno de por que os dinossauros se deram tão melhor que os mamíferos antes do impacto de Chicxulub é que eles depositavam ovos em grande volume, enquanto mamíferos têm prole menor e dão à luz com frequência menor quanto maior sua estatura. Os dinossauros talvez tenham simplesmente ganhado no jogo dos números, na competição com os mamíferos de grande porte.

Como é a mais recente — e a que deixou os mamíferos de grande porte predominar —, a extinção K-Pg é a estudada com mais atenção entre as cinco extinções em massa conhecidas. A busca pela teoria correta para explicar esse desaparecimento global tanto da vida marinha quanto terrestre é uma grande história à qual vamos nos ater no capítulo seguinte. A resposta quase certa é que um meteoroide imenso atingiu o planeta há 66 milhões de anos. Embora seja claramente parte do passado distante, a distância no tempo é mais ou menos tão longa quanto um ano é para uma pessoa de cinquenta anos, quando se compara aos 4 bilhões de anos de vida da Terra. Considero incrível que essa intervenção extraterrestre com consequências tão gigantescas tenha afetado a Terra há (relativamente) tão pouco tempo.

UMA SEXTA EXTINÇÃO?

Mas o desastre pode estar ainda mais próximo. Eu estaria faltando com meu dever moral se concluísse este capítulo sem apresentar uma especulação final e bastante perturbadora. Muitos cientistas hoje pensam que estamos passando por uma sexta extinção em massa — por ação humana. Determinar essa afirmação sem dúvida exigiria estabelecer o número de espécies que ora existem e o ritmo em que vêm desaparecendo — duas tarefas difíceis, se não impossíveis. Mas, mesmo que inconclusivos, os números que temos com certeza indicam tendências perturbadoras. As pistas apontam para um ritmo de extinção bem maior do que o normal, sendo as taxas atuais de perda de espécies alinhadas com as que se mediram em extinções anteriores. No ritmo-base estimado, poderíamos esperar por volta de uma extinção por ano. As estimativas são incertas, mas o ritmo atual pode ser centenas de vezes maior que a média.

Se os ritmos medidos de extinções aviárias, anfíbias e mamíferas representam o que está por vir, eles são perturbadores. Os mamíferos constituem uma pequena fração do número total de espécies, mas é deles que se tem as melhores medições. Nos últimos quinhentos anos, oitenta espécies mamíferas foram extintas, de um total de menos de 6 mil.

A taxa de extinção mamífera dos últimos quinhentos anos tem sido dezesseis vezes maior que o normal, e no século passado foi elevada por um fator de 32. Anfíbios, no século passado, se extinguiram a um ritmo quase cem vezes maior que antes disso, com 41% hoje em dia diante da ameaça de extinção, enquanto a extinção de aves nesse mesmo período excedeu a taxa média por um fator de vinte.

Esses números condizem com um evento de extinção. Como observaram Anthony Barnosky, biólogo da Universidade da Califórnia em Berkeley, e outros, o mesmo se dá com as mudanças ambientais que estão acontecendo agora, com uma semelhança perturbadora com aquelas à época da extinção P-Tr. Os níveis de dióxido de carbono se elevaram naquela época, assim como a temperatura, os oceanos ganharam acidez e surgiram zonas mortas em ambientes marinhos, nas quais o oxigênio está ausente. O incrível é que as taxas de temperatura e variações de pH (a medida de acidez) parecem ter sido comparáveis na época ao que temos hoje.

    A influência humana quase com certeza é culpada em grande parte pela perda recente na diversidade. As pessoas afetam o planeta e suas formas de vida de várias maneiras. Quando os europeus chegaram à América do Norte, por exemplo, 80% de seus animais de grande porte foram extintos — em grande parte devido à matança desenfreada. Mas os humanos fazem mal aos habitats também de outras maneiras. Um dos culpados é a poluição; outro é o desmatamento — incluindo o desflorestamento e a pesca excessiva —, e um terceiro fator é a mudança climática tanto a partir de variações na temperatura quanto de variações no nível dos mares. Secas e incêndios, enchentes e tempestades, assim como oceanos mais quentes e mais ácidos, são todos relevantes para a sobrevivência de cada espécie. A destruição humana dos habitats facilita invasões de espécies em nível local e homogeneíza populações no nível global, o que torna qualquer doença ou parasita muito mais perigosos. As espécies mudam de habitat quando podem, mas, caso esses habitats sejam destruídos, também o serão seus habitantes potenciais. Dados todos esses impactos nocivos, uma crise populacional iminente não está fora de cogitação.

    Barnosky faz uma proposta interessante: que o assombroso crescimento populacional humano que precipitou a crise populacional atual se correlaciona, curiosamente, com nosso consumo de energia. Supondo-se uma distribuição equiparável de recursos e uma estimativa razoável do tamanho e gama dos mamíferos de grande porte, a energia que vem do Sol a cada dia sustenta um dado número de animais e espécies. O número de espécies *megafauna* começou a cair de 350 para a metade entre 50 mil e 10 mil anos atrás, quando os humanos surgiram no planeta e usurparam uma fração desproporcional dos recursos. A seguir, o número de mamíferos aos poucos subiu de volta ao patamar anterior, mas depois começou a se elevar com rapidez por volta de trezentos anos atrás, praticamente quando a Revolução Industrial possibilitou que os humanos escavassem reservas de energia — a energia não utilizada que ficou acumulada ao longo de milhões de anos em combustíveis fósseis, que não têm esse nome por acaso. E com essa queda nas nossas reservas, embora o número de espécies tenha caído, a população humana e de gado explodiu junto com a urbanização.

Alguns otimistas, apesar de reconhecerem as tendências perturbadoras, argumentam que talvez também possamos criar ou ressuscitar espécies projetando ou reproduzindo DNA e evitar uma extinção em massa (definida pela mudança fracional em número de espécies e genus), compensando as espécies que se perdem com novas. Mas a revitalização do que existia antes será muito complicada, dada a maneira tosca como o DNA é preservado e como seria improvável recriar o ambiente em que vivia qualquer espécie do passado. Além do mais, é provável que a taxa em que poderíamos criar novas espécies capazes de sobreviver não rivalizasse com o ritmo em que o mundo as perde. De qualquer forma, extinção é só uma palavra. A avaliação, baseada em um número, não consegue apreender a enorme mudança que essa conjuntura (que se admite ser muito improvável) acarretaria.

Outra maneira de evitar a extinção, falando em termos técnicos, seria a tendência a revertê-la antes que os números fiquem exauridos até a metade. Por exemplo: uma vez que os números caiam o bastante, talvez sobrevivam espécies que não seriam capazes de competir em um ambiente mais biodiverso. De qualquer maneira, essa conjuntura "otimista" é apenas especulação e, além disso, o único fator de salvação seria a perda significativa da vida que precederia um ambiente, por fim, mais estável.

Tais mudanças podem acabar sendo boas para espécies futuras. Afinal de contas, até a extinção P-Tr deixou algo da vida intacto. Da perspectiva de um dinossauro, por exemplo, foi uma coisa muito boa. Todavia, isso não tira a perda de vida que a precipitou, ou o período intermediário e improdutivo de sofrimento e caos durante o qual a vida se recuperou. Embora as consequências das mudanças que hoje estamos induzindo possam também acabar sendo benéficas em certo sentido global, não o serão necessariamente para as espécies na Terra que se desenvolveram a ponto de se adaptar à maneira como as coisas são agora.

Mesmo que novas espécies venham a emergir ou as condições acabem melhorando, é provável que um mundo drasticamente alterado não seja bom para nós como espécie. Parece ser um equívoco os humanos serem responsáveis por tanta perda de biodiversidade, a qual, através da perda consequente de comida, remédios, água e ar limpos, tem tudo para nos fazer mal. A vida evoluiu a partir de mecanismos de equilíbrio delicados. Não há certeza de quantos deles podem ser alterados sem mudar de maneira dramática o ecossistema e a vida no planeta.

Você pode pensar que teríamos uma preocupação consideravelmente menos egoísta com nossa sina, sobretudo quando tantas dessas perdas talvez pudessem ser evitadas. Afinal, ao contrário das criaturas de 66 milhões de anos atrás, cuja ruína foi determinada por um asteroide errante, os humanos de hoje deveriam ter a capacidade de enxergar o que está por vir.

12. O fim dos dinossauros

Todo mundo ama os dinossauros. Sejam eles em forma de esqueleto, fóssil ou mesmo de plástico, cativam crianças e até idosos. As crianças adoram as criaturas do passado — montam os bonecos em escala e memorizam nomes que a maioria dos adultos nem sabe pronunciar. Qualquer museu com exposição de dinossauros terá alto tráfego, tanto dos menores quanto dos de mais idade. Curadores em museus de história natural são cientes da atração que exercem os répteis antigos e bizarros. O Museu Americano de História Natural, em Nova York, conta entre suas principais atrações os esqueletos enormes de um *Tyrannosaurus rex* (cuja tradução seria "rei dos lagartos") e de um apatossauro, assim como modelos de ambos que dão as boas-vindas aos visitantes na entrada.

Outras evidências de sua popularidade estão no papel de destaque que os dinossauros têm na cultura popular — do Dino de *Os Flintstones* (não, dinossauros terrestres não coexistiram com gente) aos dinossauros regenerados em *O Parque dos Dinossauros* (não, ao que tudo indica eles tampouco o farão no futuro). Nem os cineastas de *King Kong* se contentaram com um símio gigante que escalava o Empire State Building. Tiveram que incluir uma cena totalmente supérflua (as opiniões aqui expressas representam apenas as da autora) com dinossauros.

Por quê? Porque dinossauros são demais. Eles lembram animais atuais — e por isso nos parecem familiares —, mas também são diferentes a ponto de terem uma aparência exótica e bizarra que de várias maneiras atiça nossa imaginação. Eles tinham chifres, cristas, armadura óssea e espinha dorsal. Alguns eram grandes e se arrastavam, outros eram pequenos e rápidos. Alguns caminhavam sobre o solo — alguns em duas, outros em quatro patas —, enquanto outros voavam.

Ainda assim, a primeira coisa que vem à mente de muitos de nós ao pensar em dinossauros é que esses animais magníficos não caminham mais sobre a face da Terra. Embora tenham evoluído e se tornado os pássaros que vivem hoje, os dinossauros que dominaram a paisagem por milhões de anos se extinguiram há cerca de 66 milhões de anos. Algumas pessoas veem seu desaparecimento inclusive com um toque de superioridade — como essas criaturas tão fortes e ágeis foram burras a ponto de sumir? Mas a verdade é que os dinossauros foram os grandes figurões no planeta por bem mais tempo que humanos ou símios devem vir a sobreviver. Quando sumiram, a culpa não foi deles.

A questão do que levou os dinossauros terrestres a partirem deste planeta foi, por muito tempo, um mistério tremendo que deixou deslumbrados tanto cientistas quanto o grande público. Por que esse grupo tão diverso e vigoroso, que parecia ter dominado seu ambiente, sumiria de repente ao fim do período Cretáceo? O tópico pode parecer um tanto distante da física, sobretudo se associado à matéria escura. Mas este capítulo apresenta as várias pistas que demonstraram que o impacto de um meteoroide foi quase com certeza o culpado — o que conecta a extinção a um objeto extraterrestre no sistema solar. E, se o trabalho mais especulativo que desenvolvi com meus colegas estiver correto, um disco de matéria escura no plano da Via Láctea foi o responsável por provocar a trajetória fatal do meteoroide. Seja qual for o papel que a matéria escura tenha tido, o impacto de um objeto do espaço sideral que varreu pelo menos metade das espécies no planeta sem dúvida ocorreu, o que atrela essa extinção a nosso ambiente solar. A história de como geólogos, físicos, químicos e paleontólogos chegaram a essa conclusão é uma das melhores que se encontram na ciência moderna.

HORA DO DINOSSAURO

Os dinossauros — afora sua gama de tamanhos e seu fator diversão — foram uma categoria marcante em termos de longevidade, tendo dominado o planeta por mais de 100 milhões de anos. Mas apesar de sua aparente robustez e da proliferação de flora e fauna que os acompanhou, grande parte da vida se encerrou de maneira abrupta 66 milhões de anos atrás. As questões que persistiram até bem tarde no século xx eram por que isso havia acontecido, e como.

Antes de responder a essas perguntas, primeiro vamos refletir sobre a idade dos dinossauros e como a Terra era diferente naquela época. Os dinossauros viveram na era mesozoica, período compreendido entre 252 milhões e 66 milhões de anos atrás (Figura 29). O nome *mesozoico* vem do termo em grego para "vida média" e essa era de fato se insere no meio das três eras geológicas do éon fanerozoico. A era mesozoica se encaixa entre o *Paleozoico*, cujo nome significa "vida antiga", e o *Cenozoico*, cujo nome se refere a "vida nova". Esse agrupamento corresponde à extinção em massa mais devastadora que conhecemos — a do Permiano-Triássico, que define a primeira fronteira, e a extinção do Cretáceo-Paleógeno, antes chamada de extinção K-T, que define a segunda, na qual os dinossauros (não aviários) e muitas outras espécies desapareceram.

O *K* de K-T vem da palavra alemã *Kreide*, que significa "giz". Da mesma maneira, a palavra "cretáceo", à qual ela se refere, vem do latim *creta*, literalmente "areia de Creta" — que também quer dizer "talco". O *T*, por outro lado, vem de *Terciário* — relíquia de uma nomenclatura hoje em desuso que dividiu a história da Terra em quatro partes, das quais o Terciário é a terceira.* Mesmo assim, como muita gente, vez ou outra recorro ao termo coloquial *K-T* para a extinção, embora eu vá usar o termo mais correto — K-Pg — daqui em diante.

As eras são divididas em períodos que por sua vez são divididos em épocas e estágios. A era mesozoica é subdividida em três períodos: o Triássico — que durou de 252 a 201 milhões de anos atrás —, o Jurássico — de cerca de

---

* A Comissão Estratigráfica Internacional, responsável por nomear esses períodos de tempo, também tentou eliminar a quarta subdivisão — o Quaternário —, mas houve protestos por parte da União Internacional de Pesquisa do Quaternário. Assim, em 2009 a comissão restaurou o termo. O período Terciário — que tinha defensores menos ardorosos — não é mais um termo oficial, motivo pelo qual *K-T* foi substituído por *K-Pg*.

201 milhões a 145 milhões de anos atrás — e o Cretáceo — de 145 milhões a 66 milhões de anos atrás. "Mesozoic Park" talvez fosse um nome mais preciso para o filme de Michael Crichton-Steven Spielberg, que traz dois dinossauros do Jurássico, mas também diversos outros que só foram surgir no período Cretáceo. Mesmo assim, aceito que "Jurassic Park" soa melhor e por isso não questiono a sagacidade da opção.

Muita coisa mudou na Terra durante a era mesozoica. Aquecimentos e resfriamentos, assim como atividade tectônica significativa, transformaram a atmosfera e a forma das massas terrestres. O supercontinente Pangeia se dividiu na era mesozoica e se tornou os continentes que vemos hoje, o que resultou em grandes movimentos de terra ao longo do tempo.

Mesmo que o movimento tectônico no fim do período Cretáceo tenha deixado o planeta mais próximo de seu estado atual, os continentes e oceanos ainda não estavam nas suas posições atuais. A Índia ainda iria colidir com a Ásia e o oceano Atlântico era muito mais estreito. Como desde então as placas tectônicas se movimentaram, os oceanos mudaram de tamanho ao ritmo de vários centímetros por ano.

Esse efeito por si só já nos diz que, há 66 milhões de anos, a maior parte das costas ficava a milhares de quilômetros de distância de suas posições atuais — assim, por exemplo, as Américas e a Europa eram muito mais próximas. Além do mais, o nível dos mares devia ser cem metros mais elevado do que é hoje. As temperaturas, sobretudo em regiões distantes do oceano, também eram mais altas. Esses fatores acabaram sendo críticos para decifrar algumas das pistas reveladas na fronteira K-Pg. Embora hoje saibamos que, à época de sua formação, o sedimento italiano que continha a lama que o geólogo Walter Alvarez decidira investigar fazia parte de uma plataforma continental localizada sob centenas de metros d'água, de início os pesquisadores ignoravam esse fato.

A vida na Terra evoluiu em reação a seu ambiente variável. As várias peças em movimento da terra separada por água possibilitaram a emergência de novas espécies. Durante o período Triássico surgiram artrópodes, tartarugas, crocodilos, lagartos, peixes ósseos, ouriços-do-mar, répteis marinhos e os primeiros répteis de estilo mamífero. O Triássico tardio também é o período em que muitas espécies distintas de dinossauros, entre os quais os terrestres, apareceram pela primeira vez. Eles acabaram se tornando os vertebrados terrestres dominantes durante o período Jurássico.

Os pássaros também emergiram nesse período, tendo evoluído de um ramo dos dinossauros terópodes. *O Parque dos Dinossauros* não acerta tudo em termos científicos, mas o filme ensinou que muitas aves evoluíram dos dinossauros. Répteis voadores, répteis marinhos, anfíbios, lagartos, crocodilianos e dinossauros seguiram existindo no período Cretáceo, durante o qual apareceram as cobras e os primeiros pássaros, bem como os répteis voadores e as gingkos (ou nogueira-do-Japão), além de plantas modernas como cicadáceas, coníferas, a sequoia canadense, ciprestes e teixos, cujas formas ainda observamos hoje. Os mamíferos também apareceram, mas eram pequenos — em geral com tamanho entre o de um gato e o de um rato. Isso só mudou após a extinção dos dinossauros e abriu espaço e recursos para eles evoluírem até os animais de corpo maior.

À PROCURA DE RESPOSTAS

Dois livros fascinantes que li enquanto trabalhava neste aqui foram *T. rex and the Crater of Doom* [T. rex e a cratera da perdição], do geólogo Walter Alvarez, e *The End of the Dinosaurs* [O fim dos dinossauros], do jornalista científico Charles Frankel. Walter Alvarez foi em grande parte responsável pela hipótese do meteoroide, e seu livro foi para mim um entretenimento e tanto. Confesso que um dos motivos pelos quais o livro de Frankel me pareceu tão especial é que, quando o comprei na Amazon, ele já estava fora de catálogo, e o exemplar que recebi, da Biblioteca Pública de Rockport, exibia uma grande etiqueta com a palavra DESCARTE. Pelo jeito, se ele não tivesse sido remetido para minha casa — um habitat muito mais apropriado —, também teria sido extinto.

As duas obras contam a impressionante história de como geólogos, químicos e físicos determinaram que um enorme meteoroide (lembre-se de que uso "meteoroide" também para designar objetos grandes) foi a causa mais provável da extinção que dizimou os dinossauros — assim como boa parte das outras espécies que viviam à época. Há evidências de sobra de que o meteoroide precipitou a mudança drástica no registro fóssil durante a transição K-Pg. Todas as características de crateras de impacto, incluindo esférulas, tectitos e quartzo de impacto, foram encontradas nas redondezas de uma camada limítrofe de irídio, que separa vestígios de vida abundante sob ela do registro fóssil mais escasso que fica acima.

Os livros também relatam o trabalho investigativo incrível e inspirador que levou os cientistas a encontrar de fato a cratera que correspondia àquele impacto de meteoroide, embora consultas a especialistas tenham me instruído que parte dessa literatura é um pouco equivocada. Aqui vou fazer o possível para ser exata. É uma bela história.

Embora a ideia de extinções causadas por meteoroides só tenha se firmado no fim do século XX, havia muito tempo as pessoas vinham especulando sobre as consequências potencialmente nefastas desses objetos. Quando os cometas foram vistos pela primeira vez, eles eram considerados uma ameaça — mas por motivos supersticiosos, infundados. Em 1694, Edmond Halley foi ousado ao sugerir que um cometa seria o motivo do dilúvio bíblico. Quase cinquenta anos depois, em 1742, o cientista e filósofo francês Pierre-Louis de Maupertuis deu embasamento científico mais forte à ameaça potencial dos cometas, ao reconhecer que um impacto cometário poderia causar perturbações no oceano e na atmosfera capazes de dizimar muitas formas de vida. Outro francês, o grande cientista Pierre-Simon Laplace, cujo trabalho sobre a formação do sistema solar persiste até hoje, também sugeriu que meteoroides poderiam precipitar extinções.

Mas as ideias deles foram em grande parte ignoradas, já que não podiam ser testadas e, além disso, pareciam meio doidas. Também houve descaso com as ideias do paleontólogo americano M. W. de Laubenfels, que em 1956 reconheceu o significado potencial do meteoroide que atingira a Sibéria em 1908 e devastara uma vasta faixa de floresta — identificando os danos como incêndios e calor que mesmo um fragmento de cometa podia causar. Em uma análise de uma presciência incrível, ele também identificou que esses impactos ambientais afetariam espécies distintas de maneira distinta, de forma que mamíferos escavadores poderiam sair vivos, como se descobriu ser fato logo após o evento K-Pg.

Mesmo já em 1973, a maioria dos cientistas ignorava o geoquímico Harold Urey quando este sugeria, com base nos tectitos vítreos de rocha derretida, que um impacto de meteoroide fora responsável pela extinção K-Pg. Urey exagerou um pouco no entusiasmo, todavia, ao sugerir que não só a extinção K-Pg como todas as outras extinções de massa se deviam a impactos de cometas. Ainda assim, ele anteviu estudos futuros e ajudou a transformar propostas anteriores em ciência de verdade ao ressaltar que investigações detalhadas poderiam identificar rochas cuja forma ou composição só poderia ser explicada pelo calor e/ou pela pressão de um impacto de meteoroide.

Contudo, quaisquer dessas ideias engenhosas e prescientes foram em essência ignoradas antes de Alvarez apresentar sua proposta. A ideia de um impacto cósmico que causa uma extinção era radical já nos anos 1980, e à primeira vista pode ter soado um pouco absurda. Ela se assemelha a teorias que ouvi de crianças de doze anos que frequentam minhas aulas abertas, quando tentam me impressionar misturando todos os termos científicos que já ouviram. Essas perguntas podem levar a situações complicadas e muitas vezes bem divertidas, como quando um garoto me perguntou sobre uma teoria a respeito da qual estava sempre pensando, de que buracos negros de dimensões extras distorcidas resolviam todos os problemas que ainda restavam no universo. Por sorte, ele riu quando lhe sugeri que ele não estava *sempre* pensando naquilo.

Mas, assim como quaisquer teorias mais radicais que acabam se firmando, a proposta do meteoroide poderia esclarecer observações que desafiam as explicações mais convencionais. Nenhum processo terrestre abrangeria todos os fenômenos detalhados, ainda a ser encontrados, que no final apoiariam essa hipótese. A proposta ganhou crédito porque fazia previsões e muitas delas, desde então, foram validadas.

COMO SURGIU A INSPIRAÇÃO

A história do detetivismo científico de Walter Alvarez começou na Itália. Os morros da Úmbria, próximos a Gubbio, algumas centenas de quilômetros ao norte de Roma, revelam um sedimento marinho que data do Cretáceo tardio e do Terciário antigo (hoje Paleógeno). A Scaglia Rossa, como é conhecida devido a seu tom rosado, é uma rocha sedimentar que consiste em um calcário muito incomum de água profunda — calcita ou carbonato de cálcio, o que forma a maioria das conchas do mar e costuma aparecer nos suplementos contra osteoporose — que se formou no leito marinho e depois foi lançado para cima, de forma que agora está exposto. Assim, a evidência da extinção — uma fina camada de argila que separa a camada de rocha mais inferior, mais branca, de uma camada vermelha acima — seria visível a um observador atento. Os fósseis na rocha mais inferior, mais branca, são sobretudo resquícios de foraminíferos, protozoários unicelulares que viviam nos oceanos profundos e que nos são extremamente úteis para deduzir a idade de rochas sedimentares. Mas só os menores desses foraminíferos estão presentes na camada superior, mais escura. Os "foraminis" quase se extinguiram com os dinossauros, o que torna o limite da extinção bem aparente.

O Geoparque Flysch, que conheci durante minha recente visita de estudos a Bilbao, contém um pedaço do limite K-Pg — que aparece como uma linha negra fina perto da base do penhasco de calcário. Assim como em todo lugar do globo onde essa camada de argila existe, o limite data da época da extinção. Considerei-me agraciada quando meu colega físico e seu primo geólogo ajudaram a organizar uma visita ao sítio incrivelmente bonito na praia de Itzurun, onde eu poderia entrar durante a maré baixa para ver a fronteira de perto. Poder tocar nessa peça histórica de 66 milhões de anos foi quase surreal (Figura 30). Embora o penhasco derive do passado distante, a abundância de informações que ele guarda ainda está conosco e faz parte do nosso mundo.

NO LIMITE K-PG

Nos anos 1970, Walter Alvarez estudou uma camada de fronteira similar na Scaglia Rossa, tendo focado sua atenção na argila que separava o calcário de cor mais fraca embaixo, que estava cheio de fósseis, do calcário mais escuro que não os tinha, em cima. Essa argila, que Alvarez transformou em alvo de seus estudos, foi crucial para desvendar a causa da devastação que se deu há 66 milhões de anos. A espessura da argila dependia da extensão de tempo que se passou entre a deposição de rocha mais clara e mais escura e portanto poderia ajudá-lo a determinar se o evento de extinção havia sido lento ou veloz.

Quando Alvarez começou a pensar sobre a camada K-Pg nos anos 1970, a geologia era dominada pelo ponto de vista uniformitarista e gradualista, que fora demonstrado pela teoria das placas tectônicas desenvolvida ao longo das duas décadas anteriores. Continentes inteiros poderiam se distanciar de maneira gradativa, cordilheiras poderiam se formar ao longo do tempo e cânions tão profundos quanto o Grand Canyon poderiam surgir a partir de efeitos

30. Com Asier Hilario, diretor do Geoparque, na fronteira K-Pg da praia de Itzurun, em Zumaia, Espanha. (Jon Urrestilla.)

graduais — incluindo um rio como o Colorado que recortasse o solo, a erosão promovida por água ou gelo, movimentos de placas de solo ou erupções de magma, eventos que poderiam alterar drasticamente a paisagem com o passar do tempo. Nenhuma catástrofe era necessária para explicar essas mudanças aparentemente tão dramáticas.

A formação calcária parecia misteriosa no sentido de que a diferença entre níveis alto e baixo de calcário indicavam uma transição muito abrupta, inconsistente com o ponto de vista gradualista. Se estivesse lá, Charles Lyell teria interpretado a finura da camada K-Pg como mera enganação e concluído que, apesar das aparências, ela levara muitos anos para ser criada. Darwin podia pensar que a formação era simplesmente uma ilusão criada pelo registro fóssil malfeito.

A única maneira de saber de fato se a transição fora repentina — e não apenas um depósito de argila que a água deixara ali em poucos dias — era medir quanto tempo teria levado para que a argila que separava as duas camadas de calcário em cores diferentes fosse depositada. E essa foi a tarefa que Alvarez, que havia muito tempo tinha interesse em datar eventos geológicos, tomou para si. Ele esperava estudar inversões geomagnéticas para saber mais sobre o período de deposição da fronteira K-Pg, a qual sabia que poderia ser pista importante do evento desencadeador. (Andy Knoll, professor de história natural e da Terra e de ciências planetárias em Harvard, comentou que Alvarez e a esposa talvez estivessem mais interessados ainda em conhecer a arte e a arquitetura medieval. Suspeito que os dois interesses sejam relevantes no caso.)

Mas o método mais adequado para medir quanto tempo levou para a argila ser depositada acabou sendo medir suas doses de irídio. O irídio é um metal raro e, depois do ósmio, o mais denso que existe. Suas propriedades de resistência à corrosão o tornam útil para eletrodos de vela de ignição e pontas de caneta-tinteiro, entre outras coisas. Por acaso, ele também é útil à ciência. O pico de irídio que Walter Alvarez e seus colaboradores descobriram acabou sendo a chave para determinar a origem do evento de extinção.

Embora eu soubesse do pico de irídio havia algum tempo, fiquei perplexa quando descobri, mais recentemente, que a intenção original de Walter e seu pai, o físico Luis Alvarez, fora medir níveis de irídio na argila com base em um raciocínio oposto ao que logo perceberam ser verdade. Luis Alvarez sabia que meteoroides tinham um nível de irídio muito mais elevado que o da superfície terrestre. Embora o nível de irídio na Terra devesse ser o mesmo de um meteoroide, a maior parte do irídio original nele se dissolveu em ferro derretido e afundou com ele para o centro do planeta. Portanto, todo irídio na superfície deveria ter origem extraterrestre.

Luis Alvarez achou que pós de meteoritos deveriam ser depositados em um ritmo bem constante. (Na verdade, de início ele sugeriu usar berílio-10, mas a meia-vida se mostrou curta demais para ser ferramenta prática para esse problema.) Níveis de irídio na superfície deveriam ser muito baixos, não fossem os depósitos dessa "chuva" extraterrestre constante. Os dois Alvarez tiveram a sacada de, ao estudar níveis de irídio na Terra, acessar a ampulheta cósmica que ajudaria a determinar quanto tempo levaria para a argila da fronteira K-Pg ser depositada. O que esperavam era uma distribuição suave ao longo do tempo, indicativa de uma deposição estável, quase constante, que pudesse ser usada para deduzir a extensão do tempo necessário para a camada de argila se formar.

O que Walter e seus colaboradores descobriram ao examinar a rocha em si foi totalmente diferente. A surpresa que convenceu Alvarez de que havia algo importante a seus pés (no caso dele, literalmente) veio de níveis de irídio na argila muito mais altos que o esperado. Em 1980, uma equipe de cientistas da Universidade da Califórnia em Berkeley — a dupla Luis e Walter Alvarez, ao lado dos químicos nucleares Frank Asaro e Helen Michel, que conseguiam medir proporções de irídio em níveis baixíssimos — encontrou uma elevação decisiva de irídio, trinta vezes mais alta na Scaglia Rossa do que no calcário ao redor. E esse número foi depois corrigido: era noventa vezes mais alta.

Esse tipo de formação era encontrado não só na Itália (infelizmente, muita gente já tirou amostras da Scaglia Rossa desde a época de Walter Alvarez, de modo que a argila da fronteira K-Pg hoje é de difícil alcance), mas em todo o globo, e níveis de irídio nesses pontos também tinham picos notáveis. Em uma camada de argila similar em Stevns Klint — um penhasco costeiro na Dinamarca com evidência de K-Pg bem preservadas —, o aumento se dava por um fator de 160. Outros laboratórios confirmaram os níveis elevados de irídio em camadas de fronteira similares em outros pontos.

Se a hipótese (e o incentivo para mensuração) original estava correta e a poeira meteorítica choveu a ritmo constante, seriam necessários mais de 3 milhões de anos para a argila K-Pg se formar. Mas isso seria tempo demais para a fina camada de argila que representava a fronteira K-Pg. Por outro lado, se o nível de irídio fosse elevado de igual maneira em todo o globo, então 500 mil toneladas de irídio — considerado metal raro na Terra — haviam caído de repente sobre nosso planeta à época da extinção K-Pg. A única explicação para essa deposição enorme seria uma origem cósmica. A Terra é tão pobre em irídio na superfície que, sem um fenômeno extraterrestre, seria quase impossível explicar o alto nível desse elemento.

A equipe de Berkeley também levantou as proporções de outros elementos raros, para poder estreitar ainda mais as possibilidades. A fonte extraterrestre poderia ser, por exemplo, uma supernova. Nesse caso, ela também levaria o plutônio-244 na argila. E a análise inicial levava a crer que, de fato, esse elemento também estava presente. Porém, seguindo o exercício responsável das regras científicas, Asaro e Michael repetiram sua análise no dia seguinte e descobriram que não havia plutônio algum. A descoberta inicial fora simplesmente contaminação da amostra.

Depois de quebrarem a cabeça em busca de alternativas, restou aos cientistas de Berkeley praticamente só uma explicação plausível para os altos níveis de irídio: o grande impacto de um objeto extraterrestre que teria acontecido cerca de 65 milhões de anos antes. Em 1980, o grupo comandado por Walter e Luiz Alvarez propôs que um grande meteoroide havia colidido com a Terra e fez chover metais raros, entre eles o irídio. Esse impacto de meteoroide — tivesse sido ele um asteroide ou um cometa — era o único evento que explicaria tanto a quantidade total de irídio quanto as proporções de elementos, que condiziam com as que são características do sistema solar.

Com base no irídio medido e na proporção média de irídio em meteoritos, os pesquisadores ainda conseguiram adivinhar o tamanho do objeto que havia atingido o planeta. Concluíram que ele teria de incríveis dez quilômetros a quinze quilômetros de diâmetro.

EVIDÊNCIA CHOCANTE

Dados os diversos mecanismos fatais que um meteoroide gigantesco fornece, assim como a escassez de explicações adequadas para a evidência geológica associada à extinção K-Pg, uma explicação extraterrestre pareceu ser alternativa plausível e sensata a sugestões mais convencionais, como processos provocados pela geologia ou pelo clima. Mas apesar da natureza convincente da hipótese, qualquer cientista, não importa quão ousado seja, precisa usar de cautela ao apresentar uma ideia nova. Às vezes teorias radicais estão corretas, mas é muito frequente que uma explicação convencional tenha sido desconsiderada ou não tenha sido avaliada como se deve. É só quando as ideias científicas existentes não funcionam, enquanto as mais ousadas são bem-sucedidas, que novas ideias se firmam.

É por esse motivo que polêmicas podem fazer bem à ciência quando se avalia uma teoria (literalmente) de outro mundo. Embora aqueles que simplesmente evitam examinar as provas não facilitem o progresso científico, os adeptos aferrados ao ponto de vista reinante e que trazem objeções sensatas fazem subir o sarrafo quando se quer apresentar uma ideia nova ao panteão científico. Obrigar aqueles que sugerem novas hipóteses — sobretudo os radicais — a confrontar seus oponentes previne que ideias malucas ou apenas erradas se firmem. A resistência incentiva os proponentes a intensificar o jogo para mostrar por que as objeções não são válidas e a encontrar o máximo apoio possível para suas ideias. Walter Alvarez chegou a escrever que estava satisfeito por ter levado algum tempo para a ideia do meteoroide encontrar apoio conclusivo, já que esse tempo foi essencial para que se encontrasse toda evidência secundária que fortalecia seu argumento.

A hipótese do meteoroide de fato se deparou com resistência entre aqueles que a consideravam uma teoria extravagante, muitos dos quais eram favoráveis ao ponto de vista gradualista. O confuso é que a tectônica de placas apoiava esse ponto de vista mais ou menos à mesma época que as missões à Lua, que puderam ver muitas crateras de perto, eram forte evidência dos efeitos potencialmente catastróficos de um impacto. Talvez esses dois avanços distintos tenham sido o motivo pelo qual, tomados como um grupo, os geólogos tenderam ao ponto de vista gradualista, enquanto os físicos se inclinaram para o catastrófico.

É evidente que as crateras da Lua poderiam ter sido criadas nas primeiras fases de sua formação — e, na verdade, a maioria foi —, de forma que sua existência não era em si argumento a favor da significância de impactos de meteoroides na evolução posterior. Ainda assim, a prevalência delas deveria tornar menos surpreendente a concepção de que processos não apenas graduais, mas também catastróficos, tiveram seu papel no nosso sistema solar e na evolução da vida. A Terra é maior que a Lua e muito próxima dela, portanto é óbvio que meteoroides também teriam nos atingido.

Mas à época da proposta de Alvarez, muitos paleontólogos eram favoráveis a explicações gradualistas. Alguns adotaram a perspectiva de que os dinossauros haviam simplesmente se extinguido no Cretáceo tardio devido a algum tipo de condição ambiental adversa, como mudança climática ou dieta nociva. Muitos outros achavam que o culpado era a atividade vulcânica. A base para esse ponto de vista vinha dos *trapps* do Deccan, na Índia, que se formaram devido à quantidade enorme de atividade vulcânica que ocorreu por volta da época em que os dinossauros foram extintos. Os *trapps* do Deccan cobrem uma região maior do que meio milhão de quilômetros quadrados — algo comparável ao tamanho da França — e têm uma espessura de mais ou menos dois quilômetros. É muita lava. Para deixar a situação mais confusa, os *trapps* podem ser datados em um período muito próximo da fronteira Cretáceo tardio--Terciário inicial.

É fato que grupos de dinossauros como os saurópodes, que incluem o apatossauro — o nome original e talvez temporariamente preferencial do brontossauro (uma discussão que rivaliza com a do planeta Plutão) —, já estavam extintos ao final daquela era. Mas o apoio para a ideia do declínio gradual se originava em parte do registro fóssil incompleto que se tinha ao início da investigação, que ficou menos convincente conforme mais regiões foram estudadas e mais fósseis encontrados. Fósseis descobertos em Montana revelaram pelo menos entre dez e quinze espécies de dinossauros que haviam sobrevivido até o final do período Cretáceo. Escavações recentes na França descortinaram evidências de dinossauros a um metro da fronteira K-Pg e as da Índia mostraram evidências de dinossauros também abaixo da fronteira. Outras espécies, como os amonitas, de início revelaram até um declínio em diversidade. Mas a inspeção mais próxima e mais ampla de novo revelou que pelo menos um terço das espécies de dinossauros sobreviveu até a fronteira — embora algumas houvessem de fato sido extintas mais cedo.

Além de tudo isso, embora de início as pessoas achassem que os *trapps* haviam sido criados de maneira veloz, pesquisas posteriores mostraram que sua formação levou alguns milhões de anos, e o evento K-Pg corresponde a uma camada intermediária, que estranhamente parecia ser de uma época de atividade vulcânica estancada. Talvez o indício mais convincente de que vulcões não foram os responsáveis solitários pela extinção dos dinossauros seja o fato de que geólogos indianos encontraram ossos de dinossauros e fragmentos de seus ovos exatamente no sedimento até a região que constitui a fronteira K-Pg. Os dinossauros não estavam apenas vivos — eles viviam na própria região dos *trapps*.

Ainda assim, avanços mais recentes situam a formação dos *trapps* mais próxima à época de extinção do que se achava antes, o que apoia a posição de alguma atividade vulcânica — mesmo que não para toda a aniquilação. Alguns especulam que a atividade vulcânica na verdade foi resultado do impacto do meteoroide, e nesse caso os efeitos vulcânicos que tenham acontecido foram indiretamente atribuíveis também ao meteoroide. Qualquer que tenha sido seu papel, os vulcões não explicam as diversas outras coincidências em características geológicas que defendem, de maneira convincente, a significância do meteoroide.

É fato que, assim que as pessoas começaram a vê-la com seriedade, as evidências da hipótese do meteoroide se acumularam com rapidez. Os detalhes são importantes e podem ajudar a resolver muitas controvérsias. Depois da sugestão de Berkeley em 1980, a camada de argila K-Pg foi estudada em detalhes na Itália, na Dinamarca, na Espanha, na Tunísia, na Nova Zelândia e nas Américas. Em 1982, quase quarenta localidades em todo o globo haviam sido examinadas com o maior cuidado. O paleontólogo holandês Jan Smit observou altos níveis de irídio na Espanha, e outros paleontólogos os mediram em Stevns Klint. Smit também mediu níveis de outros metais raros, como ouro e paládio. Ele descobriu níveis de ósmio e paládio mil vezes maiores do que os que se viam em outros pontos da Terra. E, mais uma vez, a abundância relativa de metal correspondia à esperada em meteoroides.

Alguns cientistas que preferem a explicação vulcânica sugeriram que grandes quantidades de irídio foram bombeadas por vulcões do manto e do centro da Terra, onde se sabe que os níveis são maiores. Mas vulcões conhecidos não emitem irídio nem perto do suficiente para justificar as 500 mil toneladas pelo mundo que Alvarez e outros calcularam estar presentes na fronteira K-Pg, mesmo aceitando outros efeitos concentradores potenciais, como a precipitação no oceano. De qualquer maneira, o irídio não é o único elemento pesado nos meteoritos e a abundância de outros elementos também não condizia com a que se via em emissões vulcânicas.

Apoio complementar para outras observações na e em volta da camada K-Pg deram mais evidências da proposta meteoroide. A descoberta, em diversos lugares, de gotículas de rocha como microtectitos — versões menores dos tectitos, as rochas vítreas com formas arredondadas que emergem de materiais fundidos no impacto que brotaram e se solidificaram na atmosfera antes de cair de volta à Terra — deu mais suporte à ideia do meteoroide.

Mas essas esférulas vítreas, como antes eram conhecidas, a princípio também apresentaram uma pista falsa. A composição química lembrava a da crosta oceânica, que se descobriu ter grande probabilidade de ser representativa do impactor e não do alvo. Estivesse correta a conclusão enganadora inicial e a aterrissagem tivesse acontecido no oceano e não em terra, o significado seria que, apesar de todo o acúmulo de indícios sobre o impacto, o local dele talvez tivesse ficado oculto.

Essa preocupação descabida esmoreceu quando geólogos encontraram evidências de que o meteoroide havia aterrissado numa placa continental (potencialmente acessível). Foi a descoberta do quartzo de impacto, que indica uma origem de alta pressão que só poderia ter surgido de colisões em rocha que continham quartzo. Rochas que não derretem são estilhaçadas, então os minerais que elas contêm podem se movimentar e formar laços entrecruzados (Figura 24). As únicas fontes conhecidas para esses laços são impactos de meteoroides e explosões nucleares. Supõe-se que não houve testes nucleares 66 milhões de anos atrás — embora um pesquisador tenha me dito que um entrevistador, no rádio, questionou essa possibilidade —, o que deixa um impacto de meteoroide como única explicação potencial restante.

Em 1984, quando se descobriu quartzo de impacto em Montana, e depois no Novo México e na Rússia, as novas descobertas pendiam bastante para um impacto de meteoroide. O fato de essa evidência ser um tipo de quartzo defendia ainda mais que a cratera, supondo-se que houvesse uma, deveria ser localizada em terra, já que o quartzo é raro em rochas do oceano.

Indícios a favor da hipótese do meteoroide continuaram a se acumular. Cientistas canadenses encontraram diamantes microscópicos na camada K-Pg em Alberta. Eles podiam ter vindo de meteoroides que simplesmente carregaram os diamantes do espaço, ou podiam ter se formado no impacto. Estudos detalhados de tamanho e taxa de isótopos de carbono favoreceram a segunda explicação. No Canadá, assim como na Dinamarca, descobriram-se nas camadas aminoácidos que não são conhecidos em outra parte da Terra. Essa evidência tinha como característica interessante apoiar a interpretação cometária, já que tais aminoácidos foram encontrados também no calcário limítrofe — como seria se a poeira de cometa estivesse por aí na época em que a camada se formou.

Outro traço geológico importante que subscreveu os impactos de alta pressão foram os cristais chamados *espinelas*. São óxidos de metal que contêm ferro, magnésio, alumínio, titânio, níquel e cromo e apresentam formas bizarras, como de flocos de neve, octaedros e outras, que sugerem solidificação veloz após derretimento em alta temperatura. Espinelas ocorrem também no magma vulcânico, mas as que foram encontradas continham os elementos níquel e magnésio — ao contrário das espinelas vulcânicas, que contêm mais ferro, titânio e cromo. Melhor que isso: a quantidade de oxigênio ajuda a determinar onde esses cristais se formaram. As espinelas oxidadas da camada K-Pg indicavam uma origem de baixa altitude — abaixo dos vinte quilômetros. Os cristais também foram encontrados apenas em uma camada fina, confirmando a hipótese de que o evento catastrófico que ocorreu na fronteira K-Pg foi muito breve.

Vulcões não explicariam os materiais de choque. Embora eles de fato produzam deformações, as regiões vulcânicas existentes não geram o quartzo de impacto que seria necessário para se equiparar a observações da época da extinção. Os deslocamentos no quartzo de impacto vulcânico correm por um plano único, em vez de dois ou mais em intersecção, fenômeno que só acontece em pressões de choque altas. Esses detalhes são importantes, já que tais fenômenos são encontrados no exato local que demarca a fronteira de extinção K-Pg.

Mesmo assim, tendo estabelecido com firmeza a influência destruidora do meteoroide, não deveríamos desconsiderar por completo o ponto de vista gradualista. É muito provável que, por volta da época da extinção K-Pg, as condições estivessem variando de uma maneira que aumentou a fragilidade do ecossistema, de forma que, quando um meteoroide de fato apareceu, causou mais danos do que o teria feito em outro cenário. As evidências demonstram que uma fração significativa de espécies havia desaparecido mesmo antes de o evento de extinção mais drástico acontecer. Medições recentes e mais precisas do período dos *trapps* do Deccan reforçam a ideia de que a atividade vulcânica teve seu papel. Embora seja improvável que ela tenha sido responsável pelo evento de extinção que acabou acontecendo, é bem possível que vulcões e outros fenômenos o tenham instigado — tanto antes quanto depois do impacto do meteoroide.

Mas, para causar danos colossais, o impacto não precisou de auxílio algum.

COMO A VIDA FOI SUPRIMIDA

É difícil imaginar como o meteoroide deve ter sido imenso e devastador. O impactor tinha uma envergadura de quase três vezes o comprimento de

Manhattan. E ele não era só grande. Também se movimentava a uma grande velocidade — pelo menos vinte quilômetros *por segundo* e, se era um cometa, quem sabe três vezes mais rápido. A velocidade do objeto foi pelo menos setecentas vezes mais alta que a de um carro percorrendo uma via expressa a cem quilômetros *por hora*. O impactor teria sido um objeto do tamanho de uma metrópole das grandes que se movimentava quinhentas vezes mais rápido que um veículo numa autoestrada. Como a energia que um objeto carrega aumenta conforme sua massa e com o quadrado de sua velocidade, um objeto tão rápido e tão grande teria um impacto enorme e devastador ao atingir a Terra.

Para dar uma perspectiva da magnitude do evento, um objeto desse tamanho e com essa velocidade teria liberado uma energia equivalente a até 100 trilhões de toneladas de TNT, mais de 1 bilhão de vezes maior que as bombas atômicas que destruíram Hiroshima e Nagasaki. A comparação não é fortuita. Luis Alvarez trabalhou no Projeto Manhattan e fez observações similares. Falando em termos mais amplos, a preocupação da Guerra Fria com os efeitos das explosões nucleares aumentou o interesse popular pela cratera. A pesquisa de ambas se beneficiou de conhecimento crescente sobre os efeitos ambientais de longo prazo do impactor K-Pg.

O objeto de Tunguska e o meteorito que criou a Cratera do Meteoro no Arizona tinham uma fração dessa energia — o equivalente a talvez dez megatoneladas de TNT. O diâmetro do impactor em cada caso estava mais por volta de cinquenta metros, em vez dos dez ou quinze quilômetros do impactor que gerou o evento K-Pg. A energia do Krakatoa era só poucas vezes maior que a dos meteoroides menores, que foi comparável às armas nucleares mais potentes já produzidas (cerca de cinquenta vezes o que existe agora). Um meteoroide com um quilômetro de extensão já seria grande o suficiente para causar estrago global. O objeto que Alvarez sugeriu foi pelo menos dez vezes maior — maior que a altura do monte Everest, que fica nove quilômetros acima do nível do mar.

O impacto (nos dois sentidos da palavra) desse objeto enorme e em alta velocidade foi devastador. Como descrito no capítulo 11, muitos desastres se seguem a uma rocha tão pesada lançada na Terra. Perto do estouro — no espaço de mais ou menos mil quilômetros — correm ventos e ondas brutais, e tsunâmis enormes irradiam do ponto de explosão. Essas megaondas teriam sido incrivelmente potentes, embora de alcance limitado, pois, como se descobriu, a profundidade da água na posição do impacto era de meros cem metros, aproximadamente. Tsunâmis também teriam chegado ao lado oposto do globo, desencadeados talvez pelo terremoto mais forte que a Terra já sofreu. Ventos extremos teriam soprado a partir do ponto de impacto, e depois corrido de volta. Eles teriam carregado uma nuvem de poeira, cinzas e vapor superaquecidos que se projetou quando o meteoroide foi lançado no solo. Tanto vento e tanta água teriam consumido mais ou menos 1% da energia do impacto. O resto iria para derretimentos, vaporizações ou o envio de ondas sísmicas Terra afora — o equivalente a dez pontos na escala Richter.

Trilhões de toneladas de material teriam sido ejetados do local da cratera e distribuídos por todos os lados. Depois disso, quando as partículas sólidas e quentes caíram da atmosfera, elas teriam sido aquecidas até a incandescência e elevado as temperaturas em torno do globo. Em consequência disso, incêndios teriam assolado tudo e a superfície da Terra teria literalmente cozinhado. Aliás, em 1985, a química Wendy Wolbach e colaboradores descobriram evidências de incêndios na camada K-Pg na forma de carvão e fuligem. A abundância e o formato dos flocos de carbono por eles encontrados confirmaram que os incêndios aconteceram — e destruíram a vida animal e vegetal então existente. Os pesquisadores concluíram que mais de metade da biomassa mundial foi incinerada dentro de meses após o impacto.

E isso não é tudo. A água, o ar e o solo ficaram envenenados. Talvez as pessoas não fossem apenas supersticiosas em relação ao medo de cometas, que por acaso contêm materiais venenosos como cianeto e metais pesados que incluem níquel e chumbo. Embora alguns produtos químicos teriam vaporizado antes que pudessem causar dano, é muito provável que metais pesados tenham chovido do céu.

Ao que tudo indica seria ainda mais prejudicial o óxido nitroso que se criou na atmosfera, que teria caído ao chão em forma de chuva ácida. Enxofre também teria sido liberado na atmosfera, criando ácido sulfúrico, que poderia ter ficado por lá e tapado a luz do sol, criando o resfriamento global que se seguiu ao aquecimento global logo após a catástrofe ocorrer e que pode ter durado anos. A perda da fotossíntese teria reverberado por toda a cadeia alimentar. O aquecimento global e as partículas de poeira que recobriram a Terra também poderiam ter tido algum papel, ampliando o aquecimento e resfriamento extraviados por muitos anos mais.

Registros fósseis demonstram que o legado da aniquilação persistiu muito após o impacto inicial. Mesmo as espécies que sobreviveram sofreram uma diminuição considerável em suas fileiras. Os oceanos só se recuperaram depois de centenas de milhares de anos e é provável que tenham visto influências destrutivas ao longo de pelo menos meio milhão a 1 milhão de anos. O registro fóssil demonstra a ausência de plâncton e de outros fósseis na escuridão do calcário que contêm pouco ou nenhum carbonato. Em vez dele, há evidência sobretudo de partículas detríticas — os pequenos fragmentos de rocha gasta ou erodida que restaram. A cor normal não volta pelo menos em centímetros e às vezes metros nessas camadas, dependendo de onde se procura no planeta.

Os muitos desastres representaram oportunidades abundantes para plantas e animais se extinguirem. Ao que tudo indica, não sobreviveu nenhuma criatura que fosse mais pesada do que uns 25 quilos — mais ou menos o peso de um cachorro de tamanho médio. Para conseguir sobreviver, alguma forma de se esconder do desastre — tenha ela sido hibernação ou outra — seria essencial. Dependendo dos métodos de reprodução (sementes teriam mais chance de sobreviver do que outros métodos de procriação) e de sua fonte alimentar (espécies que se alimentavam de dejetos se deram melhor), algumas espécies sobreviveram de fato. Animais que podiam fugir para o céu também tinham mais chances. Mas a maioria das plantas e animais pereceu. Um meteoro de dez ou quinze quilômetros de extensão provocaria uma devastação enorme — no meio ambiente e na vida.

ACERTO EM CHEIO: REDESCOBRINDO A CRATERA

Ainda assim, os pesquisadores da época sabiam que, mesmo com todas as evidências descobertas nos anos 1980 e o entendimento ampliado quanto às implicações que um imenso meteoroide teria na vida no planeta, encontrar uma cratera tangível de 66 milhões de anos com o devido tamanho reforçaria de maneira clara o argumento a favor do impacto. Uma cratera não fundamentaria a hipótese, mas possibilitaria investigações detalhadas que poderiam determinar melhor o tamanho e momento do impacto do meteoroide, assim como características que poderiam ajudar a confirmar um impacto.

O tamanho da cratera — assim como sua idade — foi um prognóstico crítico. Com base na quantidade de irídio medida, Walter Alvarez deduziu que o meteoroide deveria ter no mínimo dez quilômetros de comprimento, de modo que a cratera deveria ter duzentos quilômetros, já que essas estruturas costumam ter vinte vezes o tamanho do objeto impactante. Alvarez não foi o único a estimar uma cratera dessa magnitude. Outro paleontólogo previu de forma independente o tamanho de 180 quilômetros, com base na suposição de que a argila continha 7% de material de meteorito, sendo o resto apenas rocha pulverizada do alvo.

Encontrar uma cratera da devida escala e da data correta seria como encontrar a arma do crime (em termos técnicos, não um crime) na proposta de Alvarez. Mas se passou mais de uma década até ela ser descoberta — o que rendeu uma das melhores histórias de detetive da ciência moderna. Aliás, as chances de encontrar o local do impacto não eram nada favoráveis quando se começou a procura. Embora algumas crateras grandes tenham sido achadas com o passar dos anos, muitas outras desaparecem. Mesmo que tenhamos "sorte" de o meteoroide atingir terra e não oceano, a erosão, o enterro por sedimentação ou a destruição tectônica podem eliminar qualquer sinal de que uma cratera se formou.

No caso do meteoroide responsável pelo evento K-Pg, o desafio da descoberta era exacerbado pela aparente falta de pistas quanto à posição do impacto. A própria ubiquidade do irídio e outras evidências geológicas, distribuídas de maneira mais ou menos uniforme pelo globo, confirmava o impacto do meteoroide em escala mundial, mas não selecionava uma região em particular. Quando se iniciou a procura, parecia ser tarefa desafiadora, se não impossível, determinar que lugar na Terra um meteoroide em particular havia atingido mais de 65 milhões de anos atrás.

Todavia, o que estava a favor dos caça-cratera era que o quartzo de impacto que havia sido encontrado sugeria uma origem continental — ou em placa continental —, de maneira que as buscas em terra tinham chance de identificar os resquícios do culpado. Surgiram várias candidatas a cratera à primeira vista promissoras, mas que logo foram descartadas com uma investigação mais profunda, pois não estavam de acordo com medições precisas de época do impacto, determinações de tamanho ou estudos mineralógicos.

Mas uma observação independente de muita importância vinha sendo praticamente ignorada havia um bom tempo. Ainda nos anos 1950, geólogos industriais haviam identificado uma estrutura circular com 180 quilômetros de diâmetro, que se estendia metade em terra, sob as planícies de calcário de Yucatán, e metade no mar, enterrada sob água e sedimento no golfo do México. Geólogos da Petróleos Mexicanos, ou Pemex, como é conhecida a empresa petrolífera mexicana, escavaram poços nessa formação. Eles atingiram rocha cristalina a profundidades de cerca de 1500 metros, o que os levou a pensar que haviam encontrado evidências de um vulcão em vez do que, para eles, teria sido um retentor de petróleo bem mais interessante.

Em fins dos anos 1960, porém, o geólogo Robert Baltosser — que esteve envolvido na segunda rodada de escavações exploratórias, feita para o caso de os primeiros escavadores haverem perdido um depósito de petróleo — sugeriu que a estrutura poderia ser uma cratera de impacto. Seu palpite se baseava em medições da forma do potencial gravitacional da formação — como a força da gravidade variava sobre a estrutura circular. Porém ainda não era petróleo, de modo que a Pemex não permitiu que ele divulgasse suas observações. A consequência foi que a maioria das pessoas que sabia da estrutura trabalhava para a indústria petroleira, que, por motivos óbvios, fazia levantamentos detalhados do leito oceânico, mas queria proteger esses resultados.

Mas a Pemex insistiu na busca por petróleo, e em fins dos anos 1970 empreendeu mais estudos geológicos, entre os quais um levantamento magnético aéreo sobre toda a península de Yucatán. O consultor norte-americano Glen Penfield notou uma anomalia magnética forte de cerca de cinquenta quilômetros de extensão, rodeada por um anel externo com magnetismo anormalmente baixo de mais ou menos 180 quilômetros de diâmetro. É precisamente o padrão esperado para uma grande cratera de impacto, em que a região central associada ao material fundido de impacto e à região externa contém detrito endurecido. Penfield não deixou de perceber a correspondência. O campo gravitacional ampliado e degradado se correlacionava com as variações de sinais magnéticos.

Portanto, ainda em 1978, Penfield já tinha um indício razoavelmente forte de uma cratera de impacto. Ele sabia que a evidência de um evento de impacto até então desconhecido poderia ser algo grande, por isso buscou autorização da Pemex para liberar o que em geral eram considerados dados de propriedade industrial. Junto com o geólogo Antonio Camargo, da Pemex, Penfield apresentou seus resultados em 1981, na convenção da Sociedade de Geofísicos de Exploração em Los Angeles. A descoberta, contudo, não chamou muita atenção. Das pessoas que o ouviram, a maioria ainda não sabia da hipótese de impacto para a extinção K-Pg, de forma que ninguém na época previu tal conexão.

Na verdade, a maior parte dos interessados em localizar a cratera de impacto responsável pela extinção K-Pg só conseguiu estudar essa cratera específica por volta de 1990. Mas como chegaram a tanto também é uma história incrível. Aqueles que queriam confirmar a proposta de Alvarez e procuravam uma cratera específica, de 66 milhões de anos e cerca de duzentos quilômetros de diâmetro, haviam abordado essa procura de uma perspectiva em tudo diferente da que tinham os geólogos da Pemex. Eles estudavam a camada K-Pg em busca de pistas do local do impacto. Apesar da uniformidade dos depósitos de irídio no globo, eles sabiam de uma pista que, se encontrada, prometia ser mais localizada em termos geográficos. Se o meteoroide houvesse atingido o oceano, mas aterrissado perto da costa, teria criado um tsunâmi potente, a ponto de deixar seu rastro na plataforma continental. Isso podia parecer um otimismo exagerado, dada a evidência de um impacto terrestre, porém os geólogos permaneceram atentos e foram bem recompensados pelo empenho.

Em 1985, Jan Smit e um colaborador estudaram um afloramento de sedimentos agitados no sedimento K-Pg no leito do rio Brazos, no Texas, próximo ao golfo do México, o qual eles estavam convencidos de ter sido moldado pelo tsunâmi proposto. A geóloga Joanne Bourgeois, da Universidade de Washington, deu seguimento meticuloso ao trabalho deles, tendo encontrado arenito anormalmente áspero, que continha fragmentos de conchas, madeira fossilizada, dentes de peixes e argila, condizente com o leito marinho local — e determinava que a profundidade do local 66 milhões de anos antes teria sido de cem metros abaixo do nível do mar. Ela conseguiu usar o tamanho dos blocos de arenito para estimar que a corrente tinha velocidade maior que um metro por segundo, correspondendo a uma onda de altura mínima de cem metros, e além disso encontrou argila com padrões indicativos de uma corrente que ia tanto da costa quanto em sua direção. Ao imaginar a onda de máximo tamanho possível que seria o mesmo da profundidade marítima total de 5 mil metros, Bourgeois deduziu que o impacto devia ter sido de menos de 5 mil quilômetros à distância de seu local — ou seja, no golfo do México, no Caribe ou no Atlântico ocidental.

A outra pista da localização veio dos geólogos Bruce Bohor e Glen Izett, que em 1987 descobriram que o maior e mais abundante dos depósitos de quartzo de impacto no mundo se encontrava no interior da região oeste da América do Norte, o que sugeria um impacto próximo ao continente. Isso estava de acordo com as análises de Smit e Bourgeois, que haviam sugerido que o impacto se dera próximo à ponta sul do continente.

O local de impacto foi delimitado ainda mais quando o geólogo haitiano Florentin Maurrasse identificou destroços curiosos na camada de fronteira K-Pg em seu país natal. Sua descrição de sedimentos incomuns atraiu a atenção de Alan Hildebrand, pós-graduando da Universidade do Arizona, de seu orientador, Bill Boynton, e do pesquisador David Kring. Embora Maurrasse houvesse descrito que os detritos tinham origem vulcânica, o grupo do Arizona estava ciente da possibilidade que há de confundir detritos vulcânicos e de impacto. Assim que viram as amostras haitianas, eles identificaram os tectitos e decidiram visitar o Haiti. Foi lá, em 1990, que encontraram um afloramento de sedimentos com meio metro de espessura que parecia conter tectitos — e também quartzo de impacto e argila de irídio. Parecia uma região que, ao que tudo indicava, estaria associada ao impacto de meteoroides. A partir da espessura da camada, eles concluíram que a cratera não deveria estar mais distante que cerca de mil quilômetros no momento do impacto.

Embora a princípio Hildebrand tenha sido favorável a um candidato possivelmente caribenho, que mais tarde rejeitou, a equipe do Arizona acabou se direcionando para uma formação em Yucatán que fora identificada uma década antes. Mas não foi um cientista, e sim um jornalista — Carlos Byars, do *Houston Chronicle* —, o primeiro a fazer a conexão. Depois de ouvir Hildebrand apresentar a pesquisa do grupo do Arizona em um encontro científico, Byars contou a ele sobre a descoberta anterior de Penfield, uma cratera de impacto potencial — o que ajudou os estudiosos a levar o mistério da cratera perdida a sua conclusão incrivelmente gratificante.

A cratera descoberta pela Pemex estava na posição certa. Também tinha o tamanho certo. Essa concordância foi um dos grandes argumentos a favor da sua conexão com a extinção K-Pg. Mesmo assim, quando Hildebrand apresentou a um periódico científico dois resumos sugerindo a ligação, em 1990, eles não foram publicados — em parte porque a evidência inicial não era convincente o bastante. Todavia, as opiniões mudaram quando a equipe do Arizona identificou quartzo de impacto no local.

Como a cratera estava numa plataforma continental submersa, os sedimentos a recobriam, o que dificultava encontrá-la e estudá-la. Mas o fato de estar enterrada foi vantajoso também em outros aspectos, já que os mil metros de lama endurecida sobre ela protegeriam a cratera da erosão que teria ocorrido caso ela ficasse à superfície. Para investigar a cratera enterrada, e portanto de início inacessível, os cientistas do Arizona entraram em contato com Penfield e Camargo para estudar os cernes que haviam sido perfurados antes. Eles obtiveram duas amostras minúsculas armazenadas em Nova Orleans. O grupo do Arizona estudou as sondagens antigas da Pemex e de fato encontrou aquilo que procurava. Identificou quartzo de impacto e rocha derretida de impacto que demonstrava que a cratera vinha de um impacto e não de um vulcão. Kring anunciou a descoberta no Centro Espacial Johnson, da Nasa, em março de 1991.

Os cientistas do Arizona combinaram seus estudos da sondagem com os dados geofísicos fornecidos por Penfield e Camargo, e os grupos, ao lado de outros colaboradores, acumularam evidências fortes de que a cratera fora resultado do impacto que precipitara a extinção em massa K-Pg. Eles apresentaram esse resultado, assim como a estimativa de tamanho de 180 quilômetros, na revista *Geology* em 1991. O quartzo de impacto e outras evidências de apoio passaram a atrair a atenção de muitos cientistas.

A equipe do Arizona batizou a cratera com um nome de pronúncia infeliz, Puerto Chicxulub, que designava um pequeno porto de pesca localizado acima do centro da estrutura. O termo às vezes é traduzido como "cauda do diabo" — bastante apropriado para a formação imponente que Walter Alvarez chamou de "cratera da perdição".

Pouco depois da publicação da equipe do Arizona, especialistas em teledetecção perceberam ser possível detectar a circunferência da cratera em imagens de satélite, que mostravam pequenos lagos com oitenta quilômetros de raio dispostos em torno da estrutura. É muito provável que esses lagos tivessem sido produzidos pela formação da cratera, que teria feito a água subterrânea subir e atravessar a superfície terrestre, sendo portanto mais um indício da conexão com ela.

Seguiram-se mais indícios. Os cientistas do Arizona conseguiam dizer que o conteúdo nas sondagens antigas era material fundido de impacto e continha características que lembravam os microtectitos do sedimento K-Pg no golfo ao redor. Kring e Boynton também observaram semelhanças químicas entre a rocha derretida de Chicxulub e esférulas vítreas depositadas no limite K-Pg no Haiti — indício sólido de que a cratera mexicana foi produzida exatamente no limite K-T, em que a vida é extinta. As evidências haviam ficado tão fortes nesse momento que a descoberta rendeu manchetes e entrou no domínio público.

Geólogos encontraram depois mais vínculos entre a cratera de Yucatán e a extinção K-Pg. Próximo a ela, exatamente na devida região limítrofe, Jan Smit e Walter Alvarez identificaram o tipo de afloramento geográfico — uma mistureba de *breccias* que continha esférulas e até vidro. A descoberta do vidro também foi importante. O vidro se forma apenas durante processos velozes como um impacto e não durante algo relativamente curto como um vulcão, onde os átomos e moléculas têm tempo para formar cristais. Os riscos no vidro foram mais indicativos de que ela se formava muito rápido para homogeneizar.

Mais explorações e conversas com geólogos residentes no México levaram à exposição de mais regiões que haviam sido perturbadas pelo impacto mais ou menos próximo. Estudos também demonstraram que a espessura das ejeções da fronteira na América do Norte diminuíam conforme a distância do local, como fora previsto usando-se Chicxulub como fonte. E a geóloga Susan Kieffer ajudou a explicar a distribuição relativa de irídio, fundido de impacto e quartzo de impacto em termos de ejeções sucessivas das explosões.

Em 1992, dadas todas as evidências acumuladas, a maioria dos geólogos estava convencida de que a formação de Yucatán era de fato uma cratera de impacto. Mas eles ainda não tinham certeza quanto a sua relação com a extinção K-Pg. A datação detalhada, que exigiria estudar a composição química de núcleos de boa qualidade da cratera, seria a única maneira de determinar com firmeza essa conexão.

Cientistas conseguiram determinar a idade dos núcleos existentes — em especial três continhas de vidro bem preservado — estudando isótopos de argônio nas rochas. Então dataram as esférulas da camada K-Pg haitiana para conferir se os momentos de impacto e extinção se acertavam. Quando a primeira medição rendeu a idade de 64,98+/−0,05 milhões de anos e a segunda, 65,01+/−0,08, os resultados demonstraram que os eventos haviam acontecido ao mesmo tempo (dentro dos níveis de incerteza de medição). Essa concordância excelente convenceu muitos cientistas de que a teoria da extinção dos dinossauros por meteoroide, proposta de início por Alvarez e colaboradores, estava correta. As ejeções caíram bem na fronteira paleológica, confirmando que o impacto ocorrera na mesma época da extinção.

Contudo, a datação inicial tanto da cratera quanto da camada de irídio — determinantes para estabelecer a relação causal — se revelou errada em mais ou menos 1 milhão de anos. As datas relativas não haviam mudado, mas as constantes de decaimento essenciais para atribuir uma idade estavam um pouco incorretas no início. É por isso que hoje achamos que a extinção K-Pg aconteceu há 66 — e não há 65 — milhões de anos.

A melhoria significativa e recente na medição do alinhamento de datas é evidência ainda mais forte para corroborar a hipótese do meteoroide. Em fevereiro de 2013, o pesquisador Paul Renne e seus colegas da Universidade da Califórnia em Berkeley mostraram que o impacto em Chicxulub e a extinção em massa aconteceram com menos de 32 mil anos de diferença, uma medição incrivelmente precisa para eventos ocorridos há tanto tempo. A equipe de Berkeley utilizou datação argônio-argônio — a técnica baseada em isótopos de argônio radioativo citada no capítulo anterior — para mostrar que o impacto e a extinção ocorreram nesse minúsculo intervalo de tempo.

É quase certo que a proximidade das datas que eles encontraram não é mera coincidência e foi uma sustentação notável da hipótese de impacto. Embora os autores do artigo tenham tido cuidado de ressaltar que o evento do meteoroide pode ter sido o prego no caixão de uma extinção que já fora precipitada por atividade vulcânica ou mudança climática, agora está além de qualquer suspeita que o enorme impacto meteoroico que criou a cratera Chicxulub foi o desencadeador crucial.

Em março de 2010, 41 especialistas em paleontologia, geoquímica, modelos climáticos, geofísica e sedimentologia se encontraram para revisar os mais de vinte anos de evidência da hipótese impacto-extinção em massa que haviam se acumulado até então. Eles concluíram que houve de fato um impacto de meteoroide 66 milhões de anos atrás, que tanto criou a cratera quanto causou a extinção K-Pg, sendo sua vítima mais notável o digníssimo dinossauro.

Um artigo publicado na revista *Science* naquele ano apresentou uma perspectiva de consenso quanto ao meteoroide como causa da extinção. Alguns meses depois, na mesma revista, paleontólogos céticos despacharam outro artigo no qual também concordaram que um meteoroide havia sido no mínimo fator participante muito significativo.

A cratera de Chicxulub está entre as maiores das encontradas na Terra. A história de sua identificação foi um exemplo incrível da ciência em ação, que incluiu induções inteligentes, teste e validação de hipóteses arrojadas e a exploração de regiões tão distanciadas quanto Itália, Colorado, Haiti, Texas e o Yucatán. O meteoroide que atingiu o Yucatán teve influência profunda sobre a Terra e sua vida. A origem e as consequências dele ilustram com primor as conexões persistentes entre nosso planeta e o universo.

13. A vida na zona habitável

Já trilhamos um longo caminho na nossa jornada rumo à proposta que sugere como a matéria escura e a ausência de dinossauros terrestres podem estar conectadas. Levamos em consideração muito do que se sabe sobre o universo, a matéria interna a ele e o desenvolvimento de estruturas como as galáxias. Mais perto de nossa casa, revisamos os cinco grandes eventos de extinção, entre eles a história bem estudada da extinção K-Pg, e investigamos a composição do sistema solar com foco em novas descobertas sobre asteroides e cometas.

Mas os avanços na ciência não dizem respeito apenas ao conhecido. É essencial que ela envolva também o desconhecido. As hipóteses muitas vezes começam como especulações para encontrar sentido em indícios marginais, mas sugestivos, ou — em momentos de inspiração — sintetizar grandes e novas ideias. A beleza do método científico é que ele nos possibilita pensar sobre conceitos que parecem doidos, porém com vistas a identificar as consequências pequenas, lógicas, com as quais testá-los. Talvez tenhamos sorte e nossas propostas possam apontar o caminho a seguir, mas também podemos nos frustrar com hipóteses a princípio promissoras que se provem incorretas depois que já nos tiraram da rota.

É raro que o avanço se dê em linha reta. Essa ideia foi expressa com um fervor talvez exagerado, em outro contexto, por um amigo que esquia sem muita frequência, mas com entusiasmo. Quando o encontrei nas encostas, ele descreveu seu avanço como "dois passos para a frente, dois passos para trás". Mas, na verdade, mesmo quando ele acha que não está progredindo na sua técnica, o tempo a mais que ele passa na neve lhe dá a familiaridade com uma montanha e seu relevo que o ajudará em futuras aventuras no esqui. Aliás, quando o encontrei um ano depois, na mesma pista, seu nível ali tivera uma melhora perceptível.

Mas a postura que ele expressou é a que qualquer pessoa que conduz pesquisas pode identificar em certos momentos. Até alguém que não comete erros, que trabalhou todas as equações de maneira correta, que interpretou os dados como se deve, pode acabar achando que a ideia que sugeriu — embora não seja sua culpa — não nasceu neste universo. Mesmo assim, tal como no esqui, as tentativas deveriam render pelo menos um entendimento mais íntimo do relevo. Nosso pesquisador imaginário pode se reconfortar em saber que aprendeu algo também com suas ideias erradas — pelo menos as ideias erradas certas —, ainda que nem sempre tenha parecido assim na época. Fazer suposições e encontrar maneiras de provar ou refutar ideias é, afinal de contas, a única maneira de assegurar sua validade. Nas maravilhosas ocasiões em que as propostas são felizes ou inspiradas, a pesquisa leva a progresso de verdade. Para um cientista, assim como para a maioria das pessoas, os fracassos começam a sumir quando defrontados com o sucesso.

Logo à frente este livro tratará de algumas ideias especulativas a respeito da matéria escura. Mas este capítulo se volta de modo sucinto para uma das consequências interessantes da matéria cuja composição conhecemos bem — o desenvolvimento e evolução da vida. Vou explicar alguns dos fatos que podem ser importantes para as origens dela, as condições ambientais que podem acomodá-la e o possível papel dos meteoroides no seu desenvolvimento. Embora muitas das ideias que discuto tenham sustentação na pesquisa científica, incluí também alguns aspectos especulativos. Eles em geral dizem respeito a como cada característica particular foi crucial à vida na Terra ou teria sido em relação a novas formas de vida que possam existir em outros lugares.

Nosso foco a seguir na matéria comum não se dá para sugerir que não existem muitas ideias especulativas também quanto à matéria escura, mas por enquanto vou deixá-las de lado e voltarei a elas na parte final do livro. Mesmo assim, não deveríamos rejeitar por completo a dívida da vida para com a matéria escura e o papel desta na criação de nosso ambiente estrelado — no fim das contas, resultado de um disco denso de matéria comum que se precipitou de uma galáxia que de início foi semeada pela condensação de matéria escura. Essa estrutura semeada em andaime possibilitou a criação de estrelas e núcleos pesados, que nunca teriam sido criados no devido tempo sem a contribuição da matéria escura. Esta também devia levar o crédito por nos ajudar a atrair para galáxias e aglomerados de galáxias os elementos pesados que supernovas criam e que são essenciais a nosso planeta e a nossa vida.

Mas houve muito tempo entre os halos de matéria escura e a criação da vida. O disco da Via Láctea teve que se formar, depois as estrelas, os elementos pesados e as estruturas mais complexas. A matéria comum foi essencial para todos esses processos sutis e complexos para os quais nosso sistema solar parece particularmente bem apropriado. Não sei lhe dizer quais das ideias especulativas a seguir sobre a formação da vida estão corretas. Mas posso dizer com certeza que, nos anos por vir, a ciência fará progressos.

OS PRINCÍPIOS DA VIDA

A origem da vida é um problema extremamente desafiador, sobretudo porque ninguém sabe com exatidão o que é vida. Duvido que teríamos adivinhado ou até entendido sua constituição ou as condições necessárias para nosso tipo de vida se não fôssemos apresentados ao exemplo notavelmente complexo e improvável da vida que já está aqui. Mas, embora as pessoas estejam cientes de muitas questões fundamentais profundas que ainda precisam ser respondidas, elas superestimam de maneira reiterada a quantidade do que entendemos de fato. Um dos motivos pelos quais acho o raciocínio antrópico problemático é que, por enquanto, ninguém sabe o que pode ser essencial a qualquer forma de vida possível ou mesmo para estruturas como galáxias que possam sustentá-la. Não sou tão confiante quanto outras pessoas ao que parece são em dizer que qualquer forma de vida seria similar à nossa.

Mas antes de fazer perguntas que dizem respeito a formas de vida imaginárias e abstratas, primeiro talvez queiramos saber como e onde a vida no nosso planeta teve início. Ela teria origem local ou veio de outro ponto no espaço sideral? Alguns especulam que cometas ou asteroides trouxeram vida já formada à Terra através de esporos em uma conjuntura chamada de *panspermia*; outros defendem que um impacto de meteoroide ajudou a superar alguma barreira à formação da vida; e outros, de maneira mais conservadora, sugerem que a vida na Terra se desenvolveu sem nenhuma intervenção extraterrestre direta. A última hipótese tem a vantagem de que, entre todos os pontos no sistema solar que conhecemos, nosso planeta parece ter as condições que mais conduzem à emergência da vida. Embora ambientes similares possam existir em outros lugares — até onde sabemos, apenas a Terra possui os ambientes marinhos rasos, como lagoas ou poças de maré, soluções aquosas congeladas ou a superfície de argilas onde compostos químicos podem se concentrar e reagir.

Os elementos pesados dos quais a vida é constituída sem dúvida vieram do espaço. O hidrogênio estava presente bem no início do universo, mas os outros elementos essenciais — carbono, nitrogênio, oxigênio, fósforo e enxofre — emergiram apenas por causa da síntese estelar quente e densa e das explosões de supernovas que aconteceram ainda antes do nascimento do Sol. Tive a felicidade de citar essa sequência de eventos durante uma entrevista solicitada por estudantes que estavam à procura de asteroides próximos à Terra no telescópio de Tenerife, nas ilhas Canárias. Depois do questionário mais convencional, eles apresentaram a mesma pergunta extravagante que, segundo me disseram, fazem a todo entrevistado: "Quais são, na sua opinião, as propriedades que alunos e estrelas jovens têm em comum?". Fiquei aliviada em saber que os entrevistadores ficaram satisfeitos com minha resposta, a de que estudantes absorvem ideias e as processam para criar novas ideias que dispersam pelo mundo e assim reiniciar o ciclo — tal como estrelas absorvem material interestelar para criar elementos pesados, que então devolvem ao espaço para ser reprocessado. Quando o material molecular é expelido, dispersado pelo meio interestelar e agregado em nuvens densas, onde uma fração readentra regiões de formação de estrelas, o padrão de distribuição não é muito distinto da criação, disseminação e progressão das ideias.

Mas os elementos pesados tiveram que ser mais processados antes que a vida pudesse emergir. Na Terra, isso ocorreu quando os compostos químicos formaram compostos orgânicos estáveis cada vez mais complexos, que por fim criaram RNA autorreprodutor, depois DNA, depois células e a seguir — muito depois — organismos multicelulares. Estes são construídos em parte a partir de aminoácidos, os elementos constituintes das proteínas. Conforme passamos a entender mais sobre o que é necessário para desenvolver DNA e RNA e estrutura celular, melhor podemos averiguar as condições extremas que foram essenciais à origem da vida.

Uma das muitas perguntas interessantes relativas à emergência da vida é como os aminoácidos se formaram no meio interestelar e em outros lugares. No início dos anos 1950, Stanley Miller e Harold Urey, da Universidade de Chicago, fizeram um experimento famoso no qual aqueceram um cantil de água vedado por um recipiente que continha metano, amônia e hidrogênio. A meta do estudo era imitar o oceano primordial no início da atmosfera. Uma descarga elétrica sobre o vapor d'água fez o papel do raio em sua "atmosfera" criada artificialmente. A partir desse aparato simples, Miller e Urey conseguiram produzir aminoácidos, demonstrando que a geração deles em ambientes solares e extrassolares não é de todo surpreendente.

A atmosfera do início da Terra ao que tudo indica continha dióxido de carbono, nitrogênio e água, e não os menos estáveis metano e amônio utilizados no experimento. Mas é interessante notar que a distribuição terrestre de aminoácidos é incrivelmente parecida com a que se produziu no experimento Miller-Urey. A mensagem-chave dos resultados deles talvez seja que formar material orgânico é relativamente simples na Terra — assim como em qualquer outro ponto da galáxia e do sistema solar. Tenha em mente que o termo *orgânico* na química se refere apenas à presença de carbono, não necessariamente aos elementos da vida. O termo, embora infeliz, obviamente não é coincidência, dado que algumas (mas não todas) moléculas orgânicas são essenciais à vida como a conhecemos.

É fato que processos que envolvem carbono acontecem praticamente em qualquer lugar no universo. As efusões estelares, o meio interestelar, as nuvens moleculares densas e as nébulas protoestelares contêm, todos, matéria orgânica. A região em torno de uma estrela como o Sol cria grandes quantidades de matéria orgânica, assim como fez a nuvem molecular densa na qual ela foi criada. Isso faz com que a síntese orgânica seja relativamente pouco surpreendente, mas também dificulta determinar a origem dos ingredientes essenciais à vida. Parte dela pode ter se originado em outro ponto, porém alguns cientistas acreditam que muito da matéria orgânica talvez se prove produto local — ou pelo menos criado a partir de material que de início foi reprocessado no manto da Terra, antes de entrar nas moléculas que acabaram contribuindo para a vida.

O que sabemos mesmo é que ao menos parte do material orgânico é enviada à Terra a partir dos impactos de objetos dentro do sistema solar. A quantidade de matéria orgânica dentro do cinturão de asteroides parece ser marcantemente similar à de fora, um dos motivos para suspeitarmos que uma fração razoável do material orgânico do planeta tenha sido enviada do espaço. Outro motivo é que, embora os resquícios minerais dos primeiros anos da Terra sejam diminutos, o enorme número de crateras na Lua e o tamanho tanto maior do globo nos dizem que, em seus primeiros anos, muitos eventos de impacto devem ter acontecido também aqui. É muito provável que eles tenham rendido quantidades substanciais de material orgânico.

Aminoácidos como purinas e pirimidinas — também essenciais para o DNA e o RNA — são de fato encontrados no espaço. Tanto asteroides quanto cometas contêm aminoácidos, que em parte são encontrados na vida na Terra. Um dos discriminadores que ajuda a distinguir aminoácidos não bióticos é a *quiralidade*, ou especularidade (Figura 31). Apenas aminoácidos canhotos estão presentes na vida na Terra, enquanto aminoácidos do sistema solar mais amplo contêm moléculas ambidestras. A quiralidade tem a ver com o arranjo dos átomos em torno de um átomo de carbono, que possui uma direcionalidade distinta — como as direções distintas que seus dedos tomam na sua mão direita e na sua mão esquerda. Todavia, pelo menos um estudo descobriu um excesso em depósito de asteroides de moléculas canhotas em um tipo de aminoácido, complicando o vínculo do excesso canhoto com a vida.

Muito do que sabemos a respeito de aminoácidos em asteroides veio do meteorito Murchison, que caiu em 1969 perto de Murchison, uma cidadezinha australiana próxima a Melbourne. Ele era um pedaço de asteroide que se originou entre Marte e Júpiter. Era do tipo *condrito carbonáceo*, que, como você pode adivinhar pelo nome, contém uma boa quantidade de moléculas orgânicas, entre as quais aminoácidos. Por coincidência, os laboratórios que podiam estudar o meteorito haviam acabado de ser construídos para estudar amostras lunares das missões Apollo. Portanto, foi um acaso que cientistas tivessem as ferramentas para comparar o meteorito Murchison a outros similares, como o meteorito Murray, encontrado em Oklahoma, e contrastá-lo com outros diferentes, como o meteorito Orgueil, encontrado na França.

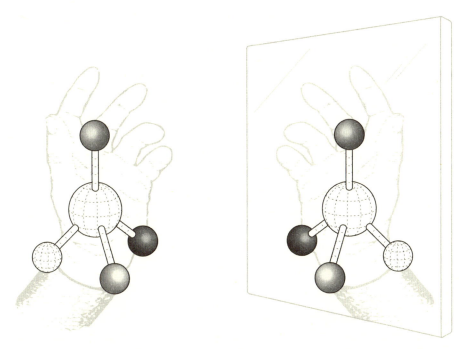

31. *Moléculas quirais com dada especularidade não parecem as mesmas quando refletidas em um espelho. Os aminoácidos em seres vivos são canhotos.*

Tentou-se também reproduzir condições cósmicas aqui na Terra para estudar a sina dos aminoácidos que vieram do espaço. A pesquisa deles demonstrou que aminoácidos podem sobreviver a impactos de cometas ou ser criados quando material extraterrestre atinge o solo. As observações de desgaseificação de cometas já demonstraram que, enquanto a maioria dos asteroides possui material interestelar altamente processado, alguns gelos de cometa contêm matéria interestelar primeva, imaculada. O estudo dos meteoritos e da poeira interplanetária, que reflete o conteúdo de cometas e asteroides que transportaram material à Terra, devia ajudar a determinar as origens e quantidade de algumas das moléculas que vieram do espaço.

É provável que a água, assim como o carbono, seja essencial à vida no sistema solar — se e onde ela existir. Uma característica particularmente notável da Terra é que cerca de dois terços de sua superfície — não toda ela — são cobertos por oceanos. A cobertura parcial por oceanos, que permite a

233

existência de costas e regiões de maré, também deve ter sido importante para a vida que se desenvolveu aqui.

A água sem dúvida é crucial à vida como a conhecemos. Evidências nas rochas indicam que água líquida existe em estado estável na superfície da Terra ao longo de boa parte de sua história. Rochas datadas em até 3,8 bilhões de anos parecem ter se formado em água na superfície terrestre. E zircônio com datação ainda anterior — de pelo menos 4,3 bilhões de anos — existe numa forma que parece ter exigido água na crosta inicial do planeta.

A vida na Terra sem dúvida tem uma grande dívida para com seja lá o que for que nos tenha trazido a vasta quantidade de água que o planeta contém hoje. Porém, como um amigo reconheceu, muito fascinado, em um recente passeio de balsa, a fonte desse recurso marcante que nos cerca continua sendo um mistério. Parte da água nos oceanos pode ter emergido de água presa em rochas sob a superfície, mas a pequena quantidade que teria se acumulado não foi necessariamente suficiente para responder pelas grandes quantidades de água que deviam estar presentes.

Já vimos que impactos podem ter trazido material orgânico que ajudou a facilitar a criação da vida. A entrega extraterrestre de água a partir de cometas e asteroides, lá no princípio — talvez durante o Intenso Bombardeio Tardio —, com certeza também é possível. É um negócio complicado, já que a maior parte da água que vem à Terra via meteoritos é incorporada à treliça dos minerais, de forma que algum processo seria necessário para separá-la de seu hospedeiro sobretudo silicado — embora algum gelo intersticial também possa ter sido trazido por asteroides.

Os cometas a princípio pareciam o candidato mais provável para a origem da água, já que são compostos sobretudo de gelo. Todavia, os isótopos de carbono, hidrogênio e oxigênio na Terra ao que tudo indica não combinam com o que se observou até o momento em cometas, o que nos diz que estes talvez não sejam a fonte primária dos voláteis daqui. Esse resultado foi comprovado em 2014, quando Rosetta trouxe resultados que indicavam que a composição isotópica do hidrogênio no cometa estudado pela sonda não combinava com a dos isótopos na Terra — o que tornou a hipótese de que a água vinha dos cometas ainda mais remota. Se os objetos do espaço tiveram alguma função, é mais provável que as contribuições de asteroides mais distantes, que podem ter tido taxas de isótopos mais similares às terrestres, tenham sido importantes.

Outro problema para a água no início da Terra é que a potência energética do Sol mais jovem devia ser 70% do que é hoje. Com a luminosidade de início mais baixa do Sol, até a água que se formou de fato não estaria em fase líquida sem outra explicação — um dilema conhecido como "Paradoxo do Sol Fraco". Todavia, a Terra jovem também teria gerado calor a partir da libertação de energia gravitacional conforme ela entrou em colapso, por atividade vulcânica, via choques de meteoroides que entravam pela atmosfera, do aquecimento das marés pela Lua, que na época era mais próxima, e através da radioatividade do decaimento de isótopos instáveis dentro do planeta. Qualquer um desses fatores pode ter deixado a Terra mais quente do que a radiação solar por si só. O mais provável é que gases do efeito estufa, que hoje ajudam a aquecer o planeta, desempenharam papel mais significativo também naquela época. Os gases do efeito estufa, como o dióxido de carbono na atmosfera, fazem parte da luz do Sol, que atinge a Terra primariamente em comprimentos de onda visíveis, para ser absorvida na atmosfera e irradiada de volta em infravermelho. Se os gases do efeito estufa explicam ou não a temperatura inicial terrestre mais quente que o esperado, os oceanos líquidos estavam claramente presentes nos primórdios do planeta. Portanto, uma ou mais das resoluções acima pode ter tido seu papel.

A ZONA HABITÁVEL

Nosso meio cósmico contém tanto amigos quanto inimigos — de dentro e de fora do sistema solar. A vida parece depender de uma conspiração de condições físicas nas quais um ecossistema apropriado pode desabrochar — o que exige condições excepcionais que lhe possibilitem se beneficiar dos aspectos positivos e desviar ou suprimir os negativos. É provável que entender os pré-requisitos da vida se prove tão desafiador quanto entender as origens da vida. Independentemente disso, cientistas esperam determinar o que constitui um ambiente habitável — tanto para a vida microbiana elementar quanto para a vida complexa avançada que em tese exige condições muito mais particulares. Embora até o momento ninguém tenha todas as respostas, qualquer coisa que torne nosso ambiente especial merece alguma atenção.

Talvez valha notar que o Sol em si parece especial em alguns aspectos. Ele está entre as estrelas mais gigantescas — entre as 10% mais —, talvez tenha mais conteúdo metálico que o normal e fica anormalmente próximo do plano médio, dada sua idade. Além do mais, ele parece ter uma órbita mais circular que estrelas de idade parecida e está posicionado de forma que orbita em ritmo mais ou menos semelhante ao dos braços espiralados, cruzando-os, portanto, com frequência relativamente baixa. Não sabemos quanto essas propriedades atípicas do Sol são de fato essenciais, mas qualquer característica pouco usual pode ser interessante.

A fotossíntese, que depende da radiação solar, é crítica para boa parte da vida na Terra. A energia é quase com certeza essencial para qualquer forma de vida, já que ela alimenta o processo que pode criar e no fim das contas sustentá-la. Na Terra, o Sol é sem sombra de dúvida a principal fonte de energia. O poder da luz solar hoje é milhares de vezes maior que aquele da fonte mais significativa seguinte, o calor geotermal. Mesmo contribuições menos significativas hoje incluem relâmpagos — cuja potência é menor por um fator de 1 milhão — e raios cósmicos — mais abaixo por um fator maior que mil.

Embora sua importância para todas as formas de vida seja motivo de especulação, a água líquida com certeza é importante para a vida que existe na Terra. Além de saber de onde veio a água, gostaríamos de saber onde sua forma líquida ficaria estável. Tratar dessa questão exige não só conhecimento a respeito do Sol e nossa distância dele, mas também o entendimento da efetividade da radiação, outras fontes de calor possíveis e a quantidade de pressão na atmosfera.

Com base apenas na reflexividade da Terra e na luminosidade do Sol e a distância que ele tem de nós, a água na superfície terrestre estaria congelada mesmo hoje sem o efeito caloroso da atmosfera. Embora tenhamos uma preocupação legítima quanto ao aquecimento exagerado na atmosfera atual, a Terra seria muito fria sem o efeito estufa do dióxido de carbono, metano, vapor d'água e óxido nitroso que a mantém aquecida. A água líquida existe aqui hoje apenas por causa dos gases do efeito estufa, que absorve luz infravermelha e aquece o planeta, estabelecendo assim o equilíbrio.

A *zona habitável* é a região onde existem condições que possibilitam a sobrevivência da vida. É a região "Cachinhos Dourados", situada no ponto exato que permite a existência de água líquida estável. Se ficasse muito longe da grande fonte de calor — o Sol —, a água seria gelo. Perto demais, só para começo de conversa, a água não se condensaria na superfície do planeta. Ela também pode existir sob a superfície, embora seja improvável que abrigue a diversidade de vida que um oceano grande pode promover.

O limite habitável externo que diz respeito à água às vezes é definido como a distância do Sol em que dióxido de carbono começaria a se condensar da atmosfera, o que resultaria em uma zona que se estende, aproximadamente, um terço mais distante do Sol do que a Terra. Ela às vezes é definida, por outro lado, como região onde dióxido de carbono e água suficientes ficam na atmosfera para impedir que a água congele, levando a uma zona habitável maior em torno do Sol de mais ou menos dois terços mais distante que a Terra. Para dar a devida perspectiva a isso, Vênus entra nas duas categorias, mas Marte entra na segunda, e os planetas exteriores, por estarem muito distantes, não entram em nenhuma.

Mesmo sem saber como ela surgiu, sabemos que a água está por aí quase desde o princípio do planeta. Mas a luminosidade do Sol mudou, tendo crescido de modo considerável desde sua formação, e a atmosfera mudou também. Existe, portanto, uma região mais limitada, conhecida como *zona continuamente habitável*, que teria mantido água líquida ao longo do período de vida do globo. Conforme os modelos climáticos atuais, a zona habitável contínua é uma região mais restrita que fica em 15% da distância Terra-Sol. Claro que isso é definido conforme os padrões de hoje. Daqui a mais ou menos 4 bilhões de anos, o Sol vai se transformar em um gigante vermelho, e alguns poucos bilhões de anos depois se extinguirá por completo. Conforme os modelos atuais, não há formas de vida na Terra — simples ou complexas — que virão a sobreviver no futuro distante.

Todavia, antes que nos preocupemos quanto a essa sina remota e funesta, questões mais prementes nos acossam. Uma das mais críticas é a estabilidade da temperatura da Terra e o que ela significa para a vida como a conhecemos. Na nossa sociedade atual, variações de temperatura relativamente pequenas podem causar grandes efeitos em regiões costeiras, na agricultura e na habitabilidade humana. Mas para entender a evolução da vida, entram em jogo considerações muito mais grosseiras a respeito da temperatura. Na Terra, o carbono é essencial, e o carbono atmosférico deve ser reabastecido o tempo todo.

Em outros planetas, nuvens de dióxido de carbono e metano também podem ser relevantes. Neste planeta, os processos que regulam o carbono na atmosfera são críticos. O carbono é retirado da atmosfera quando se dissolve na água da chuva ou é absorvido via fotossíntese pelas plantas, e é reabastecido quando reciclado de novo na atmosfera através da tectônica das placas e do desgaste constante das rochas. O carbono retorna quando o leito oceânico que é criado mesoceânico mais tarde se perde em zonas de subducção, onde os elementos reagem para produzir dióxido de carbono que escapa por vulcões, fontes termais e outras aberturas. O carbono também é devolvido devagar através da sublevação e da criação das montanhas, e é reciclado com rapidez na queima de combustíveis fósseis. Todos esses processos afetam o abastecimento de carbono atmosférico, que por sua vez é crítico para regular a temperatura terrestre.

A estabilidade climática de longo prazo pode ter sido outra precursora do desenvolvimento da vida. Na Terra, essa estabilidade dependia não só dos oceanos e de fontes de calor internas para conduzir a tectônica de placas que cria uma camada do efeito estufa, mas também da evolução estelar, em um ritmo de baixo impacto de asteroides e cometas, e da presença da Lua, que estabiliza o eixo de rotação da Terra. É provável que essas condições tenham sido mais críticas para a vida que se formou nos últimos 500 milhões de anos, com suas plantas e animais maiores, embora alguma estabilidade climática talvez tenha sido importante para o início da vida microbiana também nos primeiros 3 bilhões de anos.

Há uma grande probabilidade de que a atmosfera estável tenha sido importante para a emergência da vida. Muitos raios cósmicos atingindo o planeta — ou asteroides ou cometas demais, no caso — e muitos tipos de vida não teriam tido chance de se formar. Qualquer coisa que conseguisse emergir talvez tivesse sido destruída bem rápido. Um planeta que abrigue vida tem que estar a uma distância suficiente do Sol para evitar a radiação solar excessiva, mas também próximo o bastante para ser protegido de asteroides por planetas exteriores. Seja isso necessário ou não, Júpiter decerto desempenha o papel de irmão maior — ou leão de chácara — da Terra que protege seu "parente" menor de ataques extraterrestres e torna o desenvolvimento da vida muito mais simples.

O que também protege o planeta é o vento estelar — discutido no capítulo 8 no contexto de definição de limite do sistema solar — que interage com material interestelar e cria a *heliosfera*. A taxa de raios cósmicos galácticos é relativamente baixa dentro da região, o que possivelmente estabiliza o clima da Terra e protege qualquer vida emergente de suas influências destrutivas mais diretas.

O surpreendente é que hoje vivemos na região — de trezentos anos-luz de extensão — chamada de *Bolha Local*, um domínio similar a vácuo com densidade de hidrogênio muito baixa dentro do meio interestelar no Braço Órion da Via Láctea. Só em tempos recentes — talvez nos últimos poucos milhões de anos — entramos nessa região aquecida, de baixa densidade, em parte ionizada, com seu ambiente interestelar relativamente exíguo. Durante esse período, a região envolta pela fronteira da heliosfera — onde o vento solar tem dominância sobre o meio interestelar — tem sido excepcionalmente grande. Não sabemos se é mera coincidência o fato de a emergência dos hominídeos se dar em um intervalo de tempo em que a cavidade da Bolha Local cercou a Terra ou se essas densidades de gás e raios cósmicos anomalamente baixas foram instrumentais na formação da vida complexa.

METEOROIDES E O DESENVOLVIMENTO DA VIDA

O meteoroide que criou a cratera de Chicxulub com certeza teve seu papel no rumo posterior de desenvolvimento da vida ao eliminar a maior parte das espécies existentes e abrir caminho para outras. Embora os números não sejam muito precisos, parece que a maioria dos grandes meteoroides data de uma época próxima ou coincidente com uma extinção de massa. Camadas de irídio, microtectitos e quartzo de impacto próximos a fronteiras de extinção dão apoio ao possível papel dos impactos potencialmente merecedor de mais investigação, assim como crateras reais cuja época parece coincidir com eventos marcantes que mudaram os rumos da vida.

Mesmo assim, muitas das sugestões acima são especulativas. Apesar da onda de entusiasmo pós-Alvarez, com propostas de meteoroides, asteroides e cometas desencadeadores, com certeza eles não constituem a explicação completa para a destruição — ou origem — da vida no planeta. O evento K-Pg é a única extinção induzida por impacto com determinação confiável. A evidência de que a mudança climática e as grandes erupções ígneas tiveram papel nas extinções ao fim do início do Cambriano, do Permiano final, do Triássico final e do Mioceno médio talvez seja mais convincente que algumas das sugestões de impacto. Então não fique muito empolgado com as especulações que vou apresentar a partir de agora. Mas indícios apontam que há de fato um sistema interconectado. Como parte dos grandes impactos aconteceu em época que se aproxima da idade da Terra, das origens da vida e do princípio da civilização, vale a pena investigar quaisquer conexões possíveis até onde pudermos — mesmo que a evidência não seja esmagadora.

Das cinco grandes extinções em massa, a do fim do Devoniano — que aconteceu entre 360 milhões e 400 milhões de anos atrás — é secundária apenas à extinção K-Pg em termos de evidência de um papel extraterrestre. Talvez muitos impactos tenham ocorrido nessa época, muito provavelmente causados por um asteroide que se fragmentou ou por uma perturbação que ativou múltiplos impactos de cometa do tipo que vamos tratar em breve. Embora as medições precisas de momento não necessariamente apoiem um papel significativo dos meteoroides nesse evento de extinção — e a perda de espécies nesse lapso de tempo parece ser mais consequência de especiação restrita do que de extinções de fato —, é interessante saber que em 1970, muito antes da sugestão de Alvarez quanto à extinção K-Pg, o paleontólogo Digby McLaren havia sugerido que um asteroide podia ter sido responsável por esse evento anterior.

A maioria das outras sugestões de vínculo entre impactos e extinções diz respeito a eventos menores, como a extinção regional na América do Norte há 74 milhões de anos. Muitas espécies de crocodilos, alguns répteis aquáticos, alguns mamíferos e várias espécies de dinossauros foram extintos na época, que parece coincidir com aquela em que a estrutura de impacto Manson, no Iowa, teve origem. O período dos eventos no Eoceno tardio, há cerca de 35 milhões de anos, que consistiu em múltiplas extinções no mar, e alguma extinção réptil, anfíbia e mamífera em terra, também coincide de maneira aproximada com alguns impactos. Entre as evidências estão o astroblema* Popigai, na Rússia, o de noventa quilômetros de extensão descoberto há pouco na baía de Chesapeake, perto de Washington, DC, e outro menor, próximo da costa de Atlantic City, Nova Jersey. A formação de Washington foi descoberta de maneira inteligente a partir da identificação de um campo de seixos com um depósito de tsunâmis induzido por impactos, que foi seguido por perfilagem

---

* Termo geológico para uma cratera de impacto produzida por um meteorito. (N. R. T.)

sísmica e o exame de sondagem de núcleos. Os níveis de irídio acima do normal e a poeira interplanetária excessiva daquela época sugerem que uma chuva de cometas pode ter sido a responsável pelos impactos múltiplos.

O evento no Eoceno tardio também exibe evidências de interferência extraterrestre que depende de um método diferente — evidência geoquímica — que pode ajudar enfim a complementar o registro de impacto frustrantemente exíguo. Ken Farley e colaboradores, do Instituto de Tecnologia da Califórnia (California Institute of Technology, Caltech), demonstraram como tirar mais informações de eventos de impacto a partir de um isótopo de hélio que rastreia a poeira interplanetária, uma substância que pode ser realçada durante chuvas de cometas. O resultado muito interessante por eles apresentado mostra um crescimento de hélio-3 entre cerca de 1 milhão de anos antes dos impactos que produziram as crateras de Popigai e da baía de Chesapeake há 36 milhões de anos e 1,5 milhão de anos depois. A poeira dá fortes evidências de uma chuva de cometas, talvez provocada por uma perturbação impulsiva da nuvem de Oort, tópico ao qual voltaremos nos próximos capítulos.

Para concluir nossa lista de propostas especulativas de impacto, uma extinção em massa menor no Mioceno tardio, por volta de 10 milhões de anos atrás, parece coincidir com uma anomalia de irídio e esférulas de vidro. O interessante é que Farley também identificou um acréscimo de hélio-3 naquela época. A sincronia e a evolução temporal da poeira nesse caso combina melhor com asteroides — em particular a conhecida colisão que produziu a família de asteroides Veritas.

O papel dos impactos na criação da vida é ainda menos evidente que seu papel na destruição da vida. Mas algumas pessoas consideram a possibilidade de que eles também tiveram influência nesse processo. Vou citar até a possibilidade imaginária já sugerida de alguns dos fatos mais dramáticos na Bíblia e na mitologia, ou mesmo formações pré-históricas não explicáveis, como Stonehenge, na Inglaterra, terem sido motivados por eventos misteriosos ou de aparência mística, com origem extraterrestre ou de indução meteoroica. Chegando mais perto da ciência, pesquisadores sugerem que eventos de impacto iniciais podem ter soprado partes da atmosfera e até os oceanos, retardando ou restringindo o progresso da vida na Terra. Mas esses eventos talvez também tenham criado condições ambientais que levaram à vida — ao criar sistemas hidrotermais que apoiavam reações químicas prebióticas, por exemplo.

Charles Frankel, em *The End of the Dinosaurs*, comenta a coincidência entre a introdução da complexidade na era pré-cambriana, por volta de 2 bilhões de anos atrás, e duas enormes crateras de impacto daquele período. Embora não seja muito convincente — o papel do oxigênio talvez tenha sido mais crítico —, o que ele diz sobre a sincronia é intrigante. Outra possibilidade também remota é que impactos tiveram um papel na explosão cambriana, muito posterior (explosão, aqui, se refere apenas à escalada na diversificação da vida), 550 milhões de anos atrás — ao eliminar, supõe-se, muitas espécies existentes e abrir espaço para novas. Mesmo sem um mecanismo conhecido para forjar uma conexão com a vida, encontra-se a evidência dos impactos na Austrália e em outros lugares. A cratera do lago Acraman, na Austrália, com mais de cem quilômetros de diâmetro, é cercada por uma camada de matéria ejetada que contém irídio e quartzo de impacto que se estende por trezentos quilômetros a leste, até os fósseis ediacaranos, cuja formação ocorreu pouco antes da explosão cambriana. Há mais evidências que vêm da garganta do Yangtze, no sudoeste da China. É notável que logo acima da camada de fronteira com evidência química de um impacto surgem fósseis de trilobita, sugerindo que a vida complexa começou a se formar no oceano logo depois que seja qual tenha sido o evento depositou os elementos mais exóticos.

Outra especulação diz respeito aos surpreendentes meteoritos fossilizados, materiais de impacto e observações de crateras que apoiam com vigor um aglomerado de impactos no Ordoviciano, sendo a taxa máxima em meados desse período, há cerca de 472 milhões de anos — que coincide com um florescimento possível de especiação da vida, em particular a marinha. A ideia de meteoritos fossilizados impressiona, por isso menciono a descoberta aqui, mesmo que a coincidência com a diversificação da vida quase com certeza seja especulativa demais para levar a sério. A pista original para impactos na época veio de um seixo isolado encontrado em 1952 na rocha sedimentar da Suécia, de onde ele decerto não tinha vindo. Mas foram necessários 25 anos para o objeto ser identificado como um meteorito fossilizado — um meteorito no qual todo o material real fora substituído, com exceção da cromita, uma forma de rocha bastante resistente ao desgaste climático. Desde então, quase uma centena de meteoritos desse tipo foi encontrada nas redondezas, com a quantidade líquida de material apontando para uma ruptura de um objeto de cem a 150 quilômetros de extensão há meio bilhão de anos — o que levou à poeira de meteoritos e micrometeoritos que caiu na Terra a taxa elevada durante milhões de anos. Os pedaços podem até formar um cinturão de asteroides que continua a fazer objetos choverem devagar até hoje.

Parte das sugestões acima relativas ao papel dos meteoroides tanto na destruição quanto na criação da vida é de mérito questionável. Mas vou concluir esta seção com um papel confiável e determinado para os meteoroides, que são fonte significativa de recursos no planeta. O interessante é que os materiais trazidos por meteoroides foram importantes para a sociedade mesmo antes da Idade do Ferro — os primeiros humanos usavam ferro meteorítico para fazer ferramentas, armas e objetos culturais.

Esses depósitos foram de importância crítica também para a era moderna. Muito ouro, tungstênio e níquel, assim como outros elementos valiosos na crosta terrestre, são acessíveis por conta de objetos extraterrestres que malharam o planeta. Embora planetas e asteroides tenham se formado a partir das mesmas coisas, a gravidade da Terra atraiu elementos mais pesados para seu cerne e a maior parte deles não vai voltar à superfície. Esse material foi reabastecido sobretudo a partir de objetos extraterrestres que despencaram aqui. Talvez um quarto dos impactos de meteoroide tenha levado a um depósito potencialmente rentável — pelo menos metade do qual já foi utilizada. Portanto, mesmo que meteoroides que nos atingem não tenham sido necessariamente instrumentais à criação da vida, objetos extraterrestres que tiveram impacto no planeta sem dúvida ajudaram a abrir caminho para nosso modo de vida.

14. Tudo que vem volta

No início do século xx, o físico Lord Rutherford, mais conhecido por sua descoberta determinante do núcleo atômico, fez fama ao declarar: "Toda a ciência ou é física ou é coleção de selos". Embora arrogante e um pouco antipática, a afirmação tem lá um fundo de verdade. A ciência não diz respeito apenas a listar fenômenos, não importa o quanto eles possam ser lindos e notáveis. Ela diz respeito a tentar entendê-los. Cientistas podem reunir fatos a partir de métodos incríveis e em avanço constante, como hoje fazem os biólogos, por exemplo, ao usar o sequenciamento de DNA e outras técnicas para facilitar o acúmulo veloz de dados. Mas a informação só se torna ciência de verdade quando os dados são entendidos por completo — em termos ideais, através de uma teoria englobante com a qual se testem hipóteses e se façam previsões.

Já investigamos o que existe por aí no sistema solar, o que atingiu a Terra e o que se sabe a respeito das extinções a partir do registro fóssil. Boa parte da investigação científica se deu em torno de extrair, compreender e interpretar todos esses dados. Mas restam algumas questões importantes, como: "Quais desses fenômenos estão inter-relacionados?" e "Se estão, como isso acontece?".

Uma das conexões astrofísicas mais intrigantes, mas também muitíssimo especulativa, já sugeridas é que objetos do espaço atingem a Terra com regularidade, o que leva a impactos periódicos que ocorrem com um intervalo que vai de 30 milhões a 35 milhões de anos. Se for verdade, a periodicidade seria uma pista muito importante em relação ao que precipita as trajetórias anormais que convertem objetos orbitais seguros em mísseis com alto potencial de destruição que vêm se chocar com a Terra. Existem muitas sugestões de perturbações, mas pouquíssimas poderiam dar vez a uma periodicidade que teria chance de se igualar ao registro de crateras existente.

Vou tentar rapidamente fazer justiça ao ponto de vista de Rutherford avaliando se eventos meteoríticos (é uma pena que "meteorológicos", que soa melhor, tenha sido usurpado pela climatologia) demonstram um padrão periódico suficiente para merecer explicação científica. Primeiro, porém, tratarei de uma conexão à parte, mas que já é mais bem explicada: a conexão entre os movimentos cíclicos da Terra no sistema solar e as variações periódicas no clima do planeta. Essas variações de temperatura, conhecidas como ciclos de Milankovitch, acontecem em escalas temporais bem menores do que as que vou considerar. Elas ganharam esse nome em homenagem ao geofísico e astrônomo sérvio Milutin Milanković, que desenvolveu essas ideias enquanto era prisioneiro na Primeira Guerra Mundial.

Milanković investigou o efeito da excentricidade no clima, na inclinação axial e na precessão variantes da Terra. Com base nessas considerações, ele e cientistas posteriores determinaram a existência tanto de uma periodicidade aproximada de 20 mil anos quanto de uma periodicidade aproximada de 100 mil anos em padrões de temperatura, as quais esses pesquisadores viram refletidas em eras do gelo que cobriram o planeta. Ao visitar Zumaia, no País Basco, Espanha, meu guia apontou a estrutura de camadas que logo se via na rocha. Tais camadas são o resultado dessas mesmas variações de temperatura, que fazem taxas de sedimentação mudar periodicamente também conforme o tempo.

Independentemente dos ciclos Milankovitch, a busca pela periodicidade de crateras — que reflete uma escala temporal muito maior — é um empreendimento ousado e não quero promovê-lo com hipérboles. A evidência atual de eventos ocorridos na Terra há milhões de anos é escassa e tem muitas incertezas, como o tempo exato em que eles aconteceram. É só em raras ocasiões que esses eventos de muito tempo atrás deixam alguma informação e ainda menos frequente que deixem uma impressão duradoura o bastante para se ter uma compreensão detalhada deles. Porém, enquanto as hipóteses coincidirem com os dados existentes e tiverem o potencial de nos ensinar alguma coisa sobre o mundo, cientistas podem explorá-las de maneira significativa. Todo curioso gostaria de saber não só o que aconteceu, mas também quais seriam as causas subjacentes.

Agora vamos tratar de sugestões propostas para impactos grandes, com espaçamento regular, que aconteceram em escalas temporais de vários milhões de anos, na esperança de vinculá-los não só ao movimento da Terra pelo sistema solar, mas também ao movimento do sistema solar pela galáxia. Ao estudar dados de crateras e tentar explicar o que foi observado, nossa meta é entender melhor as dinâmicas do sistema solar do universo, assim como as conexões subjacentes. As sugestões mais interessantes são as que levam a previsões com as quais podemos testar hipóteses — por mais que um cético possa considerá-las improváveis. Embora muitas das ideias sobre periodicidade sejam especulativas, a meta deste capítulo é explicar com cuidado o que aceitamos e o que imaginamos que vai exigir mais estudo.

DETERMINANDO A PERIODICIDADE

Matt Reece e eu não embarcamos de imediato na nossa investigação da possibilidade de que a matéria escura pudesse explicar fenômenos periódicos no sistema solar. Antes de apresentar nossas ideias, queríamos primeiro averiguar se as provas da periodicidade eram fortes o bastante para validar mais investigação. Outra consideração importante para nós era se nossas contribuições ajudariam a guiar observações e análises futuras.

Quando começamos, nós nos reunimos no meu escritório e discutimos a situação confusa das ideias que já existiam, buscando esclarecer o que já era entendido e tentando determinar o melhor caminho dali para a frente. Nossa primeira ordem do dia foi investigar as provas da periodicidade e determinar se ela era confiável ou se era apenas uma palavra intrigante que alguns cientistas gostavam de soltar por aí.

Lemos muitas pesquisas. Mas vasculhando os artigos e desembaraçando as afirmações, chegar à verdade era mais desafiador do que se imaginava. Vinha um resultado atrás do outro — alguns cientistas encontravam provas da periodicidade em um grupo de artigos e outros cientistas identificavam erros ou omissões dos autores anteriores no grupo seguinte. O debate continuava feroz e sem resolução. Depois que escrevemos nosso artigo mais recente, os céticos quanto às provas da periodicidade decerto fizeram valer o que pensavam. Contudo, estávamos na situação favorável de não ter um interesse pessoal. Éramos apenas curiosos, e acho que isso nos deu uma objetividade que veio a calhar.

A análise estatística subjacente, obrigatória, também é complicada. O registro geológico é diminuto, e é inevitável que contenha grandes lapsos. Devido aos dados incompletos, a maneira exata que um pesquisador tem de avaliar os registros pode influenciar seus resultados. É tentador ver os dados como questão sagrada com base sólida, mas envolve muita interpretação determinar como apresentar e avaliar medidas que, em termos estatísticos, são pobres.

O agrupamento dos dados, por exemplo, faz diferença. Quando cientistas veem os dados como uma série temporal, deparam-se com escolhas críticas que podem afetar a conclusão, tal como quantos pontos deveriam usar, e onde exatamente no intervalo de tempo deveriam posicionar um dado em particular. Também precisam avaliar a duração dos eventos e entender as implicações de suas escolhas para a força do sinal durante intervalos de atividade ampliada.

Os artigos que se escreveram em resposta àqueles que demonstravam periodicidade também ressaltam vários possíveis erros estatísticos que podem ter comprometido as investigações. Coryn Bailer-Jones, do Instituto Max Planck de Astronomia, em Heidelberg, Alemanha, toma a frente da tropa. Ele faz várias objeções — entre as quais as citadas acima. Também se preocupa com o "viés confirmatório" — o fato de as pessoas serem propensas a notar ou informar resultados com os quais concordam. Bailer-Jones acha que os autores estão se esforçando demais para conseguir um encaixe por conta da proximidade entre o seu período e o período sugerido para extinções ou do movimento do sistema solar que vou discutir no capítulo a seguir. Mas embora muitas de suas outras objeções sejam válidas, essa proximidade não é necessariamente algo ruim. Uma coincidência de números pode ser apenas isso. Ou pode ser indicativa de uma conexão científica subjacente que levará a entendimentos futuros.

Contudo, outro erro comum que Bailer-Jones e outros ressaltam é que não há como apenas comparar uma hipótese com um único modelo concorrente e tratar essa sugestão alternativa como substituta de todas as opções que restam. Por exemplo: as pessoas costumam perguntar o que se adéqua mais aos dados: as hipóteses de que meteoroides nos atingem com regularidade ou a proposta de que a probabilidade de impactos é quase constante ao longo do tempo. Mesmo que o modelo periódico funcione melhor que a suposição de aleatoriedade total, os dados talvez se conformem melhor a ainda outro modelo, como o de que a probabilidade de encontrar uma cratera cai quanto mais antigo é o impacto do meteoroide. Em outras palavras, o fato de o modelo preferencial ser mais adequado que a sugestão de alternativa simplificada não necessariamente significa que ele seja melhor. Felizmente, pesquisadores podem tratar desse erro ampliando o repertório de modelos com os quais fazem comparações. Na ausência de diferença definitiva de probabilidades, faz sentido tentar uma amplitude de modelos alternativos e testar se o periódico funciona melhor.

Identificar um sinal periódico representa ainda mais obstáculos. Em 1988, o geólogo Richard Grieve e colaboradores ressaltaram que a datação imprecisa pode limpar qualquer sinal de periodicidade, seja o sinal real ou não. Em 1989, Julia Heisler, então formanda em Princeton, e Scott Tremaine, na época professor em Toronto, que trabalhava no Instituto Canadense de Astrofísica Teórica e hoje lidera o grupo de astrofísica do Instituto de Estudos Avançados de Princeton, quantificaram ainda mais esse efeito questionando até que ponto se pode lidar com incertezas quando se quer identificar, com segurança, um fenômeno periódico. Em artigo publicado em 1989, Heisler e Tremaine defenderam que uma incerteza de 13% impossibilita obter confiabilidade maior que 90% de que existe periodicidade nos dados. Se a incerteza sobe para 23%, então a probabilidade de detectar um sinal periódico cai para cerca de 55%. Essas incertezas não impossibilitam determinar com confiança um efeito periódico, mas tornam complicado determinar o efeito.

PERIODICIDADE EM EVENTOS DE EXTINÇÃO

O foco desses artigos acauteladores eram especificamente os efeitos periódicos na astrofísica, que serão o ponto principal da pesquisa que descreverei logo à frente. Mas o estímulo inicial para investigar a delimitação temporal das crateras surgiu quando estudei um tópico que, superficialmente, parece muito distinto: a periodicidade aparente de eventos de extinção. Os geólogos Alfred Fischer e Michael Arthur, de Princeton, foram os primeiros a observar que a vida aparentemente cresce e diminui com variação regular. Em 1977, eles concluíram que o registro fóssil parecia concordar com um período de 32 milhões de anos. David Raup e Jack Sepkoski, da Universidade de Chicago, publicaram um artigo ainda mais influente em 1984, no qual apresentaram a pesquisa que eles mesmos haviam feito sobre o registro de extinções. De início, Raup e Sepkoski encontraram uma gama ampla de períodos possíveis — algo entre 27 milhões e 35 milhões de anos — antes de refazer a análise e revisar as estimativas para chegar a um período de 26 milhões de anos, ao qual muitos cientistas que tratam desse assunto retornaram desde então.

É provável que qualquer ideia tão estimulante quanto essa não passe despercebida, e pesquisas posteriores de fato encontraram pistas de apoio, ainda que com uma leve variação nas escalas temporais. Em 2005, utilizando uma escala temporal recalibrada pelo mesmo registro fóssil, dois físicos da Universidade da Califórnia em Berkeley, Robert Rohde e Richard Muller, identificaram um sinal periódico de 62 milhões de anos. Os resultados subsequentes iam e vinham, mas o interessante é que os sinais periódicos de 27 milhões e de 62 milhões de anos continuam resistentes. Em uma das análises mais recentes e completas, Adrian Melott, professor de astronomia da Universidade do Kansas, e o paleobiólogo Richard Bambach, do Museu de História Natural do Smithsonian, em Washington, DC, descobriram que a maioria das extinções acontece dentro dos 3 milhões de anos de uma planilha periódica de 27 milhões de anos e, além disso, quase sempre durante épocas de queda de diversidade nas espécies ao longo do quadro temporal de 62 milhões de anos, o que sugere que os dois quadros temporais podem ser relevantes. Todas as ressalvas quanto à periodicidade continuam valendo, mas as provas fracas a favor da periodicidade se mantêm.

Contudo, mesmo que as regularidades aparentes no registro fóssil se provem reais, isso não muda o fato de que nenhum dos autores explica por que as extinções deveriam ser periódicas. Como vimos, espécies podem se extinguir por várias causas. Mudança climática, vulcanismo, impactos, tectônica das placas: todas já tiveram seu papel. Meteoroides talvez influenciem extinções em massa, e é certo que um deles precipitou mesmo o evento de extinção K-Pg. Mas qualquer pretensa periodicidade em extinções talvez não seja resultado de uma só causa-chave. Dados os mecanismos distintos de causação física, no máximo se poderia esperar uma superposição de fenômenos periódicos distintos, o que vai parecer muito aleatório na ausência de um registro bem completo.

Qualquer tentativa de relacionar extinções potencialmente periódicas aos processos físicos que as desencadeiam está destinada a ser mais especulativa do que tentativas de entender a periodicidade em um fenômeno físico em particular, como impactos extraterrestres, por si só. Impactos de meteoroides já são de investigação complicada. Somá-los às incertezas quanto a eventos de extinção está fadado a gerar uma jornada interminável cheia de problemas.

Por conta dessas incertezas — fora a conexão bem estabelecida meteoroide/K-Pg, solitária —, o restante deste livro se furtará de mais especulações quanto às extinções, por mais intrigantes que sejam. Em vez disso, vou focar na conexão potencial entre eventos periódicos no cosmos e impactos periódicos que, de tão grandes, deixam uma marca no registro de crateras. O estudo dos impactos tem a vantagem de que o registro de crateras está diretamente relacionado à astrofísica e, ao contrário das causas potenciais de extinção, não sofre com a confusão intermediária de clima, meio ambiente e biologia.

Os impactos dão uma oportunidade fascinante de explorar conexões entre fenômenos na Terra e acontecimentos no sistema solar como um todo — uma lente singular através da qual se pode aprender mais sobre o cosmos. Impactos de meteoroide aleatórios não pedem nenhuma explicação em particular. Impactos de meteoroide periódicos têm alta probabilidade de pedir. Se impactos de meteoroides acontecem de fato com regularidade, a relação temporal pode indicar uma causa cósmica subjacente.

O capítulo 21 vai tratar do que será, segundo meu colaborador e eu determinamos, uma maneira mais confiável de explorar os dados no futuro e a base um pouco mais forte da periodicidade que mesmo os dados existentes já podem render. Por enquanto, apresento conclusões representativas na literatura mais antiga, sem entrar em detalhes quanto ao método estatístico preciso ou à escolha da série de dados.

Agora veremos que a literatura mais antiga mostra algumas pistas que apoiam a periodicidade, mas as provas são muito fracas para termos confiança no resultado. Essas conclusões ambíguas podem sumir a partir de dados melhores e análises mais atentas, ou podem acabar se provando mais robustas. Por enquanto, pense nesses resultados como indicativos da atenção que cientistas do passado deram à busca por um componente periódico nos dados de crateração — e das conclusões que tiraram, talvez muito otimistas —, em vez de um levantamento ou conclusão abrangente.

PERIODICIDADE NO REGISTRO DE CRATERAS

De qualquer maneira, é preciso haver restrições nos dados quando se procura periodicidade nas crateras. As análises enfocam as crateras maiores e mais recentes. Qualquer coisa que tenha nos atingido há muito tempo tem uma marca menos confiável do que algo similar, mas mais recente. Em cima disso, embora o número de crateras menores seja bem maior que o número de crateras grandes, a busca pela periodicidade deveria incluir apenas crateras maiores. Objetos menores atingem a Terra o tempo todo, mas, afora as cascatas de colisão do cinturão de asteroides, a maioria desses eventos é aleatória. O grosso dos objetos que cria pequenas crateras nos atinge de maneira indiscriminada. Como explica o capítulo a seguir, a periodicidade real só parece possível para cometas, e, entre estes, apenas aqueles que vêm da distante nuvem de Oort.

Portanto, existe uma compensação entre registrar números grandes (que favorecem um ponto de corte menor no tamanho) e identificar um fenômeno periódico de maneira mais confiável (o que favorece um ponto de corte mais alto). Não se sabe qual é a opção ideal. As análises na literatura usam tamanhos diferentes para o limite, que todo mundo precisa ter em mente quando avalia os primeiros resultados de pesquisa. Na pesquisa que Matt e eu fizemos, acabamos nos decidindo por crateras de mais de vinte quilômetros que haviam chegado dentro dos últimos 250 milhões de anos. Nosso ponto de corte temporal em 250 milhões de anos parecia extenso o suficiente para nos permitir estatísticas razoáveis, mas também recente o bastante para ser confiável. Vinte quilômetros pareceu ser uma boa opção para o ponto de corte de tamanho, pois é grande o bastante para exigir o impacto de um objeto quilométrico, mas não grande a ponto de excluir dados estatisticamente relevantes.

Mesmo com essas restrições, identificar a periodicidade com segurança no registro de crateras é uma tarefa complexa. As marcas de crateras que restam do curso da história terrestre são incompletas, sendo apenas uma fração delas ainda visível hoje em dia. Além do mais, a datação das crateras, mesmo se e quando descoberta, não é sempre precisa o bastante para extrair com confiança a delimitação temporal dos eventos. Para complicar ainda mais a questão, os pesquisadores utilizaram dados diferentes. Mesmo com os mesmos dados, investigadores às vezes usaram intervalos de tempo distintos ou agruparam dados de maneira diferente. A situação fica mais confusa porque, como se discutiu acima, ainda que alguns impactos ocorram periodicamente, eles são aleatórios. Isso quer dizer que podemos esperar no máximo um componente periódico sobreposto ao aleatório, o que compromete ainda mais um registro estatístico que já é fraco.

Independentemente disso, motivados em parte pela proposta de Alvarez, em 1980, de uma extinção K-Pg provocada por meteoroide, assim como pelas provas de periodicidade nas extinções, cientistas seguiram em frente e saíram em busca de provas de impactos periódicos. Em 1984, Alvarez e o físico Richard Muller, seu colega da Universidade da Califórnia em Berkeley, deram o pontapé inicial ao propor a periodicidade de 28,4 milhões de anos em crateras com raio maior que cinco quilômetros que se formaram nos últimos 250 milhões de anos. O resultado deles se baseou em uma amostra de apenas onze crateras e não levou rigorosamente em conta as incertezas nos dados, mas diversas análises mais abrangentes vieram a seguir.

No mesmo ano, o biólogo Michael Rampino, da Universidade de Nova York, colaborou com Richard Stothers, do Instituto Goddard de Estudos Espaciais da Nasa, para juntos estudarem uma amostra de 41 crateras de idade entre 250 e 1 milhão de anos. Eles identificaram um período de 31 milhões de anos em impactos de proveniência extraterrestre. Em 1996, cientistas no Japão sugeriram algo parecido — um período de 30 milhões de anos, a partir de crateras dos últimos 300 milhões de anos. Em 2004, Shin Yabushita, matemático da Universidade de Kyoto e um dos autores daquela pesquisa, realizou uma análise mais sutil com crateras dos últimos 400 milhões de anos na qual a importância de cada uma delas pesou de maneira diferente, conforme o tamanho. Ele assim derivou um período de 37,5 milhões de anos a partir de um grupo de 91 crateras. Todas essas análises encontraram provas de regularidade no registro de crateras. Mas os períodos identificados não se combinavam a ponto de apoiar os resultados de forma robusta.

Em 2005, William Napier, professor do Centro de Astrobiologia de Buckingham, Inglaterra, realizou um estudo interessante no qual afirmava que os impactos tendem a ocorrer em grupos separados por cerca de 25 milhões a 30 milhões de anos, durante cada episódio entre cerca de 1 milhão e 2 milhões de anos. Sua amostragem de quarenta crateras incluiu as que eram maiores que três quilômetros nos últimos 250 milhões de anos. Napier descobriu que os maiores impactos aconteceram durante intervalos relativamente curtos, entre os quais, segundo notou, estava a extinção K-Pg. As evidências da periodicidade eram fracas, contudo, e ele deduziu uma gama de escalas — dependendo de como se interpretavam os dados — em que 25 milhões de anos e 35 milhões de anos pareciam predominantes.

O próprio Napier reconheceu que suas provas eram insuficientes para uma boa defesa, chegando a ressaltar que, com tantos dados que tinha a mais em relação a Alvarez, era de esperar ou um sinal mais forte ou que o sinal houvesse sumido por completo. Ele sugeriu que uma explicação plausível da ambiguidade de seu resultado seria a de que há uma taxa relativamente constante de acontecimentos aleatórios e periódicos, de forma que um sinal não emergiria fácil, mesmo depois de se triplicar o grupo de dados.

Napier também fez sugestões intrigantes em relação a cometas versus asteroides como fonte potencial de seu sinal reconhecidamente fraco. Embora pensasse que os meteoroides menores que excluiu de sua análise talvez se originassem no cinturão de asteroides, ele suspeitava que cometas — não asteroides — eram os responsáveis primários pelos meteoroides grandes que encontrou. Ele argumentou que a oferta de asteroides grandes era insuficiente para explicar a intensidade necessária aos episódios de bombardeio, defendendo que seriam diversos os asteroides grandes que teriam que se partir em escala temporal tão curta para explicar o que era observado. Napier ressaltou que a inadequação do registro de crateras na verdade reforçava o argumento. Se a maioria das crateras não sobrevive, o número de impactos teria que ser ainda maior que o número que ele podia identificar a partir de astroblemas na Terra. Se conhecemos algumas crateras grandes de um único episódio de bombardeio, é provável que tenham acontecido vários outros impactos dos quais não se tem mais evidências.

Napier argumentou ainda que 1/25 dos asteroides que são perturbados a tomar órbitas que cruzam a da Terra atingem de fato o planeta. A maioria é disparada para fora do sistema solar ou cai no Sol. Levando em conta os dois efeitos, Napier concluiu que, para explicar esses dados, centenas de asteroides teriam que ser injetados na órbita próxima à Terra a partir do rompimento de um asteroide-pai de pelo menos vinte a trinta quilômetros de comprimento. Esse rompimento teria que se dever a colisões. Mas colisões rompem asteroides grandes com frequência muito baixa para explicar tais números. Como nem o tempo de impacto mais curto de 1 milhão a 2 milhões de anos nem o quadro temporal pareciam apropriados para uma explicação asteroidal, Napier sugeriu que cometas são a fonte mais provável dos estouros periódicos que identificou. Embora suas conclusões de forma alguma tenham sido provadas e hoje saibamos que alguns asteroides pegam a "faixa rápida" de 1 milhão a 2 milhões de anos, elas sugerem a possível importância relativa maior dos cometas em relação aos asteroides no caso de impactos significativos e talvez até maneiras de, enfim, distingui-los.

O EFEITO QUEM-PROCURA-ACHA

Todas essas observações são fascinantes. Porém, nenhum dos resultados apresentados acima teve a relevância estatística exigida para estabelecer um efeito periódico em definitivo. Mas surge outra questão complicada quando se analisa relevância estatística — e essa questão, que ao que tudo indica explica grande parte do motivo pelo qual a literatura apresentou resultados contraditórios, é transponível.

Você pode achar que, caso construa a hipótese de que os dados são periódicos, basta tentar equipará-los a uma função periódica e avaliar como a função periódica ajustada serve para explicar as observações. Contudo, isso renderia uma estimativa otimista demais. Quando você não está testando uma única hipótese, mas tem várias suposições possíveis — nesse caso, funções com períodos distintos —, dadas possibilidades suficientes, é quase certo que uma se provará o melhor encaixe nos dados do que impactos aleatórios. Isso, porém, não a torna mais correta.

O problema sutil, mas levemente óbvio (pelo menos quando visto em retrospecto), é conhecido em meio à comunidade da física de partículas como *look-elsewhere effect*, ou "efeito quem-procura-acha". Esse fenômeno foi motivo de muita discussão na época da descoberta do bóson de Higgs no Grande Colisor de Hádrons (Large Hadron Collider, LHC) — o acelerador de partículas gigante do CERN [sigla de Conseil Européen pour la Recherche Nucléaire (Organização Europeia para a Pesquisa Nuclear)], próximo a Genebra, que faz colidir prótons altamente energizados para tentar produzir novas partículas que possam dar ideias sobre as teorias físicas subjacentes. Embora não sejam tema deste livro, os resultados da busca pelo Higgs esclarecem uma questão que os cientistas que buscam periodicidade também encaram.

A maneira como experimentadores tentam encontrar a partícula de Higgs consiste em procurar provas nos dados das partículas em que o bóson de Higgs decai e depois medir a frequência com que são encontradas. Como na maioria das vezes em que as partículas colidem não se produz um bóson de Higgs, a indicação da presença de um Higgs aparece nos dados como sinal elevado sobre uma curva *de fundo* suave que representa esses eventos que acontecem na ausência de uma partícula dessas. Se representada de maneira correta no gráfico, tal elevação deverá ocorrer no valor de massa correto de Higgs. Assim, quando experimentadores apresentam os dados, eles focam em "calombos", regiões nos dados em que alguma coisa — com sorte, um bóson de Higgs — dá uma contribuição considerável em relação ao fundo.

A ressalva é que acasos estatísticos (conhecidos pelo nome técnico flutuações) fazem subidas e descidas ocorrer o tempo todo nos dados. Às vezes acontece uma flutuação grande. Embora qualquer flutuação em particular seja improvável, mesmo uma flutuação improvável deveria ocorrer em algum ponto se você estudasse uma amplitude de massas com o devido tamanho. Esse acontecimento improvável teria a aparência de um bóson de Higgs. Mas seria apenas o acúmulo improvável de eventos de fundo em uma dada massa aparente.

Ao começar a busca, os cientistas experimentais ainda não sabiam qual era a massa do bóson de Higgs.* Eles tinham como medir sua massa se e quando encontrassem as devidas provas, já que a energia e a massa dos pro-

---

* Tecnicamente, havia restrições devido a medidas de precisão de outros processos, mas em geral elas foram desprezadas nas apresentações com base apenas nas buscas diretas pelo bóson de Higgs em si.

dutos de decaimento de saída seriam correlacionadas de tal maneira que determinasse seu valor. Mas os pesquisadores podiam determinar a massa apenas depois de ver um calombo, não de outra forma.

Quando apresentaram os dados e discutiram a probabilidade ou improbabilidade de um calombo identificado estar na presença ou ausência de um bóson de Higgs, eles tiveram que levar em conta a incerteza quanto ao seu valor da massa. Como as flutuações estatísticas poderiam acontecer em qualquer ponto, e qualquer uma delas também poderia ser interpretada como decaimento do bóson de Higgs, a relevância estatística de qualquer calombo específico ficava comprometida pela probabilidade maior de que alguma flutuação ocorreria em outro lugar. Os experimentadores estavam cientes disso, de modo que apresentaram a relevância de seu resultado considerando o efeito quem-procura-acha. O quem-procura-acha nos diz que o resultado é muito mais significativo se você souber antes qual é a massa do bóson de Higgs. Se não souber, um calombo tem maior probabilidade de ser flutuação, já que você está multiplicando a probabilidade de uma subida anômala nos dados pelo número de vezes que esse acontecimento improvável aconteceu. Foi só depois que os experimentos haviam gerado um número de bósons de Higgs detectável para apresentar um resultado significativo em termos estatísticos — mesmo levando em conta o efeito quem-procura-acha — que os físicos puderam por fim afirmar a descoberta.

Considerações similares se aplicam quando você busca periodicidade no registro de crateras se não tiver conhecimento avançado de que período está procurando — embora astrofísicos tendam a usar outro nome para isso: *trials factor*, ou fator das provas. Se você aceita vários períodos distintos, é provável que um deles vá parecer melhor do que nenhum — ou seja, dados totalmente aleatórios. Descobre-se que modelos que incorporavam impactos periódicos de meteoroides combinavam bem com os dados — pelo menos, melhor que um modelo que pressupunha serem os impactos totalmente aleatórios. Mas como ninguém sabia que período esperar, qualquer relevância estatística que um pesquisador pudesse depreender com base em um encaixe melhor era menor do que ele ingenuamente concluiria. Diante de um bom número de possibilidades, cada uma com sua possível incerteza estatística, no final uma função periódica está fadada a parecer uma equivalência razoavelmente boa com os dados.

Esse é um jeito extenso de explicar a discrepância entre os resultados de Coryn Bailer-Jones, em que ele não encontra evidência estatística de periodicidade, e os dos seus colegas que encontram. Ele e os demais fizeram suas análises de maneira correta, mas Bailer-Jones levou em consideração que não conhecemos o período por antecipação. Sem contribuição adicional, um sinal precisa ser forte o suficiente para esmagar esse efeito comprometedor. E, de início, parecia que o sinal não era robusto o bastante.

A boa notícia é que temos, sim, contribuição adicional, e podemos levá-la em conta. Sabemos do que a galáxia é constituída já que, em certa medida, astrônomos mediram seu conteúdo e sua atração gravitacional. Se efeitos periódicos são precipitados pelo movimento do sistema solar, podemos reunir tudo que sabemos sobre a galáxia e a localização do Sol nela para prever seu movimento e comparar essa previsão com os dados. Foi exatamente isso que Matt e eu resolvemos fazer quando aplicamos um mecanismo de desencadeamento, que introduzirei no capítulo a seguir.

15. Disparando cometas da nuvem de Oort

É possível que você já tenha assistido à dança sincronizada das Rockettes no Radio City Music Hall, em Nova York, ou de outros grupos em alguns programas de TV antigos, em que um bom número de mulheres em roupas belíssimas sincroniza movimentos graciosos em volta de uma roda. Algumas formações consistem em raios de dançarinas que emanam de um centro comum, enquanto outras são compostas por anéis concêntricos. As dançarinas mantêm os círculos harmoniosamente intactos, o que nos faz esquecer como é difícil manter as relações precisas entre cada integrante. Isso se aplica em especial às dançarinas posicionadas mais para fora, que precisam se movimentar mais rápido e estão também mais distantes da região interna da qual emergem a coordenação e as orientações. Vez por outra talvez você veja uma dançarina no anel mais distante, que encara o maior desafio, se confundir e sair de sincronia. Mas, desde que ela não caia no chão, não há problema. Embora o erro perturbe a beleza e a perfeição da performance, que está justamente na sincronia das dançarinas, nada de trágico ou desastroso acontece.

Os corpos gelados na nuvem de Oort — dezenas de milhares de vezes mais distante que a Terra do Sol — se veem em desafios similares aos das dançarinas no anel externo. Seus componentes ficam tão distantes da atração gravitacional do Sol que seu equilíbrio é relativamente precário. Uma perturbação forte o bastante pode fazer com que um corpo, como a dançarina de movimentos menos precisos posicionada fora, saia devagar de sua posição esperada. Se um objeto da nuvem de Oort chegar muito perto da região solar interna, um número suficiente de cutucões — ou um empurrão mais drástico — vai fazê-lo sair por completo de órbita. Quando isso acontece, esse corpo se desvia muito mais de sua trajetória do que a dançarina errante, correndo o risco de se projetar rumo ao sistema solar interior e quem sabe até rumo à Terra.

Asteroides próximos a nós, assim como alguns cometas errantes de curto período, também podem levar um solavanco de planetas ou outros objetos locais, de forma que às vezes podem atingir a Terra. Mas esses impactos são quase com certeza aleatórios. Os mecanismos que desencadeiam perturbações periódicas foram propostos apenas para cometas da nuvem de Oort. Esta, a única fonte de cometas de longo período que entram no sistema solar e também provável fonte da maioria dos cometas que chega perto do Sol, também é a única fonte sugerida de impactos de cometas com espaçamento regular. As periodicidades sugeridas na extinção e os registros de crateras que consideramos no capítulo anterior contribuíram para um grande interesse na identificação do que pode gerar perturbações que poderiam enviar, com regularidade, os corpos gelados da nuvem de Oort para o sistema solar interior.

Neste capítulo, primeiro vou tratar de modo sucinto da questão de cometas ou asteroides serem os mais propensos a ter gerado os grandes impactos. A seguir repassarei algumas das propostas originais do que deve ter deslocado objetos da nuvem de Oort para criar cometas que podem impactar a Terra. Embora essas ideias mais antigas não tenham explicado a regularidade que se sugere, ainda são interessantes no sentido do incentivo que deram a novas maneiras de pensar as interações entre galáxias. Elas também abriram caminho para nossa proposta posterior e mais promissora, que se baseia na nossa sugestão inédita de envolver a matéria escura.

ASTEROIDES VERSUS COMETAS

Se o impactor responsável por Chicxulub foi provocado por um asteroide, a matéria escura não teve nada a ver com isso. Mas se foi um cometa que causou aquela devastação, talvez o culpado seja um desencadeador exótico de matéria escura. No livro *T. rex and the Crater of Doom*, Walter Alvarez usou "cometa" como termo-padrão quando discutia o impactor responsável pela extinção K-Pg, no entendimento de que ninguém conseguia determinar com certeza se o responsável havia sido um cometa ou asteroide. Distinguir os efeitos de cometas e de asteroides que provocaram crateras — em especial os que caíram na Terra há milhões de anos — é difícil. Se ninguém observou a trajetória, em geral não temos como saber se o objeto foi um ou foi outro. Em relação a um cometa ter destruído os dinossauros, o júri ainda não chegou a um veredicto.

Sabemos que cometas e seus fragmentos atingem a Terra com frequência menor. Estimativas da frequência relativa de impactos de cometa comparados aos de asteroides vão de 2% a 25%. Essa taxa pequena corresponde ao baixo número de cometas próximos a nós. Dos mais de 10 mil objetos próximos à Terra que não são conhecidos, sabe-se que apenas em torno de cem são cometas, consistindo o restante em asteroides ou meteoroides menores.

Mas impactos menores não necessariamente surgem apenas de objetos que já estão próximos. Pode acontecer de cometas distantes fugirem de órbitas e às vezes atingir também a Terra. Um estudo intrigante de Gene Shoemaker, um astrônomo extraordinário, defendeu que, embora asteroides predominem em impactos menores, cometas podem ter mais importância nos impactos maiores. Shoemaker colocou em um gráfico o número de impactos versus o tamanho e descobriu que os resultados, ao que tudo indicava, dependiam de dois conjuntos distintos. Os impactos menores se encaixavam todos em uma bela curva, mas havia diversos outros impactos de maior magnitude que se encaixavam nessa curva simples. Sabendo que asteroides levaram aos impactos menores, Shoemaker propôs a hipótese de que uma nova fonte de impactos deve ter produzido os maiores — defendendo que o que ele testemunhava era a soma de suas curvas diferentes que representavam duas contribuições independentes. Sua estimativa foi de que as fontes dos impactos maiores eram cometas.

Os cometas têm a característica adicional de comportar uma quantidade de energia desproporcional na comparação com asteroides, já que costumam se movimentar a velocidades maiores — até setenta ou mais quilômetros por segundo, contra os dez ou trinta quilômetros por segundo de asteroides. Em geral, um míssil balístico viaja a menos de onze quilômetros por segundo, um asteroide a mais ou menos vinte, um cometa de curto período a mais, por volta de 35, e um cometa de longo período a 55 quilômetros por segundo, embora existam velocidades maiores (Figura 32). A energia cinética cresce não apenas conforme a massa, mas também conforme o quadrado da velocidade. As velocidades maiores de cometas significam que mesmo impactos de cometa menos frequentes, ou os de objetos menores, em princípio poderiam causar mais danos do que asteroides de movimento mais lento.

Shoemaker, além disso, fez análises químicas que apoiaram a proposta de cometas — embora, para ser justa, se deva notar que cientistas que fazem essas análises já defenderam os dois lados. A favor da hipótese concorrente dos asteroides estão as taxas de isótopos e os fragmentos meteoríticos que se encaixam nos dos asteroides *condríticos*, que contêm peças esféricas milimétricas que já foram gotículas derretidas criadas em tempestades nebulares há 4,56 bilhões de anos, durante a formação do sistema solar. Mas as provas ainda não são decisivas. Não sabemos a taxa de isótopos em cometas, então podemos supor que são similares. Além disso, pesquisas mais recentes defendem um nível de irídio e ósmio mais baixo do que o que antes se acreditava, o que seria mais consistente com a interpretação de cometa.

Em 1990, os astrofísicos Kevin Zahnle e David Grinspoon defenderam um impacto de cometa em Chicxulub usando um raciocínio bastante diferente. Propuseram que poeira de cometas entrou na Terra antes e depois do evento de extinção K-Pg para explicar os aminoácidos encontrados nos sedimentos em torno da camada K-Pg. Como partículas de poeira ficam suspensas na atmosfera e caem devagar, e assim chegam intactas ao solo, a poeira poderia a princípio ser resultado de um cometa que se desintegrou no decurso de um período longo — fazendo chover material sobre o planeta.

Um dos motivos pelos quais impactos de cometas podem acontecer com mais frequência do que o esperado é que, quando Júpiter faz os cometas girarem, às vezes ele os fragmenta. Se e quando isso acontece, a probabilidade de se chocarem com a Terra cresce, já que muitos desses fragmentos podem então cruzar a órbita da Terra. Alguns astrônomos especulam que isso de fato ocorreu, há poucos milhares de anos, e mencionam como prova a excessiva poeira de cometas no sistema solar interior.

O impacto do cometa Shoemaker-Levy em Júpiter, relativamente recente, foi uma ilustração espetacular da destruição que esses fragmentos de cometa

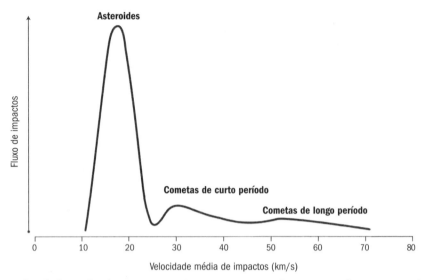

32. *Velocidade média de impactos na Terra para asteroides, cometas de curto período e cometas de longo período, em quilômetros por segundo. A curva também ilustra os fluxos relativos dos três tipos de objetos.*

podem provocar. Carolyn Shoemaker avistou o cometa pela primeira vez próximo a Júpiter, em 1993, e o acompanhou junto com seu marido, Gene, e outro colega, David Levy. Eles notaram que o cometa tinha aparência incomum — não só um risco no céu, mas um arco marcado por pontos luminosos esféricos. Pouco depois, a partir de uma observação mais precisa, os astrônomos Jane Luu e David Jewitt conseguiram identificar pelo menos dezessete pedaços distintos formando um arco, que lembrava um colar de pérolas.

O astrônomo Brian Marsden, da apropriadamente nomeada Agência Central de Telegramas Astronômicos, deduziu, a partir da trajetória do cometa, que sua estrutura incomum fora resultado de uma passagem muito próxima de Júpiter, cuja gravidade o fez se partir em fragmentos menores. Ele sugeriu a possibilidade de uma abordagem a Júpiter no futuro, ou mesmo de um impacto. A seguir astrônomos calcularam que a gravidade de Júpiter de fato iria atrelar os pedacinhos, que voltariam para uma colisão de frente entre 16 e 22 de julho de 1994.

E foi assim, confirmando o cronograma, que o primeiro fragmento mergulhou na atmosfera de Júpiter com velocidade acima de sessenta quilômetros por segundo. A região visivelmente afetada tinha pelo menos o tamanho da Terra. A atmosfera era iluminada por poeira que precedia os fragmentos reais, que por si sós já criaram um clarão. Isso rendeu efeitos similares aos que cercam Chicxulub, mas dessa vez os danos aconteceram em Júpiter. Como os fragmentos tinham menos de trezentos metros de largura e o cometa inicial que os criou tinha no máximo alguns quilômetros de comprimento, a energia liberada foi bem menor que a do objeto que criou Chicxulub. Independentemente disso, foi uma cena impressionante.

Crateras de impacto nas luas jupiterianas sugerem que não foi a primeira vez que esses desmembramentos e impactos drásticos aconteceram na região. E, se a ideia do meteoroide periódico se mostrar correta, será mais uma prova de que cometas foram importantes ao longo da existência do sistema solar. A associação desses fenômenos astrofísicos com superfícies planetárias nos lembra de que mesmo a pesquisa teórica aparentemente abstrata pode um dia ajudar a explicar nossa existência.

DESENCADEADORES

Embora não seja possível ter certeza, vou supor, a partir deste ponto do livro, que os cometas da nuvem de Oort são os responsáveis por grandes impactos. É nossa única possibilidade conhecida para ter a chance de explicar impactos periódicos. Embora a perturbação de um corpo gelado do sistema solar exterior que o dispare na trajetória do nosso planeta possa soar como ficção científica — e não de maneira errônea, já que muitas vezes é —, essa sequência de fatos também é ciência.

Lembre-se de que os confins mais distantes do sistema solar contêm a nuvem de Oort — uma junção um pouco esférica, hipotética, de corpos menores que talvez se estenda 50 mil vezes a distância entre Sol e Terra. As provas da existência dessa grande fonte de cometas — muito distantes para serem observados por via direta — estão justamente nos cometas visíveis que adentraram o sistema solar interior.

Em contraste com a citada situação das dançarinas, a atração do Sol — e não a interação mútua entre objetos da nuvem de Oort — é a responsável por manter em suas órbitas os corpos gelados ali localizados. Mas o Sol dispõe apenas da força fraca da gravidade para atrelar os objetos à nuvem, que fica a uma distância enorme. A força da gravidade cai conforme o quadrado do inverso da distância, de forma que sua influência sobre um objeto dezenas de milhares de vezes mais distante é menos que 100 milhões de vezes mais fraca. É essa a proporção da atração do Sol sobre um cometa na nuvem de Oort em relação à atração que ele tem sobre a Terra. Em um ambiente de ligação gravitacional tão frouxa, até perturbações relativamente pequenas podem alterar a trajetória de um objeto da nuvem, o que acaba por desviá-lo de sua órbita — despachando-o por completo do sistema solar ou fazendo-o disparar em um trajeto rumo ao Sol.

Embora mais tarde o astrônomo Jan Oort tenha dado base mais sólida à ideia, foi o astrofísico estoniano Ernst Julius Öpik que propôs, em 1932, que perturbações em cometas na orla externa do sistema solar (no que hoje é conhecido como nuvem de Oort ou nuvem Öpik-Oort) às vezes disparam esses corpos gelados para a região interna do sistema solar. Öpik captou a essência do que acontece de fato: ele raciocinou que alguns corpos gelados eventualmente ficariam instáveis e vulneráveis a perturbações, de forma que influências externas às vezes os fariam sair das órbitas e entrar em trajetória rumo à Terra. Ele chegou a sugerir que isso poderia influenciar a vida aqui, embora não necessariamente tenha preconizado a devastação global do tipo que veio junto com a extinção K-Pg.

O trabalho fascinante de Öpik, mesmo assim, deixou em aberto a questão de por que as órbitas ficaram instáveis ou qual foi o desencadeador que precipitou sua fuga. Essas questões só seriam tratadas muitos anos depois, quando a proposta de Alvarez (e a Guerra Fria, com suas imagens de devastação) entrou no consciente coletivo e ressuscitou o interesse.

Exemplos de objetos que astrônomos sugeriram como perturbações incluem estrelas que passam próximas e *nuvens moleculares gigantes* — enormes concentrações de gás molecular com massa entre mil e 10 milhões de vezes a do Sol. Mas embora as primeiras empurrem as órbitas e as últimas tenham algum efeito, nenhuma delas é o mecanismo dominante para disparar cometas na rota do sistema solar interior. A influência de um cutucão depende da magnitude e da frequência com que ele ocorre, assim como da densidade e da massa dos corpos gelados sobre o qual age. Nem estrelas nem nuvens moleculares têm força e frequência suficientes para explicar todos os cometas que vemos.

Em 1989, Julia Heisler e Scott Tremaine investigaram uma influência muito mais significativa, a força de maré da Via Láctea. A Lua cria as marés oceânicas conhecidas a partir de sua influência gravitacional de distorção, fazendo oceanos subir ou descer ao exercer atração diferente sobre regiões mais distantes ou mais próximas da Terra. De maneira similar, a maré galáctica provocada pela Via Láctea torce as órbitas de objetos do sistema solar exterior. A atração gravitacional da galáxia funciona de maneira diferente sobre objetos que não estão precisamente na mesma localização, deformando a esfericidade da nuvem de Oort, de forma que ela fica alongada para o Sol e comprimida nas outras duas direções.

Com o tempo, a força gravitacional da Via Láctea vai refinar as trajetórias de corpos menores a ganhar órbitas muito alongadas, ou *excêntricas*. Uma vez devidamente excêntricas, o *periélio* — a distância da maior aproximação com o Sol — será tão pequeno que os objetos podem ficar mais prontamente injetados no sistema solar interior. A força das marés nesse ponto pode ser suficiente para tirar corpos gelados da nuvem de Oort e aumentar o fluxo de cometas no interior. O resultado é um fluxo lento e estável de cometas que chegam à Terra.

Para deixar a situação mais interessante, acontece que o mecanismo dominante para deslocar objetos gelados e disparar cometas para o sistema solar interior não depende apenas das marés, mas envolve, em maior extensão, perturbações tanto estelares quanto de marés que atuam em conjunto. Embora perturbações estelares não sejam as que costumam criar as chuvas de cometas, já que acontecem em escalas temporais maiores do que a influência de maré, elas são essenciais para aprontar a nuvem de Oort até um ponto em que a interação das marés possa ser decisiva. É como uma equipe de atletas no Tour de France. O ciclista líder é ajudado pelo restante da equipe a se posicionar de forma que consiga fazer o sprint final que lhe rende a camisa amarela. Como ele cruza a linha de chegada primeiro, em geral só ficamos sabendo o nome do vencedor — não dos *domestiques* de apoio. Mesmo assim, os outros ciclistas tiveram sua importância. De maneira similar, embora o desencadeador imediato para deslocar os cometas seja a força de maré, o motivo pelo qual ela pode exercer atração suficiente é que perturbações estelares já empurraram as órbitas o suficiente para que algumas fiquem em posições precárias, onde um cutucão relativamente menor vai disparar o cometa para o sistema solar interior. Contatos estelares acidentais são essenciais, mas o desencadeador de fato dos cometas — os que ganham o crédito — é sobretudo a força da maré.

A distância em que a maré galáctica é mais dominante em relação à atração gravitacional intrínseca do Sol é de cerca de 100 mil a 200 mil uas do Sol. Na fronteira mais externa da nuvem de Oort, a influência gravitacional do Sol não é mais suficiente para manter órbitas estáveis. Acabamos de ver como, mais para dentro, os efeitos da maré perturbam órbitas no limite do estável, às vezes deslocando um corpo menor do sistema solar e disparando-o para o sistema solar interior. Ainda mais perto — em regiões acessíveis à observação —, efeitos de maré são mínimos em comparação com a atração gravitacional do Sol. De forma que é apenas na nuvem de Oort que os efeitos de maré conseguem empurrar cometas de ligação gravitacional fraca de maneira significativa. E há uma grande probabilidade de que eles sejam responsáveis por 90% dos cometas que se originam da nuvem.

Portanto, a Via Láctea contém os meios para perturbar cometas e mandá-los em rota rumo ao sistema solar interior através de uma influência gravitacional que físicos e astrônomos hoje entendem. Esse mecanismo, no entanto, embora seja importante e interessante, não é suficiente para explicar todas as chuvas de cometas ou a periodicidade de impactos de cometas. Na ausência de outras complicações, a força das marés que descrevi leva apenas a um fluxo lento, mas estável.

Os astrônomos que tentam entender incrementos periódicos, portanto, fizeram mais tentativas especulativas de explicar por que os desencadeadores desses cometas talvez não sejam de todo aleatórios, mas ocorreriam, em vez disso, a intervalos regulares na extensão de dezenas de milhões de anos. Digo já de saída que as explicações propostas que vou apresentar não vingaram. Porém, entender essas sugestões e por que elas não se mostraram adequadas orienta a busca por alternativas. Uma dessas sugestões foi a precursora da proposta de disco escuro que mais tarde descreverei.

A PROPOSTA NÊMESIS

A primeira sugestão — e a mais pitoresca — para explicar impactos periódicos foi que o Sol tem uma estrela companheira chamada ludicamente de Nêmesis, e que ambos orbitam um grande sistema binário. Astrônomos propuseram uma órbita bastante elíptica para essa companheira hipotética do Sol, que lhe possibilitaria passar a cerca de 30 mil UAs de nós a cada 26 milhões de anos. A proposta de 1984 foi uma tentativa de explicar a periodicidade de extinção sugerida por Raup e Sepkoski pela força gravitacional ampliada de Nêmesis sobre o Sol a cada 26 milhões de anos, quando estaria mais próximo. A sugestão era que, certas vezes, a influência gravitacional de Nêmesis deslocaria da nuvem de Oort corpos menores do sistema solar que então poderiam bombardear a Terra como cometas.

O período de mais ou menos 30 milhões de anos para ampliação de encontros (e, portanto, uma taxa maior de impactos de cometa) exige um sistema muito grande, com um *semieixo maior* (metade do comprimento de uma elipse) da ordem de um ou dois anos-luz. Um dos problemas dessa proposta é que estrelas ou nuvens interestelares poderiam desestabilizar um sistema binário tão gigante, aniquilando a regularidade dos supostos encontros e fazendo a taxa variar ao longo dos últimos 250 milhões de anos. Tal variação não foi vista.

Mas o verdadeiro prego no caixão dessa ideia é o levantamento via infravermelho já muito incrementado de objetos no céu — que hoje incluiria Nêmesis, caso ela existisse. Embora em 1984 as medições fossem imprecisas para se bater o martelo quanto à proposta de existência do objeto, as observações melhoraram de forma extraordinária desde aquela época. O Explorador Infravermelho de Campo Amplo (Wide-Field Infrared Survey Explorer, WISE), da Nasa, que foi lançado em 2009 e reuniu dados relativos a esse fenômeno até fevereiro de 2011, deveria ter visto essa suposta estrela estilo anã vermelha, caso ela existisse — mas não viu. Como tampouco detectaram um planeta gigante de gás de estilo Júpiter, as observações por infravermelho também descartaram outras propostas similares baseadas em um hipotético novo planeta, batizado, por quem lançou a ideia, de Planeta X.

DESENCADEADORES PROPOSTOS PARA O MOVIMENTO GALÁCTICO

Diante dessas ideias que não deram em nada, algumas propostas baseadas no movimento do sistema solar pelos componentes conhecidos da galáxia parecem ser alternativas promissoras. Elas não apresentaram nada de novo e exótico, mas sugeriram que as variações de densidade existentes que o sistema solar encontra ao passar pelos braços espiralados da galáxia ou ao cruzar o plano galáctico podiam induzir variações na taxa de perturbação da nuvem de Oort. Essas passagens repetitivas por regiões de alta densidade poderiam, a princípio, explicar as chuvas de cometa periódicas.

Lembre-se de que a Via Láctea é uma galáxia em disco, o que significa que a maioria das estrelas e gases se localiza sobre um disco fino, de mais ou menos 130 mil anos-luz de extensão, mas de apenas 2 mil anos-luz de espessura. O Sol se encontra a uma distância de mais ou menos 27 mil anos-luz do centro galáctico e, por acaso, neste instante está perto do plano fundamental galáctico — menos de cem anos-luz de distância. Ele também está na borda de um braço espiralado.

Os braços espiralados da Via Láctea se projetam do centro galáctico na direção radial conforme giram (Figura 33). Contêm mais gás e poeira do que as regiões entre eles, sendo, por conseguinte, áreas onde há maior probabilidade de formação de estrelas jovens. Também são o ponto de uma concentração aumentada de nuvens moleculares gigantes — as enormes concentrações de gás molecular já mencionadas. Quando o Sol cruza essas regiões mais densas, as nuvens moleculares exercem uma força gravitacional maior que em princípio poderia causar perturbações maiores e assim gerar um aumento periódico de impactos.

Um problema potencial com essa proposta é que os braços espiralados não exibem simetria perfeita nem têm um ritmo de rotação fixo relativo ao Sol. Assim, é provável que o Sol não os cruze em um ritmo de precisão periódica. Contudo, já que a estrutura, a cinemática e a evolução dos braços espiralados no momento são mal compreendidas, qualquer conclusão que deixe de fora a opção do braço espiralado com base apenas nisso pode se mostrar prematura. De qualquer maneira, até que a periodicidade seja mais bem determinada, essa falta de regularidade perfeita nas previsões não necessariamente exclui uma equivalência com os dados, que pode acontecer de exibir apenas periodicidade aproximada também.

33. *Os braços espiralados da Via Láctea com a localização do Sol (fora de escala) em destaque.**

Contudo, há dois outros fatores que tornam os braços espiralados uma explicação fraca para qualquer aumento observado na taxa de impactos. O primeiro é que a densidade média do gás nos braços espiralados não é elevada o bastante para justificar os aumentos periódicos de impacto. Se a densidade não mudar o suficiente, qualquer aumento durante cruzamentos dos braços será pequeno demais para ser registrado.

A outra questão é que o sistema solar não cruza os braços espiralados da galáxia com tanta frequência. São apenas quatro grandes braços, talvez outros dois menores, e um ano galáctico é muito tempo, de forma que houve menos de quatro cruzamentos dos braços maiores nos últimos 250 milhões de anos. Na verdade, como os braços espiralados se movimentam na mesma direção que o sistema solar (embora em velocidades distintas), os cruzamentos acontecem em intervalos de 80 milhões a 150 milhões de anos — algo raro demais para se explicar o registro de extinções ou de crateras de impacto.

* Vale ressaltar que a figura é apenas uma ilustração da Via Láctea vista de cima — não há observações diretas realizadas de fora da Via Láctea. (N. R. T.)

Contudo, a insuficiência dos braços espiralados para explicar o período e os aumentos periódicos não descarta variações verticais na densidade como desencadeador potencial de impacto e essa proposta pode até se provar a sugestão mais promissora. Sobreposto a seu movimento circular, o sistema solar oscila na direção vertical, em que cobre uma distância muito menor (comparado ao raio de 26 mil anos-luz no qual o Sol fica localizado ao longo do plano), como é ilustrado na Figura 34. Conforme orbita a galáxia em movimento mais ou menos circular, levando cerca de 240 milhões de anos para completar o circuito no que é conhecido como ano galáctico, o Sol também sobe e desce levemente. Essa amplitude de oscilação muito menor na direção vertical do Sol depende da distribuição de matéria no disco, mas uma estimativa razoável é que seja de cerca de duzentos anos-luz — embora hoje estejamos muito mais próximos do plano fundamental do que da altura máxima, talvez a 65 anos-luz de distância.

Esse movimento vertical oscilatório do sistema solar potencialmente explicaria as variações em efeitos de maré ao longo do tempo e, portanto, quaisquer efeitos periódicos na devida escala temporal. Como a concentração de estrelas e gás varia conforme o sistema solar entra e sai da região um pouco mais densa do plano fundamental galáctico, o sistema solar se depara com ambientes distintos conforme oscila por ele. Se a densidade crescesse de forma drástica conforme o sistema solar cruza o plano, as perturbações também cresceriam e, por conseguinte, o ritmo de cometas atingindo a Terra poderia aumentar nesses momentos. Como marés galácticas são o perturbador dominante da nuvem de Oort, variações de densidade na direção vertical dentro do plano galáctico potencialmente teriam influência forte. Michael Rampino e Bruce Haggerty, os professores da Universidade de Nova York que apresentaram essa sugestão, também lhe deram um nome pitoresco — a hipótese Shiva —, em homenagem ao deus hindu da destruição e da renovação.

São necessárias duas características da distribuição de matéria na galáxia para esse modelo bater com as observações. Primeiro, que a densidade do plano fundamental proveja um potencial gravitacional que explique o período de oscilação correto na direção vertical. Essa condição independe de qualquer mecanismo de perturbação preciso. Se o sistema solar não cruzar o plano fundamental no ritmo correto, qualquer aumento nessas épocas não concordará com os dados.

34. *O Sol oscila em subidas e descidas no plano da Via Láctea conforme orbita a galáxia. Durante o cruzamento do plano galáctico, ele se depara com forças de maré gravitacional maiores. Perceba que o período de oscilação foi reduzido na imagem para se ter mais clareza e que o Sol poderia fazer apenas três ou quatro oscilações durante uma volta.*

A segunda característica é a necessária para atingir a mudança de ritmo que explicaria as chuvas periódicas de cometas — no caso, uma variação tão marcada na densidade que levaria a uma influência delimitada no tempo na nuvem de Oort ao passar pelo plano galáctico. Essas duas características são relevantes para qualquer proposta de aumento de densidade no plano fundamental galáctico. Elas descartam as propostas discutidas aqui, e — como explicarei à frente — explicam por que o disco de matéria escura, mais denso e mais fino que o disco de matéria comum usual, pode ser uma alternativa apropriada.

Contudo, em 1984, Rampino e Stothers, embasados em uma composição mais padrão da Via Láctea, tentaram explicar as variações exigidas de densidade com nuvens moleculares gigantes, que são mais densas perto do plano fundamental galáctico. O raciocínio deles foi similar ao utilizado na sugestão de cruzamento de braços em espiral — a concentração de matéria cresce quando o sistema solar passa por essas nuvens. Essa proposta foi destroçada no ano seguinte, quando astrônomos mostraram que a camada de nuvens é muito grande — ela se amplia quase na distância da amplitude de oscilação vertical do Sol, de forma que a variação ao longo da trajetória solar seria pequena demais para registro. Sem matéria extra, os contatos acidentais com nuvens moleculares são, de qualquer modo, muito infrequentes para explicar uma periodicidade de cerca de 30 milhões de anos.

Uma possibilidade alternativa foi explorada por Julia Heisler e Scott Tremaine — dessa vez trabalhando com o astrofísico Charles Alcock. Tendo determinado a significância da influência de maré da Via Láctea, eles ressaltaram que, embora esse efeito por si só tenha previsto um ritmo de cometas bastante uniforme, um chute de uma estrela próxima teria potencial para criar uma chuva de cometas. A pergunta, então, passa a ser a seguinte: com que frequência esses contatos acidentais podem acontecer e com que impacto? Quanta variação podemos esperar no ritmo de cometas que atingem a Terra?

A equipe estimou o ritmo esperado perguntando com que frequência uma estrela de uma massa solar (a massa mínima necessária para se ter um impacto necessário quando em movimento de cerca de quarenta quilômetros por segundo) chega a cerca de 25 mil UAs de distância de um objeto na nuvem de Oort (a distância mínima exigida para perturbá-la, já que é comparável à distância entre a nuvem de Oort e o Sol). Descobriu-se que um contato acidental como esse é esperado a cada 70 milhões de anos. Não é o suficiente para explicar a periodicidade sugerida, mas em princípio o faria em relação a alguns eventos como esses nos últimos 250 milhões de anos.

Heisler e colaboradores a seguir elaboraram uma simulação numérica mais extensa para fazer previsões melhores, levando em conta a atração adicional que a força da maré poderia fornecer. Descobriram que estrelas teriam que estar um pouco mais próximas do Sol do que eles haviam pensado. A taxa real de chuvas previstas é, portanto, ainda menor — mais por volta de uma vez a cada 100 milhões ou mesmo 150 milhões de anos —, infrequente demais para explicar qualquer periodicidade que possa ter sido observada. Análises numéricas subsequentes, mais detalhadas, descobriram que o papel dos contatos acidentais estelares para desencadear impactos era maior do que eles haviam descoberto, mas ainda insuficiente para explicar os dados.

A conclusão de toda essa pesquisa é que, sem novos ingredientes, o potencial gravitacional do sistema solar não sofre uma mudança dramática nem suficiente ao longo de um tempo muito curto para causar uma diferença observável em impactos de meteoros nos quais a taxa em intervalos regulares teria demonstrado um pico observável que seria predominante sobre a taxa de fundo. Embora o sistema solar cruze o plano fundamental galáctico em ritmo periódico, chuvas de cometas devido à distribuição convencional de matéria não são muito elevadas nesses períodos.

Então, em um panorama geral, a situação lembra a dos braços espiralados. O período previsto é pequeno demais e a mudança na densidade não é pronunciada o bastante para dar origem a uma crateração periódica mensurável do tipo que os proponentes queriam explicar. As medições iniciais de densidade haviam sugerido outra coisa, mas cálculos posteriores, que levaram em conta dados mais recentes sobre a galáxia, mostraram que sugestões que precediam nosso trabalho não geravam a frequência certa ou o aumento episódico correto para combinar com o registro de crateras. A previsão muito longa para o período descarta todas as propostas do plano galáctico, a não ser que um componente de matéria novo e ainda não encontrado esteja presente no disco.

Reunindo as melhores medições disponíveis — as quais, como a evidência de periodicidade em si, mudaram bastante com o tempo —, Matt Reece e eu acabamos concluindo que, sem um componente da matéria até então indetectada no disco, o período de oscilação sobe-e-desce era longo demais para explicar os dados que sugerem periodicidade. Não só a distribuição era suave demais para gerar uma mudança impulsiva na taxa de crateração, mas o disco conhecido da Via Láctea, se composto apenas de matéria normal, é difuso demais para dar origem à periodicidade correta.

Embora não sejam suficientes em si para explicar qualquer periodicidade potencial, as propostas acima mesmo assim ensinaram a nós dois os fundamentos que precisávamos para seguir adiante. Ficamos sabendo que efeitos de maré criam perturbações suficientes para disparar cometas no sistema solar interior durante e próximo a cruzamento de discos. Mas também ficamos sabendo que fontes astrofísicas conhecidas não criam os efeitos periódicos que se espera. Nenhuma gera um efeito de maré abrupto o bastante para explicar um aumento no número de cometas que chegam à Terra.

Isso nos deixou duas possibilidades. Talvez a mais provável seja a de que a periodicidade observada não é um efeito real. As provas não são tão contundentes, para começar, e muitos acidentes podem conspirar para dar a aparência de um efeito periódico. A segunda opção, mais especulativa, mas bem mais interessante, é a de que a estrutura da galáxia é diferente do que em geral se supõe, e nesse caso o efeito maré poderia ser maior e com variação mais expressiva do que se previa. Foi esse caminho que decidimos explorar. E ele rendeu.

Como é explicado a seguir neste livro, quando Matt Reece e eu levamos em conta o que se sabe sobre a densidade da matéria comum no plano da Via

Láctea e a posição e velocidade mensuradas do Sol, descobrimos que essa concordância com o registro de crateras se saía melhor quando confrontada com nosso modelo proposto de matéria escura. Um disco de matéria escura no plano usual da Via Láctea, com as devidas densidade e espessura, poderia ajustar a magnitude e a delimitação temporal previstas da força de maré do plano galáctico, de forma que tanto o período de impacto quanto o pulso de desencadeadores condissessem razoavelmente bem com os dados.

Como um belíssimo bônus, nesse modo de pensar o efeito quem-procura-acha do capítulo anterior nos compromete menos do que se imaginava. Não temos mais que pensar em todos os períodos possíveis, mas apenas naqueles que levam em conta a densidade de matéria comum medida na galáxia. Armados com as medições reconhecidamente imprecisas do sistema solar e um modelo apropriado do disco de matéria escura, podemos restringir a gama de períodos de oscilação possíveis para ser apenas aquelas previsões que condizem com as medições existentes de densidade do disco da Via Láctea. Matt e eu descobrimos que, considerando os dados existentes, a suposição periódica continha cerca de três vezes a probabilidade de impactos aleatórios. Embora não exista prova estatística forte o bastante para determinar a existência do disco de matéria escura que havíamos proposto, o resultado foi promissor o suficiente para merecer mais estudos.

A melhor parte dessa abordagem é que nosso conhecimento do potencial gravitacional da galáxia continuará a se aprimorar. Nosso método, que leva em conta toda a informação disponível sobre a galáxia, se tornará cada vez mais confiável conforme se reúnam dados mais precisos sobre a galáxia e o movimento do Sol. Cientistas vêm medindo a distribuição de matéria na galáxia. Observações atuais de satélite vêm registrando as posições e velocidades de estrelas, ajudando-nos a inferir o potencial gravitacional que elas sentem — no caso, o potencial que as une à Via Láctea. Isso, por sua vez, vai nos dizer mais sobre a estrutura do plano galáctico.

No que prometem ser resultados realmente empolgantes, teoria e medições vão unir o movimento do sistema solar a dados da Terra. Mais dados futuros levarão a previsões mais confiáveis, o que levará a resultados mais fidedignos.

A próxima parte deste livro retorna aos modelos da matéria escura, concluindo com o modelo particular que talvez explique a periodicidade no registro de crateras. O estudo da periodicidade e da história da Terra é uma justificativa excelente para explorar tanto nossa vizinhança imediata quanto o mundo mais etéreo da matéria escura, o que nos permite considerar as possibilidades notáveis do que pode estar por aí, a habitar, invisível, nosso universo.

PARTE III
DECIFRANDO A IDENTIDADE
DA MATÉRIA ESCURA

16. A matéria do mundo invisível

Os avanços do último século em termos de teoria e de observação na astronomia, na física e na cosmologia nos ensinaram muito. Mas o universo contém uma boa dose de coisas que nunca vimos — e talvez nunca vejamos. Vários fatores explicam nossa visão limitada. Há muitos objetos que ficam simplesmente muito distantes para enxergar. Uma coisa muito distante não necessariamente vai emitir ou espalhar luz suficiente para ser identificada, já que qualquer luz que ela emitir vai se dissipar e ficar muito fraca.

Além disso, poeira e corpos celestes podem obstruir nossa linha de visão e turvar o que enxergamos. Embora sondas espaciais em regiões distantes do cosmos ajudem muito a superar esses obstáculos, por enquanto nenhuma delas chegou à estrela mais próxima — quanto mais à galáxia mais próxima. Com alcance restrito e resolução imperfeita, as sondas de contato nos dão um acesso que no máximo é limitado.

Há ainda outros fatores que restringem o que conseguimos enxergar. Mesmo que estejam nas nossas redondezas, há coisas pequenas demais para notar. Nosso processamento visual restringe o que podemos detectar sem tecnologia acoplada. Como enxergamos dentro de comprimentos de onda visíveis, qualquer coisa menor que o comprimento de onda da luz visível fica além da nossa capacidade de detecção a olho nu. Com os últimos avanços — o LHC, em

Genebra, é o mais desenvolvido em termos de tecnologia —, temos como observar processos físicos em tamanhos mais reduzidos do que nunca. Mas mesmo essa máquina colossal expõe a matéria a apenas dez milionésimos de um trilionésimo de metro. Sem outros avanços tecnológicos, os tamanhos e forças relevantes a distâncias ainda minúsculas continuarão além da nossa capacidade de observação.

No caso da matéria escura, porém, temos uma desculpa ainda mais incontestável para não a enxergar. A matéria escura não emite nem absorve luz, o que, sejamos bem claros, é essencial para a visão humana. Ela interage com a gravidade, mas, até onde podemos perceber, não interage com mais nada. Sabemos de sua existência por motivos explicados no capítulo 2 e conhecemos por alto algumas características de suas propriedades, mas ainda não sabemos com exatidão o que a matéria escura de fato é. É isso que a torna um tema de pesquisa tão empolgante.

Como preparo para a nossa meta final de conectar matéria escura e cometas, voltemos neste capítulo para o tema da matéria escura e vamos pensar algumas das possibilidades mais acertadas do que ela pode ser.

A CONSTRUÇÃO DE MODELOS

Embora estejamos confiantes que ela existe, ainda não sabemos o que a matéria escura é de fato. Sabemos da sua densidade energética média no cosmos (a partir da radiação cósmica de fundo em micro-ondas), da sua densidade próxima (a partir das velocidades de rotação das estrelas na galáxia), que ela é "fria" — ou seja, que se movimenta a uma fração da velocidade da luz (porque observamos estruturas em pequenas escalas no cosmos), que suas interações são sobretudo muito fracas — tanto com a matéria comum quanto consigo mesma (já que ela não é descoberta em sondagens diretas nem a partir de medições como a do formato do Aglomerado da Bala) e que ela não possui carga elétrica.

Mas é isso. Mesmo que a matéria escura consista em uma partícula elementar, não sabemos qual é sua massa, se ela possui interações não gravitacionais ou como ela foi criada nos princípios do universo. Sabemos de sua densidade média, mas ainda não sabemos se existe uma massa equivalente à de um próton por centímetro cúbico na nossa galáxia ou 1000 trilhões de vezes a massa de um próton que é distribuída ao longo do universo de maneira muito mais difusa — digamos, a cada quilômetro cúbico. Objetos pequenos e numerosos, assim como os mais pesados e diluídos, podem dar a mesma densidade média da matéria escura, que é o que todos os astrônomos mediram.

A maioria dos físicos apostaria que a matéria escura é composta por uma nova partícula elementar que não sofre as interações comuns do Modelo-Padrão. Saber o que a partícula é significa conhecer sua massa e suas interações e se por acaso ela faz parte de um segmento mais amplo de novas partículas. Muitos físicos têm suas candidatas, mas não vou descartar nenhuma sugestão até ser vencida pelas observações.

Felizmente, para termos algum progresso em precisar a natureza da matéria escura, há um motivo menos empedernido que tem papel na nossa percepção limitada. A mera distração ou falta de atenção pode manter coisas ocultas — até aquelas que teríamos condições de observar com a tecnologia atual. É muito comum não conseguirmos enxergar aquilo que não esperávamos. Quando sentei no "refeitório" do set de *The Big Bang Theory*, o famoso seriado de TV em que os protagonistas são físicos, pouca gente na audiência notou minha presença — eu mesma quase não me vi —, embora eu tenha aparecido perto do personagem principal, dentro do enquadramento (Figura 35).

Contudo, distração é uma coisa que temos como corrigir. Enquanto mágicos tiram proveito dessa fraqueza, cientistas tentam superá-la. Nossa meta é identificar o que podemos estar deixando de lado por falta de atenção. Aqueles que constroem modelos, como é o meu caso, tentam imaginar o que pode existir por aí que os cientistas experimentais ainda não procuraram ou não perceberam estar a seu alcance. Nos nossos modelos, fazemos suposições do que pode estar subjacente e explicar os fenômenos que conhecemos. Tendo modelos específicos em mente, cientistas experimentais podem focar suas buscas e análises de dados para confirmar ou descartar qualquer sugestão definitiva. Assim, até a matéria mais esquiva pode ganhar foco.

Sou questionada com frequência em relação aos critérios que aplico quando tento construir um modelo na física de partículas. É certo que qualquer modelo bom deve estar embasado em ideias físicas sólidas, que podem prolongar ou explorar as teorias matemáticas existentes sobre a matéria, as forças ou o espaço. Mas quais são os princípios norteadores por trás dessa regra básica?

35. Como "figurante" relativamente despercebida no set de The Big Bang Theory. (Cortesia de Jim Parsons.)

Um princípio que meus colegas e eu seguimos é que os modelos sejam tão econômicos e preditivos quanto possível. Um modelo com muitas componentes variáveis não explica nada. Um modelo que seja tão amplo a ponto de se adequar a qualquer resultado possível não é ciência. São apenas os modelos que fazem previsões científicas a ponto de serem passíveis de teste e distinguíveis de outras ideias os que podem se provar interessantes.

Uma característica desejável extra — embora não essencial — é que seus elementos se conectem a modelos já existentes. Um exemplo seria uma candidata a matéria escura que acontece de qualquer maneira em modelos que já se sugeriu serem subjacentes ao Modelo-Padrão da matéria ordinária. Embora tal associação não seja garantida, essas conexões são promissoras no sentido de evitarem outras especulações sobre um setor totalmente novo das partículas e forças.

Por fim, e o mais essencial: modelos devem condizer com todos os resultados experimentais e observacionais conhecidos. Qualquer contradição basta para excluir um modelo. Esses critérios se aplicam a todos os modelos, entre os quais os modelos de matéria escura mais populares, que agora passo a discutir.

FRACOTES

As WIMPS são o paradigma reinante da matéria escura entre as comunidades da física e da astrofísica há muitas décadas. WIMP ("fracote" em inglês) é a sigla de "*weakly interacting massive particle*", ou "partícula massiva que interage fracamente". A palavra "fraca" não é referência à força nuclear fraca — a maioria das candidatas a WIMP interage de maneira ainda mais fraca que os neutrinos de interação fraquíssima do Modelo-Padrão. Mas as interações são de fato tênues, no sentido de que a matéria escura não se espalha muito (se é que se espalha) ao cruzar o universo.

Além do mais, candidatas a WIMP possuem massa próxima da *escala fraca*, o que é, grosso modo, a massa da recém-descoberta partícula de Higgs — acessível à energia que experimentos no Grande Colisor de Hádrons exploram no momento. Para ser mais clara, o bóson de Higgs não é estável e possui interações. É certo que não é dele que a matéria escura se constitui. Mas outras partículas com mais ou menos a mesma massa talvez sejam. Se for verdade, não só a matéria escura estaria literalmente debaixo do nosso nariz como sua identidade também poderia se provar estar — pelo menos para os cientistas experimentais do LHC.

O apoio à hipótese WIMP se baseia em uma observação notável que pode ser ou coincidência ou uma pista da natureza da matéria escura. Se existe uma partícula estável com massa comparável à do bóson de Higgs, a quantidade de energia que essas partículas carregam e que sobrevive no universo hoje seria mais ou menos exata para dar conta da energia que a matéria escura deste contém.

O cálculo que demonstra que partículas com essa massa são candidatas viáveis a matéria escura vem da seguinte observação: conforme o universo evoluiu e sua temperatura caiu, partículas mais pesadas, que eram abundantes no universo inicial e quente, ficaram muito mais dispersas. Isso porque, à medida que a temperatura baixou, partículas pesadas aniquilaram antipartículas pesadas (as partículas de massa idêntica com as quais as partículas podem se aniquilar), de forma que ambas desapareceram. Mas o processo inverso, no qual elas são criadas, deixou de ocorrer em ritmo significativo porque a energia não era suficiente para constituí-las. A consequência foi que a densidade numérica de partículas pesadas caiu conforme o universo esfriou.

Se as partículas houvessem se mantido na sua distribuição térmica — o número delas que deveria existir em dada temperatura — à medida que a temperatura caísse, partículas pesadas teriam praticamente aniquilado umas às outras. Contudo, por conta da abundância decrescente de partículas pesadas, a descrição acima é um exagero de tão simples. Para se aniquilar, partículas e antipartículas precisam, primeiro, se encontrar.* Mas conforme seus números caíram e elas se tornaram mais difusas, esse encontro passou a se mostrar mais improvável. Por consequência, partículas passaram a se aniquilar de maneira menos eficiente conforme o universo ficou mais frio e mais gelado.

O resultado é que restam hoje substancialmente mais partículas do que sugere a aplicação ingênua da termodinâmica. Em algum momento, tanto partículas quanto antipartículas ficam tão diluídas que elas não teriam como se encontrar e se eliminar. Quantas partículas restam depende da massa e das interações do suposto candidato a matéria escura. A conclusão intrigante e notável a partir dos devidos cálculos é que partículas estáveis com mais ou menos a massa do bóson de Higgs podem acabar com a abundância certa para serem matéria escura.

Por enquanto não sabemos se os números batem. Para saber, precisamos de um detalhamento das propriedades das partículas. Mas a concordância fortuita, embora bruta, entre números, combinada ao que as aparências dizem serem dois fenômenos distintos, é intrigante e pode ser indicativa de que a física da escala fraca explica a matéria escura no universo.

A observação levou muitos físicos a suspeitar que a matéria escura é composta de fato por partículas WIMP, como são conhecidas essas candidatas. Por causa de sua conexão com a física do Modelo-Padrão, elas têm a vantagem de estar mais aptas a testes do que alguns dos outros candidatos a matéria escura. A matéria escura WIMP não interage apenas via gravidade, ela também tem interações não gravitacionais com partículas do Modelo-Padrão. Mesmo que sejam pequenas, essas interações ainda podem ser grandes o bastante para experimentos que são sensíveis demais para registrar sua influência nos ditos experimentos de detecção direta, descritos no capítulo a seguir.

Mas as buscas pela WIMP, até o momento, voltaram de mãos vazias. Bom,

---

* Algumas partículas de matéria escura são sua própria antipartícula, caso em que elas podem se aniquilar com outras partículas similares.

não exatamente. Há pistas fascinantes de detecção que surgem com regularidade. Mas ninguém se convence de que alguma delas represente de fato a descoberta da matéria escura, e não flutuações estatísticas, algum problema com o aparelho de detecção ou um equívoco de fundo astrofísico que pode imitar o efeito que se busca. As pistas com certeza não são avassaladoras.

Mas, apesar da falta de detecção, muitos cientistas simplesmente apreciam a ideia e ainda acham que a coincidência de escalas envolvida na física de partículas e na matéria escura é boa demais para ser acidental. E como se isso ainda não desse muita confiança, muitos vão mais longe e acreditam em modelos WIMP bem específicos, como os vinculados à supersimetria — uma teoria que propõe que para cada partícula conhecida há um parceiro supersimétrico que ainda não se viu, com a mesma massa e cargas. Dado que nem partículas supersimétricas nem WIMPs foram descobertas até o momento, até alguns dos seus defensores obstinados começam a admitir certo grau de dúvida.

Da minha parte, tento avaliar a situação como ela se dá a cada ponto. Em um casamento a que fui há pouco tempo, o pároco mostrou uma curiosidade incomum em relação à física e ficou me perguntando o que meu instinto dizia em relação ao que viria a ser descoberto sobre matéria escura. Desapontei-o várias vezes, dizendo que vou deixar que a natureza decida. Como construo modelos, sempre tive pouca fé na supersimetria para lidar com o problema da massa de Higgs, mesmo antes dos resultados mais recentes do LHC, pois sei muito bem o desafio que é fazer com que todas as pecinhas se encaixem. Eu não teria descartado a supersimetria e ainda não a descarto — é para isso que servem os cientistas experimentais —, mas tampouco teria dito que ela está definitiva ou provavelmente certa.

Do mesmo modo, tenho a mente aberta quanto às candidatas a matéria escura. O que eu disse ao padre era verdade — não tenho uma predileta. Tento fazer modelos passíveis de teste porque é apenas assim que acabaremos descobrindo a resposta. Em relação à supersimetria, a ausência de apoio experimental para WIMPs faz até aqueles que antes ficavam firmemente do lado WIMP questionar sua autoconfiança em relação a qual é o lado certo. Isso com certeza vale na ausência de qualquer suporte experimental para tratar essas alternativas promissoras. Não sei qual — se é que há alguma — existe de fato no mundo. Mas talvez outra coincidência aparente na natureza dê uma pista melhor.

MATÉRIA ESCURA ASSIMÉTRICA

Uma das alternativas mais interessantes à matéria escura WIMP recebe diversos nomes na literatura, mas a referência mais comum que se faz a ela é como *matéria escura assimétrica*. Os modelos que contêm matéria escura desse tipo tratam de outra coincidência notável que pode ser acidental ou pode nos dar um vislumbre da natureza da matéria escura: a quantidade de matéria escura e a quantidade de matéria comum, incrivelmente, são comparáveis.

Admito que, na primeira vez em que ouviu que matéria escura contém cinco vezes a energia da matéria comum, você pode ter concluído o oposto — que a matéria escura sobrepuja a energia carregada por matéria comum. Contudo, conferindo a gama de possibilidades, é notável como suas densidades energéticas são parecidas. A quantidade de matéria escura podia ser 700 trilhões de vezes maior ou um googol* vezes menor do que a da matéria comum. A evolução do universo seria espantosamente diferente em qualquer desses casos. Mas mesmo assim essas proporções foram todas possibilidades.

Ainda assim, o universo contém quase as mesmas quantidades de matéria comum e de matéria escura. Dizendo de outra forma, você tem como enxergar com rapidez todas as fatias da pizza cósmica descrevendo a energia que comporta a energia escura, a matéria escura e a matéria comum. Não há fatia que você consideraria uma migalha ou a pizza inteira. São todas fatias, embora algumas levariam a ganho de peso diferente caso fosse uma pizza de verdade. Sem que haja um motivo subjacente, é uma coincidência notável.

Para ser justa, não é surpresa que as contribuições que observamos tenham proporções comparáveis. Se a contribuição fosse muito pequena, o componente não seria detectável. A observação interessante é que hoje vários componentes possuem alta densidade energética para contribuir com quantidades comparáveis. Em princípio, uma contribuição pode ter sido um trilhão de vezes maior do que outras, de forma que as menores nunca foram observadas. Mas não é o caso aqui. A matéria escura e a matéria comum possuem densidades energéticas notavelmente parecidas.

Em modelos de matéria escura assimétrica, a semelhança de densidade energética entre matéria comum e matéria escura não é coincidência. É uma

---

* O googol corresponde ao número 10^{100}, ou seja, o dígito 1 seguido de cem zeros. (N. R. T.)

previsão. A coincidência de que esses modelos tratam é diferente da que os modelos WIMP supostamente deveriam tratar, que está relacionada à quantidade de densidade energética que resta na matéria escura depois de ela ser em parte aniquilada. Não sabemos quais dessas coincidências — se é que há alguma — são de fato pistas para avançar nosso entendimento. Mas os dois tipos de modelos são convincentes o bastante para serem levados em conta, e pode ser que um deles esteja certo.

No início dos anos 1990, vários físicos, entre eles David B. Kaplan, atual diretor do Instituto de Teoria Nuclear da Universidade de Washington, em Seattle, consideraram essa possibilidade. A ideia foi retomada para dar conta de medições cosmológicas mais recentes, no final dos anos 2000, por outro David Kaplan (que havia sido aluno naquela universidade), com os físicos Markus Luty e Kathryn Zurek. Diversos outros físicos, entre os quais me incluo, também já trabalharam nesse tipo de modelo.

Então, qual é a ideia? Para entender essa conjuntura e sua motivação, vamos dar um passo para trás apenas por um instante e pensar sobre a matéria comum. Como se comenta no capítulo 3, a matéria escura não identificada não é a única forma de matéria que comporta um mistério. A matéria familiar, comum, também tem o seu — que é, especificamente, a quantidade dela que encontramos hoje no universo. A energia de maior parte da matéria comum está em prótons e nêutrons, que são uma forma de *bárion* — matéria que, no fim das contas, é composta por partículas elementares chamadas quarks. Tivesse a matéria comum, que consiste sobretudo de bárions, sido distribuída conforme a conjuntura de alta simplicidade do início do universo — aniquilando-se conforme o universo resfriava —, ela teria densidade muito menor do que a que observamos hoje.

Uma característica crítica do nosso universo — e nossa — é que, em contraste com expectativas térmicas-padrão, a matéria comum se aferra e sobrevive em quantidades suficientes para criar animais, cidades e estrelas. Isso só é possível porque a matéria tem predominância em relação à antimatéria — existe uma assimetria matéria-antimatéria. Se as quantidades fossem sempre iguais, matéria e antimatéria teriam se encontrado, se aniquilado e desaparecido.

É evidente que, em algum momento da evolução do universo, a quantidade de matéria ultrapassou a quantidade de antimatéria. Sem o excedente, muito da matéria já teria sumido. Mas ainda não sabemos como isso ocorreu.

A assimetria matéria-antimatéria aconteceu apenas a partir de algumas interações e condições especiais no início do universo. Algum processo deve ter saído do equilíbrio térmico — que foi lento demais para acompanhar o ritmo de expansão do universo —, caso contrário, partículas de matéria e antimatéria seriam criadas em número idêntico. Além do mais, simetrias que podem ter parecido naturais não se aplicam quando a matéria excedente é criada.

Não sabemos o que deu origem tanto à quebra de simetria quanto ao distanciamento do equilíbrio térmico, embora existam sugestões para ambos no contexto das Teorias de Grande Unificação, nos modelos de léptons (partículas similares a elétrons e neutrinos que não sofrem interações fortes) e na supersimetria. Ninguém saberá qual desses modelos está certo — se é que algum está — até que se encontrem evidências observacionais. Infelizmente, muitas dessas conjunturas não têm consequências observáveis de imediato.

Mesmo assim, podemos ficar confiantes que em algum momento ocorreu um processo chamado *bariogênese*, no qual um excesso de matéria em relação a antimatéria — uma assimetria matéria-antimatéria — foi criado. Sem a bariogênese, ninguém estaria aqui para contar essa história, ainda que seja uma história parcial.

Os modelos de matéria escura assimétrica sugerem que, já que a densidade energética da matéria escura é tão parecida com a da matéria comum, talvez a matéria escura também tenha sido criada em um processo relacionado que envolve uma assimetria matéria escura-antimatéria escura. Matthew Buckley — que era pós-doutorando na Caltech quando trabalhamos nesse assunto — e eu batizamos esse processo de *Xogênese*, brincando com a ideia da matéria escura como quantidade desconhecida X. O aspecto que nos anima de fato em qualquer um desses modelos é que eles não permitem apenas a criação de matéria escura em analogia com a matéria comum — as duas têm uma relação de parentesco que se dá em exemplos muito interessantes. Se a matéria escura e a matéria comum possuem alguma forma de interação, mesmo que bem fraca e que pode já ter sido forte, a densidade energética da matéria comum e da matéria escura deveria ser comparável, o que seria consistente com a coincidência que queremos explicar. É a maior motivação para acreditar que esses modelos podem se mostrar corretos.

ÁXIONS

Os modelos WIMP e da matéria escura assimétrica são ambos paradigmas genéricos. Os modelos de tipo WIMP envolvem uma partícula estável de escala fraca e os modelos de matéria escura assimétrica sugerem uma assimetria de matéria escura em relação à antimatéria escura. As duas ideias englobam uma ampla variedade de implementações que talvez incluam distinguir partículas e interações.

Os modelos de áxion lidam com uma conjuntura mais restrita. Um áxion aparece apenas em modelos ligados à questão muito específica na física de partículas conhecida como problema forte CP, no qual C é carga e P é paridade. C-, ou conservação de carga, diz que interações de partículas carregadas positiva e negativamente possuem parentesco próximo. P-, ou simetria-paridade, diz que não há leis físicas que possam distinguir esquerda de direita, de forma que, por exemplo, partículas girando para a esquerda ou para a direita deveriam ter interações idênticas. Mas as interações da natureza não apenas violam independentemente a C e P. Elas também infringem a combinação dos dois. Ou seja, as violações a C e P não se compensam.

Contudo, por motivos ainda desconhecidos, a violação a CP — como é conhecida a combinação de simetrias C e P — acontece apenas em alguns processos. A ausência de explicação em relação a por que a CP deveria restringir interações em alguns casos, mas não em outros, é conhecida, dentro do contexto da física do Modelo-Padrão, como *problema CP forte*. Os áxions aparecem em uma das soluções propostas para esse enigma.

Falo de tudo isso para apresentar a questão por completo. Estou ciente de que, sem alguma formação em física de partículas ou um livro inteiro sobre o assunto, são ideias difíceis de entender. Felizmente, para compreender as implicações cosmológicas do áxion e seu papel como candidata potencial a matéria escura, você não precisa seguir os pormenores da física de partículas. As previsões cosmológicas dependem apenas de um áxion ser extremamente leve e ter interações extremamente fracas.

Você poderia pensar que essas características tornariam os áxions inofensivos — na verdade, é o que a maioria dos físicos achava de início. Mas os teóricos de partículas John Preskill, Frank Wilczek e Mark Wise, em um artigo extraordinário, explicaram por que não é necessariamente assim. Esses autores mostraram que áxions possuem uma interação tão fraca e tão leve que seu número não afetaria a energia do universo inicial. Não há processos físicos que tenham determinado quantos deles deveriam existir. Sua presença não teria afetado a evolução do universo até ele ter esfriado o bastante.

Por conta da irrelevância da densidade do áxion no início, no momento em que essas partículas de fato fazem diferença, seu número tem alta probabilidade de ser aquele a que o universo daria preferência — o número que minimiza a energia, por exemplo. Assim, o universo se encontraria com um grande número de áxions em um condensado descomunal — tantos que, embora ele seja muito leve, a energia do condensado de áxion é imensa. Em uma reviravolta surpreendente, áxions não conseguem interagir de maneira muito fraca, do contrário o universo teria mais energia do que pode ter.

As considerações acima restringem a gama permitida de interações de áxions. Contudo, podemos fazer essa observação por outro ângulo: se as interações são fracas, mas não muito fracas, áxions podem comportar uma grande densidade energética — não necessariamente grande, porém, a ponto de contradizer observações. Na verdade, se a força da interação estiver na medida certa, a matéria escura poderia ser composta de áxions que transportam exatamente a densidade energética mensurada da matéria escura.

Áxions possuem uma massa muito diferente das duas candidatas a matéria escura antes descritas. Enquanto as duas outras sugestões envolviam partículas de matéria escura com massa próxima da escala fraca ou quem sabe cem vezes menor, conjunturas sobre áxions envolvem partículas extremamente leves, com massa pelo menos 1 bilhão de vezes menor.

No mais, eles interagem de maneira muito diferente de outras candidatas a matéria escura. A combinação de restrições cosmológicas e astrofísicas situam os modelos com áxions em uma janela muito curta de massas e forças de interação compatíveis. As interações não podem ser muito fracas, do contrário haveria muita densidade energética no áxion. Mas elas também não podem ser muito fortes, senão teríamos áxions por meio de produção direta em experimentos com partículas ou em estrelas. Isso porque áxions que interagem com a devida força seriam produzidos em estrelas e, assim, poderiam esfriá-las. A taxa observada de resfriamento de supernovas não mostra sinal de contribuição fora do padrão, e assim limita a força com a qual áxions podem interagir.

Em termos teóricos, diante das restrições, acho modelos de áxion um pouco estranhos no sentido de que a janela de interações que se permite experimentalmente é bastante aleatória e sem relação clara com qualquer outro processo físico. Tenho certa desconfiança de que experimentos que procuram áxions venham a encontrar um resultado positivo, mas muitos dos meus colegas são mais otimistas. As buscas atuais por essas partículas envolvem sua interação reconhecidamente muito tênue com a luz. Seus detectores posicionados em grandes campos magnéticos procuram a radiação mensurável que produziria a interação delas com um campo magnético. Apenas o tempo — e experimentos como esses — dirá se áxions existem ou não na natureza, e, se existem, se constituem de fato a matéria escura.

NEUTRINOS

Um aspecto comum a todos os modelos que apresentei é que eles incluem alguma conexão entre matéria comum e matéria escura — sugerida ou pela coincidência de escalas de massa nos WIMPs, pela proximidade de densidades energéticas para modelos de matéria escura assimétrica, ou por uma solução proposta para o problema CP forte, no caso dos áxions. Os modelos de áxion foram uma hipótese que surgiu por questões da física de partículas, mas que ainda assim podem explicar a matéria escura. Os modelos WIMPs também se destacam como parte das conjunturas propostas pela física de partículas, como a supersimetria. Modelos de matéria escura assimétrica também podem existir na armação das teorias existentes, mas, apesar das interações entre matéria escura e matéria comum, de modo geral uma candidata a matéria escura assimétrica é um acréscimo alheio à teoria.

Contudo, também pode ser que a matéria escura — ou pelo menos parte dela — interaja apenas com a gravidade. Ela também pode ter parte de suas próprias forças e interações, não experienciadas por nossa matéria.

Mas antes de propor a existência de um setor de matéria escura independente, físicos consideraram primeiro se qualquer tipo de matéria comum poderia ter em si as propriedades que lhe possibilitariam ser a matéria escura. A pergunta seria se algo no Modelo-Padrão ou algo que fosse composto de partículas do Modelo-Padrão poderia ser um candidato propício a matéria escura, mesmo sem a inclusão de partículas extras.

Uma das primeiras dessas sugestões dizia respeito a um tipo de partícula elementar chamada *neutrino*. No processo radioativo conhecido como *decaimento beta*, nêutrons decaem em prótons, em elétrons e em neutrinos (tecnicamente, em suas antipartículas, conhecidas como *antineutrinos*). Neutrinos são partículas que, assim como elétrons e suas versões mais pesadas, conhecidas como *múons* e *taus*, não sofrem a força nuclear forte. Além disso, eles contêm carga elétrica zero, de forma que também não sofrem de maneira direta o eletromagnetismo. Uma das propriedades mais interessantes dos neutrinos é que (fora a gravidade, que todas as partículas sentem — embora em proporção extremamente minúscula) eles interagem diretamente apenas através da força fraca. A outra é que se sabe que eles são muito leves, pelo menos 1 milhão de vezes mais leves que um elétron.

Por interagirem de maneira tão tênue, a princípio os neutrinos pareciam ser candidatos promissores a matéria escura. Mas, por enquanto, essa esperança é invalidada por vários motivos. Os neutrinos do Modelo-Padrão interagem por meio da força nuclear fraca. Mas qualquer coisa que seja leve o bastante e que tenha interações de força fraca já teria sido vista nos experimentos de detecção direta discutidos no próximo capítulo — que até o momento voltaram de mãos vazias. No mais, os neutrinos comuns que sabemos que existem não podem ser a matéria escura, já que sua densidade energética é muito pequena. Para a energia da matéria escura se comparar com a de neutrinos, estes teriam que ser bem mais pesados.

Na verdade, neutrinos leves seriam uma forma de *matéria escura quente*, que viaja quase na velocidade da luz. A matéria escura quente eliminaria a estrutura em escalas menores que um superaglomerado. Ainda assim, observamos galáxias e aglomerados de galáxias. Isso seria um problema.

Portanto, neutrinos não funcionam no contexto do Modelo-Padrão da física de partículas. A seguir, físicos pensaram em fazer modificações no Modelo-Padrão que também não deram certo. Partículas que interagem como neutrinos — mesmo versões modificadas de neutrinos — não dão origem à bela história de formação da estrutura delineada no capítulo 5.

Em princípio, a matéria escura quente ainda estaria o.k. caso as estruturas menores que sabemos existir não fossem formadas diretamente, mas tivessem se constituído a partir da fragmentação das maiores. Essa conjuntura, porém, pode ser resolvida em termos numéricos e as previsões não batem com as observações. Portanto, apesar das sugestões ocasionais de novos neutrinos leves, e o surgimento de manchetes sobre neutrinos de matéria escura, eles não são mesmo a matéria escura. Podem, no máximo, explicar uma pequena fração da densidade existente de matéria escura. É por isso que físicos concentram sua atenção em conjunturas de *matéria escura fria*, que sugerem candidatos a matéria escura de movimento mais lento — que em geral são mais pesados. Cenários de *matéria escura quente* — o que se consegue quando se tem partículas leves e em movimento rápido, como neutrinos — são excluídos.

MACHOS

Por fim, vamos considerar a possibilidade superficialmente mais provável de que a matéria escura não seja composta de novíssimas partículas elementares, mas sim de estruturas macroscópicas não incandescentes (e, por isso, não emissoras de luz) e não reflexivas compostas de coisas comuns. Não enxergaríamos esses objetos pelo mesmo motivo que não enxergamos em uma sala escura. Não é porque as coisas à sua volta não interagem, em qualquer nível que seja, com a luz. É simplesmente porque não há luz suficiente em volta para você enxergar. Antes de aceitar a existência de matéria escura, praticamente qualquer um — com inclinação científica ou não — iria querer saber por que essa possibilidade à primeira vista óbvia não é verdadeira.

Objetos escuros como esses são conhecidos coletivamente como MACHOS, sigla de *massive compact halo objects*, ou objetos com halo compacto e grande massa. A função deles como alternativa às WIMPS (ou "fracotes") é o motivo por trás do nome pouco sutil. Já que MACHOS emitem pouca ou nenhuma luz detectável, eles podem parecer ocultos e escuros mesmo que sejam compostos por matéria comum. Entre os candidatos a MACHOS estão buracos negros, estrelas de nêutrons e anãs marrons.

Como já mencionei, buracos negros são estados de matéria de ligação gravitacional muito firme que não emitem nem refletem luz. *Estrelas de nêutrons* — talvez produzidas no colapso de supernovas — são os resquícios de estrelas gigantes que não têm matéria suficiente para se tornarem buracos negros, mas que, em vez disso, se condensam em um estado com um centro de nêutrons extremamente denso. *Anãs marrons* são objetos maiores que Júpiter, porém menores que estrelas, de forma que não conseguiriam ativar fusão nuclear, mas, em vez disso, se aquecem apenas através da contração gravitacional.

Os objetos astrofísicos mencionados decerto parecem possibilidades razoáveis. Mas mesmo antes de observações mais recentes restringirem de maneira drástica a possibilidade, MACHOs eram considerados improváveis. Você deve lembrar, do capítulo 4, que um dos primeiros testes da conjuntura-padrão do big bang foi a criação dos núcleos no início do universo — o processo conhecido como nucleossíntese primordial. Essa conjuntura, no entanto, funciona apenas para uma gama definida de valores da densidade energética em matéria comum. A maioria dos modelos MACHO contém matéria comum demais para render as previsões corretas de abundância de núcleos. Além disso, ainda que a matéria comum formasse esses objetos compactos, entender como eles foram parar no halo e não no disco galáctico rende outro desafio importante.

Mesmo assim, astrofísicos tendem a manter a mente aberta. A matéria escura é uma proposta extraordinária, de modo que vale a pena garantir que toda explicação convencional seja descartada. Nos anos 1990, físicos procuraram MACHOs através de um processo conhecido como *microlensing*. Segundo essa bela e sutil ideia, MACHOs que se movem pelo espaço vez ou outra passam em frente a uma estrela. Como raios de luz se distorcem em volta de um MACHO (ou qualquer outro objeto imenso), ele funciona como lente cuja influência gravitacional temporariamente amplifica a luz da estrela, fazendo-a parecer mais brilhante antes de voltar ao normal. Claro que isso tem que acontecer em uma escala temporal que seja curta o bastante para ser observada e a mudança de magnitude tem que ser grande o bastante para ser detectável. Mas astrônomos que usam esse método podem mostrar que MACHOs dentro de uma variação que começa por volta de um terço da massa da Lua até cerca de cem vezes a massa do Sol não podem ser matéria escura, excluindo assim muitos candidatos MACHO.

Embora as buscas por MACHO tenham descartado estrelas de nêutrons e anãs brancas, os buracos negros em uma janela de massa estreita continuaram sendo uma possibilidade. Fora a falta de motivos teóricos para acreditar que haveria a quantidade certa de buracos negros em qualquer gama de massa, as perturbações gravitacionais por eles provocadas e a duração da existência de um buraco negro impõem outros limites. Isso porque buracos negros que são pequenos demais já teriam decaído, emitindo fótons em um processo conhecido como radiação Hawking (em homenagem ao físico Stephen Hawking, o primeiro a propor esse tipo de radiação), enquanto aqueles grandes demais teriam efeitos observáveis que não foram vistos. Entre eles estariam perturbações a sistemas binários, dispersões que podem aquecer e depois alargar o plano da Via Láctea, buracos negros que se acrescem de outra matéria e irradiam, e o efeito das ondas gravitacionais associadas a buracos negros no ritmo dos pulsares medidos com grande precisão. Ao juntar todas as restrições, talvez ainda sejam possíveis massas de buraco negro de mais ou menos um milionésimo da massa lunar até uma massa lunar, mas buracos negros fora dessa gama ficam descartados. Medições detalhadas de propriedades de estrelas de nêutrons podem descartar até essa gama restante, limitada.

Mesmo que uma janela muito pequena para massas de buraco negro ainda persista, seria difícil entender por que apenas buracos negros nessa gama particular de massa seriam criados e teriam sobrevivido em quantidade suficiente. É justo considerar essa possibilidade. Mas, com base na nucleossíntese e nas restrições à construção de modelos, é baixíssima a probabilidade de que buracos negros — sobretudo os que foram criados apenas por matéria comum — sejam matéria escura.

O QUE FAZER?

Os modelos acima incluem os objetos candidatos a matéria escura mais discutidos — os que a maioria dos físicos pensa como possibilidades razoáveis. Mas é quase certo que essas não são as únicas opções. Embora algumas das ideias ainda sejam promissoras, temos bons motivos para ser céticos em relação a quaisquer modelo ou propriedade específicos até que sejam confirmados em termos experimentais.

Por outro lado, podemos ter plena confiança de que a matéria escura existe — mesmo que ainda não saibamos o que ela é. Hoje se tem um bom momento para teóricos e cientistas experimentais repensarem e tentarem considerar uma gama de opções mais completa. A maioria delas envolverá variedades diferentes de estratégias de busca. Modelos alternativos serão úteis para planejá-las.

Mas antes de chegar a ideias mais inovadoras, vou primeiro repassar algumas técnicas de busca da matéria escura existentes, para avaliar a situação presente de maneira mais informada. Veremos que os dados abundantes na astrofísica, aliados à falta de detecção de modelos já propostos, dão a cientistas experimentais e observadores um bom motivo para olhar além dessas buscas mais antigas e mais desenvolvidas pela matéria escura.

17. Como enxergar no escuro

Richard Gaitskell, professor da Universidade Brown, investigador principal e porta-voz do detector LUX* — um dos grandes experimentos de detecção de matéria escura —, deu uma palestra em Harvard em dezembro de 2013. No colóquio que promoveu para os muitos membros de departamentos de física em êxtase, descreveu com júbilo como ele e seus colaboradores ainda não haviam descoberto a matéria escura. A medida do sucesso do experimento foi, o que é curioso, que este havia descartado muitas das candidatas a matéria escura que uma categoria inteira de modelos e até resultados experimentais (hoje) espúrios haviam sugerido. Mas, apesar da notícia frustrante para a física, a de que a matéria escura ainda não havia sido descoberta — nem por ele nem por outro experimento —, Gaitskell estava eufórico, e com razão. O experimento desafiador que ele e outros construíram havia funcionado bem como ele imaginara. Não era culpa sua se a natureza não havia cooperado e não fornecera uma candidata a matéria escura com massa e força de interação que seu estudo tivesse condições de encontrar.

Esses eram apenas os primeiros resultados do experimento LUX — que segue em atividade e a coletar novos dados —, mas já de saída ele havia sobre-

---

* Acrônimo de Large Underground Xenon. (N. R. T.)

pujado os resultados dos estudos mais antigos e mais consolidados. Gaitskell e seus colaboradores tinham criado um ambiente tão imaculado que os primeiríssimos resultados do experimento foram de confiabilidade suficiente para suplantar descobertas anteriores. Em um ambiente no qual a radioatividade da impressão digital indevida de um cientista experimental brincalhão pode contribuir com bilhões de vezes mais "sinal" do que o tão tênue e tão procurado registro de uma partícula de matéria escura, o experimento de Gaitskell havia tido um sucesso espetacular. Os dados límpidos e confiáveis que o experimento havia reunido determinaram em definitivo que seu aparato fez precisamente o que fora projetado para fazer — sondagem extremamente sensível e recusa confiável a qualquer sinal enganador.

Hoje em dia as tecnologias mais recentes nos possibilitam reunir muitos dados, e nem tudo se dá em torno de preferências do consumidor. Os dados que hoje se acumulam levaram a avanços na física de partículas, na astronomia e na cosmologia — assim como em outras áreas científicas. Embora nenhum experimento tenha encontrado matéria escura, muitos deles já apresentaram resultados fascinantes. Às vezes um experimento como o de Gaitskell surge e acaba com muitas das promessas que os estudos anteriores, com medições menos decisivas, haviam sugerido. Os experimentos dele e de outros prosseguem em suas buscas na esperança de, em breve, encontrar um sinal mais robusto e que represente uma descoberta real.

Essa busca, contudo, é uma tarefa desafiadora. Como a gravidade é uma força fraca, as buscas pelas partículas que compõem a matéria escura precisam suscitar exatamente aquelas interações que ainda não sabemos que a matéria escura sente. Se a matéria escura interage apenas de maneira gravitacional, ou através de novas forças que a matéria comum não sofre, as buscas convencionais por matéria escura nunca a encontrarão. Mesmo que as forças do Modelo-Padrão ajam sobre a matéria escura, ainda não há como ter certeza de que as interações são fortes o bastante para que os experimentos atuais as detectem.

As buscas atuais dependem de um salto de fé, confiando que a matéria escura, apesar de sua quase invisibilidade, interaja de maneira substancial para que seja registrada por detectores construídos com matéria comum. Isso se baseia, em parte, em *wishful thinking*. Mas o otimismo também tem raízes nas implicações dos modelos WIMP, discutidos no capítulo anterior. A maioria das candidatas a matéria escura WIMP deveria interagir pelo menos um pouquinho com partículas do Modelo-Padrão — um pouquinho mesmo, porém em taxas que potencialmente seriam observáveis com os experimentos superprecisos realizados hoje. As buscas chegaram a um ponto em que a maior parte dos modelos WIMP será confirmada ou descartada assim que esses experimentos apresentarem os resultados finais.

Ao investigar modelos de matéria escura alternativa nos capítulos a seguir, vou apresentar algumas de suas implicações observacionais. Mas o foco deste capítulo é a matéria escura WIMP, e as três abordagens preferenciais para procurá-la (Figura 36). A matéria escura é esquiva, porém cientistas experimentais têm sido intrépidos na busca por suas sutis consequências observáveis.

EXPERIMENTOS DE DETECÇÃO DIRETA

A primeira classe de experimentos que procura WIMPs cai na categoria de *detecção direta*. Experimentos de detecção direta envolvem aparatos gigantescos e de extrema sensibilidade na Terra, cuja detecção em grande volume é projetada para compensar a força de interação (na melhor das hipóteses) minúscula da matéria escura. A ideia por trás dessas buscas é que a matéria escura deveria percorrer o material de um detector até atingir o núcleo. A interação, a partir daí, geraria uma pequena quantidade de calor de reação ou energia que em princípio pode ser medida ou com um detector muito frio ou com um material muito sensível projetado para absorver e registrar esse calor minúsculo que pode ficar depositado ali. Se uma partícula de matéria escura passa por um aparato de detecção direta, atinge e sutilmente ricocheteia a partir de um núcleo, o experimento talvez registre a minúscula mudança de energia que seria a única evidência potencialmente mensurável de sua passagem. Embora a chance de uma interação individual seja muito pequena, a probabilidade de sucesso aumenta com tamanho maior e sensibilidade melhor, motivo pelo qual os experimentos são tão grandes.

Detectores criogênicos são aparelhos muito gelados com absorvedores de cristal como o germânio. Eles reagem a uma pequena quantidade de calor usando *SQUIDs — superconducting quantum interference devices*, ou aparelhos supercondutores de interferência quântica — embutidos no detector. Esses aparelhos perdem a supercondutividade e registram um evento poten-

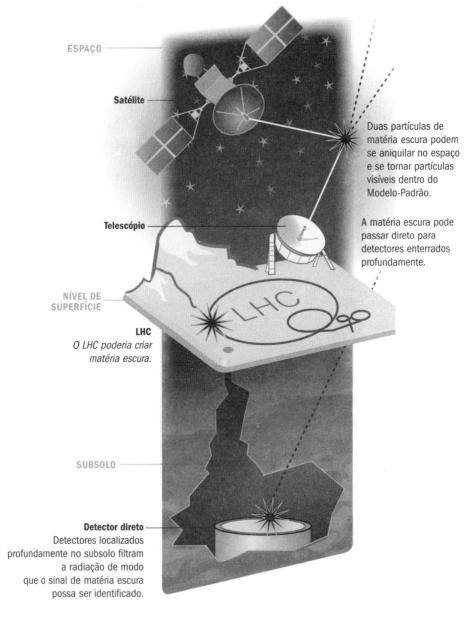

36. As buscas pelas WIMPs seguem uma abordagem em três vertentes. Detectores subterrâneos procuram matéria escura que atinge diretamente os núcleos-alvo. Experimentos no LHC podem encontrar provas de matéria escura que o colisor criou. Satélites ou telescópios buscam provas de matéria escura que se aniquila na matéria visível em buscas por detecção indireta.

cial de matéria escura mesmo se uma quantidade pequena de energia atingir o material supercondutor muito frio que é embutido nele. Experimentos dessa categoria incluem o Busca Criogênica por Matéria Escura (Cryogenic Dark Matter Search, CDMS), o Busca de Raros Eventos Criogênicos com Termômetros Supercondutores (Cryogenic Rare Event Search with Superconducting Thermometers, CRESST) e o Experimento de Detecção de WIMPs em Localização Subterrânea (Expérience pour Détecter Les Wimps en Site Souterrain, EDELWEISS). Os nomes são gigantes, mas a maioria dos físicos só usa as siglas, mais práticas.

Detectores criogênicos não são os únicos tipos utilizados para detecção direta. O outro tipo — que vem ganhando importância muito rápido — emprega líquidos nobres. Mesmo que a matéria escura não interaja diretamente com a luz, a energia somada a um átomo de xenônio ou argônio quando atingido por uma partícula de matéria escura tem o potencial de gerar um lampejo de cintilação característica. Experimentos desse tipo incluem os baseados em xenônio, como o XENON100 e o LUX (Large Underground Xenon Detector, ou Grande Detector Subterrâneo de Xenônio) — este último citado acima —, assim como os detectores com base em argônio chamados ZEPLIN, DEAP, WARP, DARKSIDE e ArDM.

Tanto o XENON quanto o LUX serão atualizados para ficar maiores e melhores nos próximos anos — a colaboração XENON1T e LUX-ZEPLIN. Para dar uma ideia do avanço, o "100" no nome original do XENON era uma medida aproximada de quilos, enquanto o 1T significa "uma tonelada". O LUX-ZEPLIN será ainda maior, com um volume-padrão de referência de cinco toneladas, que é a região utilizada para detecção de matéria escura.

Detectores tanto criogênicos quanto de gases nobres são projetados para registrar a energia minúscula que uma partícula de matéria escura pode depositar. Contudo, por mais expressivo que pareça, detectar uma pequena variação de energia não é suficiente para determinar que uma partícula de matéria escura passou por ali. Os cientistas experimentais também precisam determinar que registraram o sinal desejado e não só radiação de fundo, que também pode depositar pequenas quantidades de energia que podem imitar a matéria escura e interagem de maneira muito mais forte com matéria comum do que a matéria escura teria condições de fazer.

É complicado. A radiação, da perspectiva de um aparato sensível de detecção de matéria escura, é uma coisa que está em tudo. Os múons dos raios cósmicos — os colegas mais pesados dos elétrons — podem atingir a rocha e criar um salpicar de partículas, assim como fazem alguns nêutrons que imitam a matéria escura. Mesmo com suposições razoavelmente otimistas quanto a massa e força da interação de partículas de matéria escura, acontecimentos eletromagnéticos de fundo dominam o sinal em um fator pelo menos de mil. E essa estimativa não leva em conta todas as substâncias radioativas primordiais e de fabricação humana presentes no ar, no ambiente e no detector.

Os cientistas que projetaram esses aparatos sabem muito bem de tudo isso. O que está em jogo para astrofísicos e cientistas experimentais da matéria escura são duas coisas: *revestimento* e *discriminação*. Para proteger seu detector da perigosa radiação e distinguir potenciais eventos de matéria escura da radiação desinteressante que se espalha nos detectores, cientistas experimentais procuram matéria escura no subsolo, em minas ou sob montanhas. Raios cósmicos devem atingir a rocha, cercando um detector que esteja devidamente enterrado, em vez do detector em si. A maior parte da radiação será filtrada, enquanto a matéria escura, que tem intensidade muito menor, chegará ao detector sem impedimentos.

Por sorte, há uma grande disponibilidade de minas e túneis que foram construídos para fins comerciais e hoje podem abrigar experimentos como esses. Minas existem em parte porque, como já citado, elementos pesados caem no fundo da Terra, mas uma fração vez ou outra sobe para depósitos de minério subterrâneos. O experimento DAMA, junto com os experimentos chamados XENON10 e XENON100 (maior), assim como o CRESST, um detector que utiliza tungstênio, acontecem no Laboratório Nacional Gran Sasso, na Itália, situado em um túnel cerca de 1400 metros abaixo do nível do chão.

A caverna com 1500 metros de profundidade na mina Homestake, na Dakota do Sul, construída para escavação de ouro, é o lar do experimento LUX. A mina é famosa nos círculos da física como local onde aconteceu outra detecção expressiva — a de neutrinos do Sol — e deu a primeira pista real de que neutrinos tinham massa não nula. O experimento CDMS fica na mina Soudan, localizada a mais ou menos 750 metros no subsolo. A mina Sudbury, em Ontário, Canadá — criada para escavar os metais concentrados naquela região por um asteroide enorme, que nos atingiu há mais ou menos 2 bilhões de anos —, também é sede de vários experimentos com matéria escura.

Ainda assim, toda a rocha acima das minas e túneis não é suficiente para garantir que os detectores fiquem livres de radiação. Os experimentos protegem ainda mais os detectores de várias maneiras. O revestimento que considero mais divertido é um chumbo antigo que foi retirado de um galeão francês afundado. O chumbo é um material absorvente denso, e o chumbo velho já se livrou de qualquer radiação que tenha tido no início, de forma que é eficiente para absorver radiação sem ser fonte de radiação nova.

Outros revestimentos, mais avançados do ponto de vista tecnológico, vêm, por exemplo, do polietileno que se acende se algo interage de maneira muito forte para ser matéria escura. Nos detectores de líquidos nobres, como os que usam xenônio, o detector em si funciona como revestimento. A região de captação desses detectores de xenônio é tão grande que os cientistas experimentais omitem a região externa, que é usada apenas para obstruir fundos radioativos quando eles registram os eventos com potencial de sinal que vêm apenas da região interna.

A discriminação também é importante. Físicos de partículas utilizam um termo diferente, *identificação de partículas* (*particle ID*), para se referir a esse requisito. Talvez o termo da física de partículas seja mais politicamente correto, ainda que pedir "documentos" tenha uma conotação feia hoje em dia. Seja qual for o nome, a discriminação, ao contrário do revestimento, distingue a radiação eletromagnética que mesmo assim consegue passar aos candidatos potenciais a matéria escura. Ao medir tanto a ionização quanto a cintilação inicial, os cientistas experimentais podem fazer a distinção entre sinais e radiação de fundo.

O DAMA, um experimento de cintilação, vem informando um sinal já há algum tempo. Contudo, como não discrimina entre sinal e fundo — ele se baseava apenas em informações temporais — e como nenhum outro experimento conseguiu reproduzir o resultado, a maioria dos físicos se mantém cética em relação à autenticidade do sinal.

Outros experimentos também registraram sinais potenciais, mas pouquíssimos eventos — e, ainda assim, com energia baixa. Também há um bom motivo para desconfiar desses resultados. Você deve lembrar que os detectores não medem energia de recuo. Quando essa energia é muito pequena, o detector não consegue registrá-la, já que fica abaixo da sensibilidade do aparato. Os eventos de energia mais baixa ficam muito próximos do limiar de energia baixa e de difícil acesso. Portanto, o ceticismo em relação a qualquer sinal potencial de baixa energia é válido até que mais dados cheguem ou que outro experimento confirme as observações potenciais.

DETECÇÃO INDIRETA

Os experimentos de detecção direta que procuram matéria escura que passa pela Terra podem ter sucesso em encontrar partículas dela. Mas outra estratégia de busca promissora é procurar o sinal que surgiria se partículas de matéria escura se aniquilassem com antipartículas de matéria escura (ou o mesmo tipo de partícula quando ela pode se aniquilar consigo mesma), transformando a energia da partícula de matéria escura em outros tipos de matéria — com sorte, visíveis. É provável que a aniquilação de matéria escura não aconteça com muita frequência, já que ela é muito diluída. Mas isso não quer dizer que não acontece de modo algum. Depende da natureza, ainda a ser descoberta, da matéria escura.

Se e quando aniquilações ocorrem, experimentos na Terra ou no espaço podem encontrar as partículas que emergirem da aniquilação no que é conhecido como *detecção indireta*. Essas buscas procuram partículas criadas depois que as partículas aniquilantes de matéria escura sumiram. Caso tenhamos sorte, entre essas partículas emergentes estarão as partículas e antipartículas do Modelo-Padrão, como o elétron e suas antipartículas — pósitrons — ou pares de fótons, que detectores na Terra e no espaço teriam potencial para observar. Sinais de antipartícula e de fótons são os alvos de busca mais promissores associados à detecção indireta de matéria escura, por conta da raridade das antipartículas no cosmos. Fótons também podem vir a ser úteis, já que aqueles que se originam da aniquilação da matéria escura terão energia e distribuição especial diferentes das de fótons criados por fundos astrofísicos.

A maioria dos instrumentos que busca esses produtos do Modelo-Padrão de aniquilação de matéria escura não foi, na sua origem, projetada para detectar matéria escura. A meta primordial da maior parte dos telescópios e detectores que se encontra no espaço ou na superfície é registrar luz e partículas de fontes astronômicas no céu. O objetivo é o melhor entendimento das estrelas, pulsares e outros objetos, que, para um cientista experimental da matéria escura, são o fundo astrofísico que pode imitar um sinal de matéria escura.

Vista de outra maneira, essa semelhança entre partículas emitidas por fontes de fundo astrofísico e supostas aniquilações de matéria escura nos diz que as observações dos telescópios existentes têm o potencial de nos mostrar também a matéria escura. Se os astrofísicos entenderem as fontes mais convencionais dessas partículas, eles podem distingui-las de um excesso que se deva à matéria escura. Apesar de potenciais ambiguidades na interpretação, buscas indiretas por matéria escura podem ter sucesso se buscas convencionais forem bem entendidas o bastante para garantir que não seriam suficientes para explicar o que pode ser encontrado.

Um desses experimentos de detecção indireta está na Estação Espacial Internacional. Sam Ting, do MIT, vencedor do prêmio Nobel, teve a ideia muito sagaz de colocar lá um detector de partículas que busque pósitrons e antiprótons. O Espectrômetro Magnético Alfa (Alpha Magnetic Spectrometer, AMS) é, em essência, um detector de partículas no espaço. Ele prolongou a busca que o satélite PAMELA (esse nome bonito também é um acrônimo), de origem italiana, que informou os primeiros resultados em 2013, já havia feito.

Embora de início os dados tenham parecido intrigantes, a matéria escura como uma explicação atualmente é algo que está em baixa porque, entre outros motivos, os sinais do PAMELA e do AMS exigiriam tanta matéria escura no início do universo que seus efeitos de distorção sobre a radiação cósmica de fundo em micro-ondas teriam sido vistos pelo satélite Planck. O resultado de início surpreendente parece agora ser mero indicativo de que astrofísicos têm muito a aprender sobre fontes astrofísicas como os pulsares. Enquanto houver uma chance de explicar o sinal via fontes convencionais, não se pode fazer uma defesa convincente da matéria escura.

A matéria escura também pode se aniquilar em quarks e antiquarks ou em glúons — partículas que interagem através da força nuclear forte. Na verdade, a maioria dos modelos de estilo WIMP prevê que esse seria o resultado mais provável do Modelo-Padrão. Os fundos astrofísicos para o alvo mais óbvio — antiprótons — é grande, mas os de antideutérios de baixa energia, que são estados de ligação gravitacional muito fracos de antiprótons e antinêutrons, são muito mais baixos. Experimentos talvez tenham chance de descobrir matéria escura através de suas aniquilações nesses estados de baixa energia. O experimento balonesco GAPS, programado para ser lançado na Antártida em 2019, vai procurar tal sinal.

As partículas sem carga chamadas de neutrinos, que interagem apenas através da força fraca, também podem ajudar na detecção indireta de matéria escura. A matéria escura pode ficar presa no centro do Sol ou da Terra, aumentando sua densidade sobre seu valor usual e incrementando a probabilidade de aniquilação. As únicas partículas que podem escapar e potencialmente ser detectadas seriam então os neutrinos, já que — ao contrário de outras partículas — são de interação muito fraca para que se impeça que fujam de suas interações. Detectores em solo chamados AMANDA, IceCube e ANTARES estão à procura desses neutrinos de alta energia.

Outros detectores com base na superfície procuram prótons, elétrons e pósitrons de alta energia. O HESS (sigla de High Energy Stereoscopic System [Sistema Estereoscópico de Alta Energia]), localizado na Namíbia, e o VERITAS (sigla de Very Energetic Radiation Imaging Telescope Array System [Sistema de Rede de Telescópios de Imagens por Radiação Altamente Energética]), no Arizona, são grandes conjuntos de telescópios na Terra que procuram fótons de alta energia do centro da galáxia. Da nova geração de detectores, o observatório de raios gama de altíssima energia, a Rede de Telescópios Cherenkov,* promete ser ainda mais sensível.

Mas é provável que as buscas por detecção indireta mais importantes nos últimos anos tenham sido realizadas pelos telescópios do observatório espacial de raios gama Fermi — informalmente conhecido apenas como Fermi —, assim chamado em homenagem ao grande físico italiano que deu nome aos "férmions". O observatório de Fermi fica em um satélite lançado no início de 2008, que orbita o céu a cada 95 minutos a uma altura de 550 quilômetros da Terra. Detectores de fótons que ficam em solo têm a vantagem de poder ser bem maiores que um satélite no céu. Mas os instrumentos superprecisos no satélite Fermi têm melhor resolução energética e informação direcional, são sensíveis a fótons com energia baixa e têm um campo de visão mais amplo.

Ultimamente o satélite Fermi tem sido fonte de muita especulação interessante em torno da matéria escura. Surgiram vários indicativos de sinais desde

---

* Conhecidos pela sigla CTA, de Cherenkov Telescope Array, têm participação de grupos brasileiros. (N. R. T.)

que ele entrou em operação, nenhum dos quais é decisivo, mas todos os quais levaram a observações dignas de atenção quanto ao que a matéria escura pode ser. O sinal mais forte até o momento é o que o físico Dan Hooper, do Fermilab (o Laboratório Nacional do Acelerador Fermi, localizado em Batavia, Illinois, próximo a Chicago), vem defendendo. Ele e colaboradores observaram que um estudo meticuloso da emissão difusa de fótons próxima ao centro galáctico mostra um excesso em relação ao que é esperado de fundo astrofísico.

Assim como o resultado anterior, surpreendente, com pósitrons, os dados mostram com bastante justeza um excedente em relação à expectativa. A questão mais uma vez é se o ingrediente faltante seria uma fonte astrofísica desprezada ou algo de fato empolgante, como matéria escura. Astrônomos ainda estão trabalhando, tentando determinar a resposta. No momento, nenhuma explicação parece simples nem convincente.

Outro sinal que surgiu em fótons e não tem explicação conhecida a partir de fontes astrofísicas convencionais vem na forma de uma linha de raio X de poucos keV,* mais ou menos um centésimo da energia transportada por um elétron. A característica peculiar de observação é que é uma linha, o que quer dizer que os fótons em excesso ocorrem em uma energia definida com pouquíssima dispersão de energia. Leve em consideração que transições atômicas e moleculares entre diferentes níveis energéticos fazem surgir linhas similares e o sinal não é excepcionalmente forte, por isso fica-se bem longe da confirmação de que essa é uma descoberta de fato. Essa falta de evidência convincente não impediu pesquisas baseadas em áxions ou matéria escura em decaimento como fontes possíveis. Não saberemos até que mais dados ou obras teóricas mostrem se foi uma flutuação ou fundo ou uma descoberta real de algo novo.

O último suposto sinal que quero mencionar, já que instigou a pesquisa que discutirei em breve, é um sinal de fóton com 130 GeV de energia, que dados iniciais do satélite Fermi sugeriam. O sinal sem dúvida era intrigante, dada a similaridade entre a energia observada e a massa do bóson de Higgs,

---

* Eletronvolts (eV), a unidade de energia mais usada por físicos de partículas; keV, ou *kiloelectron volts*, corresponde a mil eV, enquanto GeV, *gigaelectron volts* — unidade usada com frequência na discussão de física nos aceleradores atuais de alta energia —, corresponde a 1 bilhão de eletronvolts.

que é de cerca de 125 GeV. Diante da falta de uma boa explicação astronômica, alguns astrônomos sugerem que o sinal pode ter se originado de matéria escura em aniquilação.

Digo desde já que as evidências não passaram na prova do tempo — ou de mais dados — e já perderam o crédito. Mas ao tentar explicar como o sinal poderia ter se originado, meus colaboradores — Matt Reece, JiJi Fan, Andrey Katz — e eu acabamos explorando uma classe intrigante de modelos com os quais, tenho quase certeza, de outra forma nunca iríamos nos deparar. Assim como muitos avanços científicos dignos de atenção, o modelo se mostrou interessante por motivos que vão além da motivação inicial e levaram ao modelo do disco escuro que explicarei a seguir.

MATÉRIA ESCURA NO LHC

Embora hoje em dia seja uma possibilidade menos promissora, WIMPs também podem aparecer no LHC, o acelerador gigantesco próximo a Genebra que passa por baixo da fronteira França-Suíça. Prótons circulam em direções opostas em volta de um anel com circunferência de 27 quilômetros e colidem com alta energia. O LHC se estende por uma gama de energias que permitiu a criação e descoberta do bóson de Higgs, e também pode levar à produção de outras partículas hipotéticas, tal como um WIMP estável, de interação fraca. Se assim for, suas interações com partículas do Modelo-Padrão podem levar à sua detecção no LHC.

Mesmo que novas partículas sejam encontradas no LHC, serão exigidas provas complementares — como as de detectores dedicados à matéria escura em solo ou no espaço — para determinar que uma partícula recém-descoberta constitui de fato matéria escura. Independentemente disso, encontrar WIMPs no LHC com certeza seria um grande feito. Talvez até aprendamos propriedades detalhadas da partícula de matéria escura que seriam de estudo muito difícil a partir de qualquer um dos outros métodos de detecção.

Todavia, partículas de matéria escura não interagiriam muito com os prótons que colidem no LHC, já que a matéria escura tem interações minúsculas com a matéria comum. Mesmo assim, podem-se produzir outras partículas que decaem nelas. A questão nesse caso seria como determinar que isso aconteceu, já que a matéria escura não interage com o detector e portanto, em si, não deixa prova visível.

Um lugar para se procurar seria no decaimento de partículas carregadas. As partículas carregadas não decairiam apenas em partículas de matéria escura neutra, já que esse processo não conservaria carga. Ao detectar as partículas carregadas extras que devem estar presentes no estado final, que não transportarão a mesma energia e impulso da partícula em decaimento inicial — já que a matéria escura inaparente tirou dela a energia e o impulso —, pode-se determinar a existência de uma partícula de interação débil com um conjunto particular de interações.

O vestígio de que a matéria escura foi produzida seria exatamente a energia que os experimentos não conseguiram detectar, assim como uma concordância de previsões para taxas de eventos e sinais com dados. A não ser que as leis da física sejam radicalmente diferentes do que se crê, a aparente falta de energia e conservação de momento só poderia ser interpretada como produção de uma partícula não detectada, o que então seria atribuível à matéria escura.

As WIMPs, apesar de sua minúscula interação com a matéria comum, também podem ser produzidas diretamente em pares. Dois prótons em colisão às vezes podem produzir duas WIMPs, no processo inverso de duas WIMPs aniquilando-se para produzir matéria comum — o cálculo que leva ao resultado de abundância de vestígios. A frequência com que isso ocorre depende de cada modelo — afinal, WIMPs não necessariamente se aniquilam em prótons, de forma que o processo inverso também não está garantido. Porém, para muitos modelos, pode ser uma ótima maneira de procurar.

Mais uma vez, cientistas experimentais têm que lidar com o problema de a matéria escura em si nunca ser detectada — apenas outras partículas produzidas junto a ela. Mas eles conseguem ver eventos em que uma só partícula, como um fóton ou um glúon (a partícula que comunica a força nuclear forte entre quarks), é produzida junto à matéria escura, e teóricos demonstraram que essas buscas poderiam em princípio dar origem a um sinal grande o bastante.

Até o momento, estudos no LHC não encontraram nenhum indicativo da produção de matéria escura. Físicos não sabem se isso se dá pelo fato de a energia da máquina estar um pouco baixa ou porque as considerações teóricas que sugerem que partículas adicionais serão encontradas nessas energias estão erradas. Mas também há uma chance razoável de encontrar partículas adicionais nas energias que as colisões do LHC vão produzir. Talvez uma dessas seja matéria escura.

À PROCURA DA MATÉRIA ESCURA QUE NÃO SEJA FRACOTE

As WIMPs, ao contrário de Obi-Wan Kenobi, não são nossa única esperança, embora, no que concerne a esses métodos de detecção, em vários sentidos o sejam. A detecção direta funciona apenas quando há alguma interação entre o Modelo-Padrão e partículas de matéria escura, e modelos de WIMP garantem essa possibilidade. Além do mais, a produção térmica garante quantias iguais de matéria escura e antimatéria escura (ou que a matéria escura é sua própria antipartícula), de forma que a aniquilação também não está fora de cogitação. Mas e quanto às outras candidatas a matéria escura? Como as procuramos?

Infelizmente, é muito provável que qualquer outra candidata que ainda não tenha sido descartada seja difícil de encontrar. A estratégia de procura tem que ser específica para esse modelo. A acessibilidade com a tecnologia atual não é garantida. Talvez tenhamos sorte e a matéria escura não seja transparente — ela será diáfana, mal e mal visível com esses métodos que, com otimismo, supõem alguma interação com forças do Modelo-Padrão. Porém, dadas as incertezas, minha opinião é que está na hora de nos concentrarmos mais em detecções através da força que sabemos que a matéria escura sofre: a gravidade. A matéria escura que interage consigo mesma ou com outra matéria invisível pode não aparecer diretamente, mas agora veremos que suas interações podem se revelar através da distribuição exata de massa no universo.

18. A matéria escura sociável

A urbanização vem sendo vital para muitos avanços da vida moderna. Se você juntar um bom número de pessoas, as ideias brotam, as economias prosperam e surge uma abundância de benefícios. As cidades crescem de maneira orgânica conforme se expandem — ficam mais atraentes à medida que as pessoas se mudam, geram empregos e desenvolvem melhores condições de trabalho e de vida. Mas, uma vez que a cidade se torna muito densa, os custos de moradia, criminalidade ou outros poréns urbanos costumam afastar gente para bairros menos lotados, ou até mais longínquos — totalmente fora dela. O restante da cidade pode crescer conforme o planejado, mas as ambições hiperotimistas dos investidores imobiliários serão frustradas com os blocos vagos nos conjuntos habitacionais, que contrariam as projeções que se tinha de crescimento acelerado. E, sem centros urbanos estáveis, comunidades suburbanas também não vão prosperar, caso em que os investidores de shopping centers também se decepcionarão.

Por um acaso, o mesmo padrão se aplica ao crescimento da estrutura no universo. Já expliquei o nosso entendimento atual da matéria escura e as diversas observações e previsões que nos convencem de que a matéria escura e a matéria comum interagem entre si no máximo de maneira muito tênue. Simulações computacionais baseadas na matéria escura que interage apenas com a gravidade preveem tamanho, densidade, concentração e formatos de galáxias e aglomerados de galáxias. Assim como as previsões para crescimento urbano de larga escala, previsões de estrutura de larga escala no universo combinam extremamente bem com o observado.

Mas as simulações numéricas precisas, que presumem as propriedades usuais da matéria escura, nem sempre são consistentes com os perfis de densidade observados em escalas menores. As regiões centrais de galáxias e aglomerados de galáxias e o número de galáxias anãs de menor tamanho próximas à Via Láctea não condizem com as previsões teóricas. Assim como se dá com aglomerações de alta densidade populacional no centro das cidades e em subúrbios subdesenvolvidos, as densidades projetadas para os centros das galáxias e os números previstos de galáxias-satélite são ambos muito altos. As galáxias anãs em Andrômeda e outras também não batem com a distribuição espacial prevista.

Pode acontecer que as simulações estejam inadequadas ou que as observações ainda sejam insuficientes. Mas as discordâncias entre previsões e observações de estrutura em pequenas escalas também podem sugerir que a matéria escura é diferente do que se supõe hoje em dia. Talvez a matéria escura não seja de interação tão fraca assim.

Embora se saiba que as interações entre matéria escura e matéria comum sejam minúsculas, as interações entre uma partícula de matéria escura e outra partícula de matéria escura podem ser bem grandes. Essas autointerações são menos restritas pela ausência de detecção de matéria escura, que testa apenas interações entre matéria escura e matéria comum. Talvez elas sejam grandes a ponto de merecer alguma atenção.

Embora hoje possamos confirmar as ideias básicas em relação ao crescimento da estrutura no universo, possíveis discrepâncias sugerem que a ciência ainda não avançou o suficiente para considerar esse tópico encerrado. Para os pesquisadores, essa é a situação ideal. Estamos fadados a descobrir muito — independentemente da resolução. Este capítulo explica as questões com a estrutura do universo em escalas menores, e por que a matéria escura autointeragente poderia tratar delas.

QUESTÕES DE PEQUENA ESCALA

O capítulo 5 explicou como a gravidade, ao agir sobre a matéria escura, delineou a planta baixa da estrutura do universo. A matéria escura no início do universo passou por flutuações de densidade cada vez maiores e as galáxias cresceram nas regiões mais densas, que exerceram a maior atração gravitacional. Uma vez formadas, galáxias se mesclaram em aglomerados localizados em lâminas e filamentos, e estes formaram o andaime sobre o qual se construíram outras estruturas. Embora os detalhes de cada galáxia ou aglomerado individual dependam do estado inicial desconhecido, astrônomos preveem as propriedades estatísticas gerais de distribuição de galáxias e aglomerados de galáxias, e a maioria dessas observações combina perfeitamente.

Contudo, previsões para a estrutura de pequena escala — a estrutura na escala das galáxias anãs — não chegam nem perto de ser tão confiáveis. Cálculos de densidade na porção mais interna das galáxias são muito altos e as previsões do número de galáxias anãs pequenas que orbitam a Via Láctea são grandes demais. Os observadores não encontram o número elevado de estruturas menores tanto dentro dos halos maiores quanto nos halos menores e isolados que, segundo o panorama hierárquico, deveriam persistir até hoje.

A discrepância mais conhecida talvez seja o *problema do núcleo-cúspide*. Astrônomos e cosmólogos preveem não só os tipos de objetos que deveriam existir no universo, mas também como a matéria deveria ser distribuída dentro deles. As previsões desses *perfis de densidade*, como são conhecidas as distribuições de massa com distância dos centros dos objetos, são *pontiagudas* (têm cúspide). Isso quer dizer que a densidade da matéria escura tem previsão de atingir o ápice de forma bem acentuada rumo aos centros, o que leva a regiões centrais muito densas de galáxias e aglomerados de galáxias.

Mas observadores medem as distribuições de densidade (em certa medida) e não conseguem confirmar essa previsão. Na verdade, segundo o que mediram até o momento, a maior parte das galáxias não é pontiaguda e exibe o que é conhecido como *cored profiles*, ou *perfis nucleados* (Figura 37). Esse termo é confuso, e não só porque Samsung Galaxy Core foi o nome de um smartphone. A maioria das pessoas deve pensar em um núcleo como algo denso, como vale para o núcleo fundido da Terra, por exemplo. Um perfil de densidade nucleada se refere à situação oposta — nucleado no sentido de que a matéria no centro foi excluída, tal como se você extirpasse o miolo de uma maçã. Claro que ninguém está tirando todo o centro de uma galáxia. Mas as observações sugerem que densidades de matéria não atingem picos tão altos quanto se previa quando se tende para os centros das galáxias. Pelo contrário: os perfis de densidade das regiões centrais são mais ou menos planos nessas regiões nucleadas. O mesmo pode valer para aglomerados de galáxias.

Explicar por que perfis de densidade são planos ou nucleados e não pontiagudos, conforme as previsões da matéria escura, é um desafio importante para os modelos simples de matéria escura. Isso, junto com o *problema do satélite faltante* (menos galáxias anãs do que o previsto orbitando galáxias centrais maiores) e o *problema do grande demais para dar errado* (uma questão paralela, na qual as previsões para as galáxias mais densas, mais gigantescas, não condizem com as observações), talvez aponte inadequações do paradigma-padrão da matéria escura fria.

Há outro problema, notado há ainda menos tempo, com as previsões sobre matéria escura — que o modelo do disco escuro, do qual trato a seguir, pode resolver: as galáxias anãs satelitais que são vistas orbitando galáxias maiores não parecem ter a distribuição espacial que astrônomos teriam previsto. Enquanto a expectativa era que galáxias-satélite anãs fossem distribuídas de maneira mais ou menos esférica em todas as direções, cerca de metade das (por volta de) trinta galáxias anãs que são vistas orbitando a galáxia de Andrômeda ficam mais ou menos em um plano — e as que estão no plano possuem uma direção orbital comum. Percebe-se uma distribuição igualmente estranha em galáxias anãs que orbitam a Via Láctea.

O alinhamento fechado e a direção rotacional comum das galáxias anãs podem ser indício de que elas se originaram de discos de galáxias que estão se mesclando. Contudo, mesmo que as mesclagens expliquem a distribuição espacial, as galáxias-satélite anãs problematicamente parecem conter matéria escura demais para a explicação mais simples ser correta. Um modelo não padrão da matéria escura pode ser convocado para explicar as galáxias anãs dominadas de matéria escura distribuídas por um plano.

Em todas as discrepâncias relatadas, os resultados numéricos e observacionais são preliminares. Pelo menos alguns desses problemas podem sumir se nossas suposições, observações e simulações se provarem não confiáveis.

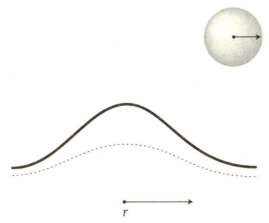

37. *Simulações indicam que, em uma galáxia, a matéria escura deveria ter uma distribuição de densidade pontiaguda (com cúspide), na qual a matéria é altamente concentrada perto do centro. Mas as observações indicam um perfil nucleado — uma distribuição mais suave e menos densa de matéria na região central. Nos dois casos, os picos de densidade no centro são indicados pela figura, porém a distribuição de cúspides tem ápices mais agudos.*

Simulações mais precisas talvez demonstrem a imprecisão dos resultados iniciais ou um entendimento inadequado das implicações da matéria comum — como a retroalimentação de supernovas na formação de estruturas —, caso em que modelos convencionais de matéria escura bastarão para explicar a estrutura observada do universo mesmo sem modificações nas propriedades da matéria escura. Mas se os problemas persistirem, as discordâncias que restam podem se tornar deficiências de verdade para os modelos mais simples de matéria escura e demonstrar a necessidade de propriedades mais complexas à matéria escura.

Ao refletir sobre esses resultados, talvez seja reconfortante lembrar que, ainda nos anos 1990, as primeiras simulações — que ainda desprezavam a energia escura — também levaram a previsões cujos dados não batiam. Muitos cientistas pensaram, à época, que as primeiras simulações e observações eram enganadoras e melhorias posteriores nos dados e previsões poderiam conciliar os resultados. Em respeito a esses primeiros cálculos, e como indicativo de que previsões precisas podem pressagiar novas ideias, as discrepâncias foram eliminadas assim que se levou em conta o efeito da energia escura sobre a formação da estrutura — uma descoberta absolutamente inédita. Talvez esses dilemas atuais em relação à estrutura de pequena escala venham a ser resolvidos de maneira similar apenas com uma nova descoberta sobre as propriedades físicas subjacentes de matéria e energia no universo. Avanços observacionais e computacionais na década por vir vão determinar se é esse o caso.

IMPLICAÇÕES POSSÍVEIS

Apesar da ausência de confirmação definitiva, vários astrofísicos e cosmólogos já começaram a levar as discrepâncias a sério e vêm investigando a possibilidade de que a matéria escura sofra interações que vão além da gravitacional. Alguns vão ainda mais longe e especulam que as equações de gravidade de Einstein não são de todo corretas. Apesar da atenção que alguns físicos dão a modificações na gravidade, vejo que essa opção extrema é bastante improvável. A prova de que gravidade comum age sobre a matéria escura, que descrevi no início, é bem convincente.

O que nos limita mais é a dificuldade em explicar observações como a do Aglomerado da Bala. Seria difícil explicar esses e outros objetos similares — que consistem em aglomerados de galáxias que se mesclam, deixando gás interagente no meio e matéria escura em regiões externas que simplesmente as atravessou — de outra forma que não matéria escura de interação tênue agindo conforme as equações de gravidade comuns. De qualquer maneira, antes de considerar uma alternativa radical sem apoio teórico consistente, devemos levar em conta outros motivos, mais "enfadonhos", para que previsões possam render resultados falaciosos — como a matéria escura ter um papel maior do que se previu nas simulações ou ela ser diferente do que determinaram expectativas convencionais.

Há pouco tempo participei de dois congressos nos quais foram discutidas questões como a estrutura de pequena escala e suas possíveis resoluções. O primeiro foi uma pequena oficina que meus colegas de física de partículas no departamento de física de Harvard haviam organizado em torno do tópico da matéria escura autointeragente. Astrofísicos do Centro de Astrofísica Harvard-Smithsonian organizaram o segundo congresso, intitulado Debates sobre Matéria Escura, que aconteceu na primavera seguinte, em 2014. Felizmente, os debates se deram em torno de bases e não de opiniões — que, quando são enfatizadas demais, podem fazer muitas discussões científicas sair dos trilhos.

Um dos motivos pelos quais achei esses congressos tão válidos foi a ampla oportunidade que proporcionaram para conversas entre colegas físicos e astrônomos em Harvard. O Centro de Astrofísica, onde trabalham os astrônomos, foi construído em 1847 no ponto mais alto de Cambridge para abrigar o que na época era o maior telescópio do mundo — de míseros 38 centímetros de diâmetro. A localização — que é a mesma, ao contrário da reputação científica do telescópio — mantém astrônomos e físicos a mais de um quilômetro dali, de forma que nunca nos encontramos por acaso no bebedouro ou no café. Os congressos nos uniram — assim como vários físicos e astrônomos visitantes — no mesmo local.

Mas o mérito principal desses eventos foi que os resultados apresentados foram originais e inéditos. Os tópicos incluíam provas existentes de problemas da estrutura de pequena escala e as soluções possíveis, que, de acordo com os participantes, poderiam ser ou uma apreciação inadequada do papel da matéria comum ou algo de fato inusitado, como autointerações de matéria escura.

Os congressistas que discutiram por que a matéria escura poderia influenciar a formação da estrutura em pequenas escalas argumentaram que a inclusão da matéria comum em simulações numéricas — a possibilidade mais prosaica — pode ser de grande auxílio para resolver as discrepâncias entre previsões e observações. Simulações iniciais presumiam que a matéria escura domina a dinâmica e o crescimento da estrutura, enquanto a matéria comum simplesmente cai nos poços gravitacionais potenciais que a matéria escura cria. Embora ela possa ascender às regiões mais massivas, densas, depois que as estrelas se formam, a influência da matéria comum foi desconsiderada apesar desse papel como foco sobre pontos de matéria escura densa.

Físicos a princípio achavam que a matéria comum não afetaria de maneira significativa o crescimento da estrutura e que, além disso, ela era, em termos computacionais, imponente demais para se incluir de maneira confiável. Mesmo hoje, quando astrônomos tentam incluir os efeitos da matéria comum, persiste uma dose de incerteza. Com a memória e o poder computacional disponíveis hoje, ninguém consegue simular tudo em detalhes, de modo que astrônomos que fazem simulações precisam usar aproximações e suposições.

Ainda assim, as simulações numéricas limitadas em andamento levam em conta a matéria escura e parecem de fato aliviar as discrepâncias.

Alguns efeitos explicam a concordância ampliada entre simulações e observações. A matéria-padrão interage através de forças outras que não a gravidade, portanto, embora sua influência gravitacional inicial seja relativamente pequena, seu impacto sobre a estrutura — sobretudo nas menores escalas — pode não ser. Por exemplo: uma explicação potencial para a escassez de satélites observados é que eles são simplesmente muito fracos. O gás intergaláctico pode ser aquecido quando a radiação ultravioleta — coisas relacionadas à matéria comum — é emitida das estrelas. Quando isso acontece, halos — em especial os menores — serão menos eficientes para acumular gás. Mas se os halos não tiverem gás suficiente, eles não formarão estrelas, o que pode deixá-los com iluminação muita baixa para serem observados com os telescópios atuais.

Outra explicação proposta para a escassez de galáxias-satélite observadas e centros de galáxias internas mais exíguas que o esperado é que explosões de supernovas expelem material das porções internas de suas galáxias hospedeiras, deixando para trás um centro interno bem menos denso. A distribuição de matéria escura resultante pode ser comparada à de uma população urbana em suas regiões centrais mais densas, onde, logo após convulsões sociais, explosões de violência estancam o crescimento e deixam o núcleo exaurido. A galáxia interna que passou por muita efusão de supernova não cresce em densidade rumo ao centro, não mais que aconteceria com uma área central de ocupação escassa.

Além do mais, a energia que explosões de supernova liberam pode ionizar e aquecer o gás nas regiões externas de uma galáxia. Isso pode varrer muito da matéria comum que tenha se condensado em galáxias-satélite anãs que giram em torno de uma maior ou retardar o colapso em regiões densas necessárias para a formação estelar. Essas galáxias anãs externas teriam proporcionalmente menos matéria comum e seriam de luz mais fraca, o que as torna bem mais difíceis de encontrar.

As provas a favor e contra um papel maior da matéria comum na estrutura de pequena escala estão em evolução crescente, conforme avançam métodos e potência computacional. Várias discussões animadas irromperam nos congressos — embora, como comentou um colega da física de partículas, o tom entre os astrônomos fosse de amabilidade e conciliação, com todos tentando achar as respostas certas e não apenas martelando uma ideia. Mesmo os que enfatizaram a importância da matéria comum reconheceram que ela não é suficiente para eliminar todas as discrepâncias se os problemas de menor escala persistem em galáxias anãs isoladas, em que se espera que a retroalimentação de supernova seja muito fraca. Se for o caso, como sugerem as observações atuais, será convocado algo além da matéria escura. Embora todos nos congressos tenham concordado que a matéria comum pode ir na direção certa para ajudar a resolver discordâncias entre simulações e dados, os físicos e astrônomos presentes reconheceram que previsões incorretas para galáxias-satélite sugerem uma modificação mais radical do paradigma-padrão não interagente da matéria escura.

MATÉRIA ESCURA AUTOINTERAGENTE

Dadas todas as questões intrigantes que surgiram quando simulações se depararam com os dados, é interessante considerar modelos alternativos de matéria escura que podem lidar com o que se apurou. A possibilidade mais intrigante é que a hipótese da matéria escura simples não interagente esteja errada e interações de matéria escura que não a gravitacional influenciam a estrutura. Considerar essa possibilidade ajuda físicos a aprender mais sobre as interações de partículas de matéria escura entre si, e quais outras forças novas podem agir sobre elas. Medições atuais e simulações melhores nos darão mais informações sobre a natureza da matéria escura, sejam quais forem os resultados. Mesmo que as discrepâncias não sobrevivam, vamos entender melhor a natureza da matéria escura e como ela e a matéria comum contribuem para a estrutura cósmica. Mas se as discordâncias persistirem, elas poderão ser prova de autointerações.

A matéria escura autointeragente é uma nova e promissora sugestão, em parte porque sabemos muito pouco sobre as propriedades da matéria escura. Assim como a matéria comum pode estar sujeita a forças não gravitacionais como o eletromagnetismo, o mesmo pode acontecer com a matéria escura. Embora a suposição usual seja que a matéria escura sofre interações gravitacionais e possíveis interações muito tênues com a matéria comum, o fato de não termos matéria escura detectada de maneira direta em experimentos nada nos diz sobre as interações dela consigo mesma. As partículas de matéria escura autointeragente atrairiam ou repeliriam outras partículas de matéria escura, mas não as da matéria com as quais temos familiaridade. A matéria escura poderia estar sujeita a forças escuras ainda não detectadas, que influenciariam partículas de matéria escura, porém não as de matéria comum. Como forças-padrão como o eletromagnetismo agem apenas sobre a matéria comum e forças escuras agiriam apenas sobre a matéria escura, partículas de matéria escura e de matéria comum continuariam, em essência, alheias umas às outras.

A matéria escura autointeragente, tal como a matéria comum, seria sociável. Mas também formaria panelinhas — interagiria apenas com sua estirpe. A matéria escura pode espalhar outras partículas de matéria escura, porém a matéria comum seria tão invisível a ela quanto a matéria escura é para coisas comuns. Já que experimentos de detecção direta procuram apenas interações entre matéria escura e matéria comum, essa possibilidade não está descartada, e talvez seja até favorecida por investigações da estrutura.

Não sabemos que forma as novas forças tomarão se a matéria escura interagir de fato consigo mesma. Ainda assim, forças entre partículas de matéria escura são restritas e autointerações de matéria escura não podem ser fortes. Lembre-se de que a prova cabal da matéria escura é o Aglomerado da Bala, que se formou a partir da mesclagem de aglomerados, assim como outros aglomerados de galáxias que tomam forma similar. Observações de lenteamento gravitacional nos dizem que a matéria escura de um aglomerado passou pela matéria escura de outro essencialmente sem restrições, o que levou a duas formas bulbosas nas regiões externas e gás que continua retido na região central entre elas.

Se toda matéria escura interagisse de maneira bastante forte consigo mesma — tal como faz a matéria comum —, ela agiria como o gás e ficaria no centro. Mas as regiões externas bulbosas indicam que ela não fez isso e, pelo contrário, passou direto pelo meio. Isso não quer dizer que ela não interage de forma alguma, porém limita a força e a escala de distância em que a força pode ter relevância. A força das interações da matéria escura é restrita também pelas formas de halos de galáxia, que são igualmente sensíveis a interações de matéria escura.

Mas essas restrições não excluem a possibilidade de autointerações. Elas só dão limites à força e à forma permitidas. Mesmo supondo tais restrições, autointerações podem em princípio ser fortes a ponto de tratar de problemas com previsões de estrutura de pequena escala. Os participantes dos congressos mostraram por que autointerações de matéria escura podem ajudar com algumas das questões potenciais de estrutura e, além disso, baixar as densidades centrais dos satélites mais maciços, o que traria maior concordância entre previsão e observação.

Por exemplo: autointerações poderiam resolver o problema da densidade maior do que se prevê para as regiões centrais das galáxias. Na ausência de interações não gravitacionais, a matéria escura continuaria caindo no centro, já que a matéria escura que se movimenta com a devida lentidão fica presa no potencial gravitacional de estruturas existentes, fazendo a densidade no centro crescer de maneira acentuada. Mas interações repulsivas entre partículas de matéria escura as afastariam, impedindo-as de se empilhar muito próximas umas das outras. Seria como se todo mundo em uma estação de trem lotada se cercasse de malas, mantendo todas as pessoas a distância. Interações repulsivas entre partículas de matéria escura introduziriam, de maneira similar, uma barreira de proteção, impedindo que a matéria escura fique muito densa.

Simulações com matéria escura autointeragente confirmam essa intuição, e levam de fato a formas de halo nucleadas — as que têm regiões internas de densidade mais ou menos constante — em vez de pontiagudas. A densidade de matéria no centro de uma galáxia ou aglomerado de galáxias só pode crescer a ponto de se saturar e se tornar mais densa. Quaisquer questões persistentes de estrutura de pequena escala potencialmente se resolveriam se a matéria escura interagir dessa maneira.

As distintas previsões de matéria escura autointeragente para galáxias e aglomerados de galáxias garantem que observações e simulações futuras nos dirão muito a respeito de propriedades da matéria escura. E, como modelos distintos de interações rendem previsões distintas, a comparação de simulações com observações deverá, além disso, distinguir entre tipos diferentes de interações.

É só ao considerar alternativas que podemos aproveitar os dados abundantes sobre os formatos de estruturas no universo e entender mais a fundo suas implicações. Talvez a matéria escura tenha interações que afetam a estrutura, de maneira que simulações sejam mais consistentes com as observações. Ou talvez a matéria escura comum seja melhor em prever a estrutura que a matéria escura com tais interações, o que nos permite excluir modelos mais elaborados assim que as simulações e medições forem devidamente confiáveis. Seja qual for o resultado, vamos aprender muito além do que as buscas convencionais por WIMP, descritas no capítulo anterior, nos dirão.

Mas a matéria escura interagente em si — por mais interessante que seja — não é bem o foco da minha pesquisa recente, apresentada no próximo capítulo. Afinal de contas, matéria escura interagente e não interagente não são as únicas possibilidades. Assim como, ao focar preto e branco, deixamos de lado os tons de cinza — sem falar em listras, bolinhas etc. —, supor que a matéria escura interage ou não interage nos leva a desconsiderar a riqueza de possibilidades do mundo. O capítulo a seguir vai tratar da noção intrigante de que a matéria escura — assim como a matéria comum — é de fato mais complexa. Talvez ela tenha um componente não interagente e também um autointeragente, e ambos contribuam para a estrutura e o comportamento do universo.

19. A velocidade do escuro

Tanto os que acompanham a ciência casualmente quanto os próprios cientistas empregam com frequência a navalha de Occam para se orientar na avaliação de propostas científicas. O princípio, muito citado, diz que a teoria mais simples para explicar um fenômeno tem mais probabilidade de ser a melhor. Sua lógica, que parece razoável, dita que provavelmente é má ideia construir estruturas complicadas quando uma mais enxuta dá conta do recado.

Mas há dois fatores que abalam a autoridade da navalha de Occam, ou pelo menos sugerem cautela quando ela é usada como muleta. Aprendi do jeito mais difícil a ter cuidado com muletas, tanto intelectuais quanto físicas. Uma vez, quando usei as do tipo tangível para curar um tornozelo quebrado, me apoiei nelas de forma incorreta e ganhei uma lesão nos nervos dos braços. Às vezes, de maneira similar, teorias que se conformam aos ditames da navalha de Occam resolvem um problema em maior destaque e criam problemas em outros pontos — em geral, em outro aspecto da teoria que a envolve.

O melhor da ciência deve sempre englobar ou pelo menos ter consistência perante a gama mais ampla possível de observações. A pergunta real é o que resolve de maneira mais eficiente o conjunto inteiro de fenômenos inexplicados. Uma explicação que de início parece simples pode virar uma engenhoca de Rube Goldberg quando se depara com um grupo maior de questões. Por outro lado, uma explicação que parecia incômoda em excesso quando aplicada ao problema original poderia, quando vista pela lente da visão periférica científica, revelar sua elegância subjacente.

Minha segunda preocupação quanto à navalha de Occam é apenas uma questão de fatos. O mundo é mais complicado do que qualquer um de nós tem capacidade de conceber. Algumas partículas e propriedades não parecem necessárias a nenhum processo físico de importância — pelo menos de acordo com o que deduzimos até o momento. Ainda assim, elas existem. Às vezes o modelo mais simples não é o correto.

As discussões sobre esse tópico surgiram diversas vezes durante o congresso "Debates sobre Matéria Escura", citado no capítulo anterior. Na sua palestra sobre as restrições experimentais em partículas desnecessárias, mas passíveis de teste, a física de partículas Natalia Toro defendeu que um princípio orientador mais apropriado que a navalha de Occam seria o que ela chamou de "bisturi de Wilson". Ela assim o denominou em homenagem ao físico Ken Wilson, que criou um esquema geral para entender como se faz ciência mantendo em mente apenas os elementos passíveis de teste. Natalia propôs que um bisturi com o nome de Wilson deveria ser usado para moldar, em vez de cortar, uma teoria, deixando todos os elementos passíveis de teste intactos — tenhamos ou não possibilidade de atribuir um propósito subjacente. Durante minha palestra, logo a seguir, sugeri brincando que o princípio da "mesa de Martha" era ainda melhor. Afinal, você não arruma uma mesa apenas com facas. Você põe nela tudo que for necessário para fazer uma refeição de maneira digna. Com o talento de Martha Stewart, você manterá um princípio organizado, não importa de quanta louça e prataria disponha para os comensais.

A ciência também deveria ter uma mesa posta da maneira certa, que nos possibilite lidar com os diversos fenômenos que observamos. Embora cientistas tendam a preferir ideias simples, é raro que elas expliquem a história toda.

Essa discussão serve apenas de prelúdio para introduzir o que meus colaboradores e eu chamamos de "matéria escura parcialmente interagente", o que levou à categoria de modelos "matéria escura de disco duplo", que também apresento agora. As duas classes de modelos reconhecem que a constituição da matéria escura pode não ser tão simples. Tal como é verdade para partículas de matéria comum, partículas de matéria escura talvez não sejam todas iguais. Novos tipos de matéria escura com tipos distintos de interações podem existir e, além disso, ter consequências observáveis, até então imprevistas. Mesmo que o componente interagente se mostre apenas uma pequena fração da matéria escura, ele poderia ter implicações importantes para o sistema solar e a galáxia. E talvez também tenha significância para os dinossauros.

CHAUVINISTAS DA MATÉRIA COMUM

Mesmo que saibamos que a matéria comum representa apenas por volta de um vigésimo da energia do universo e um sexto do total de energia que a matéria comporta (a energia escura constituindo a porção restante), ainda assim consideramos que a matéria comum é uma parte constituinte de fato importante. À exceção dos cosmólogos, a atenção de quase todos está focada no componente da matéria comum, que você pode ter achado ser praticamente insignificante segundo a contabilidade energética.

É claro que nos importamos muito mais com a matéria comum, pois somos constituídos por essa coisa — no mundo tangível em que vivemos. Contudo, também prestamos atenção nela por conta da riqueza de suas interações. A matéria comum interage através da força eletromagnética e das forças nucleares fraca e forte, o que ajuda a matéria visível do nosso mundo a formar sistemas densos e complexos. Não apenas estrelas, mas também pedras, oceanos, plantas e bichos devem sua existência às forças não gravitacionais da natureza através das quais a matéria comum interage. Assim como a baixa porcentagem de álcool na cerveja afeta os boêmios bem mais que o resto da bebida, a matéria comum, embora carregue uma pequena porcentagem da densidade energética, influencia a si mesma e a seus arredores de maneira muito mais notável do que algo que apenas a atravessa.

A matéria visível familiar pode ser pensada como o percentual privilegiado — na verdade, mais por volta de 15% — de matéria. No mercado e na política, o 1% interagente domina as tomadas de decisão e a política, enquanto o 99% restante da população fornece a infraestrutura de apoio que não é tão reconhecida, fazendo a manutenção das edificações, mantendo as cidades em funcionamento e levando comida às mesas das pessoas. De maneira similar, a matéria comum domina quase tudo que notamos, enquanto a matéria escura, em sua abundância e ubiquidade, ajudou a criar aglomerados e galáxias e facilitou a formação de estrelas, mas hoje tem influência apenas limitada no nosso ambiente imediato.

Para a estrutura próxima, a matéria comum está no comando. Ela é responsável pelo movimento do nosso corpo, pelas fontes energéticas que movem nossa economia, pela tela de computador ou pelo papel no qual você lê este livro, e praticamente por tudo o mais em que você pensa ou com que se importa. Se alguma coisa tem interações mensuráveis, vale a pena prestar atenção, pois terá bem mais efeitos imediatos no que houver por perto.

No cenário usual, falta à matéria escura esse tipo interessante de influência e estrutura. A suposição comum é que a matéria escura é a "cola" que conecta galáxias e aglomerados de galáxias, mas reside apenas em nuvens amorfas ao seu redor. Mas e se essa suposição não for correta, e nosso preconceito — e ignorância, que afinal é a raiz da maior parte do preconceito — é que tenha nos levado por esse caminho potencialmente enganador? E se, tal como a matéria comum, uma fração da matéria escura interagisse também?

O Modelo-Padrão contém seis tipos de quarks, três tipos de léptons carregados (entre os quais o elétron), três espécies de neutrinos, todas as partículas responsáveis por forças, assim como o recém-descoberto bóson de Higgs. E se o mundo da matéria escura, caso não seja rico em igual medida, for razoavelmente abastado? Nesse caso, a maior parte da matéria escura interage apenas de maneira desprezível, mas um pequeno componente dela interagiria sob forças que lembram as da matéria comum. A estrutura rica e complexa das partículas e forças do Modelo-Padrão faz surgirem muitos dos fenômenos interessantes do mundo. Se a matéria escura tiver um componente interagente, essa fração também pode ser influente.

Se fôssemos criaturas feitas de matéria escura, estaríamos muito errados em supor que as partículas em nosso setor de matéria comum seriam todas do mesmo tipo. Talvez nós, gente de matéria comum, estejamos cometendo um engano similar. Dada a complexidade do Modelo-Padrão da física de partículas, que descreve os componentes mais básicos da matéria que conhecemos, parece muito estranho supor que toda a matéria escura seja composta de apenas um tipo de partícula. Por que não supor que uma fração da matéria escura está sujeita a suas próprias forças?

Nesse caso, tal como a matéria comum consiste em diferentes tipos de partículas e esses elementos fundamentais interagem através de combinações diversas de cargas, a matéria escura também teria elementos constituintes diferentes, e pelo menos um desses tipos de partícula sofreria interações que não a da gravidade. Os neutrinos, no Modelo-Padrão, não interagem sob a força forte ou elétrica, mas os seis tipos de quarks, sim. De maneira similar, pode ser que um tipo de partícula de matéria escura sofra interações tênues ou nenhuma interação além da gravidade, ao contrário de uma fração — talvez 5% — dela. Com base no que vimos no mundo da matéria comum, talvez essa conjuntura seja ainda mais provável do que a suposição usual de que só existe uma partícula de matéria escura, que interage muito pouco ou não interage.

Nas relações internacionais, as pessoas cometem um erro ao colocar no mesmo saco as culturas de outros países, supondo que elas não têm a diversidade de sociedades que é evidente na nossa. Tal como um bom negociador não presume a primazia de um setor da sociedade sobre outro quando tenta colocar as diferentes culturas em pé de igualdade, um cientista imparcial não deve supor que a matéria escura não é tão interessante quanto a matéria comum e que necessariamente lhe falta uma diversidade de matéria similar à nossa.

O jornalista científico Corey Powell, ao tratar da nossa pesquisa na revista *Discover*, iniciou seu texto anunciando ser um "chauvinista da matéria iluminada" — e ressaltando que praticamente todo mundo também é. Com isso, ele quis dizer que vemos o tipo de matéria com a qual estamos familiarizados como se fosse, de longe, a mais significativa e, portanto, a mais complexa e interessante. Talvez você ache que esse tipo de crença foi derrubado pela revolução copernicana. Mas as pessoas, em sua maioria, persistem em supor que a perspectiva e a convicção delas quanto a nossa importância está de acordo com o mundo externo.

Os muitos componentes da matéria comum possuem interações distintas e contribuem para o mundo de maneiras distintas. Assim também a matéria escura pode ter partículas distintas com comportamentos distintos que podem influenciar a estrutura do universo de maneira mensurável.

A MINORIA INTERAGENTE

Meus colaboradores e eu chamamos essa conjuntura, em que um pequeno componente da matéria escura interage com forças que não a gravidade, de "matéria escura parcialmente interagente". Primeiro investigamos o mais simples desses modelos, que envolve apenas dois componentes. O componente dominante interage apenas de modo gravitacional e é a matéria escura fria convencional que reside em halos esféricos em torno de galáxias e aglomerados de galáxias. O segundo componente interage também em termos gravitacionais, mas ao mesmo tempo através de uma força extra que lembra muito o eletromagnetismo.

A conjuntura dualista de matéria escura pode soar exótica, porém tenha em mente que se podem fazer afirmações similares a respeito da matéria comum. Quarks estão sujeitos à força nuclear forte, mas partículas como elétrons, não. De maneira similar, elétrons sentem a força eletromagnética, à qual os neutrinos são indiferentes. Então, se nos posicionarmos contra nosso chauvinismo usual e aceitarmos uma diversidade parecida no mundo escuro, não é impossível imaginar que uma porção desse setor interage por meio de forças similares — mas distintas delas — às que fazem interagir as coisas que nos constituem.

Contudo, tenha em mente que a matéria escura parcialmente interagente é um pouco diferente da matéria do Modelo-Padrão, dado que, embora elétrons não sintam a força forte de maneira direta, eles interagem com quarks e, assim, sentem efeitos indiretos. A forma recém-proposta de matéria escura pode ser toda isolada em suas interações, e o grosso da matéria escura nem sente efeitos indiretos na força escura recém-introduzida. Como ainda não sabemos se os componentes da matéria escura deveriam interagir — ou se ela é mesmo composta de diferentes tipos de partículas —, a primeira e mais simples das suposições seria de que não há outras interações novas fora a nova forma de eletromagnetismo e apenas partículas carregadas recém-introduzidas sentem essa força. Nessa conjuntura, o grosso da matéria escura não sentiria nada da nova força.

Só por diversão, vou chamar a força que o componente interagente da matéria escura sente de *luz escura* ou, de forma mais geral, vou chamá-la de *eletromagnetismo escuro*. Os nomes foram escolhidos para nos lembrar de que o novo tipo de matéria escura está sujeito a uma força tal como o eletromagnetismo, mas que é invisível à matéria comum do nosso mundo. Enquanto a matéria comum possui carga de maneira que pode emitir e absorver fótons, o componente recém-apresentado da matéria escura emitiria e absorveria apenas esse novo tipo de luz, que a matéria comum simplesmente não sente.

Essa força eletromagnética escura seria análoga à força eletromagnética comum. Mas ela exerceria uma influência em tudo diferente, que age sobre partículas carregadas sob outra força extra, comunicada por um tipo de partícula totalmente novo — um fóton escuro, se me permitem. Embora o novo componente da matéria escura não interaja com a matéria comum, ele poderia ter autointerações que o fariam se comportar de maneira similar à matéria familiar, a qual, afinal de contas, também não interage com a matéria escura.

Tanto a matéria comum quanto a matéria escura transportariam carga e sentiriam forças, mas essas cargas e forças seriam distintas. As partículas que transportam cargas sob a nova força escura seriam atraídas ou repelidas umas pelas outras de forma similar ao comportamento de partículas carregadas comuns. Porém as interações do setor escuro seriam transparentes para matéria comum, já que a matéria escura interage através de sua forma singular de luz — não através da luz com a qual estamos acostumados. Apenas partículas de matéria escura sentiriam a influência dessa nova força.

Mesmo obedecendo a leis similares da física e quem sabe estando em proximidade no espaço, a matéria escura e a matéria comum ocupariam cada uma seus próprios mundos. A matéria comum e a matéria escura poderiam até se sobrepor em termos físicos sem interação. Como elas interagiriam entre si através de forças distintas — afora sua influência gravitacional extremamente tênue —, a matéria comum carregada e a matéria escura carregada seriam indiferentes à presença uma da outra.

Dois tipos de partículas carregadas eletricamente no mesmo lugar que não interagem entre si não é uma situação de todo misteriosa. Isso é meio parecido com a matéria comum que interage via Facebook, enquanto a matéria carregada do modelo da matéria escura parcialmente interagente interage no Google+. Suas interações são parecidas, porém elas só têm contato com sua própria rede social. As interações se dão em uma rede ou na outra, mas em geral não em ambas.

Indo mais a fundo para fazer uma analogia, é como nos programas de TV de esquerda ou de direita, que seguem mais ou menos as mesmas regras de programação e podem ser transmitidos pelo mesmo televisor, mas são entidades totalmente distintas, cada uma reforçando seu viés confirmatório. Embora tenham formatos similares, com entrevistas, "especialistas" convidados, representações gráficas que ilustram o que dizem e boletins de notícias sobre tópicos aleatórios e sem relação com as faixas na parte inferior da tela, o conteúdo e as consequências reais, assim como os anunciantes de cada tipo de programa, são muito diferentes. Poucos, se é que haverá algum, dos convidados ou temas aparecerão nos dois tipos de programa e os produtos e candidatos que estes defendem também serão distintos.

Tal como é raro um indivíduo que assiste à Fox News e ouve a NPR,* a maioria das partículas, ou talvez todas elas, interage através de uma força ou outra. O modelo — tal como a mídia — incentiva que nos atenhamos a um só ponto de vista. Embora em princípio possa haver partículas intermediárias que interagem via forças dos dois tipos, a maioria das partículas transporta um tipo de carga ou outro e, assim, elas não se comunicam.

Para ser justa, não foi só o preconceito que desmotivou físicos a pensar em um novo tipo de eletromagnetismo que a matéria escura sofreria. As interações têm consequências que em geral podem ser testadas. Físicos se distanciaram da ideia de forças escuras e matéria escura autointeragente porque acharam que essas conjunturas seriam restritas ou mesmo descartadas. Contudo, como é explicado no capítulo 18, mesmo se toda a matéria escura estiver sujeita a essas forças, tais restrições não são tão graves. Mas permitem-se interações apenas dentro de limites prescritos baseados em observações.

Contudo, a situação é muito menos restrita se apenas uma porção mínima da matéria escura autointeragir. Lembre-se dos tipos de limites à autointeração. O primeiro tinha a ver com a estrutura dos halos em si: eles tinham que ser esféricos — com uma pequena não uniformidade conhecida como estrutura triaxial. O segundo diz respeito a mesclas de aglomerados de galáxias, tal como a mais famosa, conhecida como Aglomerado da Bala, resultante de aglomerados mesclados. O gás visivelmente permanece na região central, mas a matéria escura, observada pelo *lenteamento* gravitacional, passava por ele sem percalços e criava duas estruturas bulbosas externas, que lembram as orelhas do Mickey Mouse.

As duas restrições são mais significativas quando toda a matéria escura interage. Mas nenhuma delas nos diz muito se o componente interagente cons-

---

* Respectivamente, canal de notícias da TV a cabo e rede de emissoras de rádio (National Public Radio) dos Estados Unidos. O primeiro tem orientação majoritariamente conservadora, enquanto a segunda tende para o progressismo. (N. T.)

tituir apenas uma pequena fração da matéria escura. Se apenas um componente menor interagir, a maior parte do halo será esférica. As interações não vão dizimar a estrutura triaxial também, a não ser que ela seja componente dominante ou se espalhe mais que o esperado.

De maneira similar, as frações de gás e matéria escura no Aglomerado da Bala não são medidas de maneira suficiente para registrar um componente minúsculo de matéria escura, a qual, afinal de contas, representa apenas uma pequena fração do aglomerado da galáxia. Esse componente talvez interaja e permaneça na região central junto ao gás — e ninguém vai notar. É possível que, no fim, medições como as do Aglomerado da Bala sejam precisas a ponto de restringir a conjuntura de interação parcial que estou descrevendo. É certo que, no momento, a matéria escura parcialmente interagente continua sendo uma possibilidade viável e promissora.

A CENTELHA

Meu entusiasmo para levar essa ideia em consideração — junto com Mathew Reece, acréscimo recente ao corpo docente da física em Harvard, e dois pós-doutorandos, JiJi Fan e Andrey Katz — não foi de todo imediato. Assim como vários outros projetos de pesquisa que acabam se mostrando mais interessantes, nossa meta não era estudar o que acabou virando nosso grande foco. Na verdade, estávamos tentando entender dados curiosos que vinham do satélite Fermi — o observatório espacial da Nasa que varre o céu em busca de raios gama, uma versão de mais energia da luz do que a luz visível ou mesmo raios X.

A maioria dos processos astrofísicos produz radiação com distribuição suave por uma ampla gama de frequências, o que significa que o número de fótons não sofre uma mudança drástica em nenhum comprimento de onda em particular. Assim, quando Christoph Weniger, da Universidade de Amsterdam, e seus colaboradores notaram um excesso de radiação nos dados do Fermi, todos concentrados em uma única frequência, nosso interesse foi despertado — assim como o de muitos outros nas comunidades da física e da astronomia.

O pico na densidade de radiação (aqui radiação significa apenas fótons ou luz) que Weniger e colaboradores haviam identificado parecia emergir do centro da galáxia, onde a matéria escura é mais concentrada, mas onde não deveriam surgir sinais como esses de fontes astrofísicas comuns. Na ausência de uma explicação mais convencional — ou um erro —, um pico no número de fótons poderia representar apenas algo novo.

A sugestão mais intrigante era de que o sinal podia ser resultado de matéria escura se aniquilando em fótons — um sinal de detecção indireta do tipo descrito no capítulo 17. Talvez as partículas de matéria escura tivessem colidido entre si e, por meio da "magia" do $E = mc^2$, se transformado em fótons que o satélite Fermi poderia então detectar. Houve mais base para essa sugestão no sentido de a energia dos fótons em que se observou o excesso estar na gama esperada da matéria escura. Também estava perto do valor da massa do bóson de Higgs — a massa da peça faltante, há pouco descoberta, do Modelo-Padrão da física de partículas —, o que talvez indique uma conexão ainda mais profunda. O terceiro aspecto curioso da medição foi que a taxa de interação condizia com o que é necessário para chegar à densidade vestigial de matéria escura. Chegaríamos à quantidade remanescente atual correta de matéria escura se a matéria escura se aniquilasse na taxa que fora medida.

Apesar desses sinais animadores, contudo, algumas coisas pareciam negativamente fora do registro se o sinal se originava da matéria escura. A matéria escura não produz fótons diretamente, já que não interage com a luz. Talvez a matéria escura interaja com uma partícula carregada e pesada que ainda não observamos e essa partícula, por sua vez, interaja com a luz. Mas, se fosse esse o caso, esperaríamos que, quando a matéria escura se aniquilasse e se transformasse em energia, essa energia também produzisse partículas carregadas. Mas o satélite Fermi não detectou sinal de um processo como esse.

O outro problema era que, embora a quantia total de matéria escura dependa de quanto ela se aniquila em algo, o sinal depende apenas da quantidade que se aniquila em fótons. Dada a densidade de matéria escura no universo, a taxa de aniquilação em fótons se mostrou pequena demais em todos os modelos, com exceção dos mais apurados. Isso significava que essa explicação em particular sobre a matéria escura para o sinal só poderia ser consistente com uma gama muito estreita de parâmetros que permitiria uma taxa grande o bastante de aniquilação em fótons, mas nenhuma aniquilação mensurável em partículas carregadas. Pelo visto, não havia conjuntura crível que fizesse isso acontecer.

JiJi, Andrey, Matt e eu encaramos esse fato como uma oportunidade interessante de explorar a gama de modelos admissíveis de matéria escura. Queríamos saber se havia um exemplo sensato no qual todas as taxas condiziam com os valores medidos. Começamos focando no resultado Fermi e questionando se seria possível pensar em uma maneira de a natureza se dar melhor que os modelos que outros físicos já haviam sugerido. Tínhamos total ciência de que os dados podiam se revelar enganosos no final. Os resultados do Fermi eram fascinantes, mas não fortes o suficiente para dar uma prova decisiva de um sinal novo — com origem na matéria escura ou em outra coisa. Em vez de refletirem um sinal real de um novo processo físico, as observações podiam ter sido apenas um acaso estatístico ou um equívoco do aparelho, o que — para conter qualquer alta expectativa que você tenha neste momento — se provou ser o caso.

Mas a observação foi interessante o bastante para, sobretudo no início, render uma pergunta sobre qual seria o processo físico dentro da razoabilidade que poderia tê-lo criado. Afinal de contas, procurar novas formas exóticas de matéria é difícil. Queremos estar cientes de toda maneira possível de encontrá-las. Se esse sinal se provar correto ou não, podemos aprender algo que pode ser útil no futuro.

Nós quatro fomos trabalhar no quadro-negro, testando várias ideias projetadas para fugir de forma esperta dos problemas, mas preservando as características desejáveis do sinal. Nenhuma das nossas propostas, contudo, funcionou bem a ponto de valer a pena prosseguir com a investigação. As que tiveram êxito em satisfazer todas as restrições não condiziam com o espírito da navalha de Occam. Pior ainda: não teriam permissão de chegar nem perto de uma mesa de ideias bem-arrumada.

Contudo, um dos modelos que rejeitamos deu origem a uma linha de raciocínio que acabou sendo muito mais interessante que outras coisas que nos decidimos a fazer. Nossas consultas iniciais foram todas baseadas em tentar encontrar um modelo particular no qual pudéssemos forçar restrições existentes. Mas demos um passo para trás e nos perguntamos: e se a matéria escura local fosse mais densa do que pensávamos, de maneira que estávamos equivocados ao interpretar as implicações? E se a matéria escura pudesse aniquilar muito mais do que o esperado por conta de sua densidade maior?

Com densidade maior, partículas de matéria escura poderiam se encontrar e interagir entre si de maneira muito mais eficiente. Isso, por sua vez, criaria um sinal maior que logo se destacaria em observações. Assim como é mais provável que você esbarre em alguém na Penn Station de Nova York na hora do rush do que na estação de trem de Waterbury, Vermont, às nove da manhã do domingo, há mais probabilidade de uma partícula de matéria escura interagir com outra partícula de matéria escura em um ambiente de matéria densa do que no ambiente difuso usual do halo amorfo. Se algo da matéria escura fosse mais concentrado que a matéria no halo, todas as outras restrições poderiam ser satisfeitas com prontidão muito maior.

A questão, portanto, seria o motivo subjacente. Por que a matéria escura — ou ao menos parte dela — seria mais densa do que pensamos? Foi aí que surgiu a ideia da matéria escura parcialmente interagente — junto com a ideia do disco escuro, que vem a seguir. Na verdade, mesmo que tenhamos bastante certeza de que o sinal do Fermi é espúrio, essa nova ideia tem tantas implicações ainda não exploradas que logo percebemos que valia a pena investigá-la de maneira independente. Uma dessas consequências é um disco de matéria escura com densidade muito maior do que em geral se supõe.

O DISCO ESCURO

Uma vez, quando estava limpando minha casa (bom, no caso, deixando meu aspirador-robô Roomba fazer o serviço), esvaziei o recipiente de pó e encontrei um papelzinho de biscoito da sorte que tinha guardado. O papelzinho continha uma pergunta enigmática: "Qual é a velocidade do escuro?". Na hora eu não sabia que as palavras eram uma espécie de vaticínio, dado que elas mais ou menos profetizaram o projeto de pesquisa em que eu estava prestes a embarcar.

O capítulo 5 explicou que a matéria comum é encontrada em um disco denso e fino porque ela desprende energia, através da emissão de fótons que transportam energia com eficiência. A consequência da dissipação da energia está nas partículas de matéria mais lentas, mais frias, que não fazem os trajetos que se esperaria das mais quentes, com mais energia, de velocidade mais alta. O colapso da matéria acontece porque, com menos energia, ela tem menos velocidade para se espalhar. A matéria comum, que dissipa energia e assim diminui sua velocidade, colapsa em um disco — tal como o disco da Via Láctea — que você consegue enxergar em noites claras e secas.

Depois que meus colaboradores e eu libertamos a ideia de matéria escura parcialmente interagente, fomos atrás de suas consequências potenciais para a galáxia da Via Láctea e além dela. Supomos que a matéria escura interagente está presente e que ela se comporta de maneira similar à matéria comum carregada, que, sabemos, esfria, perde velocidade e assim forma um disco na galáxia.

Apenas uma pequena fração da matéria escura interage na nossa conjuntura. Assim, o grosso dela ainda formaria um halo esférico, condizente com o que astrônomos observaram até agora. Contudo, o novo componente de matéria escura interagente poderia dissipar energia de forma que, tal como a matéria comum, poderia esfriar e também formar um disco. O componente matéria escura interagente iria — através de interações de fótons escuros — irradiar energia e baixar sua velocidade. Nesse aspecto, ele teria um comportamento muito parecido com o da matéria comum. Tal como a matéria comum esfria e colapsa, o componente interagente da matéria escura sofreria o mesmo processo. E por conta do princípio de conservação do momento angular, que impede o colapso em todas as direções menos a vertical, a matéria escura interagente colapsaria em disco.

Além disso, tal como átomos comuns são compostos por prótons e elétrons com cargas opostas, esse componente da matéria escura também conteria partículas com carga oposta. As partículas carregadas continuam a irradiar energia até ficarem frias o bastante para se conectar a átomos escuros. O resfriamento então se tornaria bem mais lento e os átomos de matéria escura, assim como os átomos da matéria comum, residiriam em um disco cuja espessura estaria relacionada à temperatura em que aconteceu a vinculação atômica. Dentro de suposições sensatas, as temperaturas de componentes comuns e escuros depois que o resfriamento cessa deveriam se mostrar comparáveis. Assim, ficaríamos com um disco de matéria escura e um disco de matéria comum cujas temperaturas seriam mais ou menos as mesmas.

Contudo, o disco escuro não teria exatamente a mesma estrutura que a do disco usual da Via Láctea. Na verdade, talvez fosse ainda mais interessante. A propriedade notável do disco escuro é que, se uma partícula de matéria escura é mais pesada do que um próton, mas tem idêntica temperatura, o disco escuro será mais fino — mais estreito no comprimento do que o da Via Láctea. A energia que uma partícula transporta está associada à sua temperatura. Porém a energia cinética também está relacionada a massa e velocidade. Partículas mais pesadas com temperatura idêntica terão velocidade mais baixa para a energia ser mais ou menos a mesma, de forma que massas maiores levam a discos mais finos. Para uma partícula de matéria escura com massa cerca de cem vezes mais pesada que o próton — o valor que em geral se supõe para massas de matéria escura —, o disco poderia até ser mais ou menos cem vezes mais fino que o disco estreito da Via Láctea — uma possibilidade notável, a qual, como veremos nos próximos dois capítulos, pode dar origem a muitas consequências observacionais interessantes (Figura 38).

Também importante é o fato de que os dois discos, embora diferentes, deveriam mesmo assim estar alinhados — com o disco escuro embutido dentro do disco mais amplo do plano da Via Láctea. Isso porque os discos de matéria comum e de matéria escura, que interagem via gravidade, não são de todo independentes. Refletindo uma falha na minha analogia anterior com Fox News e NPR, a atração gravitacional que tanto o disco escuro quanto o disco comum sentem na verdade faria as duas entidades se orientarem na mesma direção. Embora a TV esquerdista e a TV direitista não sejam de todo independentes, já que uma influencia a outra através do esforço coletivo de suas transmissões constantes e em geral repetitivas, a maioria das reações é negativa, o que torna sua interação mútua repulsiva. Os discos de matéria escura e matéria comum, por outro lado, interagem através da gravidade e assim se alinham.

O resultado notável e surpreendente da nossa pesquisa foi que pode existir um disco fino de matéria escura que existe junto a nosso disco comum — e que esse disco de matéria escura recém-proposto pode estar embutido dentro do disco mais conhecido na Via Láctea. Meus colaboradores e eu ficamos bastante empolgados com nossa proposta e estávamos ansiosos para compartilhá-la com outros físicos. Meu colega Howard Georgi, de Harvard, também gostou bastante da ideia, mas sabiamente achou que essa conjuntura merecia um nome mais sonoro do que tudo que havíamos sugerido. Ele nos fez o favor adicional de propor o nome alternativo *"double disk dark matter"* (DDDM),

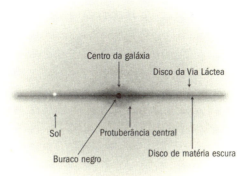

38. *Um pequeno componente interagente de matéria escura pode levar a um disco escuro muito fino no plano fundamental da Via Láctea, sugerido na imagem pela linha preta.*

"matéria escura duplo disco", que serviu bem a nosso propósito e que desde então empregamos. O nome é apropriado, já que, conforme nossas suposições, a galáxia contém de fato dois tipos de discos, um embutido no outro.

Observações de estrelas sugerem que deixamos o centro do plano há menos de 2 milhões de anos — período curto nas escalas cosmológicas. Isso nos diz que, se a matéria escura duplo disco existir, o sistema solar oscilou pelo disco escuro também por volta dessa época, de forma que não estamos muito distantes (em termos astrofísicos). Na verdade, se o disco se mostrar um pouco mais denso, é possível que estejamos dentro dele — talvez com consequências observáveis. E, como veremos em breve, o disco também influenciaria a dinâmica do sistema solar — talvez com efeitos dramáticos, embora em escalas temporais muito longas. O componente menor da matéria escura interagente que propomos também pode gerar discos dentro de outras galáxias — talvez também explicando parte de suas propriedades.

Claro que a maior dúvida é se existe de fato um componente interagente de matéria escura e discos de matéria escura. Descobrir um disco escuro a partir da mensuração de suas consequências ajudaria a determinar a significância de qualquer das sugestões acima. Felizmente, tal como acontece com a matéria escura, mesmo que seja apenas uma fração da matéria escura total no universo, a densidade aumentada do componente interagente talvez facilite o encontro e identificação do que a matéria escura difusa usual no halo. Os muitos sinais potenciais da física de partículas e astronômicas dessa densidade aumentada de matéria escura, que o próximo capítulo discutirá, deveriam nos dizer se o disco escuro é viável ou talvez até preferencial.

Se eu tiver sorte de verdade — tal como a sorte escondida no meu Roomba me faz acreditar —, talvez uma ou mais observações acabem revelando a existência de um disco de matéria escura.

20. À procura do disco escuro

Há pouco tempo participei de uma discussão acalorada com advogados, acadêmicos, escritores e defensores dos direitos humanos a respeito de liberdade de expressão. Nenhum de nós questionava a importância dessa liberdade. Contudo, nem todos concordávamos em relação ao que quer dizer liberdade de expressão, e como deveríamos equilibrá-la com outros direitos. Em que ponto os danos que a liberdade de expressão pode causar venceriam seus benefícios? Deveria haver restrições nos gastos para promover determinadas leis ou candidatos? Um advogado explicou como a Suprema Corte dos Estados Unidos se apoiou no direito à liberdade de expressão — junto com a ideia de gastar dinheiro como forma de expressão — para tomar a decisão no caso *Citizens United*, que autoriza contribuições ilimitadas a políticos por parte de empresas. Mas outros envolvidos na nossa discussão estavam preocupados ao ver que o gasto sem restrições das grandes empresas pode afogar as vozes individuais de cada cidadão — defendendo também que a liberdade de expressão seria das pessoas, não das empresas. Afinal de contas, nem dinheiro nem empresas podem falar — com ou sem liberdade — sem a voz humana.

Mas, dada a decisão da Suprema Corte e a resultante inundação de verbas que hoje entra na política, vamos pensar nas diferentes maneiras como indivíduos — e grandes empresas — podem gastar para influenciar a opinião pública.

As contribuições financeiras podem estar focadas na publicidade que mira regiões específicas, como metrópoles e cidadezinhas, onde elas podem de imediato mudar o ponto de vista das pessoas e influenciar o resultado de uma votação. Ou os doadores podem contribuir de maneira mais difusa, distribuindo sua verba e cobrindo o que querem afirmar em uma região maior — o que rende uma formatação mais geral da opinião, mas gera efeitos com linhas menos delineadas. As duas estratégias juntas têm uma atração mais forte do que uma modalidade publicitária sozinha. A taxa de mudança de opinião, no entanto, deveria ser maior nas regiões onde se mirou, refletindo de maneira clara a maior concentração de publicidade nos locais menores, mas mais densos.

Na física, de maneira parecida, a influência gravitacional de um disco denso e fino influenciaria de forma mais aguda o movimento das estrelas do que um disco mais espesso e difuso. Assim como se dá com a influência pronunciada da publicidade em âmbito local, as posições e velocidades das estrelas que entram e saem do plano galáctico poderiam ser influenciadas de forma mais perceptível por um disco mais denso e fino.

Como a Via Láctea conteria discos tanto de matéria comum quanto de matéria escura, o movimento das estrelas que entram e saem do plano galáctico dependeria de ambos, gerando uma influência combinada que varia fortemente, depois de maneira gradual, conforme você se afasta da região densa no plano fundamental galáctico — algo análogo às consequências da publicidade local e global combinadas. Com um disco escuro fino embutido em um mais grosso de matéria comum, a atração concentrada da matéria escura se combinaria com o puxão mais difuso da matéria comum para gerar uma influência distinta e mensurável das estrelas que variaria conforme a distância do plano fundamental da Via Láctea.

Vivemos numa era rica em dados e é certo que não queremos deixar de lado quaisquer alvos possíveis — sobretudo quando se procura algo tão assombroso, mas esquivo, como um disco de matéria escura. Este capítulo vai explicar como a medição da influência gravitacional do disco da Via Láctea usando o movimento das estrelas pode determinar ou solapar a existência de um disco escuro. Antes de chegar nesse ponto, porém, tratarei de outras considerações gerais sobre as possibilidades de discos de matéria escura e o potencial de descoberta deles a partir de buscas mais convencionais por matéria escura que acontecem hoje. Depois vou apresentar implicações astronômicas intrigantes quanto ao disco escuro.

A MATÉRIA ESCURA DIVERSA

Quando comecei a estudar a matéria escura parcialmente interagente, fiquei perplexa ao descobrir que quase ninguém havia pensado na falácia potencial — e na arrogância — de supor que apenas a matéria comum exibe diversidade de tipos e interações de partículas. Embora alguns físicos tivessem tentado analisar modelos como o que se conhece por *matéria escura espelho*, no qual a matéria escura imita tudo da matéria comum, exemplares como esse eram bastante específicos e exóticos. Era difícil conciliar suas implicações com tudo que conhecemos.

Uma pequena comunidade de físicos havia estudado modelos mais gerais de matéria escura interagente. Mas mesmo eles imaginaram que toda a matéria escura era igual e portanto estava sujeita a forças idênticas. Ninguém havia pensado na possibilidade muito simples de que quase toda a matéria escura não interage, e que uma pequena fração talvez interaja.

Um dos motivos potenciais pode estar claro. A maioria das pessoas espera que um novo tipo de matéria escura seja irrelevante para a maior parte dos fenômenos mensuráveis se o componente extra constituir apenas uma pequena fração do estoque de matéria escura. Como o componente dominante da matéria escura ainda não foi absorvido, preocupar-se com um componente menor pode parecer prematuro.

Mas quando lembramos que a matéria comum carrega apenas por volta de 20% da energia da matéria escura — embora seja basicamente tudo a que a maioria de nós presta atenção —, pode-se perceber onde essa lógica é falha. A matéria que interage através de forças não gravitacionais mais fortes pode ser mais interessante e mais influente até do que uma grande quantidade de matéria de interação tênue.

Vimos que isso é válido para a matéria comum. Ela tem uma influência injustificada se considerarmos sua escassez, porque ela colapsa em um disco de matéria densa onde estrelas, planetas, a Terra e até a vida conseguiram se formar. Um componente de matéria escura carregado — embora não necessariamente tão copioso — pode colapsar e formar discos como o que se vê também na Via Láctea. Pode até se fragmentar em objetos semiestelares. Essa nova estrutura em forma de disco em princípio pode ser observada, e pode até se provar mais acessível que o componente convencional dominante da matéria escura fria que é espalhado de maneira mais difusa por um enorme halo esférico.

Quando você começa a pensar por esses caminhos, as possiblidades se multiplicam com rapidez. Afinal de contas, o eletromagnetismo é apenas uma de várias forças não gravitacionais a que as partículas do Modelo-Padrão estão sujeitas. Além da força que une elétrons aos núcleos, as partículas do Modelo-Padrão do nosso mundo interagem através das forças nucleares forte e fraca. Outras forças ainda podem estar presentes no mundo da matéria comum, mas teriam que ser extremamente fracas para energias acessíveis, já que, até o momento, ninguém teve sinal delas. Contudo, mesmo a presença dessas três forças não gravitacionais sugere que o setor escuro interagente também pode estar sujeito a forças não gravitacionais que não só o eletromagnetismo escuro.

Talvez as forças do tipo nuclear ajam sobre partículas escuras em acréscimo à força tipo eletromagnética. Nessa conjuntura ainda mais rica, poderiam se formar estrelas escuras que passam por queima nuclear e criam estruturas que se comportam de maneira ainda mais parecida com a matéria comum do que com a matéria escura que descrevi até o momento. Nesse caso, o disco escuro pode ser habitado por estrelas escuras cercadas por planetas escuros constituídos por átomos escuros. A matéria escura de duplo disco pode então ter toda a complexidade da matéria comum.

A matéria escura parcialmente interagente sem dúvida rende terreno fértil para especulações e nos incentiva a pensar em possibilidades que de outra maneira não teríamos. Roteiristas de cinema e cinéfilos, em especial, ficariam muito animados com uma conjuntura com essas forças e consequências extras no setor escuro. É provável que viessem a sugerir que existe vida escura coexistindo com a nossa. Nessa conjuntura, em vez das criaturas animadas usuais que lutam com outras criaturas animadas ou, em raras ocasiões, cooperam com elas, exércitos de criaturas de matéria escura poderiam marchar pela tela e monopolizar a ação.

Mas isso não seria algo tão interessante de assistir. O problema é que os diretores de fotografia teriam dificuldade em filmar essa vida escura, que, é evidente, é invisível para nós — e para eles. Mesmo que as criaturas escuras estivessem lá (e talvez estivessem), não teríamos como saber. Você não tem ideia de como a vida da matéria escura poderia ser fofinha — e é quase certo que nunca terá.

Embora seja divertido especular sobre a possibilidade da vida escura, é muito mais difícil encontrar uma maneira de observá-la — ou até detectar sua existência de maneiras mais indiretas. Já é desafiador encontrar vida constituída das mesmas coisas que nós, embora buscas diligentes por planetas extrassolares estejam em curso. Mas as provas da vida escura, caso ela exista, seriam muito mais esquivas até do que as provas de vida comum em reinos distantes.

Ainda temos que ver diretamente ondas gravitacionais emitidas por um único objeto. Mesmo buracos negros e estrelas de nêutrons, que astrônomos detectaram de outras maneiras, até o momento fugiram à detecção de ondas gravitacionais. Temos pouca ou nenhuma probabilidade de detectar o efeito gravitacional de uma criatura escura, ou mesmo de um exército de criaturas escuras, seja qual for a proximidade que tenham de nós.

Idealmente, gostaríamos de nos comunicar de algum modo com esse novo setor — ou fazê-lo se corresponder conosco de alguma maneira. Mas se essa nova vida não sofre as mesmas forças que nós, isso não vai acontecer. Ainda que compartilhemos a gravidade, a força exercida por um objeto pequeno ou forma de vida pequena quase que com certeza seria muito fraca para ser detectada. Apenas objetos escuros muito grandes, como um disco que se prolonga pelo plano da Via Láctea, poderiam ter consequências visíveis — como as discutidas a seguir.

Objetos escuros ou vida escura poderiam estar muito próximos, mas se a massa líquida das coisas escuras não for muito grande, não teríamos como saber. Mesmo com a tecnologia atual, ou qualquer tecnologia que possamos imaginar hoje em dia, apenas algumas possibilidades muito especializadas seriam passíveis de teste. "A vida das sombras", por mais empolgante que seja, não necessariamente terá consequências visíveis que notemos, o que a torna uma possibilidade fascinante, mas imune à observação.

Com toda a justeza, vida escura é um exagero. Escritores de ficção científica não teriam problema para inventá-la, mas o universo tem muito mais obstáculos a superar. De todas as conjunções químicas possíveis, é muito incerto como muitas poderiam sustentar vida, e, mesmo entre as que poderiam, não sabemos o tipo de ambientes que seriam necessários para tanto. Por mais empolgante que seja, a vida escura não é só difícil de testar. Criá-la seria algo difícil para o universo. Assim, deixo essa possibilidade de lado — pelo menos por enquanto — e vou focar nos alvos e buscas por um disco grande e denso que, espero, seja mais promissor.

SINAIS DE UM DISCO ESCURO

Para sermos sistemáticos e começarmos com as suposições mínimas, JiJi Fan, Andrey Katz, Matt Reece e eu primeiro investigamos o modelo DDDM mais simples que conseguimos imaginar. Além da matéria escura usual de interação tênue, nosso modelo continha partículas de carga escura e uma força escura análoga ao eletromagnetismo, através da qual as partículas de matéria escura carregada interagem. O modelo incluía uma partícula pesada de carga positiva, como um próton, e outro tipo de partícula de carga negativa, similar ao elétron.

Trabalhar em uma ideia inovadora que ainda não entrou no cânone da física quase sempre é uma batalha penosa. Para alguns físicos e astrônomos, matéria escura duplo disco é forçação de barra. Mesmo para físicos de partículas, apesar da natureza ousada de suas pesquisas que almejam descobrir os elementos fundamentais da matéria, muitos colegas — e cientistas em geral — tendem a ser uma turminha conservadora. Isso não é de todo injustificado: se existe explicação convencional para uma observação, quase sempre ela é a correta. Desvios radicais deviam ser aceitos apenas quando explicam fenômenos que ideias mais antigas não conseguem acomodar. É só em instâncias muito raras que novas ideias são necessárias de fato para explicar observações.

Mesmo quando a comunidade científica concorda que algo de novo é necessário, pode-se tratar com resistência alguém que se afasta das poucas propostas "aceitas" e às quais a preponderância de trabalhos deu peso. A supersimetria e as WIMPs, por exemplo, muitas vezes são vistas por físicos de partículas como quase corretas, mesmo que as provas experimentais delas ainda não existam. É só frente à pressão cada vez maior dos dados que muitos membros da comunidade começam a reconhecer a dúvida e passam a considerar novas possibilidades para o que está além do cânone de pesquisa estabelecido.

Assim que um novo conceito se firma, todo mundo trabalha nele até esgotá-lo, tentando entender e testar cada cantinho do espaço de parâmetros — mesmo com hipóteses que ainda não se provaram verdadeiras. Mas antes que uma ideia chegue a esse nível, o que reina é muita crítica (em geral justificada). Alguns físicos de partículas — entre eles eu e meus colaboradores — apenas tentam manter a mente aberta ante a incerteza. Podemos dar preferência a certas teorias que consideramos mais elegantes ou mais econômicas, porém não decidimos o que é correto — ou no que trabalhar — até que a influência arbitral dos dados abra ou feche uma porta.

Meus colaboradores e eu logo percebemos que a matéria escura interagente, que se comporta de maneira muito distinta da matéria escura não interagente, deveria ter implicações observacionais distintas. Mas, dada a motivação inicial por trás da proposta DDDM, também levarei em conta suas implicações para métodos de busca mais convencionais, como o sinal de detecção indireta que de início estimulou nossa pesquisa — assim como o ponto em que a DDDM pode solucionar uma questão com que se deparam conjunturas convencionais da matéria escura. Começarei considerando sinais indiretos, como o sinal do fóton de Fermi que levou a nossa pesquisa.

Um disco escuro fino é denso, o que significa que a concentração de partículas de matéria escura nele é alta. Dentro do disco denso, mais esbarrões de matéria escura e, por conseguinte, mais aniquilações deveriam ocorrer do que para matéria escura distribuída em um halo convencional de matéria escura fria. Isso não quer dizer que modelos DDDM serão todos observáveis dessa maneira. Para a DDDM gerar um sinal de fóton indireto, que foi o estímulo inicial para nossa ideia, seria necessário um ingrediente extra, além da matéria escura carregada que acabei de descrever. Como um sinal de estilo Fermi exige que a matéria escura se transforme em fótons, que são uma forma de matéria comum, uma interação observável surgirá apenas se houver uma partícula carregada tanto sob a força eletromagnética usual quanto sob a escura — o análogo da pessoa que tanto assiste à Fox News quanto ouve a NPR ou que está inscrita tanto no Facebook quanto no Google+. Se existe uma partícula carregada sujeita aos dois tipos de eletromagnetismo, então a matéria escura poderia se aniquilar em fótons, produzindo essa partícula intermediária que se conecta tanto ao setor escuro quanto ao visível. Isso faz o sinal Fermi virar uma previsão possível, mas não genérica, de DDDM.

O disco denso, contudo, significa que, se as interações observáveis existem, elas ocorrerão em um ritmo mais rápido que o esperado. A notícia ainda melhor é que se a DDDM gera outro sinal de detecção indireta, seja de fótons ou pósitrons ou antiprótons, o resultado será discriminável desse ou de outro tipo de modelo de matéria escura. Com o sinal de detecção indireta de matéria escura do tipo usual de matéria escura, a previsão para essa taxa é maior perto do centro da galáxia, onde a densidade de matéria escura é maior. O sinal da DDDM também seria mais forte perto do centro da galáxia, mas qualquer sinal vindo dali deveria existir também ao longo de todo o plano, já que a matéria escura é densa ao longo da região. Essas aniquilações visíveis ao longo do plano galáctico seriam a prova cabal da DDDM.

Também são de interesse as implicações potenciais da DDDM para experimentos de detecção direta, que são, afinal, o graal de muitos que buscam a matéria escura. Lembre-se de que a detecção direta depende de uma pequena interação entre matéria escura e matéria comum, que permite o depósito de minúscula energia de recuo que um detector potencialmente encontraria. Assim como acontece na detecção indireta, qualquer sinal de detecção direta em modelos DDDM dependeria também da suposição otimista (e não generalizada) de que a matéria escura possui alguma interação com a matéria comum — tênue a ponto de ser consistente com tudo que sabemos, mas forte o bastante para levar a um sinal detectável.

O sinal de detecção direta também depende da densidade da matéria escura local, já que, afinal de contas, quanto mais matéria escura, melhor. A matéria escura de disco pode ou não existir nas redondezas da matéria comum — isso depende da espessura do plano do disco escuro —, mas, se existir, deveria ter mais densidade do que a matéria escura no halo.

Também se sabe que a taxa de detecção de matéria escura depende da massa de sua partícula, que ajuda a determinar se a energia de recuo é grande o suficiente para registro e, se for o caso, a quantidade de energia que seria registrada. A detectabilidade do sinal tem dependência similar de uma característica mais negligenciada da matéria escura, sua velocidade, que também é crítica para a energia cinética e, assim, para a quantidade de energia de recuo. Matéria escura mais rápida é mais fácil de detectar do que matéria escura mais lenta, já que a energia depositada seria maior.

A DDDM tem velocidade muito mais baixa ao entrar e sair do plano galáctico do que a matéria escura comum porque ela esfriou. Além disso, a matéria escura orbita a galáxia da mesma maneira que o sistema solar, de modo que sua velocidade relativa a nós também é muito pequena. A velocidade baixa, em relação a nós, do novo componente de matéria escura significa que a DDDM transmitiria tão pouca energia em um experimento de detecção direta — ainda que não interagisse — que, é quase certo, ficaria abaixo do limiar de detecção de energia e, portanto, não seria visto. Sem detectores mais sensíveis ou algum ingrediente extra no modelo, interações DDDM convencionais ficariam sem registro nos detectores diretos usuais.

Contudo, experimentos com limiares mais baixos estão em andamento e variações do modelo talvez possibilitem um sinal mesmo antes de sua finalização. O interessante aqui é que, caso um sinal seja visto, ele seria distinto o suficiente para identificar uma origem DDDM. A baixa velocidade da matéria escura levaria a um sinal muito mais concentrado na energia do que qualquer outra candidata a matéria escura que tenha sido proposta até então.

Outro teste interessante do nosso modelo — ou de qualquer modelo de matéria escura que contenha matéria escura carregada que se combine em átomos — vem de estudos detalhados de radiação cósmica de fundo em micro-ondas. Vários astrônomos e físicos usaram os dados dessa radiação e de distribuição da galáxia para buscar provas de átomos escuros e DDDM.

Lembre-se de que a radiação na matéria comum pode exterminar variações de densidade na matéria carregada — tal como o vento em uma praia suaviza as provas das marés —, enquanto a matéria escura apenas atrai mais crescimento na estrutura. As influências distintas que se estampariam na radiação cósmica de fundo em micro-ondas podem ser usadas para distinguir a matéria escura e a comum. A matéria comum também pode deixar uma marca quando a matéria carregada se combina para virar matéria neutra, tal como se vê um crescimento particular na areia na extensão máxima da água que chega à praia.

Se a matéria escura — ou ao menos parte dela — também interage com radiação escura, efeitos similares aos da matéria comum ficarão marcados na radiação de fundo. Já que nosso modelo contém tanto uma partícula de matéria escura pesada como uma leve com carga oposta — muito similar a um próton e um elétron —, essas partículas se combinariam em átomos escuros que se registrariam de maneiras muito similares à matéria comum.

Estudos detalhados da radiação cósmica de fundo em micro-ondas mostraram que a fração de matéria escura que tem interações desse tipo que sugerimos é restrita. Se as temperaturas dos dois setores forem razoavelmente similares, como seria o caso se os setores escuro e comum interagissem o bastante no início, a quantidade de matéria escura interagente pode ser baixa ao nível de 5% da quantidade de matéria escura total — mais ou menos um quarto da quantidade de matéria visível. Felizmente esse valor ainda é interessante e deveria ser observável usando o método apresentado a seguir. Também está dentro do valor necessário para explicar os impactos periódicos de meteoroides a que chegarei no próximo capítulo.

MEDINDO O FORMATO DA GALÁXIA

A pesquisa recém-descrita foi interessante no sentido de demonstrar não só o poder da radiação cósmica de fundo em micro-ondas, mas também a significância de grandes conjuntos de dados na era cosmológica moderna — cujo processamento os astrônomos têm bom preparo para realizar. Com a contribuição de uma perspectiva de construção de modelos e os avanços tecnológicos e numéricos hoje em curso, temos uma chance muito maior de descobrir influências de matéria escura fora do convencional, mesmo quando só há efeitos sutis na distribuição observada da estrutura. Meus colaboradores e eu reconhecemos que sinais mais robustos e mais interessantes talvez não sejam os alvos das buscas usuais de matéria escura que já descrevi. Consequências observacionais mais promissoras de um disco escuro vêm da atração gravitacional do disco em si. Na era atual do "big data", os melhores lugares para procurar propriedades distintas da matéria escura poderiam muito bem ser conjuntos de dados astronômicos aparentemente comuns.

A implicação genérica mais óbvia e decisiva da proposta DDDM é a existência de um disco escuro fino no plano central da galáxia. Se a partícula de matéria escura é mais pesada que o próton, o disco será mais estreito do que o que contém estrelas e gás, o que torna o potencial gravitacional exercido pela galáxia da Via Láctea — e todas as outras — diferente do que seria esperado sem a nova forma de matéria escura. Assim como a publicidade bem dirigida, o disco escuro adicionará força extra ao componente mais difuso da matéria comum — e, além disso, mudará a distribuição de matéria —, influenciando o potencial gravitacional da maneira mais drástica perto do plano fundamental galáctico, onde o disco de matéria escura está concentrado. Como a influência gravitacional dessa distribuição de matéria influenciaria o movimento das estrelas, quando estiverem disponíveis medições suficientes de posições e velocidades de estrelas, com a devida precisão, a distribuição confirmará ou excluirá um disco escuro (pelo menos um que seja grande a ponto de fazer diferença).

Um dos avanços mais incríveis de que JiJi, Andrey, Matt e eu ficamos sabendo quando pensamos o disco de matéria escura, no verão de 2013, foi que exatamente essa medição estava para ser feita na Via Láctea. Um satélite com planos de lançamento naquele outono (ou primavera na estação de lançamento da Guiana Francesa, como ressaltou minha confusa colega australiana) deveria medir essa influência gravitacional distinta.

O satélite Gaia na verdade medirá o formato da galáxia. Em cinco anos, saberemos os resultados. Os preparativos para o lançamento do satélite já estavam bem avançados quando trabalhamos no nosso primeiro artigo, mas ele conduzirá precisamente a medição de disco escuro que poderíamos ter solicitado caso tivéssemos sido consultados na ocasião. Na verdade, embora não tivessem em mente nosso modelo ou metodologia exatos, os astrônomos que defenderam a missão Gaia se basearam em grande parte na capacidade do satélite de determinar a distribuição de massa na galáxia — seja qual for o tipo de matéria ou onde se encontra na galáxia. Embora a decolagem tenha sido adiada alguns meses em relação à data prevista, o lançamento em dezembro daquele ano — meses depois de terminarmos nosso artigo — com certeza nos pareceu incrivelmente fortuito.

Físicos de partículas não se deparam com surpresas como essa com frequência. Sabemos que experimentos são possíveis e tentamos descobrir se eles podem ser aperfeiçoados ou interpretados de maneira que testem novas ideias. Os cientistas experimentais do LHC no CERN investigam algumas das propostas que Raman Sundrum, eu e outros criamos para explicar a massa do bóson de Higgs, por exemplo. Embora os experimentos do LHC tenham sido de início projetados com outros modelos em mente, Raman e eu tínhamos total ciência deles e de seu potencial quando conduzimos nossa pesquisa sobre uma dimensão extra e distorcida do espaço.

Por outro lado, às vezes uma ideia é atraente e passível de testes o bastante para que cientistas experimentais reajam e projetem um experimento relativamente de pequena escala para excluir ou verificar a proposta, tal como quando físicos planejaram experimentos para medir a força gravitacional com mais precisão em resposta a ideias de dimensão extra e maior.

Mas é raro acontecer de um experimento estar começando e por acaso se mostrar apto a testar uma ideia que foi estudada de maneira independente para propósitos completamente distintos. Mas foi o que se materializou. O satélite Gaia abriga um observatório espacial que medirá as posições e velocidades de 1 bilhão de estrelas da Via Láctea, com a meta de criar um levantamento galáctico tridimensional extremamente preciso e prolongado. Suas medições mapearão um potencial galáctico particular e assim vão nos informar a respeito da distribuição de densidade da galáxia. Se essa distribuição demonstrar a presença de um disco escuro, a espessura e a densidade do disco, por sua vez, nos revelarão mais sobre a massa do novo tipo de partícula de matéria escura e quanta matéria escura interagente existe.

Esse método se baseia em uma ideia sugerida por Jan Oort — o astrônomo que também determinou a existência da nuvem de Oort. Ele percebeu que as velocidades de estrelas ao entrar e sair do plano galáctico dependem do formato e da distribuição de densidade do disco, já que seu movimento reage à atração gravitacional do disco. Medir as velocidades e posições de estrelas que oscilam entrando e saindo do plano pode, assim, precisar a densidade e distribuição espacial da matéria no disco.

É exatamente por isso que gostaríamos de saber como testar ou confirmar nossa proposta de disco escuro. A atração gravitacional de um disco escuro afeta o movimento das estrelas, já que elas reagem à atração gravitacional da galáxia. Conhecer posições e velocidades exatas para tantas estrelas revelará o potencial gravitacional da galáxia e determinará se o disco escuro existe ou não. Com informações detalhadas sobre o potencial do disco e a distribuição especial da matéria dentro dele, temos esperança de saber mais sobre as propriedades do disco e quanto à matéria escura interagente que o criou.

Mas não temos que esperar dados do Gaia para testar o método e conseguir um resultado preliminar. Já temos dados úteis do satélite Hipparcos, que a Agência Espacial Europeia lançou em 1989 e que continuou a operar até 1993. O Hipparcos foi o primeiro a fazer as medições detalhadas de posição e velocidade, mas o fez com menos precisão e menos estrelas do que o Gaia vai apurar. Ainda assim, seus resultados, embora não tão completos quanto serão os do Gaia, já restringem a forma que um disco escuro pode ter.

Tal insight, embora não seja novidade para físicos de partículas, era bem conhecido entre alguns astrofísicos. Na verdade, usando esse método, pesquisadores haviam chegado a concluir que os dados existentes já excluem um disco escuro. A negação cavalheiresca do disco confundiu muita gente, como um dos avaliadores do nosso artigo. Um instante de reflexão, contudo, nos diz que tal resultado (pelo menos como afirmado) não é possível. Independentemente da precisão da medição, a densidade pode sempre ser baixa o bastante para evitar qualquer limite existente. O que os astrofísicos estavam dizendo de fato é que não havia necessidade de um disco escuro. Dadas as incertezas em densidades em todos os componentes conhecidos de gás e estrela, a matéria conhecida já explicaria o potencial medido.

Mas às vezes a pergunta certa é o que será mais consistente, e assim será uma interpretação alternativa viável dos dados. A única maneira de descobrir se algo é permitido ou mesmo preferido é avaliar as consequências de novas suposições e determinar suas implicações experimentais. Meus colaboradores e eu fizemos uma pergunta diferente da dos astrônomos. Não pedimos prova da existência de um disco escuro. A questão real é como um disco pode ser substancial enquanto mantém a consistência com todas as observações. E se, talvez, a introdução de um componente de disco escuro pode até condizer melhor com os dados.

Essa maneira diferente de pensar reflete em grande parte a diferença entre a sociologia dos físicos de partículas — em especial os que constroem modelos — e muitos astrofísicos. Para lhes dar o devido crédito, os astrofísicos nos ensinaram muito. Aprendemos como eles lidam com o problema e que dados existem no momento atual. Seus métodos são extremamente úteis. Mas tratar um problema de outro ângulo costuma levar a novas ideias e abre novas possibilidades. Se um disco escuro existe ou não, só saberemos a partir da suposição de que existe e entendendo o que se permite. No fim, todos ganham.

Queríamos saber se um disco escuro é possível, ou mesmo talvez favorecido, conforme os dados — não só se pode ou não ser condizente com as propriedades medidas das estrelas sem ele. Cada um dos componentes da matéria comum que é somado para computar o potencial gravitacional do disco da Via Láctea é conhecido só até certo ponto. Aceitar as incertezas nas medições gera espaço para algo novo. Foi essa tarefa que passei a um aluno, Eric Kramer, que estudou os dados do Hipparcos e medições de densidade de gás no plano galáctico. Juntos identificamos muitas suposições que entraram na análise dos astrofísicos que precisavam ser reconsideradas. Embora um exame apressado dos resultados do Hipparcos pudesse levar à conclusão prematura de que havia preferência por um disco escuro, uma análise mais cautelosa e atualizada demonstrou que os dados não eram suficientes para fazer tal afirmação.

Os dados do Hipparcos em si já rendem algumas das incertezas. Mas a medição relativamente pobre de parte da matéria visível na Via Láctea também é grande fonte de incerteza. Quanto mais espaço de manobra houver, mais espaço há para o disco escuro. Além disso, como todos os componentes da matéria estão sujeitos à gravidade exercida pelos outros componentes, é só incluindo-se toda a matéria — incluindo o disco escuro — desde o princípio que se podem extrair as verdadeiras restrições. Esse é um dos méritos de ter um modelo. Ele dá um alvo bem definido e uma estratégia computacional fixa quando se avaliam os resultados de uma busca.

Com uma análise cuidadosa, descobrimos que há espaço para um disco escuro. Os indícios são promissores, mas antes que se tenha mais dados conclusivos não saberemos se os modelos DDDM vão se provar corretos ou se conjunturas mais simples, mais padrão, serão suficientes para explicar a matéria no nosso universo.

Isso me leva à pergunta: qual é a densidade do disco escuro que esperávamos ter como alvo, para começo de conversa? De muitas perspectivas, vale a pena procurar qualquer valor. Encontrar um disco escuro, não importa quão baixa seja sua densidade, seria uma mudança fundamental na nossa visão do universo. Mas logo veremos que outro alvo vem do aspecto periódico-provocador-de-ataques-de-meteoroide do disco escuro. Por enquanto, direi apenas que o valor que encontramos que era necessário para provocar ataques de meteoroides é consistente com dados atuais.

Além disso, embora não tenha sido nossa intenção original, a matéria escura parcialmente interagente também ajudou a resolver alguns mistérios proeminentes de conjunturas mais convencionais da matéria escura fria. O astrônomo Matthew Walker, hoje professor da Universidade Carnegie Mellon, sugeriu que a DDDM pode ajudar a tratar do problema com galáxias-satélite anãs em Andrômeda, que abordamos no capítulo 18. Um mundo com matéria comum ou mesmo matéria escura fria convencional não oferece explicação caso esses resultados se sustentem. Um pós-doutorando de Harvard, Jakub Scholtz, e eu mostramos que autointerações em um componente da matéria escura talvez seja a solução singular para o problema de como se formam as galáxias anãs dominadas por matéria escura que são alinhadas em plano. Jakub, Matthew Reece e eu também estamos investigando a implicação potencial da DDDM em buracos negros primordiais, que são maiores do que deveriam ser em conjunturas-padrão.

O sinal de raios gama do Fermi que motivou nosso projeto no momento parece ter sido uma pista falsa, já que se esvaneceu com o tempo. Mas a conjuntura que surgiu de tentar entendê-lo tem implicações mais amplas que deviam tornar a DDDM observável de outras maneiras. Essa conjuntura pode ter implicações mais interessantes para a formação e a dinâmica de galáxias, que agora podemos passar a investigar.

Assim, após nossa extensa exploração do cosmos e do sistema solar, vamos culminar nossa jornada unindo várias dessas ideias. Agora vamos considerar como a matéria escura pode nos afetar de perto — influindo o movimento das estrelas e potencialmente a estabilidade de objetos nos arredores do sistema solar.

21. Matéria escura e impactos de cometas

Creio que "*boffins*" não é um termo familiar a leitores não britânicos. E quando o jornalista de ciência e tecnologia Simon Sharwood atribuiu essa distinção a mim e meu colaborador Matthew Reece na revista científica britânica *Register*, de início eu não sabia bem o que devia entender. Estaria o autor criticando a nós e nossos disparates, ou seria "*boffins*" um termo como "pulcritude", que soa muito ruim, mas é um elogio?

Fiquei aliviada em saber que "*boffins*" significa apenas cientistas ou peritos técnicos — embora talvez os mais focados. Mas meu temor inicial de que a palavra pudesse significar "abilolados" ou algo assim não era de todo infundado, dado que o tema sobre o qual Sharwood discorreu foi nossa pesquisa sobre matéria escura e meteoroides — com um rápido aceno às grandes extinções. A ideia era de que a matéria escura poderia de fato disparar cometas da nuvem de Oort de forma que periodicamente eles fossem catapultados em direção à Terra, quem sabe até precipitando uma extinção em massa.

Mesmo para físicos de partículas como Matthew e eu, que tentam manter a mente bem aberta, fenômenos complicados como impactos de meteoroides que se ligam à dinâmica complexa do sistema solar como um todo e depois disso ainda à matéria escura parecem uma rota incerta. Por outro lado, matéria escura (!), meteoroides (!), dinossauros (!). A criança de cinco anos dentro de nós estava intrigada. Assim como os adultos curiosos para saber mais sobre o sistema solar. Sem falar nos cientistas que somos, que queriam saber se tínhamos como aprender algo mais sobre essas várias pecinhas e como elas se combinavam. Afinal de contas, embora ainda tenhamos que determinar a presença de um disco escuro, um satélite que determina 1 bilhão de estrelas no sistema solar poderia ter a sensibilidade de decidir a questão nos próximos cinco anos — e testar se nossa proposta está correta.

Para o caso de essa conjuntura, a riqueza de ideias ou as medições que virão do satélite não serem argumento suficiente para seguir nessa linha de raciocínio, o dia em que perguntei a Matt se ele queria pensar no projeto foi o dia que o meteoroide de Chelyabinsk teve seu impacto. Embora os vários meteoroides que atingem a Terra ou sua atmosfera, em sua maioria, sejam tão pequenos que em geral não os notamos, o que explodiu no dia 15 de fevereiro de 2013 tinha de quinze a vinte metros de comprimento — grande o bastante para brilhar forte e soltar o equivalente a quinhentos quilotons de TNT. O fato de esse meteoroide ter explodido três dias depois de uma pergunta da plateia na Universidade do Arizona, que me fez pensar sobre periodicidade em impactos de meteoroides — e no dia em que propus a Matt que investigássemos o assunto mais a fundo —, nos pareceu algo marcante e muito engraçado. Estávamos nos perguntando se devíamos estudar por que objetos extraterrestres chegam à Terra e, naquele mesmo dia, chegou um objeto desses. Como não podíamos seguir nessa linha?

Agora passo a descrever nossa pesquisa que amarra muitas das ideias que este livro explorou e explica como a matéria escura poderia afetar o planeta numa escala temporal de cerca de 30 milhões a 35 milhões de anos. Se estivermos corretos, não só um asteroide de mais ou menos quinze quilômetros de extensão atingiu a Terra há 66 milhões de anos, mas o desencadeador desse impacto foi a influência gravitacional de um disco de matéria escura no plano fundamental da Via Láctea.

A CONJUNTURA

Hoje temos um retrato da Via Láctea com seu disco claro de gás e estrelas e, dentro dele, talvez outro disco, mais denso, composto de matéria escura interagente. A Via Láctea ganhou existência há mais de 13 bilhões de anos, quando a matéria escura e a matéria comum colapsaram em uma estrutura atrelada gravitacionalmente. É possível que 1 bilhão de anos após a formação do halo da galáxia a matéria comum tenha irradiado energia para começar a formar o disco bem iluminado que vemos hoje. Se parte da matéria escura interage e irradia fótons escuros com a devida velocidade, ela também colapsou em uma região planar fina que chamamos de disco. Pode ter levado algum tempo para isso se realizar, mas o disco escuro estreito teria se estabelecido há muito tempo.

Enquanto isso, há mais ou menos 4,5 bilhões de anos, o Sol e o sistema solar se formaram. A seguir os planetas emergiram do disco de matéria que circundava o Sol. Depois da formação dos planetas, Júpiter veio para dentro e outros planetas gigantes foram para fora e, durante esse processo, dispersaram material pelo disco. Parte desse material se deslocou para muito longe, na região distante da nuvem de Oort, onde pequenos objetos gelados são ligados ao Sol por uma atração gravitacional muito fraca.

O sistema solar de então circundava a galáxia a cada 240 milhões de anos. Porém, dentro de um período de aproximadamente 32 milhões de anos, enquanto percorria sua trajetória predominantemente circular, ele também subia e descia pelo plano galáctico. A atração gravitacional do disco agia sobre o Sol ao longo dessa jornada, servindo como uma força restauradora toda vez que o sistema solar fugia o máximo possível na direção vertical acima ou abaixo do plano. Como a galáxia faz uma fricção mínima, o sistema solar repetiu seu movimento vertical pelo plano galáctico em ritmo periódico, com a força restauradora do plano agindo sobre ele toda vez que passava.

Além do mais, quando o sistema solar estava dentro ou perto do plano galáctico, os efeitos deformadores da maré gravitacional do disco agiam sobre ele com mais força. Durante esses intervalos particularmente extenuantes, a influência de maré de um disco denso e fino de matéria escura pode ter perturbado a tranquilidade de alguns dos objetos de ligação gravitacional fraca na nuvem de Oort, que de outra forma teria continuado quase sem perturbações em suas órbitas distantes. Uma vez no alcance do disco escuro, os objetos gelados da nuvem de Oort talvez não ficassem no lugar ante esse caminho esburacado.

Nesse meio-tempo, enquanto todos os objetos inanimados seguiam seus trajetos, a vida na Terra começava a se formar por volta de 3,5 bilhões de anos atrás e a proliferação da vida complexa se iniciava cerca 3 bilhões de anos depois — há 540 milhões. A vida teve seus altos e baixos desde então, conforme a diversificação competiu com as extinções. Cinco grandes extinções pontuaram esse intervalo conhecido como era fanerozoica. A última delas aconteceu há 66 milhões de anos, quando um impacto de meteoroide devastou a Terra.

Até pouco antes do impacto, os dinossauros estavam indiferentes a qualquer chabu no sistema solar distante. Corpos congelados orbitavam a nuvem de Oort, com pequena variação ocasional de suas órbitas do puxão distante do disco da Via Láctea, que agia com força variável conforme a distância do Sol do plano fundamental. As órbitas de alguns desses corpos gelados ficaram tão distorcidas que suas trajetórias as levaram ao sistema solar interior, onde algumas romperam com as trajetórias iniciais devido ao efeito de distorção provocado pela gravidade. Pelo menos alguns desses corpos gelados podem ter se transformado em cometas, em rota de colisão com a Terra.

Da perspectiva da nuvem de Oort, foi uma perturbação relativamente sem importância. Um ou no máximo alguns poucos corpos gelados foram deslocados. Mas da perspectiva de 75% da vida na Terra, o que incluía o venerável dinossauro, o meteoroide que estava prestes a ter seu impacto era apocalíptico. Porém, mesmo se os dinossauros fossem seres conscientes e sencientes, eles não teriam notado algo extraordinário a ponto de acontecer quando o primeiro cometa surgiu. Embora seu núcleo fosse brilhante o suficiente para ser visto durante o dia e sua cauda fosse visível à noite, o cometa não teria dado sinal perceptível da devastação que estava prestes a causar. Essa impressão podia ter mudado conforme o cometa caía, quando fogo e destroços iluminaram o céu. Mas seja lá o que as criaturas condenadas possam ter visto ou imaginado, uma vez que as influências gravitacionais haviam alterado a rota do cometa, a sina desses animais estava selada.

O cometa logo viria a se chocar no Yucatán, pulverizar seu alvo e encerrar uma jornada que culminaria em destruição global maciça. Quando o meteoroide cujo impacto criou a cratera de Chicxulub explodiu, o cometa e o solo próximo que ele atingiu foram vaporizados, levantando colunas de poeira que se espalharam pelo globo. Incêndios calcinaram a superfície da Terra, tsunâmis inundaram os litorais tanto perto do impacto quanto do lado oposto do planeta e materiais venenosos choveram espalhando mais perigos. O suprimento alimentar foi dizimado, de forma que quaisquer criaturas terrestres que deram um jeito de sobreviver aos desdobramentos imediatos provavelmente morreram de fome nas semanas e meses que se seguiram. A maior parte da vida não teve a menor chance quando se deparou com mudanças tão repentinas e drásticas no clima da Terra e seus vários habitats. Apenas mamíferos escavadores e pássaros voadores restaram, até que as condições melhoraram para perpetuar a vida avançada no futuro incerto de uma era muito diferente.

É um retrato dramático, e os principais fatos em torno do impacto do meteoroide já estão bem definidos. As muitas observações de geólogos e paleontólogos confirmaram que um objeto grande nos atingiu há 66 milhões de anos e pelo menos 75% da vida na Terra de então pereceu. Logo à frente descreverei como um disco escuro pode ter sido o desencadeador do deslocamento do cometa responsável por toda essa devastação. Mas primeiro vou explicar a gênese da ideia.

A ORIGEM

Há muitos benefícios que advêm de compartilhar física com o público em geral através de livros e palestras. Mas como o tempo que se investe nessas atividades pode prejudicar pesquisas em curso, com frequência tenho que priorizar e fazer opções entre os convites que recebo. Contudo, em algumas fortuitas ocasiões, minha pesquisa enriquece com o que eu, de maneira equivocada, pensava ser uma distração, ao me levar a encontrar gente com quem normalmente eu não teria encontrado ou ao me apresentar uma ideia que de outra forma não teria cogitado.

Em fevereiro de 2013, tive uma recompensa dessas a partir do convite do astrofísico Paul Davies para dar uma das palestras anuais que ele coordena no Centro BEYOND, da Universidade Estadual do Arizona. Apesar de eu estar hesitante quanto a viajar demais, a universidade tem um grupo de pesquisa em cosmologia muito produtivo, de forma que fiquei contente em aceitar não só fazer a palestra aberta como também apresentar um seminário no dia seguinte para os especialistas do departamento. O seminário seria mais focado na minha pesquisa recente, a ideia da matéria escura em disco duplo que já descrevi.

Os físicos que participavam fizeram perguntas excelentes a respeito do modelo — sua detectabilidade e suas implicações para a radiação cósmica de fundo em micro-ondas, por exemplo. Mas fiquei desnorteada quando Paul me perguntou se o disco de matéria escura era responsável pela morte dos dinossauros. Confesso que, na época, não havia pensado muito — se é que alguma vez pensei — sobre dinossauros nas minhas pesquisas, que se concentravam em partículas elementares e elementos do cosmos. Contudo, Paul me informou das provas potenciais de ataques periódicos de meteoroides e a ausência de uma boa explicação para essa periodicidade. Ele me perguntou se um disco de matéria escura era consistente com a proposta — e, com isso, me fez lembrar do meteoroide que havia extinguido o dinossauro terrestre.

A pergunta de Paul era boa demais para ser ignorada. A resposta não era simples e eu tinha que estudar muito antes de dar uma resposta definitiva. Mas matéria escura e dinossauros com certeza pareciam uma conexão que podia me ensinar — e potencialmente a cientistas de maneira mais geral — muita coisa. Perguntei a Matthew Reece se ele estaria interessado em estudar a possibilidade de impactos de meteoroide serem desencadeados pelo disco escuro que propúnhamos, o que soava mais conectado à física do que a uma dúvida sobre dinossauros.

Matt era a opção óbvia para colaborador. Ele teve papel crucial na pesquisa inicial da DDDM, tem uma mente legal para a parte técnica e é aberto para novas ideias científicas — mais do que se preveria a partir de sua conduta decididamente conservadora. Ele não comete a falácia normal de supor que qualquer um — mesmo colegas seniores mais confiantes — entende tudo da maneira correta.

Mas o mais importante é que Matt é um físico excelente com altos padrões de exigência científica. Quando faz alguma coisa, você pode ter certeza de que é com base firme. Ainda assim, eu não tinha certeza de como ele reagiria a uma sugestão à primeira vista tresloucada. Fiquei muito contente quando ele achou a ideia intrigante e reconheceu seu mérito científico potencial. Paul Davies também se interessou, porém tinha muitos projetos de pesquisa em andamento e gentilmente optou por manter contato sem participação direta.

Portanto, depois de ouvir perplexos as notícias sobre Chelyabinsk no exato dia em que começamos a discutir a ideia, Matt e eu nos apressamos para ver o que podíamos descobrir. Nossa meta era transformar essa ideia doida de disco escuro que causa impactos de meteoroide em ciência passível de teste. Como construtores de modelos e físicos de partículas, nós dois tentamos ser receptivos a novas ideias e interpretações. Mas também estávamos plenamente cientes da importância de nos mantermos imparciais e meticulosos. Essas qualidades foram essenciais na pesquisa que passo a descrever agora.

O DISCO ESCURO E O SISTEMA SOLAR

Como explicado no capítulo 14, para sermos realistas nas nossas metas, Matt e eu decidimos primeiro reduzir nossa investigação. Apesar de nossa curiosidade em relação a dinossauros, a princípio deixamos de lado os desafios extras endêmicos a extinções e focamos apenas em meteoroides e dinâmicas do sistema solar e uma possível periodicidade no registro físico de crateras. Com a questão da extinção em banho-maria, poderíamos investigar de maneira direta a influência potencial do disco escuro em cometas e se ele poderia ser responsável por impactos periódicos de meteoroides. Poderíamos decidir depois como nossas previsões de meteoroides explicavam qualquer impacto em particular, incluindo o responsável pela extinção K-Pg.

Então garantimos que nenhuma das nossas propostas anteriores de desencadeadores periódicos que poderiam deslocar objetos da nuvem de Oort teria como explicar um sinal periódico. Se um mecanismo mais convencional bastasse, então ninguém, nós incluídos, se daria ao trabalho de avaliar as consequências do registro de crateras em uma conjuntura mais exótica, não importando como isso possa ser legal e sedutor.

Contudo, como explicado no capítulo 15, desencadeadores convencionais não funcionam. Tendo só o disco-padrão da Via Láctea, os efeitos de maré da galáxia são muito suaves e as perturbações das estrelas são muito infrequentes. Nem os efeitos de maré usuais, Nêmesis, Planeta X, tampouco os braços espiralados da Via Láctea seriam suficientes para desencadear chuvas de cometas frequentes ou notáveis. Essas propostas anteriores não renderam nem o período correto entre cruzamentos no plano galáctico nem impactos repentinos suficientes para bater com o registro de crateras. Por exemplo: tendo apenas matéria normal no disco para influenciar seu movimento, o período de oscilação vertical do Sol estaria mais entre 50 milhões e 60 milhões de anos — tempo demais para ser consistente com os dados disponíveis.

Isso deixou duas conclusões possíveis: ou a periodicidade não era real, como pode ser o caso, ou a alternativa lógica mais interessante está correta e o desencadeador foge do convencional. Descartando as sugestões anteriores, fez sentido para nós questionar se nossa proposta de disco escuro poderia ter êxito quando a matéria comum por si só não conseguiu e fazer valer a periodicidade requerida e mudar seu ritmo. Na verdade, o disco escuro tem apenas as propriedades necessárias para tratar das inadequações do disco de matéria normal. Com um disco fino de matéria escura densa, a força de maré do disco pode dar conta o suficiente tanto do período quanto da delimitação temporal das perturbações na nuvem de Oort.

Lembre-se de que, ao longo de sua existência, objetos da nuvem de Oort estão sujeitos à força de maré do disco a partir da matéria comum e da pontual influência, mais intermitente, mas mesmo assim importante, de estrelas passantes. Esses efeitos servem para movimentar os corpos distantes, de ligação gravitacional relativamente fraca da nuvem de Oort, e os empurra para mais perto do Sol. O efeito de maré do plano da Via Láctea pode aí dar o último empurrão que colocaria esses corpos gelados em órbitas precárias, muito excêntricas, que se salientam para dentro a cerca de dez vezes a distância Sol-Terra, onde a atração gravitacional dos planetas grandes provavelmente vai removê-los da nuvem de Oort. Essa atração ou vai lançar esses cometas para fora do sistema solar ou puxá-los de tal forma que eles entrarão em órbitas firmemente atreladas no sistema solar interior. Essas perturbações explicam a geração de cometas de longo período, e vários novos adentram o sistema solar todo ano. Vez por outra, contudo, objetos perturbados são desviados por completo de suas órbitas, e é nessas ocasiões que cometas extraviados podem atingir nosso planeta.

Mas esse tipo de perturbação não é suficiente em si para explicar impactos periódicos. Para que estes aconteçam, é preciso que ocorra, a intervalos regulares, uma mudança rápida no ritmo de perturbações na nuvem de Oort. Além do mais, para ser consistente com as provas disponíveis, o período deve estar na gama dos 30 milhões a 35 milhões de anos. Se mesmo um desses critérios não der certo, uma explicação proposta para impactos periódicos de meteoroides não basta. E nenhum dos critérios se satisfaz com qualquer sugestão convencional.

Contudo, o acréscimo do disco escuro mais denso e mais estreito resolve essas duas questões de maneira excelente. Assim que você aceita a realidade possível de impactos periódicos de meteoroides, um disco escuro é de fato uma ideia muito promissora. Ele exerce uma influência que é tanto mais intensa e de variação mais veloz no tempo do que o disco convencional do plano galáctico — as duas exigências essenciais para criar picos na intensidade de cometas.

Com o disco escuro incluído no plano da Via Láctea, o período de oscilação vertical do Sol seria mais curto que o período induzido pelo disco da Via Láctea convencional por si só porque a atração gravitacional com o acréscimo da matéria do disco escuro é mais forte. Em cima disso, conforme as determinações atuais de densidade da matéria, o sistema solar oscila apenas por volta de setenta parsecs acima e abaixo do plano galáctico — uma gama muito mais limitada do que a espessura do disco completo de matéria comum. O disco escuro estreito, que assim englobaria o sistema solar ao longo de uma fração razoavelmente maior de sua trajetória, pode ter uma influência desproporcionalmente maior no movimento do sistema solar conforme ele sobe e desce pelo plano.

O outro mérito para um disco escuro fino não é, mesmo assim, o sistema solar poder passar por ele rápido o suficiente para induzir um pico no ritmo de cometas que dura 1 milhão de anos ou mais. Por conta de sua influência delimitada no tempo, o disco escuro desencadeia mais perturbações toda vez que o sistema solar cruza o plano galáctico, criando chuvas de cometas com frequência regular — durante cada cruzamento com o plano — que de outra forma seriam desencadeadas apenas de forma muito infrequente por estrelas em aproximação. O efeito de maré incrementado se dá quando o sistema solar cruza a região estreita ocupada pelo disco escuro. É só durante essa passagem e talvez no período entre 1 milhão e 2 milhões de anos que se segue que impactos de cometa seriam ampliados.

Quando o sistema solar passa pelo disco na escala temporal e está sujeito a uma força de maré ampliada — um pico na força, caso aconteça com a devida rapidez —, corpos gelados na nuvem de Oort podem ser deslocados e alguns podem até vir a se chocar com nosso planeta a mais ou menos cinquenta quilômetros por segundo. Uma vez saindo da rota dessa maneira, a viagem é rápida — talvez alguns milhares de anos. Mas a perturbação que a disparou acontece muito mais devagar — em geral leva de um a poucos períodos orbitais para acontecer. Isso quer dizer que em um período temporal entre 100 mil e 1 milhão de anos, o destino dos cometas que chegaram muito próximo do Sol será determinado, e alguns deles podem explicar as chuvas de cometas que atingiram a atmosfera terrestre ou a própria Terra.

Matt e eu delineamos a trajetória prevista, e o modelo foi um sucesso — pelo menos dentro dos confins impostos pelos dados limitados e um pouco instáveis. Mas havia uma conferência final que não havíamos finalizado, como foi ressaltado pelo avaliador do nosso artigo para a prestigiosa revista científica *Physical Review Letters*. Além de determinar o movimento do sistema solar na presença do disco escuro, nós calculamos o incremento e decréscimo de densidade do ambiente do sistema solar pelo qual ela passava. Precisávamos saber da densidade, já que supúnhamos que o que estivesse perturbando a nuvem de Oort seria proporcional ao grau de concentração de matéria. Afinal de contas, mais matéria significa mais influência de maré, o que deveria significar mais perturbações. Assim, imaginamos que a densidade serviria como substituto útil para o ritmo de impactos de meteoroide, como de fato se mostrou ser o caso.

Mas ainda não havíamos confirmado de maneira explícita que a distorção de maré da nuvem de Oort pela qual o disco escuro age sobre os corpos gelados na nuvem era suficiente para fazer chover cometas no ritmo correto. Para nossa sorte, Scott Tremaine e Julia Heisler já haviam feito boa parte do trabalho pesado mais ou menos uma década antes, de forma que podíamos apenas aplicar os resultados deles. E, de fato, nossa suposição estava correta. A densidade maior cria o tipo de atração necessária para deslocar cometas na devida escala temporal.

Fiquei inclusive impressionada com a sugestão tão útil do parecerista. Hoje em dia, as avaliações por pares — em que estes devem ser especialistas que revisam artigos antes de eles serem aprovados para publicação — muitas vezes são carimbos ou veículos para autores magoados caçarem citações. A sugestão desse parecerista nos deu uma aula de física. O tom fora depreciativo, mas aprendemos algo ao seguir o sugerido. Precisamos lidar com críticas enganosas também, mas, como tivéramos o cuidado de conferir artigos e peritos antes, conseguimos prontamente localizar as falhas nessas críticas.

No fim das contas, Matt e eu calculamos a densidade e os valores de espessura preferenciais para um disco escuro que batessem com o registro de crateras, e descobrimos que eles estavam alinhados com nosso modelo DDDM prévio, que à época sabíamos ser consistente com as medições galácticas existentes. A nova sugestão, ainda melhor, que Matt e eu descobrimos na nossa pesquisa foi que o disco escuro não só possibilitava como de fato era favorável a que o levássemos a sério como instigador de impactos de cometas.

A densidade superficial do disco escuro deveria ser de mais ou menos um sexto daquela da matéria no disco comum. Isso já é o bastante para ser interessante, porém não a ponto de sobrepujar quaisquer fenômenos entendidos hoje em dia. É um naco considerável da matéria escura — não um milionésimo, por exemplo, mas sim uma pequena porcentagem. Se esse componente escuro existisse, ele teria tamanho suficiente para exercer influências mensuráveis e, assim, seria digno de atenção. Além do mais, a espessura do disco pode ser de menos que um décimo da espessura do disco de matéria comum — menos que algumas centenas de anos-luz de extensão, comparado com a matéria comum, e uma espessura de mais ou menos 2 mil anos-luz. Mais uma vez, é essa estreiteza do disco escuro que explica por que é concebível que ele desencadeie efeitos tremendos com frequência periódica.

Descobrimos que o disco escuro com a densidade certa foi favorecido por um fator de três. Um auxílio-chave para essa nova conclusão, com mais suporte estatístico, foi o efeito quem-procura-acha que citei no capítulo 15. Com um modelo definitivo do que pode desencadear impactos periódicos, não só poderíamos prever melhor o período, mas também poderíamos fazê-lo de forma mais confiável. Além disso, nossa intenção no artigo ia além de demonstrar que um disco escuro poderia explicar chuvas de cometas periódicas de maneira que componentes galácticos comuns não conseguem. Queríamos defender um segundo argumento, que tinha a ver com estatística, e como avaliar a significância desses ou de quaisquer outros resultados.

Como discutido no capítulo 14, a maioria das buscas existentes por periodicidade tentou combinar uma função periódica para o movimento de sobe e desce do sistema solar — uma curva senoidal, por exemplo — com os dados. Isso pode ser interessante, mas não explica toda a história. Não temos que adivinhar o movimento do sistema solar. Se soubéssemos tudo sobre a galáxia e a posição inicial, velocidade e aceleração do Sol, podíamos usar as leis da gravidade de Newton para computar o movimento do Sol e prever o período que esperávamos. Afinal de contas, o movimento do sistema solar não é aleatório, mas tem que ser consistente com sua dinâmica subjacente. Mesmo com conhecimento imperfeito da distribuição de densidade e dos parâmetros do Sol, a gama de trajetórias possíveis — e assim de períodos possíveis — fica restrita.

Matt e eu incorporamos o que sabemos sobre as densidades da matéria conhecida no disco galáctico — admitindo a gama total de valores possíveis apoiada por medições atuais — e adicionamos a contribuição de matéria de um disco escuro. Nossa meta era conferir se havia provas de taxas de crateração periódica que fossem consistentes com o movimento do sistema solar assim que levássemos em conta tudo que sabemos sobre os componentes medidos do disco — estrelas, gás etc. —, além do componente do disco escuro que havíamos introduzido.

As contribuições medidas da matéria comum restringem a gama de trajetórias possíveis que o sistema solar pode tomar, já que a gravidade da matéria desses discos — tanto os comuns quanto os escuros — age sobre o Sol e influencia seu movimento, reduzindo assim a influência do efeito quem-procura-acha. Matt e eu usamos as densidades medidas para prever o movimento periódico do sistema solar e comparamos os tempos de cruzamentos do plano galáctico com os tempos reportados de criação de crateras para verificar como se combinavam. Embora previsões sem um modelo subjacente não se discriminem o suficiente, descobrimos que, levando em conta as medições existentes, as estatísticas favorecem de fato investidas de meteoroide periódicas com um período de cerca de 35 milhões de anos. Melhorias recentes nos dados sugerem que o período talvez seja até um pouco mais curto — talvez 32 milhões de anos.

O disco escuro foi crítico para fazer a conjuntura funcionar e gerar a taxa de impacto preferencial. Vendo pelo outro lado, com a melhor correspondência entre dados de crateras e o movimento do sistema solar, um disco escuro na verdade é a explicação preferencial. Dados futuros devem ser analisados com esse tipo de modelo em mente para render a melhor significância estatística. Os resultados a partir daí vão reforçar nosso resultado — ou descartá-lo.

E OS DINOSSAUROS...

Depois que Matt e eu arranjamos tudo e nossa pesquisa foi aceita pela *Physical Review Letters*, postamos nossos resultados no repositório on-line científico que dá acesso imediato aos artigos de pesquisa, conhecidos como *preprints*, que ainda vão ser publicados. Foi Matt quem fez a submissão. Havíamos sido conservadores no título do nosso artigo: "Dark Matter as a Trigger for Periodic Comet Impacts" [A matéria escura como desencadeadora de impactos periódicos de cometas]. Mas, para minha surpresa, Matt havia editado a seção de comentários — em geral usada para descrever formatos ou revisões para o envio — e escreveu "quatro figuras, sem dinossauros". Achei muito engraçado, já que havíamos aplicadamente evitado qualquer menção explícita a dinossauros no artigo, que se concentrava no registro de crateras e seu contato mais direto com a física. Mas é claro que ficamos com essa conexão em mente o tempo todo, e até nos referíamos de maneira jocosa a nosso trabalho como "o artigo do dinossauro". Suponho que, caso tivesse prestado mais atenção, eu não ficaria surpresa no dia seguinte com o grau de interesse despertado na web pelo nosso trabalho, que foi destacado em muitos blogs e sites de revistas científicas — incluindo o texto dos "*boffins*" —, quase sempre acompanhado de gráficos bem divertidos.

Mas isso me leva de volta aos dinossauros. Tendo determinado pelo menos uma primeira tentativa de juntar os dados com modelos para prever impactos de cometas, e sabendo que essa não é a palavra final, mas que será melhorada para medições futuras, buscamos então verificar como nosso modelo se sincronizava com o evento em Chicxulub. Nossos cálculos mostravam que, dependendo das medições melhoradas de matéria comum no disco da Via Láctea, impactos de meteoroides deveriam ocorrer a cada 30-35 milhões de anos. Já que havíamos passado pelo plano galáctico nos últimos 2 milhões de anos, um cometa deslocado da nuvem de Oort em uma oscilação completa (dois cruzamentos do disco) no passado podia de fato ter vindo em rota de colisão com a Terra 66 milhões de anos atrás, à época da extinção K-Pg, para provocar sua enorme destruição. Como um aparte, se passássemos dentro do disco há menos de 1 milhão de anos, podíamos estar até na ponta de um fluxo de cometas ampliado e ter o potencial de ver impactos ampliados hoje. Mas é muito mais provável que, afora um evento de fato aleatório e muitíssimo improvável, a Terra passou um pouco mais atrás e não seremos testemunhas de outro Chicxulub em outros 30 milhões de anos.

Por conta da incerteza quanto à posição do Sol e da falta de conhecimento sobre o período preciso, podemos apenas prever de maneira aproximada os períodos de cruzamento do disco. Se a Terra cruzou o plano fundamental galáctico há mais ou menos 2 milhões de anos, um período de oscilação de cerca de 32 milhões de anos seria o ideal para gerar um evento que aconteceu 66 milhões de anos atrás. Nossa análise original, por alto, rendeu um período de 35 milhões de anos, um pouco grande demais para bater com o período de Chicxulub — embora as incertezas no modelo e na duração temporal de impactos de cometa ampliados ainda possibilitassem concordância razoável. Nosso modelo atualizado do disco da Via Láctea, que leva em conta as medições mais recentes dos componentes da galáxia, fez esse período diminuir — o que leva a um encaixe melhor com o período da extinção K-Pg. Mas mesmo com o modelo grosseiro que usamos na nossa previsão inicial, há uma probabilidade razoável de que a previsão do disco escuro tenha correspondido à do evento de Chicxulub.

O motivo primordial para nossos resultados não terem sido precisos o bastante é que as medições de matéria na Via Láctea mudaram desde nossa análise inicial. Além disso, ainda não fizemos o modelamento completo do ambiente galáctico delimitado no tempo, como os braços galácticos, que também são pouco conhecidos. A variação de densidade desses efeitos não seria suficiente para provocar impactos de meteoroide. Mas eles podem bastar para mudar em alguns milhões de anos a previsão precisa do modelo em relação a quando esses impactos ocorreriam.

Outros fatores também contribuem para incerteza quanto ao período exato previsto para o incremento de chuvas de cometas. O sistema solar leva cerca de 1 milhão de anos para cruzar o plano galáctico — mais tempo se o disco for mais espesso. Além do mais, um período de tempo de até alguns milhões de anos pode separar o evento desencadeador inicial do impacto efetivo do meteoroide na Terra. Em terceiro lugar, o registro de crateras e a precisão de datação são fracos. Encontrar mais crateras ou datá-las com mais precisão seria de grande ajuda, embora novas descobertas dessas estruturas emerjam sem grande frequência. Não só as crateras como a poeira que fica presa em rochas também podem ajudar a gerar um registro mais exato de quando os cometas caem.

A prova da periodicidade de 30 milhões a 35 milhões de anos no movimento vertical da Terra e rumo ao plano galáctico também pode vir de direções inesperadas. Depois que Matt e eu escrevemos nosso artigo, um colega da física de partículas ciente do meu fascínio por astronomia, geologia e meteorologia — mas que, na época, não sabia do "artigo do dinossauro" — por acaso me contou do trabalho de Nir Shaviv, da Universidade Hebraica de Jerusalém, e seus colaboradores, que estudaram o clima de todos os 540 milhões de anos da era fanerozoica. O notável é que eles haviam encontrado uma variação climática com um período de 32 milhões de anos — assustadoramente parecida com o período que havíamos identificado. Se o resultado de Shaviv se sustenta e essa periodicidade no clima é determinada de fato pelo movimento do Sol no plano galáctico, o período de 32 milhões de anos também seria evidência de um disco escuro, já que a matéria comum por si só não seria suficiente para render esse intervalo mais ou menos curto entre cruzamentos do disco.

É claro que não precisamos nos aprofundar no passado para verificar a influência da matéria escura. Se ela possuir de fato um componente interagente que muda a estrutura da distribuição de matéria no universo, logo ficaremos sabendo — talvez até antes de outra das suas buscas render frutos. Só uma gama limitada de densidades do disco escuro pode explicar os dados de crateras. É quase certo que medições futuras vão estreitar a gama de previsões possíveis, validando ou excluindo nossa proposta.

A análise que meu aluno Eric e eu já fizemos mostra que o disco escuro com a densidade e a espessura necessárias é válido conforme as observações feitas até hoje. E os dados aperfeiçoados que podem vir do Gaia vão deixar ainda mais precisas a presença, a densidade e a espessura do disco. Assim que esse satélite finalizar seu mapa 3-D de estrelas na região mais próxima da Via Láctea, o disco escuro — ou sua ausência — será muito mais bem determinado. Através dessa rota indireta, talvez aprendamos muito mais — não só sobre a galáxia e a matéria escura, mas também sobre o passado do sistema solar. Se os dados do Gaia determinarem a existência de um disco com a espessura e a densidade certas, ela será uma evidência poderosa da viabilidade da proposta da cratera.*

Um arremate ainda melhor seria, com certeza, o cálculo preciso da data exata do desaparecimento dos dinossauros, com incerteza pequena o suficiente para a confiabilidade do resultado. Mas esse é um tema complicado que envolve muitas medições desafiadoras. Mesmo assim, todo o progresso que cientistas tiveram nos últimos cinquenta anos é decididamente impressionante. A matéria escura tem sido mais esquiva em muitos aspectos do que a Terra, que é mais evidente, o sistema solar e muitos outros elementos visíveis do universo. Porém, através da pesquisa que descrevi, físicos têm descoberto novas maneiras de rastreá-la. Seja qual for o resultado, podemos ter certeza de que a galáxia e o universo, e os mecanismos internos da matéria em si, nos reservam surpresas fascinantes.

---

* O artigo coescrito por Eric Kramer e pela autora foi publicado em 2016, e resultados do satélite Gaia têm sido divulgados desde então. Um artigo publicado em 2018 por Katelin Schutz e colaboradores e um *preprint* de maio de 2021 por Axel Widmark e colaboradores, ambos usando dados do satélite Gaia, indicam que a densidade superficial do disco escuro, se ele existir, deve ser inferior à metade da necessária para explicar os efeitos descritos neste livro. (N. R. T.)

Conclusão: Olhando para o alto

Tive a grande sorte de ser convidada a congressos com gente de referência em várias áreas, que vão de administração, direito e relações internacionais até arte, comunicação e, como não podia deixar de ser, ciências. Mesmo quando eu tinha uma perspectiva diferente da dos outros painelistas ou palestrantes, as discussões sempre estimulavam um pensamento renovado sobre um amplo espectro de tópicos relevantes. Mas as melhores perguntas, sobretudo a respeito da minha pesquisa, nem sempre vêm dos participantes desses eventos. Um intercâmbio particularmente gratificante sobre física aconteceu pouco depois do término de um congresso recente, quando Jake, o jovem motorista que estava me levando ao aeroporto em Montana, me surpreendeu com seu interesse.

Ao saber que sou física, muita gente se vê na obrigação de me falar de sua postura em relação ao tema — seja ela de amor, ódio, fascínio ou perplexidade. Acho meio engraçado. Afinal, a maioria das pessoas não sente necessidade de informar a advogados, por exemplo, o que pensa a respeito de jurisprudência. Mas essas conversas curiosamente confessionais sobre física às vezes rendem coisa boa. Jake me explicou que, em seus tempos de ensino médio no Oregon, se interessava pela física de nível universitário e estava ávido por novas informações. Embora já tivesse saído da escola, queria ouvir mais sobre os tantos progressos que físicos fizeram desde então no nosso entendimento do universo.

Mas Jake não me perguntou apenas sobre descobertas recentes. Ele também queria saber da situação da física que havia estudado ante os últimos avanços. Então lhe expliquei que os achados do século XX nos ensinaram, por exemplo, que as leis de Newton, embora continuem sendo uma aproximação de extrema precisão em ambientes bem conhecidos, não se aplicam a casos de alta velocidade, distâncias pequenas ou ambientes de alta densidade nos quais a relatividade especial, a mecânica quântica ou a relatividade geral assumem o comando.

Depois de ficar um tempo ponderando essa informação, Jake fez uma pergunta que, embora fugisse do convencional, era profunda. Ele me perguntou o que eu faria com meu conhecimento se pudesse voltar no tempo. Queria saber se eu contaria às pessoas que encontrasse lá atrás sobre os avanços mais recentes, dos quais só sabemos hoje.

Jake reconheceu que havia dois aspectos importantes nesse dilema. O primeiro era saber se alguém acreditaria em mim ou se iam apenas achar que sou maluca. Afinal de contas, sem a evidência experimental de apoio que se obtém apenas com tecnologia bem mais avançada, os fenômenos e conexões marcantes que os cientistas descobriram e deduziram no último século podem soar como insanidade. Eles vão contra as intuições formuladas em ambientes mais banais.

Mas a segunda faceta desse dilema talvez tenha sido ainda mais convincente. Jake ficou se perguntando se, mesmo que as pessoas ouvissem e acreditassem nas novas ideias, elas ficariam com medo e as ignorariam ou — no outro extremo — correriam para aplicá-las de modo precipitado. Sua primeira reação foi pensar que eu devia manter as informações com meu eu viajante do tempo, argumentando que o mundo seria melhor se tivesse permissão para evoluir do jeito que evoluiu — sem atalhos no conhecimento científico.

Dada a resistência usual da sociedade ao pensamento de longo prazo, Jake estava preocupado com a possibilidade de um estouro repentino de informações ser danoso. Ele não achava que transformações fossem uma coisa ruim. Mas ficava apreensivo quando via os irmãos mais novos capturados por video games e smartphones — abstendo-se de exercícios físicos, da vida ao ar livre e da vontade de descobrir que ele tanto cultivara na idade deles. Também se preocupava com o exemplo de sua cidade natal, onde tinha visto indústrias correrem para conseguir recursos assim que se introduziam novas tecnologias, sem apreço pelas implicações locais ou globais. Uma vez que Jake refletira sobre as consequências irreversíveis que ele vira acontecer — ao panorama e ao estilo de vida da sua família — durante sua breve existência, ele argumentou que a sociedade provavelmente estaria melhor com tempo suficiente para se ajustar a grandes descobertas científicas ou transformações tecnológicas, criando estratégias de desenvolvimento abrangentes, mais pensadas, de longo prazo.

Este livro tratou de como diversas perturbações de grande envergadura e incontroláveis no passado da Terra mexeram de maneira profunda com a estabilidade do nosso planeta. Uma dessas perturbações, de origem extraterrestre, ocorreu há 66 milhões de anos, quando um cometa em alta velocidade — que pode ter sido desencadeado por matéria escura — precipitou uma grande extinção. É possível que outro, daqui a 30 milhões de anos, faça o mesmo. É fascinante decifrar esses acontecimentos, motivo pelo qual me concentrei neles neste livro e continuo a estudá-los na minha pesquisa atual.

Mas entender o impacto deles no planeta e na vida pode trazer mais benefícios, ajudando-nos a prever as consequências de algumas das perturbações que estamos causando hoje ao nosso meio ambiente. Nas escalas temporais de relevância à civilização e à diversidade da vida terrestre atual, um cometa extraviado não é a preocupação mais premente. Mas as transformações que uma população humana em explosão faz quando explora de modo precipitado os recursos da Terra talvez seja. O impacto talvez se compare ao de um cometa em câmera lenta — mas, desta vez, o impacto é obra nossa. Em oposição a um impacto desencadeado nos confins mais distantes do sistema solar, temos o potencial para exercer algum controle sobre as mudanças que acontecem aqui, neste momento.

O estudo da matéria escura está longe de ser a via mais óbvia para tais preocupações. *O universo invisível* é um livro sobre nossos arredores no sentido mais amplo — nosso ambiente cósmico e as ideias excepcionais que os avanços científicos já nos trouxeram — e o que avanços futuros podem revelar. Mas pensar sobre matéria escura me levou a pensar sobre nossa galáxia, que me levou a saber mais sobre o sistema solar, que me levou a considerar os cometas, que me levou a um entendimento melhor da extinção dos dinossauros, que me levou a contemplar a delicadeza do equilíbrio que possibilita à vida — no caso, a vida que existe hoje na Terra — brotar e crescer. Se mexermos com esse equilíbrio, talvez sobrevivamos, e o planeta também. Não fica tão claro, no entanto, se as espécies com as quais convivemos e das quais dependemos sobreviverão às consequentes mudanças radicais.

O universo está por aí há 13,8 bilhões de anos, e a Terra já deu cerca de 4,5 bilhões de voltas ao redor do Sol. Humanos agraciam o planeta há meros 2 milhões de anos, e civilizações, há menos de 20 mil. Mas, só no tempo em que estou viva, a população humana mais que duplicou, acrescentando mais de 4 bilhões de pessoas ao planeta. Quando nos precipitamos demais em explorar os recursos terrestres — influenciando de maneira significativa o planeta e a vida aqui presente —, estamos desfazendo com rapidez o trabalho cósmico de milhões ou mesmo bilhões de anos. As ameaças podem fugir à percepção imediata na curta duração de uma vida humana. Mas ter cautela quando avançamos poderia nos ajudar a descobrir maneiras adequadas de utilizar informações novas e avanços no futuro.

Tendemos a achar que somos resilientes, mas o mais provável é que o estado atual do mundo seja menos estável do que pensamos. Alterar e destruir habitats e a atmosfera no ritmo atual está afetando a biodiversidade, e pode até precipitar uma sexta extinção. Embora os humanos com certeza não venham a sumir tão cedo, aspectos importantes do nosso modo de vida podem desaparecer. As modificações que estamos fazendo — ou até nossas tentativas de solução — ameaçam nosso meio ambiente, sem falar na nossa estabilidade social e econômica. Embora as consequências possam vir a ser benéficas em um sentido global, não necessariamente serão para as espécies na Terra que vivem aqui no momento.

Podemos tentar manejar alguns aspectos do nosso meio ambiente, mas o mundo é um sistema enormemente complicado que emprega muitas características de aparência milagrosa, das quais hoje só entendemos algumas. Mesmo que a tecnologia possa resolver problemas, de todo modo será difícil que ela acompanhe o ritmo cada vez mais acelerado de transformação. Sem inovações repetidas para alterar de modo substancial a equação, o resultado inevitável será uma expansão insustentável na qual algo terá que ceder. Um clima político, social e econômico sustentável, no qual a tecnologia possa se integrar com uma estratégia mais abrangente, é elementar se quisermos chegar à resposta ideal. Os desafios, é evidente, são tremendos, mas não devem impedir que tenhamos algum progresso em relação a essa meta decididamente válida.

O crescimento exponencial começa mais ou menos devagar, mas depois estoura de forma dramática. Os recursos exigidos para sustentar esse novo status quo solapam qualquer coisa com que tenhamos nos deparado no passado. No nosso ecossistema de equilíbrio delicado e com nossa infraestrutura complexa e frágil, mesmo perturbações relativamente pequenas podem gerar efeitos enormes. É importante nos perguntarmos se devemos planejar nosso crescimento de maneira diferente ou, pelo menos, prever as mudanças concebíveis de maneira mais deliberada. Até o papa Francisco, em sua encíclica de 2015, alertou quanto à atividade humana mais rápida e mais intensa, no que chamou de *"rapidación"*. Embora alguns aspectos das mudanças por vir sejam benéficos, as consequências potencialmente prejudiciais também são dignas de previsão. Olhando de fora — ou de dentro —, é possível que pareçamos muito míopes.

Não me entenda mal. Eu acredito no progresso. Afinal de contas, o conhecimento é uma coisa maravilhosa. Mas também acredito em assumir responsabilidade pela aplicação sagaz dos avanços, o que às vezes implica termos visão de longo prazo. Uma espécie inteligente não pode basear sua existência na competição e na destruição de recursos escassos, que levaram bilhões ou no mínimo milhões de anos para surgir. Embora aplicações tecnológicas possam ser úteis ou danosas — às vezes de forma inesperada —, o conhecimento ampliado nos dá a capacidade de criar máquinas desejáveis, prever melhor, encontrar soluções viáveis para problemas potenciais e avaliar as limitações do nosso entendimento atual. Cabe a nós saber usar nosso conhecimento.

Devemos lembrar que o escopo total de aplicações de uma descoberta científica raramente é claro de saída. Mas os avanços científicos podem, de maneira sub-reptícia, mudar nosso mundo, assim como nossa cosmovisão. Se bem aplicados, eles podem render benefícios extremos. Mesmo muitos insights originários da teoria abstrata — pesquisa básica que, de início, ninguém achou que teria aplicação prática — têm tido impacto profundo no nosso mundo.

Os estudos genéticos, que almejam o tratamento do câncer, têm raízes na pesquisa de DNA, que a princípio era focada em questões puramente teóricas. Ferramentas médicas como a ressonância magnética surgiram a partir do nosso entendimento do núcleo atômico. A energia nuclear, que tem sido usada para o bem e para o mal, emergiu do conhecimento da estrutura do átomo. A revolução eletrônica cresceu a partir do desenvolvimento do transistor, que adveio da física quântica. A internet foi um subproduto do trabalho do cientista da computação Tim Berners-Lee no CERN — o centro do acelerador de partículas que hoje abriga o LHC — para facilitar a comunicação e a coordenação entre cientistas em vários países. Os sistemas de GPS, hoje ubíquos, incorporam a teoria da relatividade de Einstein. Nem se sabia que a eletricidade seria importante quando ela foi descoberta, embora ela seja crucial para nosso modo de vida.

Quando comecei meus estudos, o geólogo Walter Alvarez, cujo pai era físico e ganhou o prêmio Nobel, achava a geologia rotineira comparada à física. Geólogos estavam reconstruindo padrões relativamente prosaicos de rios e terras, enquanto físicos do século XX estavam transformando de maneira radical a forma como as pessoas pensavam o mundo e seu funcionamento. Porém, conforme a tectônica de placas, a estratigrafia e a evolução geológica passaram a ser mais bem entendidas, descobriram-se e exploraram-se reservas de petróleo e jazidas de minério. O que começou como curiosidade no ócio se transformou em ferramentas para encontrar petróleo e minério. A transição começou no século XVIII, mas a geologia foi subindo degraus de importância no século XX. Ela rendeu grandes dividendos ao nosso mundo. Literalmente abasteceu o complexo industrial moderno — e, com ele, nossa economia e nosso estilo de vida —, mas também muitos dos problemas ambientais contemporâneos.

Contudo, como demonstra o legado de Alvarez e outros, não apenas aplicações industriais, mas também metas básicas de pesquisa, abasteceram avanços importantes na nossa compreensão da geologia. Conectar o meteoroide e o sistema solar a um contexto maior a estrutura da galáxia parece ser a progressão correta nessa aventura intelectual crescente que é entender as conexões entre nosso mundo e o universo ao nosso redor.

Gosto de pensar na pesquisa que este livro descreve como um prolongamento da apreciação das outras ciências que o trabalho de Alvarez precipitou ao entrelaçar geologia, química e física. O fato de que a matéria escura pode completar o conjunto de relações conhecidas reforça essa continuidade. Não só podemos usar a geologia para entender um acontecimento cósmico, mas, talvez, com um entendimento detalhado da natureza da matéria escura, possamos entender a dinâmica que lançou um cometa em nossa trajetória.

Embora o interesse da maioria das pessoas em meteoroides — afora astrônomos e investidores querendo explorar minérios em asteroides — derive das consequências potenciais dele para a vida, o perigo iminente que esses objetos representam é razoavelmente mínimo. Asteroides e cometas estão em órbitas sobretudo estáveis e os que se desviam para atingir a Terra costumam ser bem pequenos. É raro que objetos grandes vaguem a ponto de deixar o sistema solar e atingir a Terra. Com base nas informações que apresentei, espero que agora você tenha mais noção daquilo que corpos extraterrestres podem atingir no futuro próximo e como seu impacto provavelmente será perigoso.

Este livro explicou as múltiplas linhas de evidência que determinam o exemplo sólido dessa conexão, que é a extinção K-Pg de 66 milhões de anos atrás. Em certo sentido global, somos todos descendentes de Chicxulub. É uma parte de nossa história que deveríamos ter mais vontade de entender. Se for verdade, o probleminha extra que se apresenta neste livro significa que não só a matéria escura foi responsável por mudar o mundo de maneira irrevogável, mas também que parte dela desempenhou papel crucial em possibilitar nossa existência. Nessa conjuntura, da perspectiva dos dinossauros, a matéria escura foi maligna e o nome que os cientistas lhe deram foi adequado. Porém, de uma perspectiva humana, esse tipo de matéria escura recém-proposto foi instigador de um dos acidentes centrais que mudaram o rumo do desenvolvimento da Terra a ponto de você estar aqui, lendo este livro.

Em *O universo invisível*, tentei dar uma amostra da natureza das investigações científicas — como podemos detalhar o que sabemos e avançar rumo a espaços não cartografados. Por outro lado, a história do universo e a da Terra nos levam em uma viagem empolgante e desafiante ao passado. Se você acha difícil traçar um histórico familiar — mesmo quando ainda há gente para contar a história —, pense nos obstáculos para desembaraçar um passado preservado apenas em rochas inanimadas, muitas das quais erodiram com o tempo ou foram subduccionadas ao manto, ou na complexidade de entender como substâncias escuras, que nem sequer podemos ver, criaram estrutura.

Ainda assim, o progresso científico revelou algumas das conexões notavelmente complexas entre a constituição física da matéria mais fundamental e as características do mundo que enxergamos. Partículas de matéria escura colapsaram para formar galáxias, elementos pesados criados dentro das estrelas foram absorvidos à vida, a energia liberada pelo decaimento de núcleos radioativos no interior profundo do manto conduziu os movimentos da crosta terrestre que criaram montanhas. Nossa capacidade de progredir no entendimento dessas conexões profundas no universo é mesmo inspiradora. Toda vez que cientistas exploraram as fronteiras do mundo conhecido, descobertas inesperadas emergiram.

Nosso mundo é rico — tão rico que duas das perguntas mais importantes que físicos de partículas se fazem são: "Por que há tanta riqueza?" e "Como toda a matéria que percebemos se relaciona?". Na minha pesquisa, estou ciente de que o que investigo pode ou não se conectar de maneira direta à experiência do mundo ao nosso redor, mas torço para que, não importa o que aconteça, os resultados contribuam para o progresso. Concentro-me na tarefa que tenho pela frente, sabendo que qualquer coisa que não se encaixe no panorama e nos cálculo-padrão pode indicar um entendimento insuficiente dos modelos convencionais ou pode ser sinal de algo novo.

A matéria escura e seu papel na evolução do universo estão entre os temas científicos mais empolgantes no mundo contemporâneo. Só vamos entender de fato todas as formas de matéria — assim como qualquer sociedade complexa em termos culturais — quando reconhecermos e valorizarmos os modos como as diversas populações contribuem juntas para a riqueza do nosso meio ambiente. A melhor maneira de fazer nosso entendimento avançar será determinando o arranjo de mesa mais elegante e confiável da matéria que seja condizente com as observações. A proposta da matéria escura que apresentei por enquanto pode ser um exercício intelectual, mas é um exercício que será validado ou invalidado por medições futuras reais. A consistência teórica e a dos dados, juntas, são os árbitros inflexíveis do que é certo.

A influência especulativa sobre um cometa que dá título a este livro não é a única implicação possível do novo tipo de matéria escura que propusemos. Um disco de matéria escura poderia afetar o movimento das estrelas, a constituição de galáxias anãs e o resultado dos experimentos e observações em laboratórios e no espaço. Embora entender a matéria escura tenha sido mais esquivo, em muitos aspectos, do que explorar a Terra e o sistema solar, cientistas encontram novas maneiras de localizá-la. Os resultados vão nos comunicar a constituição da nossa galáxia e do nosso universo.

É provável que nosso planeta não contenha as únicas formas de vida no cosmos. Mas nossa existência impunha e ainda impõe um universo e um planeta com um bom número de propriedades marcantes. Forças que estamos só começando a entender foram essenciais para chegarmos aqui. Compreender a galáxia e nossas origens dentro dela nos dá uma perspectiva mais ampla dos acidentes fortuitos, assim como dos processos evolutivos mais previsíveis que nos trouxeram até este ponto. A quantidade que já colhemos é notável, assim como são as muitas outras conexões que almejamos revelar. O progresso dos últimos cinquenta anos é, no mínimo, acachapante.

Embora muitas vezes as manchetes que lemos sejam desanimadoras e os padrões cíclicos nos fatos mundiais nos decepcionem, o conhecimento científico em expansão tem o potencial de enriquecer nossa vida e guiar nossas ações de maneiras que preservem o que mais valorizamos conforme progredimos. A pesquisa continua a desvelar mais das pontes que conectam nossa vida ao nosso entorno, assim como nosso presente ao nosso passado, de forma que deveríamos entender as muitas características do nosso mundo que estão em construção há muito tempo e garantir que usemos bem a sabedoria adquirida e os avanços tecnológicos.

Sempre considero estimulante lembrar nosso incrível contexto cosmológico. As picuinhas do mundo e as preocupações de curto prazo não deveriam nos distrair do enorme escopo do que a ciência pode nos ensinar a respeito do planeta. As palavras que vou dizer podem nem sempre parecer o conselho mais prático. Mas olhe para o alto. E olhe ao seu redor. Temos um universo fascinante para cultivar, apreciar e entender.

Agradecimentos

Este livro foi inspirado pela minha pesquisa em física, e pelas muitas ideias na astronomia, na geologia e na biologia a que fui conduzida pela pesquisa específica que apresentei aqui. Muitos cientistas colaboraram com minha imersão nesses temas e gostaria de agradecer a todos os físicos e astrônomos que compartilharam seu conhecimento durante esta e outra pesquisa. *O universo invisível* também reflete meu fascínio e meu entusiasmo com o mundo, assim como minhas preocupações quanto a seus rumos. Pela formatação destas ideias, tenho uma grande dívida com muitos amigos com quem tive diálogos esclarecedores ao longo dos anos. Gostaria de agradecer a todos que ajudaram nesse trajeto.

Quero agradecer em especial a todos os colegas que compartilharam do meu interesse científico e sobretudo a meus colaboradores em diversos aspectos da pesquisa sobre o disco de matéria escura: JiJi Fan, Andrey Katz, Eric Kramer, Matthew McCullough, Matthew Reece e Jakub Scholtz. Agradeço também a Paul Davies por sugerir a conexão que guia as ideias neste livro e a Matthew Reece por colaborar comigo. Tive a sorte de ter Matthew e Lubos Motl como leitores da primeira versão e agradeço a ambos pelas ideias e pelo incentivo (embora as ideias de Lubos sobre algumas questões controversas tenham tornado seu apoio um pouco seletivo...).

Também gostaria de agradecer aos colegas físicos e astrônomos que conferiram capítulos diversos, entre eles Laura Baudis, James Bullock, Bogdan Dobrescu, Doug Finkbeiner, Richard Gaitskell, Jakub Scholtz e Tim Tait. A conferência que Adam Brown fez na versão quase final foi inestimável. Os comentários sobre a pesquisa por parte de Jo Bovi, Matthew Buckley, Sean Carroll, Chris Flynn, Lars Bergstrum, Ken Farley, Lars Hernquist, Johan Holmberg, Avi Loeb, Jonathan McDowell, Scott Tremaine e Matt Walker também se refletem no conteúdo do livro, assim como as contribuições de astrônomos que revisaram fatos e forneceram outras considerações — sobretudo Francesca DeMeo, Dmitar Sasselov e Maria Zuber. Devo agradecimentos especiais a Martin Elvis e Chris Flynn, que sempre foram generosos em disponibilizar tempo e comentários. Jerry Coyne, Nathan Mhyrvhold e em especial Walter Alvarez, Andy Knoll e David Kring forneceram perspectivas valiosas de quem conhece a fundo as extinções e a extinção K-Pg em particular, e suas sugestões e correções foram inestimáveis. Também sou grata a Jose Juan Blanco, Asier Hilario, Miren Mendea e Jon Urrestilla por conseguirem minha visita ao limite K-Pg na Espanha.

Mas entender da parte científica é só um aspecto. Escrever um livro é outro. Além dos comentários criteriosos e da leitura atenta dos meus colegas das ciências exatas, tive a extrema sorte de me beneficiar do apoio e da sagacidade de muitos amigos com outros interesses. Agradeço a Andi Machl pelo tempo, apoio e confiabilidade ao longo de tudo e pelas suas avaliações francas de quando eu dizia demais ou de menos. A alta exigência de Cormac McCarthy (e sua maneira muda de expressar reprovação) após uma leitura pensativa também ajudou a estimular o projeto a seguir em frente. A sagacidade, os conselhos e o incentivo de minhas amigas Judith Donaugh, Maya Jasanoff e Jen Sacks ajudaram muito a dar forma às ideias e palavras nestas páginas e os comentários de Jen também auxiliaram em muitos textos. O domínio da língua inglesa de David Lewis e a sagacidade editorial de Anna Christina Buchmann contribuíram em muito para o resultado final. Também gostaria de agradecer a Jim Brooks, Richard Engel, Timothy Ferris, Milo Goodell, Tom Levenson, Howard Lutnick, Dana Randall e Michael Snediker, todos os quais fizeram considerações muito úteis.

Também sou extremamente grata a minha editora, Hilary Redmon, pelos conselhos, incentivo e paciência durante a finalização deste livro, e a sua assistente Emma Janaskie pela ajuda em montar os textos. Stuart Williams, da Random House UK, também forneceu valiosos conselhos editoriais. Agradeço ainda a Dan Halpern e à equipe da Ecco pelo auxílio e a Alison Saltzberg por trabalhar graciosamente comigo na capa. A talentosa e amável Rose Lincoln ajudou com o retrato certo, Gary Pikovsky providenciou ilustrações inéditas, Elisabeth Cheries, Robin Green, Emma Janaskie, Eric Kaplan, David Kring, Emily Lakdawalla, Tommy McCall e Bill Prady contribuíram com algumas das imagens, Kathleen Rocheleau foi bastante hábil com as referências e Elisabeth Cheries ajudou na revisão. Agradeço a Yaddo e meus corresidentes no local por uma residência agradável e produtiva, e a Marty e Sarah Flug pela hospitalidade em conjunturas importantes e a Harvard pelo tempo para trabalhar neste livro e pelo ambiente propício à física. Muito obrigada também a meu agente Andrew Wylie por ajudar a lançar este projeto, e tanto a Andrew quanto a Sarah Chalfant pelo incentivo quanto à proposta. Agradeço também aos demais membros na equipe da Wylie Agency, entre os quais James Pullen e Kristina Moore, por fazer o trajeto inteiro ser suave.

Jeff Goodell merece gratidão especial, por compartilhar repetidas vezes as ideias de um escritor habilidoso que entende o ímpeto de uma boa história, assim como tem o conhecimento de como transmiti-la, e cuja curiosidade tive a felicidade de compartilhar. Agradecimentos também à sua família e à minha família e amigos pela curiosidade, interesse e incentivo inestimáveis.

Por fim, gostaria de agradecer a meus pais, que infelizmente não poderão compartilhar deste livro, mas cuja influência acredito estar presente ao longo da perspectiva que o orientou. Sou grata a eles por me inspirarem a acreditar que é possível atingir metas, entre elas empreendimentos ambiciosos como este.

Lista de imagens

1. A luz através de uma lente gravitacional.
2. Aglomerado da Bala.
3. Pizza cósmica.
4. Balãoverso.
5. A evolução do universo.
6. A criação da estrutura no universo.
7. A teia cósmica.
8. A galáxia da Via Láctea.
9. Planetas, cinturão de asteroides e cinturão de Kuiper.
10. Asteroides e cometas abordados por veículos espaciais.
11. Distribuições de asteroides.
12. Nomes e símbolos de asteroides.
13. *A adoração dos Reis Magos*, de Giotto.
14. O cinturão de Kuiper.
15. A nuvem de Oort.
16. Categorias de asteroides próximos à Terra.
17. Mortes no mundo por ano por causas diversas.
18. Ameaça de morte por impacto em função de tamanho do meteoroide.
19. Distribuições estimadas de objetos próximos à Terra.

20. Número médio de anos entre impactos de objetos de tamanhos diversos na Terra.
21. Intervalo médio de impacto e energia de impacto.
22. A Cratera do Meteoro.
23. Praia de Itzurun, próxima a Zumaia, Espanha.
24. Quartzo de impacto.
25. Estruturas de impacto em cone.
26. Cratera simples.
27. Cratera complexa.
28. Lista de crateras.
29. Tabela de eras e extinções.
30. Na fronteira K-Pg da praia de Itzurun, Espanha.
31. Moléculas quirais.
32. Fluxos e velocidades de asteroides versus cometas.
33. Os braços espiralados da Via Láctea.
34. O movimento do Sol pela galáxia.
35. Refeitório do set de *The Big Bang Theory*.
36. Três vertentes de detecção de matéria escura.
37. Distribuições de densidade nucleadas versus pontiagudas.
38. Disco escuro no plano fundamental da Via Láctea.

Leitura complementar

Segue abaixo uma compilação de alguns dos artigos e livros que considerei úteis e interessantes. O levantamento não se pretende completo. Muito do material registrado trata de temas mais controversos, mas também incluí alguns artigos de revisão de literatura e artigos de referência. Os principais tópicos também são tratados em grandes manuais e na Wikipédia, que entusiastas bem informados mantêm razoavelmente atualizada quanto a diversos assuntos científicos.

1. A SOCIEDADE CLANDESTINA DA MATÉRIA ESCURA E 2. A DESCOBERTA DA MATÉRIA ESCURA [pp. 19-41]

BERGSTRÖM, Lars. "Non-Baryonic Dark Matter: Observational Evidence and Detection Methods". *Reports on Progress in Physics*, v. 63, n. 5, pp. 793-841, 2000.

BERTONE, Gianfranco; HOOPER, Dan; SILK, Joseph. "Particle Dark Matter: Evidence, Candidates and Constraints". *Physics Reports*, v. 405, n. 5-6, pp. 279-390, 2005.

COPI, Craig J.; SCHRAMM, David N.; TURNER, Michael S. "Big-Bang Nucleosynthesis and the Baryon Density of the Universe". *Science*, v. 267, n. 5195, pp. 192-9, 1995.

FREESE, Katherine. *The Cosmic Cocktail: Three Parts Dark Matter*. Princeton: Princeton University Press, 2014.

GARRETT, Katherine; DUDA, Gintaras. "Dark Matter: A Primer". *Advances in Astronomy*, v. 2011, pp. 1-22, 2011.

GELMINI, Graciela B. "TASI 2014 Lectures: The Hunt for Dark Matter". Theoretical Advanced

Study Institute in Elementary Particle Physics, 10 jun. 2015. Disponível em: <arxiv.org/abs/1502.01320>.

LUNDMARK, Knut. *Lund Medd*, v. 125, n. 1 (*VJS*, n. 65, p. 275), 1930.

OLIVE, Keith A. "TASI Lectures on Dark Matter". Theoretical Advanced Study Institute in Elementary Particle Physics, 25 jan. 2003. Disponível em: <arXiv preprint astro-ph/0301505>.

PANEK, Richard. *The 4 Percent Universe: Dark Matter, Dark Energy, and the Race to Discover the Rest of Reality*. Boston: Mariner, 2011. [Ed. bras.: *Do que é feito o universo?* Trad. de Alexandre Cherman. Rio de Janeiro: Zahar, 2014.]

PETER, Annika H. G. "Dark Matter: A Brief Review". In: SALVANDIER, Sarah; GREEN, Joel; PAWLIK, Andreas (Orgs.). *Frank N. Bash Symposium 2011: New Horizons in Astronomy*. Austin: University of Texas, 2012.

PROFUMO, Stefano. "TASI 2012 Lectures on Astrophysical Probes of Dark Matter". Theoretical Advanced Study Institute in Elementary Particle Physics, 5 jan. 2013.

RUBIN, Vera C.; THONNARD, Norbert; FORD JR., W. Kent. "Rotational Properties of 21 SC Galaxies with a Large Range of Luminosities and Radii, from NGC 4605 /R = 4kpc/ to UGC 2885 /R = 122 Kpc/". *The Astrophysical Journal*, v. 238, pp. 471-87, 1980.

RUBIN, Vera C.; FORD JR., W. Kent. "Rotation of the Andromeda Nebula from a Spectroscopic Survey of Emission Regions". *The Astrophysical Journal*, v. 159, pp. 379-403, 1970.

SAHNI, Varun. "Dark Matter and Dark Energy". In: PAPANTONOPOULOS, Eleftherios (Org.). *Physics of the Early Universe*. Berlim: Springer, 2005.

STRIGARI, Louis E. "Galactic Searches for Dark Matter". *Physics Reports*, v. 531, n. 1, pp. 1-88, 2013.

TRIMBLE, Virginia. "Existence and Nature of Dark Matter in the Universe". *Annual Review of Astronomy and Astrophysics*, v. 25, pp. 425-72, 1987.

ZWICKY, Fritz. "Die Rotverschiebung von Extragalaktischen Nebeln". *Helvetica Physica Acta*, v. 6, pp. 110-27, 1933.

_____. "On the Masses of Nebulae and of Clusters of Nebulae". *The Astrophysical Journal*, v. 86, n. 3, p. 217, 1937.

3. AS GRANDES PERGUNTAS [pp. 42-50]

VON HUMBOLDT, Alexander. *Kosmos: A General Survey of Physical Phenomena of the Universe*. Londres: H. Bailliere, 1845. v. 1.

4. QUASE NO PRINCÍPIO: UM BOM LUGAR PARA COMEÇAR [pp. 51-69]

BAUMANN, Daniel. "TASI Lectures on Inflation". 30 jul. 2009. Disponível em: <arxiv.org/abs/0907.5424>.

BOGGESS, Nancy W. et al. "The COBE Mission-Its Design and Performance Two Years after Launch". *The Astrophysical Journal*, v. 397, pp. 420-9, 1992.

FREEMAN, Ken; MCNAMARA, Geoff. *In Search of Dark Matter*. Nova York: Springer, 2006.

GUTH, Alan H. *The Inflationary Universe: The Quest for a New Theory of Cosmic Origins.* Reading, MA: Perseus, 1997. [Ed. bras.: *O universo inflacionário.* Trad. de Ricardo Inojosa. Rio de Janeiro: Campus, 1997.]

HINSHAW, Gary et al. "Five-Year Wilkinson Microwave Anisotropy Probe Observations: Data Processing, Sky Maps, and Basic Results". *The Astrophysical Journal Supplement Series*, v. 180, n. 2, pp. 225-45, 2009.

KAMIONKOWSKI, Marc; KOSOWSKY, Arthur; STEBBINS, Albert. "A Probe of Primordial Gravity Waves and Vorticity". *Physical Review Letters*, v. 78, pp. 2058-61, 1997.

KOMATSU, Eiichiro et al. "Five-Year Wilkinson Microwave Anisotropy Probe Observations: Cosmological Interpretation". *The Astrophysical Journal Supplement Series*, v. 180, n. 2, pp. 330--76, 2009.

KOWALSKI, Marek et al. "Improved Cosmological Constraints from New, Old, and Combined Supernova Data Sets". *The Astrophysical Journal*, v. 686, n. 2, pp. 749-78, 2008.

LEITCH, Erik M. et al. "Degree Angular Scale Interferometer 3 Year Cosmic Microwave Background Polarization Results". *The Astrophysical Journal*, v. 624, n. 1, pp. 10-20, 2005.

PENZIAS, Arno A.; WILSON, Robert W. "A Measurement of Excess Antenna Temperature at 4080 Mc/s". *The Astrophysical Journal*, v. 142, pp. 419-21, 1965.

SELJAK, Uroš; ZALDARRIAGA, Matias. "Signature of Gravity Waves in the Polarization of the Microwave Background". *Physical Review Letters*, v. 78, n. 11, pp. 2054-7, 1997.

WEINBERG, Steven. *The First Three Minutes: A Modern View of the Origin of the Universe.* Nova York: Basic, 1993.

5. NASCE UMA GALÁXIA [pp. 70-85]

BINNEY, James; TREMAINE, Scott. *Galactic Dynamics.* Princeton: Princeton University Press, 2008.

DAVIS, Marc et al. "The Evolution of Large-Scale Structure in a Universe Dominated by Cold Dark Matter". *The Astrophysical Journal*, v. 292, pp. 371-94, 1985.

"HUBBLE Maps the Cosmic Web of 'Clumpy' Dark Matter in 3-D". Hubblesite, 7 jan. 2007. Disponível em: <hubblesite.org/newscenter/archive/releases/2007/01/image/a/grav/>.

KAEHLER, Ralf; HAHN, Oliver; ABEL, Tom. "A Novel Approach to Visualizing Dark Matter Simulations". *IEEE Transactions on Visualization and Computer Graphics*, v. 18, n. 12, pp. 2078-87, 2012.

LOEB, Abraham. *How Did the First Stars and Galaxies Form?* Princeton: Princeton University Press, 2010.

LOEB, Abraham; FURLANETTO, Steven R. *The First Galaxies in the Universe.* Princeton: Princeton University Press, 2013.

MASSEY, Richard et al. "Dark Matter Maps Reveal Cosmic Scaffolding". *Nature*, v. 445, n. 7125, pp. 286-90, 2007.

MO, Houjun; VAN DEN BOSCH, Frank; WHITE, Simon. *Galaxy Formation and Evolution.* Cambridge: Cambridge University Press, 2010.

PAPASTERGIS, Emmanouil et al. "A Direct Measurement of the Baryonic Mass Function of

Galaxies & Implications for the Galactic Baryon Fraction". *Astrophysical Journal*, v. 259, n. 2, p. 138, 2012.

SPRINGEL, Volker et al. "Simulations of the Formation, Evolution and Clustering of Galaxies and Quasars". *Nature*, v. 435, n. 7042, pp. 629-36, 2005.

6. METEOROIDES, METEOROS E METEORITOS [pp. 89-108]

BLITZER, Jonathan. "The Age of Asteroids". *The New Yorker*, 10 dez. 2014. Disponível em: <www.newyorker.com/tech/elements/age-asteroids>.

DEMEO, Francesca E.; CARRY, Benoit. "Solar System Evolution from Compositional Mapping of the Asteroid Belt". *Nature*, v. 505, n. 7485, pp. 629-34, 2014.

KLEINE, Thorsten et al. "Hf-W Chronology of the Accretion and Early Evolution of Asteroids and Terrestrial Planets". *Geochimica et Cosmochimica Acta*, v. 73, n. 17, pp. 5150-88, 2009.

LISSAUER, Jack J.; PATER, Imke de. *Fundamental Planetary Science: Physics, Chemistry and Habitability*. Cambridge: Cambridge University Press, 2013.

RUBIN, Alan E.; GROSSMAN, Jeffrey N. "Meteorite and Meteoroid: New Comprehensive Definitions". *Meteoritics and Planetary Science*, v. 45, n. 1, pp. 114-22, 2010.

7. A BREVE E GLORIOSA VIDA DOS COMETAS [pp. 109-29]

BAILEY, Mark E.; STAGG, Chris R. "Cratering Constraints on the Inner Oort Cloud: Steady-State Models". *Monthly Notices of the Royal Astronomical Society*, v. 235, n. 1, pp. 1-32, 1988.

"EUROPE'S Comet Chaser". The European Space Agency, [s.d.]. Disponível em: <www.esa.int/Our_Activities/Space_Science/Rosetta/Europe_s_comet_chaser>.

GLADMAN, Brett. "The Kuiper Belt and the Solar System's Comet Disk". *Science*, v. 307, n. 5706, pp. 71-5, 2005.

GLADMAN, Brett; MARSDEN, Brian G.; VANLAERHOVEN, Christa. "Nomenclature in the Outer Solar System". In: BARUCCI, Maria Antonietta et al. *The Solar System Beyond Neptune*. Tucson: University of Arizona Press, 2008.

GOMES, Rodney. "Planetary Science: Conveyed to the Kuiper Belt". *Nature*, v. 426, n. 6965, pp. 393-5, 2003.

IORIO, Lorenzo. "Perspectives on Effectively Constraining the Location of a Massive Trans-Plutonian Object with the New Horizons Spacecraft: A Sensitivity Analysis". *Celestial Mechanics and Dynamical Astronomy*, v. 116, n. 4, pp. 357-66, 2013.

MORBIDELLI, Alessandro; LEVISON, Harold F. "Planetary Science: Kuiper-Belt Interlopers". *Nature*, v. 422, n. 6927, pp. 30-1, 2003.

OLSON, Roberta J. M. "Much Ado about Giotto's Comet". *Quarterly Journal of the Royal Astronomical Society*, v. 35, n. 1, p. 145, 1994.

ROBINSON, Howard. *The Great Comet of 1680: A Study in the History of Rationalism*. Northfield, MN: Northfield News, 1916.

WALSH, Colleen. "The Building Blocks of Planets". *Harvard Gazette*, 12 set. 2013.

8. NOS LIMITES DO SISTEMA SOLAR [pp. 130-4]

FRANCIS, Matthew. "The Solar System Boundary and the Week in Review (September 8-14)". *Bowler Hat Science*, 14 set. 2013. Disponível em: <bowlerhatscience.org/2013/09/14/the-solar-system-boundary-and-the-week-in-review-september-8-14/>.
MCCOMAS, David. "Chasing the Edge of the Solar System". NOVA, 9 abr. 2013. Disponível em: <www.pbs.org/wgbh/nova/next/space/voyager-ibex-and-the-edge-of-the-solar-system/>.

9. VIVENDO PERIGOSAMENTE [pp. 135-57]

GEHRELS, Tom (Org.). *Hazards Due to Comets and Asteroids*. Tucson: University of Arizona Press, 1995.
IAU — MINOR PLANET CENTER. [s.d.]. Disponível em: <www.minorplanetcenter.net/>.
KRING, David A.; BOSLOUGH, Mark. "Chelyabinsk: Portrait of an Asteroid Airburst". *Physics Today*, v. 67, n. 9, pp. 32-7, 2014.
LEVISON, Harold F. et al. "The Mass Disruption of Oort Cloud Comets". *Science*, v. 296, n. 5576, pp. 2212-5, 2002.
MARVIN, Ursula B. "Siena, 1794: History's Most Consequential Meteorite Fall". *Meteoritics*, v. 30, n. 5, p. 540, 1995.
_____. "Ernst Florens Friedrich Chladni (1756-1827) and the Origins of Modern Meteorite Research". *Meteoritics & Planetary Science*, v. 31, n. 5, pp. 545-88, 1996.
_____. "Meteorites in History: An Overview from the Renaissance to the 20th Century". In: MCCALL, Gerald J. H; BOWDEN, Alan J.; HOWARTH, Richard J. (Orgs.). *The History of Meteoritics and Key Meteorite Collections: Fireballs, Falls and Finds*. Londres: Geological Society, 2006. (Publicação especial, 256).
MARVIN, Ursula B.; COSMO, Mario L. "Domenico Troili (1766): 'The True Cause of the Fall of a Stone in Albereto Is a Subterranean Explosion That Hurled the Stone Skyward'". *Meteoritics & Planetary Science*, v. 37, n. 12, pp. 1857-64, 2002.
"METEORITES, Impacts, & Mass Extinction". Natural Disasters — EENS 3050 & EENS 6050, 2014. Disponível em: <www.tulane.edu/~sanelson/Natural_Disasters/impacts.htm>.
NATIONAL RESEARCH COUNCIL. *Defending Planet Earth: Near-Earth Object Surveys and Hazard Mitigation Strategies*. Washington: National Academies Press, 2010.
NIELD, Ted. *Incoming! Or, Why We Should Stop Worrying and Learn to Love the Meteorite*. Londres: Granta, 2012.
SHAPIRO, Irwin I. et al.; NATIONAL RESEARCH COUNCIL. *Defending Planet Earth: Near-Earth Object Surveys and Hazard Mitigation Strategies*. Washington: National Academies Press, 2010.
TAGLIAFERRI, Edward et al. "Analysis of the Marshall Islands Fireball of February 1, 1994". *Earth, Moon, and Planets*, v. 68, n. 1/3, pp. 563-72, 1995.
"THE Growing Urbanization of the World". The Earth Institute Columbia University, 3 jul. 2005.

10. CHOQUE E PAVOR [pp. 158-74]

"ASTRONOMY: Collision History Written in Rock". *Nature*, v. 512, n. 7515, p. 350, 2014.

BARRINGER, Daniel M. "Coon Mountain and Its Crater". *Proceedings of the Academy of Natural Sciences of Philadelphia*, v. 57, pp. 861-86, 1905.

GRIEVE, Richard A. F. "Terrestrial Impact Structures". *Annual Review of Earth and Planetary Sciences*, v. 15, pp. 245-70, 1987.

KRING, David A. *Guidebook to the Geology of Barringer Meteorite Crater, Arizona*. Houston: Lunar and Planetary Institute, 2007.

The Planetary and Space Science Centre. "Earth Impact Database", [s.d.]. Disponível em: <www.passc.net/EarthImpactDatabase/>.

TILGHMAN, Benjamin. C. "Coon Butte, Arizona". *Proceedings of the Academy of Natural Sciences of Philadelphia*, v. 57, pp. 887-914, 1905.

11. AS EXTINÇÕES [pp. 175-98]

BAMBACH, Richard K. "Phanerozoic Biodiversity Mass Extinctions". *Annual Review of Earth and Planetary Sciences*, v. 34, n. 1, pp. 127-55, 2006.

BAMBACH, Richard K.; KNOLL, Andrew H.; WANG, Steve C. "Origination, Extinction, and Mass Depletions of Marine Diversity". *Paleobiology*, v. 30, n. 4, pp. 522-42, 2004.

BARNOSKY, Anthony D. *Dodging Extinction: Power, Food, Money, and the Future of Life on Earth*. Berkeley: University of California Press, 2014.

BARNOSKY, Anthony D. et al. "Has the Earth's Sixth Mass Extinction Already Arrived?". *Nature*, v. 471, n. 7336, pp. 51-7, 2011.

CARPENTER, Kenneth. *Eggs, Nests, and Baby Dinosaurs: A Look at Dinosaur Reproduction*. Bloomington: Indiana University Press, 1999.

ELDREDGE, Niles. *Reinventing Darwin: The Great Debate at the High Table of Evolutionary Theory*. Nova York: Wiley, 1995.

JABLONSKI, David. "Mass Extinctions and Macroevolution". *Paleobiology*, v. 31, supl. 5, pp. 192--210, 2005.

KELLEY, Simon. "The Geochronology of Large Igneous Provinces, Terrestrial Impact Craters e Their Relationship to Mass Extinctions on Earth". *Journal of the Geological Society*, v. 164, n. 5, pp. 923-36, 2007.

KIDWELL, Susan M. "Shell Composition Has No Net Impact on Large-Scale Evolutionary Patterns in Mollusks". *Science*, v. 307, n. 5711, pp. 914-7, 2005.

KOLBERT, Elizabeth. *The Sixth Extinction: An Unnatural History*. Nova York: Henry Holt, 2014. [Ed. bras.: *A sexta extinção*. Trad. de Mauro Pinheiro. Rio de Janeiro: Intrínseca, 2015.]

KURTÉN, Björn. *Age Groups in Fossil Mammals*. Helsinki: Societas Scientiarum Fennica, 1953.

LAWTON, John H.; MAY, Robert (Orgs.). *Extinction Rates*. Oxford: Oxford University Press, 1995.

MACLEOD, Norman. *The Great Extinctions: What Causes Them and How They Shape Life*. Richmond Hill: Firefly, 2013.

"MODERN Extinction Estimates". Mongabay, 2015. Disponível em: <rainforests.mongabay.com/09x_table.htm>.

NEWELL, Norman D. "Revolutions in the History of Life". *Geological Society of America Special Papers 89*, pp. 63-92, Geological Society of America, 1967.

PIMM, Stuart L. et al. "The Biodiversity of Species and Their Rates of Extinction, Distribution, and Protection". *Science*, v. 344, n. 6187, 1246752, 2014.

ROTHMAN, Daniel H. et al. "Methanogenic Burst in the End-Permian Carbon Cycle". *Proceedings of the National Academy of Sciences of the United States of America*, v. 111, n. 15, pp. 5462-7, 2014.

SANDERS, Robert. "Has the Earth's Sixth Mass Extinction Already Arrived?". *UC Berkeley News Center*, 2 mar. 2011.

SCHINDEL, David E. "Microstratigraphic Sampling and the Limits of Paleontologic Resolution". *Paleobiology*, v. 6, n. 4, pp. 408-26, 1980.

SEPKOSKI, Jack J. "Phanerozoic Overview of Mass Extinction". In: RAUP, David M.; JABLONSKI, David (Orgs.). *Patterns and Processes in the History of Life*. Berlim: Springer, 1986.

VALENTINE, James W. "How Good Was the Fossil Record? Clues from the California Pleistocene". *Paleobiology*, v. 15, n. 2, pp. 83-94, 1989.

WILSON, Edward O. *The Future of Life*. Nova York: Vintage, 2003. [Ed. bras.: *O futuro da vida*. Trad. de Ronaldo de Biasi. Rio de Janeiro: Campus, 2002.]

12. O FIM DOS DINOSSAUROS [pp. 199-226]

ALVAREZ, Luis W. et al. "Extraterrestrial Cause for the Cretaceous-Tertiary Extinction". *Science*, v. 208, n. 4448, pp. 1095-108, 1980.

ALVAREZ, Walter. *T. Rex and the Crater of Doom*. Princeton: Princeton University Press, 2008.

CALDWELL, Brady. "The K-T Event: A Terrestrial or Extraterrestrial Cause for Dinosaur Extinction?". *Essay in Palaeontology 5p*, n. 1, 2007.

CHOI, Charles Q. "Asteroid Impact That Killed the Dinosaurs: New Evidence". *LiveScience*, 7 fev. 2013. Disponível em: <www.livescience.com/26933-chicxulub-cosmic-impact-dinosaurs.html>.

FRANKEL, Charles. *The End of the Dinosaurs: Chicxulub Crater and Mass Extinctions*. Cambridge: Cambridge University Press, 1999.

KRING, David A. et al. "Impact Lithologies and Their Emplacement in the Chicxulub Impact Crater: Initial Results from the Chicxulub Scientific Drilling Project, Yaxcopoil, Mexico". *Meteoritics & Planetary Science*, v. 39, n. 6, pp. 879-97, 2004.

_____. "The Chicxulub Impact Event and Its Environmental Consequences at the Cretaceous-Tertiary Boundary". *Palaeogeography, Palaeoclimatology, Palaeoecology*, v. 255, n. 1/2, pp. 4-21, 2007.

MOORE, Jason R.; SHARMA, Mukul. "The K-Pg Impactor Was Likely a High Velocity Comet". *44th Lunar and Planetary Science Conference — Paper #2431*. Houston: Lunar and Planetary Institute, 2013.

RAVIZZA, Greg; PEUCKER-EHRENBRINK, Bernhard. "Chemostratigraphic Evidence of Deccan

Volcanism from the Marine Osmium Isotope Record". *Science*, v. 302, n. 5649, pp. 1392-5, 2003.

SANDERS, Robert. "New Evidence Comet or Asteroid Impact Was Last Straw for Dinosaurs". *UC Berkeley News Center*, 7 fev. 2013.

SCHULTE, Peter et al. "The Chicxulub Asteroid Impact and Mass Extinction at the Cretaceous-Paleogene Boundary". *Science*, v. 327, n. 5970, pp. 1214-8, 2010.

"WHAT Killed the Dinosaurs? The Great Mystery-Background". DinoBuzz, [s.d.]. Disponível em: <www.ucmp.berkeley.edu/diapsids/extinction.html>.

"WHAT Killed the Dinosaurs? The Great Mystery — Invalid Hypotheses". DinoBuzz, [s.d.]. Disponível em: <www.ucmp.berkeley.edu/diapsids/extincthypo.html>.

ZAHNLE, Kevin; GRINSPOON, David. "Comet Dust as a Source of Amino Acids at the Cretaceous/Tertiary Boundary". *Nature*, v. 348, n. 6297, pp. 157-60, 1990.

13. A VIDA NA ZONA HABITÁVEL [pp. 227-43]

AMERICAN CHEMICAL SOCIETY. "New Evidence That Comets Deposited Building Blocks of Life on Primordial Earth". *Science Daily*, 27 mar. 2012. Disponível em: <www.sciencedaily.com/releases/2012/03/120327215607.htm>.

"ASTRONOMY: Comets Forge Organic Molecules". *Nature*, v. 512, n. 7514, pp. 234-5, 2014.

DURAND-MANTEROLA, Hector Javier; CORDERO-TERCERO, Guadalupe. "Assessments of the Energy, Mass and Size of the Chicxulub Impactor". *Arxiv*, 19 mar. 2014. Disponível em: <arXiv:1403:6391>.

ELVIS, Martin. "Astronomy: Cosmic Triangles and Black-Hole Masses". *Nature*, v. 515, n. 7528, pp. 498-9, 2014.

_____. "How Many Ore-Bearing Asteroids?". *Planetary and Space Science*, v. 91, pp. 20-6, 2014.

ELVIS, Martin; ESTY, Thomas. "How Many Assay Probes to Find One Ore-Bearing Asteroid?". *Acta Astronautica*, v. 96, pp. 227-31, 2014.

KNOLL, Andrew H. *Life on a Young Planet: The First Three Billion Years of Evolution on Earth*. Princeton: Princeton University Press, 2003.

LIVIO, Mario; REID, Neill; SPARKS, William (Orgs.). *Astrophysics of Life: Proceedings of the Space Telescope Science Institute Symposium, Held in Baltimore, Maryland May 6-9, 2002*. Cambridge: Cambridge University Press, 2005.

MELOTT, Adrian L.; THOMAS, Brian C. "Astrophysical Ionizing Radiation and Earth: A Brief Review and Census of Intermittent Intense Sources". *Astrobiology*, v. 11, n. 4, pp. 343-61, 2011.

POLADIAN, Charles. "Comets or Meteorites Crashing into a Planet Could Produce Amino Acids, 'Building Blocks Of Life'". *International Business Times*, 15 set. 2013.

ROTHERY, David A.; SEPHTON, Mark A.; GILMOUR, Iain (Orgs.). *An Introduction to Astrobiology*. 2. ed. Cambridge: Cambridge University Press, 2011.

STEIGERWALD, Bill. "Amino Acids in Meteorites Provide a Clue to How Life Turned Left". 2012. SciTechDaily, [s.d.]. Disponível em: <scitechdaily.com/amino-acids-in-meteorites-provide-a-clue-to-how-life-turned-left/>.

14. TUDO QUE VEM VOLTA [pp. 244-57]

ALVAREZ, Walter; MULLER, Richard A. "Evidence from Crater Ages for Periodic Impacts on the Earth". *Nature*, v. 308, n. 5961, pp. 718-20, 1984.

BAILER-JONES, Coryn A. L. "The Evidence for and against Astronomical Impacts on Climate Change and Mass Extinctions: A Review". *International Journal of Astrobiology*, v. 8, n. 3, p. 213, 2009.

_____. "Bayesian Time Series Analysis of Terrestrial Impact Cratering". *Monthly Notices of the Royal Astronomical Society*, v. 416, n. 2, pp. 1163-80, 2011.

_____. "Evidence for a Variation — but No Periodicity — in the Terrestrial Impact Cratering Rate". *EPSC Abstracts*, v. 6, n. 153, 2011.

CHANG, Heon-Young; MOON, Hong-Kyu. "Time-Series Analysis of Terrestrial Impact Crater Records". *Publications of the Astronomical Society of Japan*, v. 57, n. 3, pp. 487-95, 2005.

CONNOR, Edward F. "Time-Series Analysis of the Fossil Record". In: RAUP, David M.; JABLONSKI, David (Orgs.). *Patterns and Processes in the History of Life*. Berlim: Springer, 1986.

FEULNER, Georg. "Limits to Biodiversity Cycles from a Unified Model of Mass-Extinction Events". *International Journal of Astrobiology*, v. 10, n. 2, pp. 123-9, 2011.

FOX, William T. "Harmonic Analysis of Periodic Extinctions". *Paleobiology*, v. 13, n. 3, pp. 257-71, 1987.

GRIEVE, Richard A. F. "Terrestrial Impact: The Record in the Rocks*". *Meteoritics*, v. 26, n. 3, pp. 175-94, 1991.

GRIEVE, Richard A. F. et al. "Detecting a Periodic Signal in the Terrestrial Cratering Record". *Proceedings of the 18th Lunar and Planetary Science Conference*. Houston: Lunar and Planetary Institute, 1988.

GRIEVE, Richard A. F.; KRING, David A. "Geologic Record of Destructive Impact Events on Earth". In: BOBROWSKY, Peter T.; RICKMAN, Hans. *Comet/ Asteroid Impacts and Human Society: An Interdisciplinary Approach*. Berlim: Springer, 2007.

GRIEVE, Richard A. F.; SHOEMAKER, Eugene M. "The Record of Past Impacts on Earth". In: GEHRELS, Tom. *Hazards Due to Comets and Asteroids*. Tucson: University of Arizona Press, 1994.

HEISLER, Julia; TREMAINE, Scott. "How Dating Uncertainties Affect the Detection of Periodicity in Extinctions and Craters". *Icarus*, v. 77, n. 1, pp. 213-9, 1989.

HEISLER, Julia; TREMAINE, Scott; ALCOCK, Charles. "The Frequency and Intensity of Comet Showers from the Oort Cloud". *Icarus*, v. 70, n. 2, pp. 269-88, 1987.

JETSU, Lauri; PELT, Jaan. "Spurious Periods in the Terrestrial Impact Crater Record". *Astronomy and Astrophysics*, v. 353, pp. 409-18, 2000.

LIEBERMAN, Bruce S. "Whilst This Planet Has Gone Cycling On: What Role for Periodic Astronomical Phenomena in Large-Scale Patterns in the History of Life?". In: TALENT, John (Org.). *Earth and Life: Global Biodiversity, Extinction Intervals and Biogeographic Perturbations Through Time*. Dordrecht: Springer Netherlands, 2012.

LYYTINEN, Joonas et al. "Detection of Real Periodicity in the Terrestrial Impact Crater Record: Quantity and Quality Requirements". *Astronomy and Astrophysics*, v. 499, n. 2, pp. 601-13, 2009.

MELOTT, Adrian L. et al. "A ~60 Myr Periodicity Is Common to Marine-87Sr/86Sr, Fossil Biodiversity, and Large-Scale Sedimentation: What Does the Periodicity Reflect?". *Journal of Geology*, v. 120, pp. 217-26, 2012.

MELOTT, Adrian L.; BAMBACH, Richard K. "A Ubiquitous ~62-Myr Periodic Fluctuation Superimposed on General Trends in Fossil Biodiversity. I. Documentation". *Paleobiology*, v. 37, n. 1, pp. 92-112, 2011.

_____. "Do Periodicities in Extinction — with Possible Astronomical Connections — Survive a Revision of the Geological Timescale?". *The Astrophysical Journal*, v. 773, n. 1, pp. 1-5, 2013.

_____. "Analysis of Periodicity of Extinction Using the 2012 Geological Timescale". *Paleobiology*, v. 40, n. 2, pp. 177-96, 2014.

NOMA, Elliot; GLASS, Arnold L. "Mass Extinction Pattern: Result of Chance". *Geological Magazine*, v. 124, n. 4, pp. 319-22, 1987.

QUINN, James F. "On the Statistical Detection of Cycles in Extinctions in the Marine Fossil Record". *Paleobiology*, v. 13, n. 4, pp. 465-78, 1987.

RAUP, David M.; SEPKOSKI, Jack J. "Mass Extinctions in the Marine Fossil Record". *Science*, v. 215, n. 4539, pp. 1501-3, 1982.

_____. "Periodicity of Extinctions in the Geologic Past". *Proceedings of the National Academy of Sciences*, v. 81, n. 3, pp. 801-5, 1984.

_____. "Periodic Extinction of Families and Genera". *Science*, v. 231, n. 4740, pp. 833-6, 1986.

STIGLER, Stephen M.; WAGNER, Melissa J. "A Substantial Bias in Nonparametric Tests for Periodicity in Geophysical Data". *Science*, v. 238, n. 4829, pp. 940-5, 1987.

STOTHERS, Richard B. "Structure and Dating Errors in the Geologic Time Scale and Periodicity in Mass Extinctions". *Geophysical Research Letters*, v. 16, n. 2, pp. 119-22, 1989.

_____. "The Period Dichotomy in Terrestrial Impact Crater Ages". *Monthly Notices of the Royal Astronomical Society*, v. 365, n. 1, pp. 178-80, 2006.

TREFIL, James S.; RAUP, David M. "Numerical Simulations and the Problem of Periodicity in the Cratering Record". *Earth and Planetary Science Letters*, v. 82, n. 1/2, pp. 159-64, 1987.

YABUSHITA, Shin. "Periodicity and Decay of Craters over the Past 600 Myr". *Earth, Moon and Planets*, v. 58, n. 1, pp. 57-63, 1992.

_____. "Are Cratering and Probably Related Geological Records Periodic?". *Earth, Moon and Planets*, v. 72, n. 1/3, pp. 343-56, 1996.

_____. "Statistical Tests of a Periodicity Hypothesis for Crater Formation Rate-II". *Monthly Notices of the Royal Astronomical Society*, v. 279, n. 3, pp. 727-32, 1996.

_____. "A Statistical Test of Correlations and Periodicities in the Geological Records". *Celestial Mechanics and Dynamical Astronomy*, v. 69, n. 1/2, pp. 31-48, 1997.

_____. "On the Periodicity Hypothesis of the Ages of Large Impact Craters". *Monthly Notices of the Royal Astronomical Society*, v. 334, n. 2, pp. 369-73, 2002.

15. DISPARANDO COMETAS DA NUVEM DE OORT [pp. 258-75]

DAVIS, Marc; HUT, Piet; MULLER, Richard A. "Extinction of Species by Periodic Comet Showers". *Nature*, v. 308, n. 5961, pp. 715-7, 1984.

FILIPOVIC, Miroslav D. et al. "Mass Extinction and the Structure of the Milky Way". *Serbian Astronomical Journal*, n. 187, pp. 43-52, 2013.

GRIEVE, Richard A. F.; PESONEN, Lauri J. "Terrestrial Impact Craters: Their Spatial and Temporal Distribution and Impacting Bodies". *Earth, Moon and Planets*, v. 72, n. 1/3, pp. 357-76, 1996.

HEISLER, Julia; TREMAINE, Scott; ALCOCK, Charles. "The Frequency and Intensity of Comet Showers from the Oort Cloud". *Icarus*, v. 70, n. 2, pp. 269-88, 1987.

MATESE, John. "Periodic Modulation of the Oort Cloud Comet Flux by the Adiabatically Changing Galactic Tide". *Icarus*, v. 116, n. 2, pp. 255-68, 1995.

MATESE, John J.; INNANEN, Kimmo A.; VALTONEN, Mauri J. "Variable Oort Cloud Flux Due to the Galactic Tide". In: MAROV, Mikhail; RICKMAN, Hans. *Collisional Processes in the Solar System*. Dordrecht: Kluwer Academic Publishers, 2001.

MELOTT, Adrian L.; BAMBACH, Richard K. "Nemesis Reconsidered". *Monthly Notices of the Royal Astronomical Society: Letters*, v. 407, n. 1, pp. L99-L102, 2010.

NAPIER, William M. "Evidence for Cometary Bombardment Episodes". *Monthly Notices of the Royal Astronomical Society*, v. 366, n. 3, pp. 977-82, 2006.

NURMI, Pasi; VALTONEN, Mauri J.; ZHENG, Jia-Qing. "Periodic Variation of Oort Cloud Flux and Cometary Impacts on the Earth and Jupiter". *Monthly Notices of the Royal Astronomical Society*, v. 327, n. 4, pp. 1367-76, 2001.

RAMPINO, Michael R. "Galactic Triggering of Periodic Comet Showers". In: MAROV, Mikhail; RICKMAN, Hans. *Collisional Processes in the Solar System*. Dordrecht: Kluwer Academic Publishers, 2001.

_____. "Disc Dark Matter in the Galaxy and Potential Cycles of Extraterrestrial Impacts, Mass Extinctions and Geological Events". *Monthly Notices of the Royal Astronomical Society*, v. 448, n. 2, pp. 1816-20, 2015.

RAMPINO, Michael; HAGGERTY, Bruce M.; PAGANO, Thomas C. "A Unified Theory of Impact Crises and Mass Extinctions: Quantitative Tests". *Annals of the New York Academy of Sciences*, v. 822, n. 1, pp. 403-31, 1997.

RAMPINO, Michael R.; STOTHERS, Richard B. "Terrestrial Mass Extinctions, Cometary Impacts and the Sun's Motion Perpendicular to the Galactic Plane". *Nature*, v. 308, n. 5961, pp. 709-12, 1984.

SCHWARTZ, Richard D.; JAMES, Philip B. "Periodic Mass Extinctions and the Sun's Oscillation about the Galactic Plane". *Nature*, v. 308, n. 5961, pp. 712-3, 1984.

SHOEMAKER, Eugene M. "Impact Cratering Through Geologic Time". *Journal of the Royal Astronomical Society of Canada*, v. 92, pp. 297-309, 1998.

SMOLUCHOWSKI, Roman; BAHCALL, John M.; MATTHEWS, Mildred S. *Galaxy and the Solar System*. Tucson: University of Arizona Press, 1986.

STOTHERS, Richard B. "Galactic Disc Dark Matter, Terrestrial Impact Cratering and the Law of Large Numbers". *Monthly Notices of the Royal Astronomical Society*, v. 300, n. 4, pp. 1098-104, 1998.

SWINDLE, Timothy D.; KRING, David A.; WEIRICH, John R. "40Ar/39Ar Ages of Impacts Involving Ordinary Chondrite Meteorites". *Geological Society, London, Special Publications*, v. 378, n. 1, pp. 333-47, 2013.

TORBETT, Michael V. "Injection of Oort Cloud Comets to the Inner Solar System by Galactic Tidal Fields". *Monthly Notices of the Royal Astronomical Society*, v. 223, n. 4, pp. 885-95, 1986.

WHITMIRE, Daniel P.; JACKSON, Albert A. "Are Periodic Mass Extinctions Driven by a Distant Solar Companion?". *Nature*, v. 308, n. 5961, pp. 713-5, 1984.

WHITMIRE, Daniel P.; MATESE, John J. "Periodic Comet Showers and Planet X". *Nature*, v. 313, n. 5997, pp. 36-8, 1985.

WICKRAMASINGHE, Janaki T.; NAPIER, William M. "Impact Cratering and the Oort Cloud". *Monthly Notices of the Royal Astronomical Society*, v. 387, n. 1, pp. 153-7, 2008.

16. A MATÉRIA DO MUNDO INVISÍVEL E 17. COMO ENXERGAR NO ESCURO [pp. 279-310]

AHMED, Zeeshan et al. "Dark Matter Search Results from the CDMS II Experiment". *Science*, v. 327, n. 5973, pp. 1619-21, 2010.

AKERIB, Daniel S. et al. "First Results from the LUX Dark Matter Experiment at the Sanford Underground Research Facility". *Physical Review Letters*, v. 112, n. 9, art. 091303, 2014.

APRILE, Elena et al. "First Dark Matter Results from the XENON100 Experiment". *Physical Review Letters*, v. 105, n. 13, art. 131302, 2010.

BERGSTROM, Lars. "Saas-Fee Lecture Notes: Multi-Messenger Astronomy and Dark Matter". Anotações de palestra dada em Saas-Fee, Suíça, 2012. Disponível em: <arxiv.org/pdf/1202.1170v2.pdf>.

BERTONE, Gianfranco. *Particle Dark Matter: Observations, Models and Searches*. Cambridge: Cambridge University Press, 2010.

_____. "The Moment of Truth for WIMP Dark Matter". *Nature*, v. 468, n. 7322, pp. 389-93, 2010.

BERTONE, Gianfranco; MERRITT, David. "Dark Matter Dynamics and Indirect Detection". *Modern Physics Letters A*, v. 20, n. 14, pp. 1021-36, 2005.

BUCKLEY, Matthew R.; RANDALL, Lisa. "Xogenesis". *Journal of High Energy Physics*, v. 2011, n. 9, p. 1109, 2011.

CLINE, David B. "The Search for Dark Matter". *Scientific American*, v. 288, n. 3, pp. 50-9, 2003.

COHEN, Timothy et al. "Asymmetric Dark Matter from a GeV Hidden Sector". *Physical Review D*, v. 82, n. 5, art. 056001, 2010.

COHEN, Timothy; ZUREK, Kathryn M. "Leptophilic Dark Matter from the Lepton Asymmetry". *Physical Review Letters*, v. 104, n. 10, art. 101301, 2010.

CUI, Yanou; RANDALL, Lisa; SHUVE, Brian. "Emergent Dark Matter, Baryon, and Lepton Numbers". *Journal of High Energy Physics*, v. 8, art. 73, 2011.

_____. "A WIMPy Baryogenesis Miracle". *Journal of High Energy Physics*, v. 4, art. 75, 2012.

DAVOUDIASL, Hooman et al. "Unified Origin for Baryonic Visible Matter and Antibaryonic Dark Matter". *Physical Review Letters*, v. 105, n. 21, art. 211304, 2010.

DRUKIER, Andrzej K.; FREESE, Katherine; SPERGEL, David N. "Detecting Cold Dark-Matter Candidates". *Physical Review D*, v. 33, n. 12, art. 3495, 1986.

FREEMAN, Ken; MCNAMARA, Geoff. *In Search of Dark Matter*. Berlim: Springer, 2006.

GAITSKELL, Richard J. "Direct Detection of Dark Matter". *Annual Review of Nuclear and Particle Science*, v. 54, n. 1, pp. 315-59, 2004.

HOOPER, Dan; MARCH-RUSSELL, John; WEST, Stephen M. "Asymmetric Sneutrino Dark Matter and the Omega(b)/ Omega(DM) Puzzle". *Physics Letters B*, v. 605, n. 3/4, pp. 228-36, 2005.

JUNGMAN, Gerard; KAMIONKOWSKI, Marc; GRIEST, Kim. "Supersymmetric Dark Matter". *Physics Reports*, v. 267, n. 5/6, pp. 195-373, 1996.

KAPLAN, David B. "Single Explanation for Both Baryon and Dark Matter Densities". *Physical Review Letters*, v. 68, n. 6, pp. 741-3, 1992.

KAPLAN, David E.; LUTY, Markus A.; ZUREK, Kathryn M. "Asymmetric Dark Matter". *Physical Review D*, v. 79, n. 11, art. 115016, 2009.

NAPIER, William. M. "Evidence for Cometary Bombardment Episodes". *Monthly Notices of the Royal Astronomical Society*, v. 366, n. 3, pp. 977-82, 2006.

"NEUTRALINO Dark Matter". The Picasso Experiment, [s.d.]. Disponível em: <www.picassoexperiment.ca/dm_neutralino.php>.

PRESKILL, John; WISE, Mark B.; WILCZEK, Frank. "Cosmology of the Invisible Axion". *Physics Letters B*, v. 120, n. 1/3, pp. 127-32, 1983.

PROFUMO, Stefano. "TASI 2012 Lectures on Astrophysical Probes of Dark Matter". Theoretical Advanced Study Institute in Elementary Particle Physics, 5 jan. 2013.

SHELTON, Jessie; ZUREK, Kathryn M. "Darkogenesis: A Baryon Asymmetry from the Dark Matter Sector". *Physical Review D*, v. 82, n. 12, art. 123512, 2010.

THOMAS, Scott. "Baryons and Dark Matter from the Late Decay of a Supersymmetric Condensate". *Physics Letters B*, v. 356, n. 2/3, pp. 256-63, 1995.

TURNER, Michael S.; WILCZEK, Frank. "Inflationary Axion Cosmology". *Physical Review Letters*, v. 66, n. 1, pp. 5-8, 1991.

WEINBERG, Steven. "A New Light Boson?". *Physical Review Letters*, v. 40, n. 4, pp. 223-6, 1978.

WILCZEK, Frank. "Problem of Strong P and T Invariance in the Presence of Instantons". *Physical Review Letters*, v. 40, n. 5, pp. 279-82, 1978.

18. A MATÉRIA ESCURA SOCIÁVEL [pp. 311-22]

ACKERMAN, Lotty et al. "Dark Matter and Dark Radiation". *Physical Review D*, v. 79, n. 2, art. 023519, 2009.

BOVY, Jo; RIX, Hans-Walter; HOGG, David W. "The Milky Way Has No Distinct Thick Disk". *The Astrophysical Journal*, v. 751, n. 2, art. 131, 2012.

BUCKLEY, Matthew R.; FOX, Patrick J. "Dark Matter Self-Interactions and Light Force Carriers". *Physical Review D*, v. 81, n. 8, art. 083522, 2010.

DE BLOK, Willem J. G. "The Core-Cusp Problem". *Advances in Astronomy*, v. 2010, n. especial, 25 nov. 2009.

FABER, Sandra M.; JACKSON, Robert E. "Velocity Dispersions and Mass-to-Light Ratios for Elliptical Galaxies". *The Astrophysical Journal*, v. 204, pp. 668-83, 1976.

"FIRST Signs of Self-Interacting Dark Matter?". Press release do European Southern Observatory. Disponível em: <www.eso.org/public/news/eso1514/>.

GOLDBERG, Haim; HALL, Lawrence J. "A New Candidate for Dark Matter". *Physics Letters B*, v. 174, n. 2, pp. 151-5, 1986.

GOVERNATO, Fabio et al. "Bulgeless Dwarf Galaxies and Dark Matter Cores from Supernova--Driven Outflows". *Nature*, v. 463, n. 7278, pp. 203-6, 2010.

HOLMBERG, Johan; FLYNN, Chris. "The Local Surface Density of Disc Matter Mapped by Hipparcos". *Monthly Notices of the Royal Astronomical Society*, v. 352, n. 2, pp. 440-6, 2004.

KUIJKEN, Konrad; GILMORE, Gerard. "The Galactic Disk Surface Mass Density and the Galactic Force K(z) at Z = 1.1 Kiloparsecs". *The Astrophysical Journal*, v. 367, pp. L9-L13, 1991.

LANGDALE, Jonathan. "Could There Be a Larger Dark World with Dark Interactions? There Is More Dark Matter than Visible". 2013. Disponível em: <plus.google.com/+JonathanLangdale/posts/Es7M9VhiFNp>.

MARKEVITCH, Maxim et al. "Direct Constraints on the Dark Matter Self-Interaction Cross Section from the Merging Galaxy Cluster 1E 0657-56". *The Astrophysical Journal*, v. 606, n. 2, pp. 819-24, 2004.

MOORE, Ben et al. "Dark Matter Substructure within Galactic Halos". *The Astrophysical Journal*, v. 524, n. 1, pp. L19-L22, 1999.

OORT, Jan H. "The Force Exerted by the Stellar System in the Direction Perpendicular to the Galactic Plane and Some Related Problems". *Bulletin of the Astronomical Institutes of the Netherlands*, v. 6, pp. 249-87, 1932.

_____. "Note on the Determination of Kz and on the Mass Density Near the Sun". *Bulletin of the Astronomical Institutes of the Netherlands*, v. 15, p. 45, 1960.

READ, Justin I. "The Local Dark Matter Density". *Journal of Physics G: Nuclear and Particle Physics*, v. 41, n. 6, art. 063101, 2014.

SALUCCI, Paolo; BORRIELLO, Annamaria. "The Intriguing Distribution of Dark Matter in Galaxies". *Particle Physics in the New Millennium*, v. 616, pp. 66-77, 2003.

SPERGEL, David N.; STEINHARDT, Paul J. "Observational Evidence for Self-Interacting Cold Dark Matter". *Physical Review Letters*, v. 84, n. 17, pp. 3760-3, 2000.

WEINBERG, David H. et al. "Cold Dark Matter: Controversies on Small Scales". *Proceedings of the National Academy of Sciences*, v. 112, n. 40, pp. 12249-55, 2015. Disponível em: <www.pnas.org/content/112/40/12249>.

WENIGER, Christoph. "A Tentative Gamma-Ray Line from Dark Matter Annihilation at the Fermi Large Area Telescope". *Journal of Cosmology and Astroparticle Physics*, v. 2012, n. 8, 2012.

ZHANG, Lan et al. "The Gravitational Potential Near the Sun from SEGUE K-Dwarf Kinematics". *The Astrophysical Journal*, v. 772, n. 2, art. 108, 2013.

19. A VELOCIDADE DO ESCURO [pp. 323-38]

CLINE, James M.; LIU, Zuowei; XUE, Wei. "Millicharged Atomic Dark Matter". *Physical Review D*, v. 85, n. 10, art. 101302, 2012.

COOPER, Andrew P. et al. "Galactic Stellar Haloes in the CDM Model". *Monthly Notices of the Royal Astronomical Society*, v. 406, n. 2, pp. 744-66, 2010.

DIENES, Keith R.; THOMAS, Brooks. "Dynamical Dark Matter: A New Framework for Dark-Matter Physics". *AIP Conference Proceedings*, v. 1534, n. 1, pp. 57-77, 2013.

FAN, JiJi et al. "Dark-Disk Universe". *Physical Review Letters*, v. 110, n. 21, art. 211302, 2013.

_____. "Double-Disk Dark Matter". *Physics of the Dark Universe*, v. 2, n. 3, pp. 139-56, 2013.

FOOT, Robert. "Mirror Dark Matter: Cosmology, Galaxy Structure and Direct Detection". *International Journal of Modern Physics A*, v. 29, n. 11/12, art. 1430013, 2014.

FOOT, Robert; LEW, Henry; VOLKAS, Raymond R. "A Model with Fundamental Improper Spacetime Symmetries". *Physics Letters B*, v. 272, n. 1/2, pp. 67-70, 1991.

KAPLAN, David E. et al. "Atomic Dark Matter". *Journal of Cosmology and Astroparticle Physics*, v. 5, art. 21, 2010.

_____. "Dark Atoms: Asymmetry and Direct Detection". *Journal of Cosmology and Astroparticle Physics*, v. 10, art. 19, 2011.

PILLEPICH, Annalisa et al. "The Distribution of Dark Matter in the Milky Way's Disk". *The Astrophysical Journal*, v. 784, n. 2, art. 161, 2014.

POWELL, Corey S. "Inside the Hunt for Dark Matter". *Popular Science*, 30 out. 2013. Disponível em: <www.popsci.com/article/science/inside-hunt-dark-matter>.

_____. "The Possible Parallel Universe of Dark Matter". *Discover*, 10 jul. 2013. Disponível em: <www.discovermagazine.com/the-sciences/the-possible-parallel-universe-of-dark-matter>.

PURCELL, Chris W.; BULLOCK, James S.; KAPLINGHAT, Manoj. "The Dark Disk of the Milky Way". *The Astrophysical Journal*, v. 703, n. 2, pp. 2275-84, 2009.

READ, Justin I. et al. "Thin, Thick and Dark Discs in ECDM". *Monthly Notices of the Royal Astronomical Society*, v. 389, n. 3, pp. 1041-57, 2008.

ROSEN, Len. "Is There Only One Type of Dark Matter?". 21st Century Tech, 20 nov. 2013. Disponível em: <http://www.21stcentech.com/type-dark-matter/>.

20. À PROCURA DO DISCO ESCURO [pp. 339-53]

BOVY, Jo; RIX, Hans-Walter. "A Direct Dynamical Measurement of the Milky Way's Disk Surface Density Profile, Disk Scale Length, and Dark Matter Profile at 4 Kpc ≲ R ≲ 9 Kpc". *The Astrophysical Journal*, v. 779, n. 2, pp. 1-30, 2013.

BOVY, Jo; TREMAINE, Scott. "On the Local Dark Matter Density". *The Astrophysical Journal*, v. 756, n. 1, art. 89, 2012.

BRUCH, Tobias et al. "Dark Matter Disc Enhanced Neutrino Fluxes from the Sun and Earth". *Physics Letters B*, v. 674, n. 4/5, pp. 250-6, 2009.

_____. "Detecting the Milky Way's Dark Disk". *The Astrophysical Journal*, v. 696, n. 1, pp. 920-3, 2009.

BUCKLEY, Matthew R. et al. "Scattering, Damping, and Acoustic Oscillations: Simulating the Structure of Dark Matter Halos with Relativistic Force Carriers". *Physical Review D*, v. 90, n. 4, art. 043524, 2014.

CARTLIDGE, Edwin. "Do Dark-Matter Discs Envelop Galaxies?". PhysicsWorld, 3 jun. 2013. Disponível em: <physicsworld.com/cws/article/news/2013/jun/03/do-dark-matter-discs-envelop-galaxies>.

CYR-RACINE, Francis-Yan et al. "Constraints on Large-Scale Dark Acoustic Oscillations from Cosmology". *Physical Review D*, v. 89, n. 6, art. 063517, 2014.

CYR-RACINE, Francis-Yan; SIGURDSON, Kris. "Cosmology of Atomic Dark Matter". *Physical Review D*, v. 87, n. 10, art. 103515, 2013.

HOLMBERG, Johan; FLYNN, Chris. "The Local Density of Matter Mapped by Hipparcos". *Monthly Notices of the Royal Astronomical Society*, v. 313, n. 2, pp. 209-16, 2000.

KUIJKEN, Konrad; GILMORE, Gerard. "The Mass Distribution in the Galactic Disc. I — A Technique to Determine the Integral Surface Mass Density of the Disc Near the Sun". *Monthly Notices of the Royal Astronomical Society*, v. 239, pp. 571-603, 1989.

_____. "The Mass Distribution in the Galactic Disc. II — Determination of the Surface Mass Density of the Galactic Disc Near the Sun". *Monthly Notices of the Royal Astronomical Society*, v. 239, pp. 605-49, 1989.

MARCH-RUSSELL, John; MCCABE, Christopher; MCCULLOUGH, Matthew. "Inelastic Dark Matter, Non-Standard Halos and the DAMA/LIBRA Results". *Journal of High Energy Physics*, v. 2009, n. 5, art. 71, 2009.

MCCULLOUGH, Matthew; RANDALL, Lisa. "Exothermic Double-Disk Dark Matter". *Journal of Cosmology and Astroparticle Physics*, v. 2013, n. 10, art. 58, 2013.

MOTL, Luboš. "Exothermic Double-Disk Dark Matter". The Reference Frame, 17 jul. 2013. Disponível em: <motls.blogspot.com/2013/07/exothermic-double-disk-dark-matter.html>.

NESTI, Fabrizio; SALUCCI, Paolo. "The Dark Matter Halo of the Milky Way, AD 2013". *Journal of Cosmology and Astroparticle Physics*, v. 2013, n. 7, art. 16, 2013.

RANDALL, Lisa; SCHOLTZ, Jakub. "Dissipative Dark Matter and the Andromeda Plane of Satellites". *Journal of Cosmology and Astroparticle Physics*, v. 2015, n. 9, art. 57, 2015. Disponível em: <arxiv.org/abs/1412.1839>.

RIX, Hans-Walter; BOVY, Jo. "The Milky Way's Stellar Disk". *The Astronomy and Astrophysics Review*, v. 21, n. 1, art. 61, 2013.

21. MATÉRIA ESCURA E IMPACTOS DE COMETAS [pp. 354-69]

ARON, Jacob. "Did Dark Matter Kill the Dinosaurs? Maybe…". *New Scientist*, 6 mar. 2014. Disponível em: <www.newscientist.com/article/dn25177-did-dark-matter-kill-the-dinosaurs--maybe.html#.VVYlfvlVhBc>.

CHOI, Charles Q. "Dark Matter Could Send Asteroids Crashing Into Earth: New Theory". Space, 28 abr. 2014. Disponível em: <www.space.com/25657-dark-matter-asteroid-impacts-earth--theory.html>.

GIBNEY, Elizabeth. "Did Dark Matter Kill the Dinosaurs?". *Nature*, 7 mar. 2014. Disponível em: <www.nature.com/news/did-dark-matter-kill-the-dinosaurs-1.14839>.

NAGAI, Daisuke. "Dark Matter May Play Role in Extinctions". *Physical Review Letters*, v. 7, n. 41, 21 abr. 2014.

NAIR, Unni K. "Dinosaurs Extinction from Dark Matter?". *Guardian Liberty Voice*, 8 mar. 2014. Disponível em: <guardianlv.com/2014/03/dinosaurs-extinction-from-dark-matter/>.

PIGGOTT, Mark. "Were Dinosaurs Killed by Disc of Dark Matter?". *International Business Times*, 9 mar. 2014. Disponível em: <www.ibtimes.co.uk/were-dinosaurs-killed-by--disc- dark- matter-1439500>.

RANDALL, Lisa; REECE, Matthew. "Dark Matter as a Trigger for Periodic Comet Impacts". *Physical Review Letters*, v. 112, n. 16, art. 161301, 2014.

SHARWOOD, Simon. "Dark Matter Killed the Dinosaurs, Boffins Suggest". *The Register*, 5 mar. 2014. Disponível em: <www.theregister.co.uk/2014/03/05/dark_matter_killed_the_dinosaurs_boffins_suggest/>.

CONCLUSÃO: OLHANDO PARA O ALTO [pp. 370-8]

BETTENCOURT, Luis M. A. et al. "Growth, Innovation, Scaling, and the Pace of Life in Cities". *Proceedings of the National Academy of Sciences*, v. 104, n. 17, pp. 7301-6, 2007.

BRYNJOLFSSON, Erik; MCAFEE, Andrew. *The Second Machine Age: Work, Progress, and Prosperity in a Time of Brilliant Technologies*. Nova York: W. W. Norton, 2014. [Ed. bras.: *A segunda era das máquinas*. São Paulo: Alta Books, 2015.]

"ON Care for Our Common Home". Carta encíclica "Laudato si'" do Santo Padre Francisco, 2015. Disponível em: <w2.vatican.va/content/francesco/en/encyclicals/documents/papa--francesco_20150524_enciclica-laudato-si.html>.

SANTA FE INSTITUTE. "Geoffrey West", [s.d.]. Disponível em: <www.santafe.edu/about/people/profile/Geoffrey%20West>.

WEISMAN, Alan. *The World Without Us*. Nova York: Picador, 2008. [Ed. bras.: *O mundo sem nós*. São Paulo: Planeta do Brasil, 2007.]

WEST, Geoffrey. "Why Cities Keep Growing, Corporations and People Always Die, and Life Gets Faster". Edge, 23 maio 2011. Disponível em: <edge.org/conversation/geoffrey-west>.

Índice remissivo

(48639) 1995 TL$_8$, 125
67P/Churyumov-Gerasimenko, cometa, 118

Academia Internacional de Astronáutica, 156
Academia Nacional de Ciências, 146-8; "Defending Planet Earth Near-Earth Object Surveys and Hazard Mitigation Strategies" (relatório), 148, 151-3
achatamento, problema do, 65
adaptação, 176-7
Administração para a Segurança dos Transportes, 112
Adoração dos Reis Magos, A (Giotto), 109-10
agitações cosmológicas, 68, 73, 77, 127, 264-5, 361
Aglomerado da Bala, *35*, 35, 316, 320, 330-1
aglomerados, 30
aglomerados de galáxias, 24, 28, 34-5, 71-4, 78-80
água; nos asteroides, *98*; nos cometas, 98, 111-2, 116, 231-3; na Terra, 100, 231-3
Ahnert, Paul, 115
Ahnighito, meteorito de, 167

Alcock, Charles, 272, 392*n*, 396*n*
algo vs. nada, 44
Alvarez, Luis, 184, 208, 210, 216
Alvarez, Walter, 184, 202-3, 205-11, 213, 219-24, 252-3, 260, 375
AMANDA (Antarctic Muon and Neutrino Detector Array), 306
aminoácidos, 214, 231-2, 261; em meteoritos, 98, 117, 136-7, 232-3
amonitas, 185-6, 214
Amor, 99, 143-5
anã branca, 39-40, 40*n*, 294
anã marrom, 294
análise isotópica, 183-4
Andrômeda (M31), galáxia de, 33, 83, 312-4, 353
aniquilação, 304-6, 310, 332, 346
ANTARES, telescópio, 306
antimatéria, 39, 45, 287-9
antineutrinos, 292
antipartícula, 45, 284, 304, 310
antipróton, 305
antiquark, 305

antrópico, raciocínio, 51, 229
apatossauro, 199, 212
Apolo, 99, 143-5
Apophis, 146
ArDM (Argon Dark Matter), 301
argônio, 184, 224
Aristóteles, 110
Arthur, Michael, 249
Asaro, Frank, 209-10
asteroeidēs,, 103
asteroides, 97-8, 100, 102-4; cometas vs., 107, 115, 117, 253-4, 259-63; composição dos, 98, 107, 116-7, 302; descoberta de, 100, 102-5; distribuição dos, 99, 100; eventos de impacto *ver* crateras de impacto; *ver também* eventos de impacto, origens da vida na Terra e, 230, 232-34, 238-9, 241, 243; mineração de, 103-4; próximos à Terra *ver* asteroides próximos à Terra
asteroides carbonáceos, 98, 103, 144, 232-3
asteroides condríticos, 261
asteroides metálicos, 98
asteroides próximos à Terra (NEAS, *near--Earth asteroids*), 99, 143-6, *145,* 230, 259; categorias de, 143-4
asteroides tipo-C, 98
asteroides tipo-S, 98
Astreia, *101*
astroblemas, 171, 240, 253
astronomia, convenções de nomenclatura, 91-2
astronômicas, proporções, 72-3
Atenas, 144-5
Atira, 144, *145*
átomos, 21, 36-9, 53, 57, 112
áxions, 289-91, 307

bactérias, 19-20
baía de Chesapeake, cratera de impacto da, 240
Bailer-Jones, Coryn, 247, 257
Baltosser, Robert, 220
Bambach, Richard, 249
bariogênese, 288

bárion, 287-8
Barnosky, Anthony, 195-6
Barringer, Cratera de, 159-60, 165, 216
Barringer, Daniel, 160-3, 165
Bergstrom, Lars, 31
Berners-Lee, Tim, 375
Berry, Chuck, 133
Biela, Wilhelm von, 111
Biermann, Ludwig, 115
big bang, 52-3, 63-5, 68; etimologia, 46; expansão do espaço, 56, 58-61; inflação cosmológica, 61, *62,* 64-5, 67-8, 71; nucleossíntese primordial, 58-9, 294-5; o que aconteceu à época do, 46-7; o que aconteceu antes do, 47, 49; perguntas sem resposta sobre o, 46-50; radiação cósmica de fundo em micro-ondas, 36-8, 60, 67
Big Bang Theory, The (seriado de TV), 281-2
Blake, William, 65
Blitzer, Jonathan, 97
Bohor, Bruce, 222
"bola de neve suja", modelo de cometa, 116
Bolha Local, 239
bólido da Floresta Amazônica (1930), 141
bólidos, 139, 141
bóson de Higgs, 90, 255-6, 283-4, 307-8, 326, 332, 350
Bourgeois, Joanne, 221
Bournon, Jacques-Louis de, conde, 138
Boynton, Bill, 222, 224
braços espiralados da Via Láctea, 32, 268-9, 272
Brahe, Tycho, 111
breccia, 169, *169,* 171, 173, 226
Buckley, Matthew, 288
buraco de fechadura cósmico, 146
buracos negros, 25*n,* 25-7, 82, 293-4, 343
Burke, Bernie, 61
Busca Criogênica por Matéria Escura (CDMS), 301-2

Busca de Raros Eventos Criogênicos com Termômetros Supercondutores (CRESST), 301-2
Byars, Carlos, 222

"Cachinhos Dourados", zona, 236
caldera, 158
camada K-Pg haitiana, 221-5
Camargo, Antonio, 220, 223
Cambriano, período, 178, 182, 242
Capella degli Scrovegni (Pádua), 109
carbono, e origens da vida, 231-3, 237
Carter, Jimmy, 133
Cazaquistão, cratera do, 174
cenozoica, era, *190*, 201
Centauros, 126
Centro de Astrobiologia de Buckingham, 253
centro galáctico, 84, 268, 346
Ceres, 94, 96, 100-4, *101*
Chelyabinsk, meteoroide (2013), 136, 142, 161, 355, 359
Cherenkov, Rede de Telescópios, 306
Chicxulub, impacto do asteroide de, 174-5, 357-8; descoberta da cratera, 219-26; efeitos aniquiladores do, 140, 216, 218; hipótese de Alvarez, 184, 202-13, 219, 221, 252-3, 260, 264; teoria do disco escuro, 7-8, 81, 200, 274, 360-7
Chladni, Ernst Florens Friedrich, 138
chuva ácida, 217
chuvas de meteoros, 89, 105, 135
chuva de meteoros de Órion, 239
cinturão clássico de Kuiper, 121-4
cinturão de asteroides, 93, 98, 101-2, 230
cinturão de Kuiper, 7, 93, 96, 110, 119-26, *121*
cinturão de Kuiper, objetos do (KBOS, *Kuiper belt objects*), 123-4
Citizens United vs. FEC, 339-40
Clarke, Arthur C., 145
coma, 114-7
Coma, Aglomerado de, 30, 33
cometas, 97, 111-29; asteroides vs., 107, 115-6, 254, 258-63; batismo dos, 112; características físicas dos, 111-5; características orbitais dos, 118-20; cinturão de Kuiper e disco disperso, 110, 119-26; eventos de impacto *ver* crateras de impacto; *ver* eventos de impacto; histórico de estudos dos, 106-7; matéria escura e impactos de, 258-9, 354-68; natureza e composição dos, 112-8; nuvem de Oort e, 110, 119, 122, 127-9, 258, 261-73; origens da vida na Terra e, 98, 115-6, 227-33, 238-41; sondagens de, 116-7; visibilidade dos, 114-5
cometas de curto período, 118-20, 122, 125-6, 148
cometas de longo período, 119, 148, 259; nuvem de Oort e, 119, 128
cometas excêntricos, 119
Comissão Estratigráfica Internacional (ICS), 201*n*
comprimentos de onda, 279
Conferência de Defesa Planetária (2013), 156
constante cosmológica, 26, 41, 55
constante de Hubble, 55-8
Copérnico, Nicolau, 47, 49
cosmologia, 42-68
cosmos, 42
Cosmos (seriado de TV), 42
CP, violação a, 289, 291
crateras, 158-9; *ver também* crateras de impacto; etimologia, 158
crateras complexas, 170-1, *171*,
crateras de impacto, 166, 159-74, 239, 241-2; Cratera de Barringer, 159-63, 165; descoberta da cratera de Chicxulub, 219-26; formação das, 163-70; formato das, 165-70; identificando, 166, 168-9, *171*, 173-4; lista das crateras na Terra, 170, *172*, 173; periodicidade das, 251-3, 259
crateras simples, 170, *171*
crescimento populacional humano, 196
creta, 201
Cretáceo, período, 193, 200-3, 211

403

Cretáceo-Paleógeno, evento do *ver* K-Pg, evento de extinção
Cretáceo-Terciário, evento do *ver* K-Pg, evento de extinção
curva de rotação da galáxia, 31-2
cúspide, 313, *315*
Cuvier, Georges, 63, 178-9

DAMA/NaI, experimento, 302-3
"Dark Matter as a Trigger for Periodic Comet Impacts", 366-8
DArkside, 301
Darwin, Charles, 63, 175-6, 178-9, 207
datação argônio-argônio, 184, 225
datação por carbono, 184
Davies, Paul, 358-9
Dawn (veículo espacial), 104
DDDM *ver* matéria escura duplo disco
decaimento beta, 292
decaimento de neutrons, 58
Deep Impact (veículo espacial), 117
"Defending Planet Earth Near-Earth Object Surveys and Hazard Mitigation Strategies" (relatório), 148-53
defesa balística, 106
deflexão de NEOs, 155
densidade residual, 331
derretimento do gelo no Ártico, 185
destruição de NEOs, 154-5
desvio para o vermelho das galáxias, 40, 55, 57
detecção indireta, experimentos de, 304-8
detectores a gás de líquidos nobres, 299-303
detectores com base em argônio, 301
detectores criogênicos, 301-3
Devoniano tardio, extinção do, *190*, 191, 240
Diablo, meteorito, 160
Dicke, Robert, 60
dinossauros, era dos, 192-3, 201-2; experimentos de detecção direta, 299-302, 304, 310; extinção dos, 9-12, 199-225, 357, 359-60, 366, 369; *ver também* Chicxulub,

impacto do asteroide de; K-Pg, evento de extinção; modelo DDDM, 346-7
dióxido de carbono, 113, 116, 192, 195, 231, 235-7
disco disperso, 110, 119, 120-6, 128-9
disco protoplanetário, 85, 100, 129
discriminação, 303
dispersões de velocidade, 32
DNA, 117, 197, 230-1, 374
Druyan, Ann, 134
dunkle Materie, 30

$E = mc^2$, 45, 332
Earth Impact Database [Banco de Dados de Impactos na Terra], 159, 171, *172*, 173
EDELWEISS (Experimento de Detecção de WIMPs em Localização Subterrânea), 301
Edgeworth, Kenneth, 121-2
Edgeworth-Kuiper, cinturão de, 121-2; *ver também* Kuiper, cinturão de
efeito estufa, 187, 236-40
efeitos de retroalimentação, 187
Einstein, Albert: energia escura e, 54; teoria da relatividade, 26, 43, 45, 52, 54, 316, 371, 375
elementos pesados, 72, 78, 85, 230-1
eletromagnetismo, 59, 292, 319-20, 328, 342, 344
eletromagnetismo escuro, 328-30, 342, 346
elétrons, 36, 45, 53, 57, 75, 292, 326, 328
eletronvolts (eV), 307*n*
Encke, Johann Franz, 111
Encontro com Rama (Clarke), 145
End of the Dinosaurs, The (Frankel), 203, 242
energia cinética, 30, 57, 155, 166, 261, 336, 347
energia escura, 25-7, 54, 57; descoberta da, 38-41; gráfico da pizza cósmica e, 38-9, *39*
energia nuclear, 374
Eoceno, evento do, 240
equivalência energia-massa ($E = mc^2$), 45, 332
era da dominação material, 73-5
era de dominação da radiação, 73-5

era escura, *62*, 62-3
Éris, 94-6, 121, 125
escala logarítmica, 150
esférulas de impacto, 166, 169, *171,* 174
espaço interestelar, 130-3
Espectrômetro Magnético Alfa (AMS, Alpha Magnetic Spectrometer), 305
especularidade, 232-3, *233*
espinelas, 215
estratigrafia inversa, 168
estrelas binárias, 40, 72
"estrelas cadentes", 135-6
estrelas de nêutrons, 293, 294
estrutura de pequena escala, 313-8
estrutura hierárquica, 77-9
estruturas de impacto em cone, 166
estudos genéticos, 374
etano, 116
etanol, 116
eventos de fundo, 255
eventos de impacto, 136-42 *ver* crateras de impacto; *ver também* asteroides vs. cometas, 259-63; evento de Tunguska (1908), 139-41, 204, 216; eventos recentes, 139-42; extinções em massa e, 186-8; frequência e risco, 136-7, 139-40, 147, 149-50, 152; matéria escura e impactos de cometas, 354-68; meteoro de Chelyabinsk (2013), 136, 142, 160, 355, 359; meteoro de Siena, 137-8; origens da vida na Terra e, 98, 116, 229-35, 238-39, 241-2; projeções de risco por cientistas, 149-50, 152, *149-51*; propostas de atenuação de riscos, 154-7; terminologia, 107-8; velocidade dos impactos, 260-1, *262*
evolução, 175-9
Explorador do Fundo Cósmico (COBE, Cosmic Background Explorer), 67
Explorador Infravermelho de Campo Amplo (WISE, Wide-Field Infrared Survey Explorer), 267
explosão cambriana, 178, 242
explosões nucleares, 214-6

extinções, 175-97 *ver* extinções em massa; cinco grandes, 189-95; *190*; conceito de, 178-9; debate científico sobre, 177-81; evolução e, 175-9; explicações propostas para, 185-9; identificando, 181-4; meteoroides e, 239-43, 359-60, 362, 366-7; ritmo de, 181-2, 195; sexta possível extinção, 195-7
extinções em massa (eventos de extinção em massa), 176, 189-97; cinco maiores, 189-95, 240; dos dinossauros, 11-2, 200-23, 225-6, 357-69; *ver também* Chicxulub, impacto do asteroide de; K-Pg, evento de extinção; explicações propostas para as, 185-9; identificando, 181-4; meteoroides e, 239-43, 359-69; periodicidade nas, 248-50, 259; sexta possível extinção, 195-7
Eyjafjallajökull, erupção do vulcão de, 2010, 187

família Halley, cometas da, 119
família Júpiter, cometas da, 119-20
Fan, JiJi, 308, 331-3, 344, 349
fanerozoico, éon, 178, 189-90, 201, 357, 368
Farley, Ken, 241
Febe, 120
Fermi, Telescópio Espacial de Raios Gama, 306-7, 331-4, 345-6, 353
Fernandez, Julio, 122
filosofia, 43-4
Fischer, Alfred, 249
física de partículas, 37, 43, 66, 90, 281
física nuclear, 58-9
Flora, 101
flutuações estatísticas, 255-6, 285
Flysch, Geoparque, 164, *165*, 206-7
Foote, Arthur, 161-2
foraminíferos, 183, 206
força de maré da Via Láctea, 265, 270, *271*, 272-3, 360-2
Ford, Kent, 31-2
formação da estrutura, 71-81; era escura, 75-8; estrutura hierárquica, 75-8; estrutu-

ra de pequena escala, 312-9; "teia cósmica" da matéria, 80-1
formação de estrelas, 71-8, 84-5
formação de galáxias e evolução, 71, 75, 78-80
formação de galáxias e sistemas estelares, 65-6, 75-6, 82; lentes gravitacionais, 32-5; formação da estrutura, 75-6, 80, 319-22
formações rochosas, 164
fótons, 59, 145
fotossíntese, 177, 188, 217, 236, 238
Francisco, papa, 374
Frankel, Charles, 203, 242
Freedman, Wendy, 55
Friedmann, Alexander, 52
Futuro da vida, O (Wilson), 181

Gaia (veículo espacial), 349-51, 368-9
Gaitskell, Richard, 297-8
Galápagos, 176
galáxias anãs, 313-4
galáxias elípticas, 32
galáxias em espiral, 32, 83
Gana, cratera de, 174
Ganymed, 144
GAPS (General Antiparticle Spectrometer), 306
gases do efeito estufa, 235-7
Gauss, Carl Friedrich, 103
Geology (revista científica), 223
Georgi, Howard, 336
Gilbert, Grove Karl, 161-2
Giotto (veículo espacial), 117
Giotto di Bondone, 109-10
glúons, 305, 309
GPS, 375
gradualismo, 7-8, 63, 176, 179-80, 186, 206-7, 211
Grand Canyon, 206
Grande Colisor de Hádrons (LHC, Large Hadron Collider), 255, 279, 349; detecção de matéria escura, 283, 285, 300, 308-10
Grande Cometa de 1577, 111
Grande Cometa de 1680, 111

grande demais para dar errado, problema do, 314
Grandes Teorias Unificadas, 288
Grant, Peter e Rosemary, 176
gravidade quântica, 46-7
Grieve, Richard, 248
Grinspoon, David, 261
Grupo Local, 81 *ver também* Via Láctea
Guth, Alan, 64-5

Haggerty, Bruce, 270
Hale-Bopp, cometa, 128
Halley, cometa de, 109-11, 115, 117, 128
Halley, Edmond, 111, 204
Haumea, 96
Hawking, Stephen, 295
Hayabusa (veículo espacial), 103
Hebe, *101*
Heisler, Julia, 248, 265, 271-2, 363
hélio, 39, 58, 92, 113, 241
heliopausa, 132-3
heliosfera, 132, 238-9
Herschel, William, 91, 103
HESS (High Energy Stereoscopic System), 306
hidrogênio, 39, 58, 81, 93, 113, 230-1, 234
Hígia, 101
Hilario, Asier, *207*
Hildebrand, Alan, 222-3
Hills, J. G., 129
hipóteses científicas, 180, 210, 254
Hipparcos, 351-2
Hooper, Dan, 307
horizonte cósmico, 44
Houston Chronicle (periódico), 222
Howard, Edward, 138
Hoyle, Fred, 46
Hubble, Edwin, 54, 56
Hubble, Telescópio Espacial, 55
Humboldt, Alexander von, 42
Hutton, James, 180

IceCube, Observatório de Neutrinos, 306
idade do universo, 55-7

identificação de partículas (particle ID), 303
Ilhas Marshall, bola de fogo das (1994), 141
inflação cosmológica, 61-8, *62*
informação magnética, 184
inomogeneidades, 67
Instituto Canadense de Astrofísica Teórica, 248
Instituto Carnegie pela Ciência, 31
Instituto de Tecnologia da Califórnia (Caltech), 241
Instituto de Tecnologia de Massachusetts (MIT), 61, 123, 305
Instituto Goddard de Estudos Espaciais, 252
Intenso Bombardeio Tardio, 100, 136, 234
International Cometary Explorer (ICE), 117
internet, 20, 375
inversões geomagnéticas, 184, 208
irídio, 170, 222, 224, 239-42, 261; explicação vulcânica, 213; hipóteses de Alvarez, 208-9, 219, 221, 225
Íris, *101*
isotrópico, 37, 52, 71
Itzurun, praia de, *165*, 206, *207*
Izett, Glen, 222

Jewitt, David, 123, 262
"Johnny B. Goode" (música), 133
Juno, *101*
Júpiter, 93-4, 98, 100-3, 113, 126, 136, 238, 261, 263
Jurássico, período, 193, 201

Kant, Immanuel, 116
Kaplan, David, 287
Katz, Andrey, 308, 331, 333, 344, 349
Kieffer, Susan, 224
King, Edward, 138
King Kong (filme), 199
Knoll, Andy, 208
kosmetikos, 42
kosmos, 42-3
K-Pg, evento de extinção, 7-9, 11-2, 192-93, 201-19, 221-5, 239; *ver também* Chicxulub, impacto do asteroide; disco escuro e sistema solar, 7-8, 200, 274, 360-68; hipótese de Alvarez de impacto de asteroide, 202-11, 213, 219, 221, 239; hipóteses alternativas, 210-15; terminologia, 193, 194, 201*n*
K-Pg, fronteira, 164, 201-3, 206-17, 224
Krakatoa, erupção do, 153, 216
Kramer, Eric, 352, 368
krater, 158
Kreide, 201
Kring, David, 222-4
K-T, evento de extinção *ver* K-Pg, evento de extinção
Kuiper, Gerard, 122

Laboratório Nacional Gran Sasso, 302
Laboratórios Bell, 60-1
lago Acraman, cratera do, 242
Lambda-CDM, modelo, 41
Laplace, Pierre-Simon, 204
Laubenfels, M. W. de, 204
Lei de Apropriações Consolidadas de 2008, 147
lei de Titius-Bode, 102
lei do inverso do quadrado, 111, 264
leito oceânico, crateras no, 173; descoberta da cratera de Chicxulub, 219-26
Lemaître, Georges, 52
lentes gravitacionais, 32, *33*, 35, 320, 330
lentes gravitacionais fortes, 33-4
lentes gravitacionais fracas, 32-4
léptons, 288, 326
Levy, David, 262
LHC *ver* Grande Colisor de Hádrons
liberdade de expressão, 339-40
Linde, Andrei, 66
Loeb, Avi, 76
logos, 104
Lua, 92, 94, 113; crateras na, 100, 211, 214, 232
Lutetia, 104
Luty, Markus, 287

Luu, Jane, 123, 262
LUX (Grande Detector Subterrâneo de Xenônio), 301
LUX Matéria Escura, 297-8
luz escura, 328
Lyell, Charles, 63, 178-9, 207

MACHOS (objetos com halo compacto e grande massa), 293-4
magnetosfera, 114
Makemake, 96
Manhattan, Projeto, 216
Manson, cratera de, 240-1
mar Mediterrâneo, evento no (2002), 141
maré galáctica, 265-6, *270*, 272-4, 360-2
Marsden, Brian, 262
Marte, *93*, 93, 237
massa de Jeans, 74
matéria comum, 9-10, 12, 23, 32, 45, 59, 286-7, 315-9, 335-6; energia na, 20, 38, *39*, 46; gráfico da pizza cósmica, 38-9
matéria do disco escuro *ver* matéria escura duplo disco
matéria e antimatéria, 45-6
matéria escura, 13-5, 20-41; autointeragente, 312, 316, 319-22, 330, 345; descoberta da, 29-41; detecção, 19-23, 30-2, 297, 299-310; detecção direta, 299-304; detecção indireta, 303-8, energia escura e, 25-27; estrutura de pequena escala, 312-9; gráfico da pizza cósmica, 38, *39*, 45; impactos de cometas e, 354-68; lentes gravitacionais, 32, *33*, 34-5; modelo assimétrico da, 284-9; modelo áxion da, 286-90; modelo DDDM *ver* matéria escura duplo disco; modelo MACHO, 292-4; modelo PIDM da, 324-32, 334-5, 341-2, 353; modelo WIMP da, 283-8, 291, 344; modelos de construção, 280-2, 295, 331-3; morte dos dinossauros, 7-8, 200, 271, 274, 359-69; neutrinos, 290-2; no LHC, *304*, 308-10; origens da vida e, 228-9; papel na evolução do universo, 71-80; radiação cósmica de fundo em micro-ondas e, 36-7, 41, 59-60, 346, 359; terminologia, 23-4, 70
matéria escura assimétrica, 286-9, 291
matéria escura autointeragente, 312, 316, 319-21, 330, 345
matéria escura duplo disco (DDDM, *double disk dark matter*), 7-8, 82, 324-5, 334-54; medindo o formato da galáxia, 347-53; morte dos dinossauros e, 7-8, 200, 271, 274, 359-69; sinais da, 344-8
matéria escura espelho, 341-42
matéria escura fria, 41, 72-3, 292
matéria escura fria lambda, 41
matéria escura parcialmente interagente (*partially interacting dark matter*, PIDM), 324, 328-9, 331, 334-5, 341-2, 353
matéria escura quente, 292
matéria luminosa, 30-4, 59
Mauna Kea, observatórios de, 123, 125
Maupertuis, Pierre-Louis de, 204
Maurrasse, Florentin, 222
Max Planck, Instituto de Astronomia, 247
McLaren, Digby, 240
mecânica quântica, 46, 67, 371
megafauna, 196
megaondas, 216-7
megaparsec (Mpc), 56
meio interestelar, 81, 132, 230-1, 239
Melott, Adrian, 249
Mercúrio, *93*, 95, 100
mesozoica, era, *190*, 201
meteoreon, 104
meteorítica, 104
meteoritos, 106, 108; aminoácidos em, 98, 116, 136-7, 232; terminologia, 106
Meteoro (Barringer), Cratera do, 159-63, 165, 216
Meteoro (filme), 105
meteoroides, 89-90, 104-8; composição dos, 105; convenção de nomenclatura, 160; criação da vida e, 116, 229-34, 239-43; eventos de extinção, 7-9, 202-4, 359-69; *ver também* Chicxulub, impacto do aste-

408

roide de; eventos de impacto, 135-37; *ver também* eventos de impacto; terminologia, 104-5, 107-8
meteorologia, 104-5
meteoros, 89-90, 105-6; terminologia, 91, 105, 107-8
meteoros aquosos, 105
meteoros ígneos, 105
Métis, *101*
método científico, 227-8, 244, 323
Michel, Helen, 209
microlensing, 294
micrometeoroides, 105, 107, 136
microtectitos, 213, 224, 239
Milanković, Milutin, 245
Milankovitch, ciclos de, 245
Miller, Stanley, 231
Mioceno, época geológica, 240-1
Missão de Avaliação de Impactos e Deflexão de Asteroides, 156
Missão de Redirecionamento de Asteroides (ARM), 104, 156
modelo DDDM, 344-46
Modelo-Padrão, 7, 22, 282-9, 292, 298, 304, 310, 326-8, 332, 342
modelos, construção de, 280-1, 295, 332-3
momento angular, 83, 335
montanhas Rochosas, 135, 178
mudança climática, 185, 187, 195-6, 239, 249
Muller, Richard, 249, 252
multiversos, 47-9
mundo-brana, 48
múons, 292, 302
Murchison, meteorito de, 232
Murray, meteorito de, 232
Museu Americano de História Natural (Nova York), 167, 199
Museu de História Natural do Smithsonian, 106, 249
Museu do Observatório do Vaticano, 106

Napier, William, 253-4
navalha de Occam, 323-4, 333

NEAR Shoemaker, 103
nébula planetária, 91
Nêmesis, 267
NEOS *ver* objetos próximos à Terra
Netuno, *93*, 93-4, 102, 113, 118, 125; cinturão de Kuiper e, 120, *121*, 122, 124-5
neutrinos, 291-3, 306, 326-8
nêutrons, 58
New Horizons (veículo espacial), 124
Newton, Isaac, 111, 116, 365, 371
Nobel, prêmios, 122
núcleos de átomos, 36-7, 53, 57-8
núcleos de cometas, 128-9, 210-4
nucleossíntese, 58-9, 294-5
nucleossíntese primordial, 58-9, 294-5
nuvem de Hills, 129
nuvem de Oort, 126-9, *127*; cometas e grandes impactos, 128, 258, 261-3, 264-72; evento de extinção K-Pg, 356, 360-2; origem de cometas na, 110, 119, 122, 127-9, 258, 261-74; supostos desencadeadores do movimento galáctico, 267-74; Voyager I e fronteira do sistema solar, 131-2
nuvens moleculares gigantes, 84, 231, 264-8, 271

objetos desconectados, 119
objetos próximos à Terra (NEOS, *near-Earth objects*), 143, 145-7; objetos notáveis, 146-7; projeções de risco por cientistas, 149-53; propostas de atenuação de riscos, 154, 156; riscos de, 145-9, 151-2, *149-153*
objetos ressonantes com o cinturão de Kuiper, 123
Observatório de Tenerife (Teide), 144, 230
Observatório Interamericano de Cerro Tololo, 123
Observatório Nacional de Kitt Peak, 123
Observatórios Carnegie, 55
Olson, Roberta, 109
On the Origin of Ironmasses (Chladni), 138
ondas de maré, 217

ondas de rádio, 22, 60
Oort, Jan Hendrik, 264, 350
Öpik, Ernst Julius, 127, 264
órbitas excêntricas, 265
Ordoviciano-Siluriano, evento do, *190*, 242
Orgueil, meteorito de, 232
origens da vida, 176-9, meteoroides e eventos de impacto, 116-7, 229-3; zona habitável, 235-9
oscilações acústicas, 37, 270-1
oscilações acústicas de bárions, 37
OSIRIS-Rex, *103*
óxido nitroso, 217, 236

paleobiologia, 189
paleontologia, 163, 180, 182
paleozoica, era, *190*, 201
Palermo, Observatório Astronômico de, 103
Pallas, 101
PAMELA (Payload for Antimatter Matter Exploration and Lightnuclei Astrophysics), 305
Pan-STARRS (Panoramic Survey Telescope and Rapid Response System), 124
panspermia, 230
parábola, 111
"Paradoxo do Sol fraco", 235
Parque dos Dinossauros, O (filme), 199, 203
Peebles, Jim, 60
Penfield, Glen, 220, 222-3
Penzias, Arno, 60-1, 67
pequenos corpos do sistema solar, 107, 134; *ver também* cometas
perfis de densidade, 313-4, *315*
perfis nucleados, 313, *315*
periélio, 265
periodicidade, 244-57, 259, 273, 359-61, 364; como determinar, 246-8; em eventos de extinção, 249-50; no registro de crateras, 251-3, 255
Perlmutter, Saul, 39
Permiano-Triássico (P-Tr), evento do, *190*, 190-2, 201, 239

Perseid, chuva de meteoros, 114
perturbações, 67, 73-4, 77, 128, 264-5, 361
Petróleos Mexicanos (Pemex), 220
Philae (veículo espacial), 118
Physical Review Letters (revista científica), 363, 366
Piazzi, Giuseppe, 103
pirimidinas, 232
Pitágoras de Samos, 42
pizza cósmica, gráfico, 38-9
Planck, satélite, 41, 68, 305
Planeta X, 267, 360
planetas, 92-6; classificações, 94-6; composição e estado dos, 92-4; descoberta de, 102; distribuição de asteroides, 99-100; terminologia, 91-2, 94
planetas anões, 96-8, 103, 107, 120, 125, 127
planetas menores, 107
planetésimos, 100, 122, 126
plano eclíptico, 119-21
Plutão, 120-2; perda do status de planeta, 94-5
plutinos, 123
plutônio, 124, 210
poeira cósmica, 105
ponto de ebulição, 113
ponto de fusão, 113
Pop I, 91
Pop II, 91
Pop III, 91
Popigai, cratera de, 240
pósitrons, 45
Powell, Corey, 327
Preskill, John, 290
Prince (músico), 101
princípio cosmológico, 71-2
problema *CP* forte, 291
problema do horizonte, 64-5
problema do núcleo-cúspide, 313
problema do satélite faltante, 314
Programa de Escavação Oceânica, 194
Projeto de Mapeamento Urbano Global, 149
protoestrela, 85

prótons, 45, 57-8, 115, 255, 287, 308-9, 336
Proxima Centauri, 128
purinas, 232

quarks, 57, 90, 287, 305, 309, 326-8
quartzo de choque, 166-7, 203, 214, 219, 222, 239, 242
quem-procura-acha, efeito (*look-elsewhere effect*), 254-6, 274
quiralidade, 232-3

rabo de cometa, 102, 107, 109, 113, 115
radiação, 57, 235-8, 291-31, 347, 359
radiação cósmica de fundo em micro-ondas (CMB), 36-7, 38, 60-7, 76-7, 77, 347, 359
radiação eletromagnética, 21-2, 26, 74, 82, 303
radiação Hawking, 295
radiação residual *ver* radiação cósmica de fundo em micro-ondas
raios cósmicos, 132, 187-8, 238
Rampino, Michael, 252
Raup, David M., 189, 249, 267
recombinação, 37-8, 76
redes sociais, 20
Reece, Matthew, 70, 246, 251, 257, 273, 308, 333, 344, 349, 353-5, 359, 363-6, 368
registros fósseis, 163, 180, 182-3, 189, 212, 249-50
relatividade, teoria da, 43, 52, 371
relatividade geral, 26, 43, 52, 54, 371, 375
Renne, Paul, 225
revestimento, 302-3
Revolução Industrial, 196
Riess, Adam, 39
ritmo de expansão do universo, 39-40, 52-62, 73-4; inflação cosmológica, 61-6, *68*
ritmo de mudança, 7-8, 62
RNA, 117, 230-2
Robertson, Howard Percy, 52
Rockettes do Radio City Music Hall, 258
Rohde, Robert, 249
Roosevelt, Theodore, 160

Rosetta (veículo espacial), 103, 118, 234
rotação estelar, 31-2
Rubin, Vera, 31
Rutherford, Ernest, 244

Sagan, Carl, 42, 134
Sagittarius A., 82
Saturno, *93*, 94, 111, 113, 120, 126, 130
Scaglia Rossa, 205-9
Schmidt, Brian, 39
Scholtz, Jakub, 353
Science (revista científica), 226
Sedna, 96
seleção natural, 175-6
semieixo maior, 267
sentidos humanos, 23
Sepkoski, Jack, 189, 249, 267
Serviço Geológico dos EUA, 161
Shapley, Harlow, 54
Sharwood, Simon, 354
Shaviv, Nir, 368
Shiva, hipótese, 270
Shoemaker, Carolyn, 262
Shoemaker, Eugene Merle, 163
Shoemaker, Gene, 260-1
Shoemaker-Levy 9, cometa, 120, 136, 261
Siena, meteoro de, 137-8
sistema solar, 13, 84-5; asteroides, 97-8, 104; cometas, 109-29; disco escuro e evento de extinção K-Pg, 7-8, 200, 274, 354-67; meteoros, meteoroides e meteoritos, 105-7; planetas, 92-100; Voyager I e a fronteira do, 130-4
sistemas estelares, 72
Smit, Jan, 213, 221, 224
Sociedade de Geofísicos de Exploração, 221
Sol, 81, 84-5; atração gravitational, 131-4; cometas e nuvem de Oort, 114-5, 118-9, 259, 261-8, 368; origens da vida e, 230-2; planetas e, 92, *93*, 96; zona habitável e, 234-7
Soldani, Ambrogio, 138

411

Sonda Wilkinson de Anisotropia de Micro-ondas (WMAP, Wilkinson Microwave Anisotropy Probe), 41, 68
Spaceguard, 145-6
SQUIDs (aparelhos supercondutores de interferência quântica), 299
Stardust (veículo espacial), 117
Steins, 104
Stevns Klint, 209, 213
Stothers, Richard, 252, 271
sublevação do pico central, *170*, 171
Sudão, evento de asteroides (2008), 142
Sudbury, cratera de, 174
Suisei (veículo espacial), 117
Sundrum, Raman, 350
superaglomerados, 72
supernova, 39-40, 188
supernovas tipo Ia, 39-41
supersimetria, 285, 288, 291, 344
Sveriges Riksbank, prêmio, 122
Swift-Tuttle, cometa, 114

T. rex and the Crater of Doom (Alvarez), 203-5, 252-3
taus, 292
tectito, 166, 203-4, 213, 222
tectônica das placas, 173, 186, 202, 206, 238, 249, 375
"teia cósmica" de matéria, 79-80, *80*
Teide, vulcão, 158
Tempel 1, cometa, 117
temperatura, variações de, 176, 185, 188
tentilhões de Galápagos, 176
Terciário, período, 193, 201, 201*n*, 205,
terminologia, 91-2, 97, 102
termodinâmica, 284
Terra, 27-8, 92-3; extinções *ver* extinções; extinções em massa; eventos de impacto *ver* eventos de impacto água na, 100, 233-7; ciclos de Milankovitch, 245; origens da vida *ver* origens da vida
The New Yorker (revista), 97
Thomson, Guglielmo, 138

Tilghman, Benjamin Chew, 160, 162
Ting, Sam, 305
Titius-Bode, lei de, 102
Toro, Natalia, 324
Tour de France, 265
transformação catastrófica vs. transformação gradual, 12-3, 62-3, 176-80
trapps, 187; *ver também trapps* de Deccan
trapps de Deccan, 186-7, 192, 211-2, 215
trapps siberianos, 186-7, 192
Tremaine, Scott, 248, 265, 271, 363
trials factor (fator das provas), 256
Triássico, período, *190*, 201
Triássico-Jurássico, evento do, *190*, 201
Tritão, 120
Troianos, asteroides, 98, *99*
Tunguska, evento de (1908), 139-40, 204, 216
Tyrannosaurus rex, 199

União Astronômica Internacional (UAI), 95, 104, 107, 124, 145
unidade astronômica (AU, *astronomical unit*), 121
Universidade Brown, 297
Universidade Carnegie Mellon, 353
Universidade da Califórnia em Berkeley, 195, 209-10, 213, 225, 249, 252
Universidade de Amsterdam, 331
Universidade de Chicago, 231
Universidade de Georgetown, 31
Universidade de Kyoto, 252
Universidade de Nova York, 252, 270
Universidade de Washington, 287
Universidade do Arizona, 222-3
Universidade do Havaí, 123
Universidade do Kansas, 249
Universidade Estadual do Arizona, 358
Universidade Harvard, 76, 113, 116, 208, 297, 316, 331
Universidade Hebraica, 368
Universidade Princeton, 60-1, 176, 248-9
Universo: *big bang*, teoria do *ver* big bang; idade do, 55-7; papel da matéria escura

na evolução, 71-80; ritmo de expansão do, 38-41, 51-61
universo em aceleração, 41, 52-61
universo estático, 46, 54, 63
Urano, 93, 94, 102, 113, 126
urbanização, 311-2
Urey, Harold, 204, 231

vaporização, 82
variações de precipitação, 176, 185, 188
Vela, Incidente de (1979), 141
velas-padrão, 40, 40*n*
velocidade da luz, 44, 48, 57
velocidade do escuro, 323, 334
velocidade orbital, 31
velocidades, 260-3, *262*
vento estelar, 238
vento solar, 114-5, 132, 239
Vênus, *93*, 93, 237
Veritas (Sistema de Rede de Telescópios de Imagens por Radiação Altamente Energética), 306
Veritas, família de asteroides, 241
Vesta, *101*, 104
Vesúvio, 138
Via Láctea, 81, 83, *90*, 355, 357; braços espiralados da, 32, 268-73, *269*; matéria do disco escuro, 81, 200, 273, 336, *337*, 340, 360; tamanho e massa, 54-5, 72, 82
vida escura, 342-4
voláteis, 113
Voyager I, 130-3
Vredefort, cratera de, 174

vulcanismo, 182, 186-7, 192, 211-3, 249

Walker, Arthur Geoffrey, 52
Walker, Matthew, 353
Warped Passages (Randall), 48
Weniger, Christoph, 331-2
Whipple, Fred, 116
Wilczek, Frank, 290
Wild 2, cometa, 117
Wilson, E. O., 181
Wilson, Ken, 324
Wilson, Robert, 60, 67
WIMPS (partículas massiva que interagem fracamente), 283-4, 287, 289, 291, 344; detecção direta de, 298-9, 301; detecção indireta de, 302-6; estratégias de detecção de, 296-308; no LHC, 308-9
Wise, Mark, 267
Wolbach, Wendy, 217
Wold Cottage, meteorito de, 138

XENON, 297, 301
Xogênese, 288

Yabushita, Shin, 252

Zahnle, Kevin, 261
zero absoluto, 60
zircônio, 234
zona continuamente habitável, 237
zona habitável, 227, 235-7
Zurek, Kathryn, 287

ESTA OBRA FOI COMPOSTA PELA SPRESS EM MINION E IMPRESSA EM OFSETE
PELA GRÁFICA BARTIRA SOBRE PAPEL PÓLEN SOFT DA SUZANO S.A.
PARA A EDITORA SCHWARCZ EM FEVEREIRO DE 2022

A marca FSC® é a garantia de que a madeira utilizada na fabricação do papel deste livro provém de florestas que foram gerenciadas de maneira ambientalmente correta, socialmente justa e economicamente viável, além de outras fontes de origem controlada.